有机合成化学及实验

高桂枝　陈敏东　王正梅　编著

科学出版社

北　京

内 容 简 介

本书比较全面地介绍了有机合成化学基本理论、应用实例、合成设计、方法及技巧、绿色合成、计算机辅助、模拟新合成等内容，并附有相关合成实验、练习题等。本书强调理论联系实际，力求简练，尽量反映有机合成化学领域新技术、新成果、新方法和新理念。本书还提供了相应多媒体电子教学课件下载(www.sciencep.com/downloads/)，方便教师、学生使用。

本书可作为高等院校化学、化工、环境、生物、材料、医药、农学等专业本科生、研究生教材，也可供从事相关化工工作的教师、研究人员和技术人员参考。

图书在版编目(CIP)数据

有机合成化学及实验/高桂枝，陈敏东，王正梅编著.—北京：科学出版社，2014.2

ISBN 978-7-03-039691-4

Ⅰ.①有… Ⅱ.①高… ②陈… ③王… Ⅲ.①有机合成–化学实验 Ⅳ. ①O621.3-33

中国版本图书馆 CIP 数据核字(2014)第 019976 号

责任编辑：伍宏发 曾佳佳 / 责任校对： 赵桂芬

责任印制：徐晓晨 / 封面设计：许 瑞

科学出版社出版

北京东黄城根北街 16 号

邮政编码：100717

http://www.sciencep.com

北京厚诚则铭印刷科技有限公司 印刷

科学出版社发行 各地新华书店经销

*

2014 年 2 月第 一 版 开本：787×1092 1/16

2018 年 9 月第四次印刷 印张：17 3/4

字数：400 000

定价：69.00 元

(如有印装质量问题，我社负责调换)

前　言

应用化学学科的专业基础课之一有机合成化学是有机化学的中心和重要组成部分，其地位越来越重要，已成为高等院校化学、化工、环境、生物、材料、医药等专业的重要基础课之一。科学快速发展，采用新试剂和创新合成技术已成为有机合成研究的主要途径。学科之间交叉研究日趋密切，在新材料、新产品的研究与开发中有机合成化学是重要支撑学科，扮演着不可缺少的角色。由于人们对环境保护的重视和污染的限制，有机合成技术的发展水平对企业技术革新、绿色化学、化工、医药合成中的技术提高以及防止环境污染方面起着决定性作用。为了满足传统的化学、化工、制药和材料、环境及相关新兴专业教学的实际需要，我们在《有机合成化学》教材的基础上结合多年教学实际，重新编写本教材，主要完善了有机合成化学基本理论、应用实例、合成设计、方法及技巧，容纳了绿色合成、计算机辅助、模拟新合成等本领域新技术、新成果及新方法和新理念，增加了相关练习题及实验内容，提供了配套的多媒体电子教学课件下载，网址：www.sciencep.com/downloads/。目的是更加适合相关专业的教学需要，方便教师的理论课教学以及实验教学，使学生能够比较容易理解并加深对一些重要的有机合成反应、方法、原理以及应用的认识，进一步扩大知识面。

本书共 11 章。绪论部分就有机合成化学及实验目的和任务、基本知识、产生和发展、绿色有机合成及展望等进行了论述，使读者对本学科以及本领域发展趋势有一个较全面的了解，激发学习兴趣，树立研究方向。第 1 章碳负离子反应，包括基本原理，碳负离子与羧酸衍生物的缩合，碳负离子的烃基化反应，对活泼烯烃的加成，乙炔、氰基负离子反应，Wittig 反应等。第 2 章酸催化缩合反应，包括烯烃、醛酮的缩合，Mannich 反应等。第 3 章有机合成试剂制备及应用，包括有机镁、锂、铜、硅、硼、硫化合物反应。第 4 章有机化合物的极性转换，包括基本概念，羰基、胺类和芳香族化合物的极性转换反应。第 5 章重排反应，包括缺电子和富电子重排反应机理、类型以及应用等。第 6 章氧化反应，包括环氧化合物、醇、醛、酮、酯、羧酸及其衍生物的合成方法、类型。第 7 章还原反应，包括催化氢化，烯、炔、芳环、杂环、羰基化合物和含氮化合物的还原反应。第 8 章有机合成路线设计，包括基本概念、分子的切断、有机合成路线设计的技巧、实例以及计算机辅助合成等。第 9 章绿色有机合成，包括绿色合成反应类型、绿色合成原料、绿色溶剂和助剂。第 10 章有机合成实验，共选编了 22 个比较实用的、具有代表性的、比较新的实验。

本书由高桂枝、陈敏东、王正梅编著，在编写过程中，力求突出有机合成基本机理、方法、技巧等，适当增加当前有机合成领域的新技术、新方法、新概念、新试剂等。所采用的实例力求经典并尽可能有一定实用性，以符合有机合成化学学科发展的规律和相关学科研究的需要，希望能体现有机合成是有机反应及其组合的应用这一实质。

由于编者水平、时间和资料有限，书中难免有不少缺点和错误，恳请读者批评指正。

编著者

2013 年 8 月

目　　录

绪　论

0.1　有机合成化学及实验目的和任务

0.1.1　有机合成化学定义

有机合成化学(organic synthesis chemistry)是有机化学中一个古老的分支，也是一个十分活跃的、极富创造性的领域，为了基础理论和应用的需要，有机化学家不断从事已知或未知结构的有机分子的合成，今天将它称为有机分子工程。有机合成化学是研究用人工方法合成、制备有机化合物的理论和方法的科学。虽然许多有机化合物可以从天然物质中提取分离出来，但是从天然物质中提取有机化合物是有限的。有些药物如果从天然物质中分离是相当昂贵的。如分离 200mg 可的松，需要 2 万头牛的肾上腺作原料，所以在医药工业上都采用人工合成的方法生产可的松。有机合成化学家是在通过使用大量的时间分离、测定了天然物的化学结构后，再用人工的方法合成这种结构，用以验证这种结构是否可以满足人们更多的需要，并且还可以根据人们的需要改造这种结构或是创造出全新的物质。合成是一种有创造力的、奇妙的战略过程。

0.1.2　有机合成化学及实验目的

有机合成化学的目的是：利用有机合成化学制造天然化合物，确切地确定天然物的结构、性质和用途，辅助生物学的研究，揭开自然界的奥妙；利用有机合成化学的原理和方法，应用基本的原料和试剂制造非天然的、具有特殊性能的、有意义的新化合物。同时，有机合成化学还是以各种类型的合成反应为基础，再组合这些合成反应以获得目标化合物的合成设计及策略。因此有机合成是一个极富有创造性的领域，只有在学好有机化学的基础上，才能学好有机合成化学。

0.1.3　有机合成化学及实验任务

有机合成化学包括基本有机合成和精细有机合成，因此，有机合成化学的任务也分两个方面。基本有机合成化学的任务是：以丰富的天然资源如煤、石油、动植物等为原料，加工成有机产品。特点是：产量大，质量要求低，加工相对粗糙，工艺简单。精细有机合成的任务是：以基本有机合成品为原料，合成结构复杂、质量要求很高的化合物，其合成过程操作条件要求严格，步骤繁多，产量较少。主要应用于合成农药、医药、染料、香料、材料等。以上两类合成都是国计民生中不可缺少的部分。总之，有机合成化学一是实现有价值的已知化合物的高效率生产，二是设计、合成新的有价值的物质和材料。

0.2 有机合成化学及实验基本知识

有机合成化学基本知识包括基础技术、有机合成化学基本方法、有机合成反应和选择性。

0.2.1 基础技术

有机合成化学基础技术范围比较广，主要分为理论部分基本知识和实验部分基础技术。

(1) 以有机化学的C，H，O，N和卤素基本元素为主，发展到周期表中的多种元素，可进行多种类型的反应。如有机金属化学的发展，不但在有机合成化学方面做出了巨大贡献，而且在无机化学与有机化学之间构筑起了坚实的桥梁，使有机化学和无机化学逐步接近。

(2) 以羰基反应为中心。因为羰基是有机化合物官能团中很活泼的基团，很多反应都与羰基有关，如羟醛缩合反应、醛氧化反应、醛酮还原反应等。

(3) 碳骼的建立和碳与官能团的结合。先要考虑如何将键拆开来成为两个极性部分，再根据合成的需要将这两个极性部分作为两个反应物经合成反应发生键结，生成新的化合物，这是合成设计的关键。

(4) 氧化态。氧化态涉及有机反应中非常重要的氧化还原反应，有机反应过程中氧化程度的变化是很重要的。碳原子在各种不同的状态下，其氧化态是不同的、变化的，这是有机反应的本质。不仅烷、烯、炔中碳的氧化态不同，而且醇、醛、羧酸及其衍生物以及碳酸及其衍生物中碳的氧化态也不相同。有机物的氧化态用氧化数$[O_X](X)$表示，其中X表示元素。例如：

$[O_X](C)=-2$：$CH_2{=\!=}CH_2$；$[O_X](C)=-3$：$CH_3—CH_3$

$[O_X](N)=-3$：NH_2R；NHR_2；$[O_X](N)=-2$：$R_2N—NR_2$

$[O_X](S)=-2$：R_2S；RSH；$[O_X](S)=+2$：R_2SO_2；$[O_X](S)=+6$：$(RO)_2SO_2$

$[O_X](Si)=0$：$R_2Si(OH)_2$；$[O_X](Si)=-2$：R_3SiCl

(5) 反应的类型。一般来说，反应的类型是由碳骨架和官能团决定的。包括以下几个方面：①骨架和官能团都无变化。例如，第尔斯-阿尔德(Diels-Alder)反应：

O O H CH₃ △ + O O H CH₃

②骨架不变而官能团变化。例如，呋喃与氨在高温下反应得吡咯：

$$\text{呋喃} + NH_3 \xrightarrow{Al_2O_3,430℃} \text{吡咯}$$

③骨架变化，官能团无变化。例如，α,β-不饱和酮与硫叶立德(ylide)反应生成环丙烷：

$$\xrightarrow{(CH_3)_2S(=O)CH_2Na}$$

④骨架和官能团都变化。例如，由1,3-环己酮合成长链脂肪二元酸，4-甲基壬二酸：

$$+ \ CH_2{=}CHCN \xrightarrow{C_2H_5ONa/C_2H_5OH} \ COOC_2H_5,\ CH_3CHCH_2CH_2CN$$

$$\xrightarrow[\text{乙二醇}]{N_2H_4/NaOH} HO_2C(CH_2)_4CH(CH_3)(CH_2)_2CO_2H \qquad 60\%$$

0.2.2 实验技术

主要有：①实验室安全与记录。②常用仪器、装置及合成操作。③反应产物的分离、纯化和波谱分析。④空气敏感化合物的操作。⑤常用有机溶剂、试剂和气体的纯化。⑥现代有机合成新方法、新技术等。

0.2.3 基本方法

一个好的有机合成反应的评价标准为：①高的反应产率；②温和的反应条件；③优异的反应选择性，包括化学选择性、区域选择性和立体选择性等；④易于获得的反应起始原料；⑤尽可能是化学计量反应向催化循环反应发展；⑥对环境污染尽量少。

1. 化学选择性

化学选择性反应简单点讲是：试剂对不同官能团的选择性反应。因为不同的官能团有不同的活性，若反应中所使用的某种试剂对一个有多种官能团的分子起反应时，只对其中某个官能团作用，这种特定的选择性就是化学选择性。化学选择性反应包括还原和氧化两种。例如在双键存在下，还原羰基的反应：

$$C_3H_7CH{=}CHCCH_3\ (\text{C=O}) \xrightarrow[i\text{-PrOH}]{Al(OPr\text{-}i)_3} C_3H_7CH{=}CHCHCH_3\ (\text{OH})$$

又如用 $NaBH_4$ 还原戊烯酮，在加入 $CeCl_3$ 后，选择性还原羰基而不还原烯键：

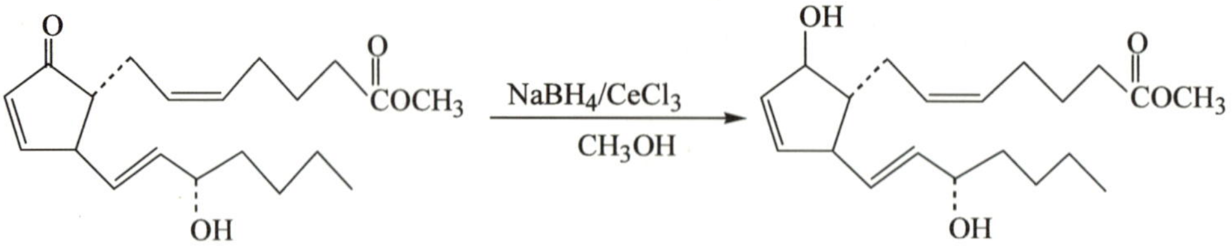

$$\xrightarrow[CH_3OH]{NaBH_4/CeCl_3}$$

2. 区域选择性

区域选择性是指试剂对于一个反应体系的不同部位的进攻，也可以是对两个处于不同位置的完全相同官能团的选择性进攻。如羰基两侧的α-位，双键或环氧两侧位置上的选择反应，α,β-不饱和体系的1,2-加成与1,4-加成和烯丙基离子的1,3-选择反应等。区域选择包括环氧化合物的开环，烯烃的氧化，环加成，导向基、保护基、活化基的选择等。例如：

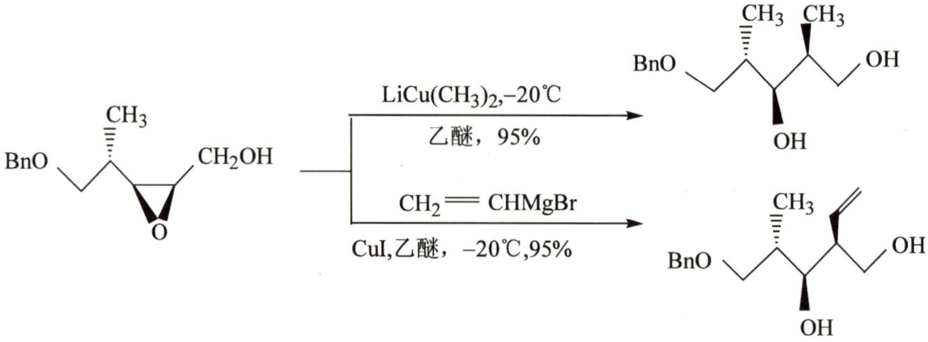

$$\xrightarrow[\text{乙醚，95\%}]{LiCu(CH_3)_2,-20℃}$$

$$\xrightarrow[\text{CuI,乙醚，-20℃,95\%}]{CH_2{=}CHMgBr}$$

再如，在乙酰丙酮氧钒存在下，过氧叔丁醇使牻牛儿醇环氧化，得到 2,3-环氧牻牛儿醇。

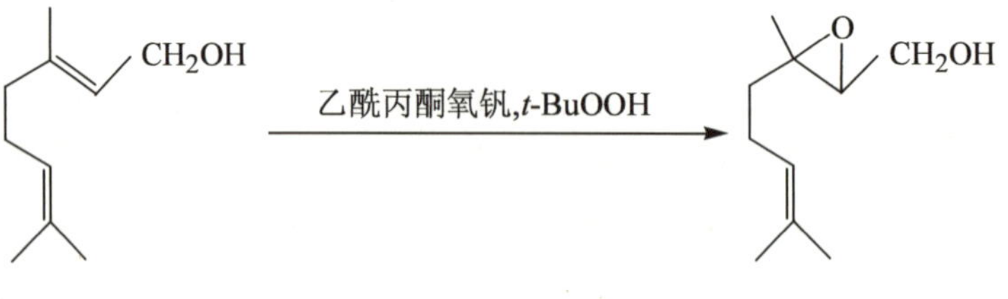

$$\xrightarrow{\text{乙酰丙酮氧钒},t\text{-BuOOH}}$$

3. 立体选择性

凡在一个反应中，一个立体异构体的产生超过(一般是大大超过)另外其他可能的立体，该反应叫立体选择反应。立体选择反应可分为顺反异构的选择和对映选择及非对映选择等。如醛与 Wittig 试剂反应生成烯的主体化学与叶立德的性质有关。稳定的叶立德

以 E 式产物为主，而不稳定的叶立德主要生成 Z 式产物。用普通的 Wittig-Horner 试剂进行反应得到反式占绝对优势的烯烃产物，但如果将 Wittig-Horner 试剂的膦酸乙酯换成膦酸β-三氟乙酯，选择性转换，获得顺式产物。例如：

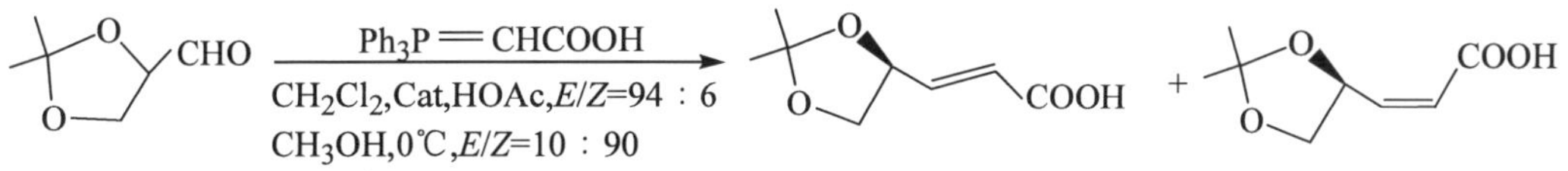
CHO
$Ph_3P=CHCOOH$
CH_2Cl_2,Cat,HOAc,E/Z=94：6
CH_3OH,0℃,E/Z=10：90
COOH
+
COOH

在一价铜盐存在下，溴化苯基镁向对映体长叶薄荷酮的 α, β-不饱和体系进行 1,4-加成反应。最初得到可能的非对映体 A 和 B 的比例为 1：1 的混合物，但在碱催化下，通过紧接着的异构化反应(经过烯醇盐)可取得热力学上稳定的产物 B(以 9：1 的比例)。

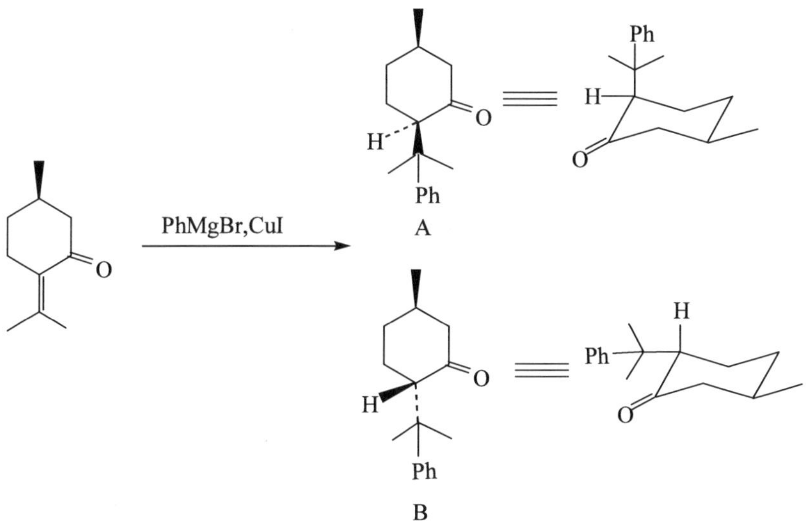
PhMgBr,CuI
A
B
Ph
H
O

0.2.4 有机合成路线设计方法

由美国哈佛大学 E. J. Corey 提出并发展起来的“合成元”(synthon)、“反合成分析”(retrosynthesis)、“反合成元”(retron)的概念是有机合成中最普遍接受的设计方法论。有机合成化学是一门实验科学，其出发点有三种。

1. 利用原料和中间体等合成

我国有丰富的天然资源如煤、石油、天然气等，生产过程中还有大量的副产物、边角料等，都是有机合成的新原料和研究的新领域。我国是世界上松脂产量最多的国家，但绝大部分松节油和松香只作为初级原料使用和出口，深加工产品不多。α-蒎烯是我国松节油中的主要成分，利用它作原料进行一些化学转化，可以合成芳樟醇、高质量龙脑、光学活性樟脑、二氢月桂烯醇、新檀香等系列产品，产生良好的经济效益。如何利用芳樟醇、龙脑之类的香料或先保护环丁环，之后再进一步利用其进行合成，已经成为合成的新课题。

α-蒎烯 —加氢→ α-蒎烷 —氧化→ 氢过氧化蒎烷 —−CO→ 蒎醇 —脱氢→ 芳樟醇

β-蒎烯 —热裂解→ 月桂烯 + 双戊烯 + 其他

又如，松节油合成农药增效剂单萜烯基酰亚胺反应如下：

松节油或双戊二烯 —异构化→ α-松油烯 —马来酐/双烯加成→ 萜马加成物 —酰亚胺化→ 萜马酰胺 —N-烷基化→ N-烷基萜马酰胺

石油化工生产中联产大量的碳四烃、碳五烃混合物，其中主要是化学活性很高的烯烃和双烯烃。碳四烃的化工利用率不高，碳五烃的利用率更低，基本上作为燃料使用。碳四烯烃中的主要成分是丁二烯、1-丁烯、2-顺丁烯等十多种重要化工原料，利用它们可以合成一次加工产品，还可经过二次、三次加工合成一系列精细化工产品。碳五烯烃中的异戊二烯、间戊二烯和环戊二烯都可进一步加工成一系列精细化工产品戊二醛、戊二醇、戊二酸等。从异戊二烯经过异戊烯氯、甲基庚烯酮、芳樟醇等重要中间体，进而合成许多重要的精细化学品如角鲨烷、维生素 A、维生素 B、维生素 K_1、维生素 K_2、抗溃疡新药 Gefanrnate、β-胡萝卜素、二氯菊酸以及柠檬醛、香茅醇、玫瑰醚、紫罗兰酮等香料。如龙涎酮(具有强烈的龙涎香和木香的香气)合成如下：

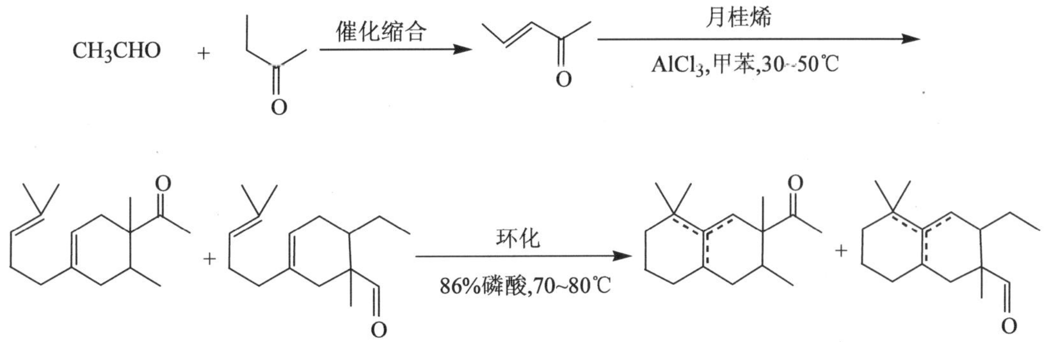

CH_3CHO + —催化缩合→ —月桂烯, $AlCl_3$,甲苯,30~50℃→

—环化, 86%磷酸,70~80℃→

2. 利用新反应合成

当一些反应机理或合成方法学的研究者发现了新的有趣的反应之后，自然而然地就会想到如何应用这些反应于有意义的目标分子合成中去。如 Wittig 反应发现后，迅速成为合成碳-碳双键的重要方法，在天然产物维生素 A、前列腺素、昆虫信息素、白三烯等精细化学品的合成中得到了广泛应用，并已由磷元素发展到了硫、硒、碲元素等。又如 20 世纪 80 年代以来，Sharpless 小组在多年研究环氧化反应中发现了著名的 Sharpless-AE 反应后，当即转向如何应用这一反应于光活性天然产物之中，如抗生素、白三烯等，现在 Sharpless 环氧化已经成为有机合成化学家常用的合成工具之一。如吴毓林等在白三烯的合成中发现下列双羟基化反应的选择性较好，近而就设计了利用此反应来合成蚊子产卵地的信息素。

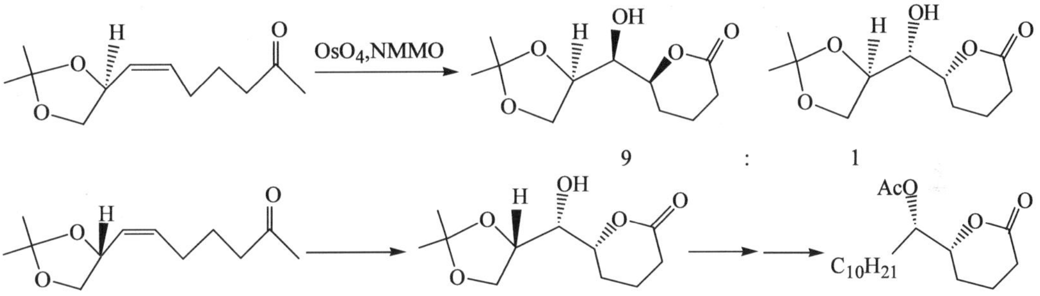

—OsO_4,NMMO→ 9 : 1

→ →→ $C_{10}H_{21}$ (AcO)

我国学者黄耀曾等发现砷叶立德合成共轭的醛、酮、酰胺时条件温和、产率好，于是进而合成了一些烯型的天然产物，如：

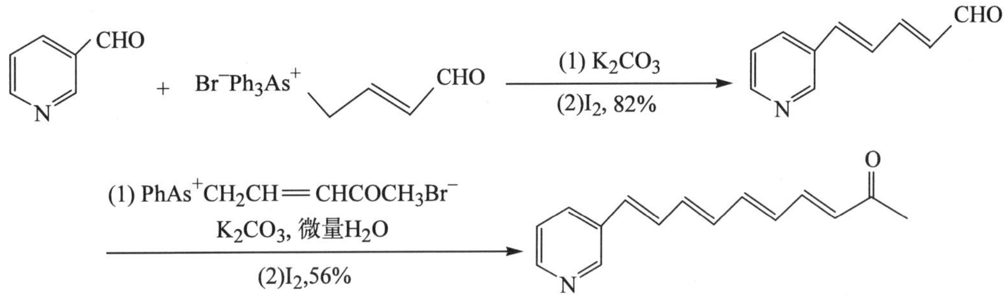

(CHO) + $Br^-Ph_3As^+$ (CHO) —(1) K_2CO_3 (2)I_2, 82%→ (CHO)

—(1) $PhAs^+CH_2CH{=}CHCOCH_3Br^-$, K_2CO_3, 微量H_2O (2)I_2,56%→

从这些例子中，我们可以看出，从对一个反应的深入研究开始，可以设计完成许多精细化学品的合成，关键在于如何将这些反应组织到一个合成路线的关键反应中去。

3. 特定目标分子的合成

这是有机合成中最常遇到的问题。在目标分子已知的前提下，可以探索是由哪些部分连接起来组成目标产物的，即在反合成中目标分子可以拆成哪些部分使合成能有效地、简化地进行。此时，应考虑根据目标分子的结构，可分成主体结构部分和反合成中要变化的部分。并由此找到目标起始物——原料。如：

HO～～～～$COOCH_3$ $\xRightarrow{\text{官能团互换}}$ OHC～～～$COCH_3$

$\xRightarrow{\text{闭环}}$ （环己烯基）$COCH_3$ $\xRightarrow{\text{官能团互换}}$ （环己酮）O

三种出发点虽有不同，但最终还是要归结到一个特定的目标分子，因此，以目标分子为出发点的合成设计原则在三类设计中都是需要参考的。

4. 有机合成设计的三步

考虑对一个特定目标分子的合成，第一步是对这个分子的结构特征和已知的理化性质进行收集和考察，由此可简化合成问题或者避免不必要的弯路。如角鲨烯是 30 个碳的三萜(是含有双键的物质，有链状、环状，又由包成度不同的烯键及含氧化合物组成)分子的一个中心对称的化合物，结构式如下：

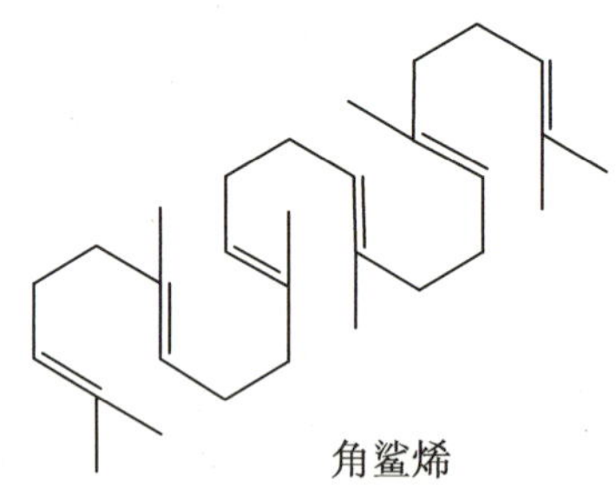

角鲨烯

可以设计一条路线，从中间出发向两边对称地同时进行合成。

第二步是以上述分析为基础，进而一步一步倒推出合成此目标分子的各种路线和可能的易得起始原料，即反合成。合成中间使用各种各样的反应来形成分子骨架，改变分子骨架上的官能团，从而最终获得目标分子。

第三步是从合成方向上进行审查，也就是对合成树剪裁、取舍，留下最佳路线。就角鲨烯而言，Johnson 利用其对称性(C_2 轴)简化并缩短了合成路线。下面是它们的合成路线，这是该领域早期的、较典型的范例。

OH OH —Li OH HO (1)CH(OEt)$_3$,H$^+$ (2)LiAlH$_4$, (3)CrO$_3$ CHO OHC

CHO OHC PPh$_3$ 角鲨烯

另外，还要考虑合成的经济问题、路线的长短、分离方法、产率、原料等，这样才能筛选出最佳的合成路线。

0.3 有机合成化学的产生和发展

众所周知，有机化学特别是有机合成化学是一门发展得比较完备的学科。在人类文明史上，它对提高人类的生活质量作出了巨大的贡献。有机合成化学的发展经历了四个时期。

0.3.1 初创期(19 世纪至 20 世纪前半叶)

在初创期，有机化学处于发展初期，有机合成的方法大多是偶然的或碰巧发现的。1828 年德国化学家维勒(F. Wöhler)用氰酸铵的水溶液，加热得到尿素。它否定了生命学说，肯定了有机物可以人工合成。但该时期的有机合成是把无机反应的模式拿来套用的，绝大多数是采用一些已知的反应，从原料基本结构出发，经过置换、缩合或偶联等反应，连接上官能团，转变成较大的分子。

1856 年 Hofmann 的助手、18 岁的青年学生 Perkin 在英国皇家化学学会试图按照无机反应的方法，用铬酸盐氧化从煤焦油中提取的烯丙基对甲苯胺合成抗疟疾药物奎宁：

$$2C_{10}H_{13}N + 3K_2Cr_2O_7 \longrightarrow C_{20}H_{24}N_2O_2 + H_2O$$

他没有成功，却意外地得到了色泽能与天然染料茜红和靛蓝媲美的苯胺紫，为从煤焦油制染料的工业创造了一个良好的开端。今天我们有了关于结构的知识，知道烯丙基对甲苯胺与奎宁结构之间存在巨大差别，因此当年 Perkin 的实验当然不会成功。

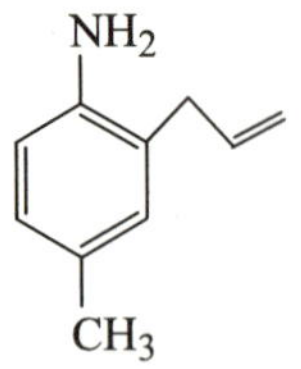

NH_2　　　　HO　CH　N

CH_3　　　　N

烯丙基对甲苯胺 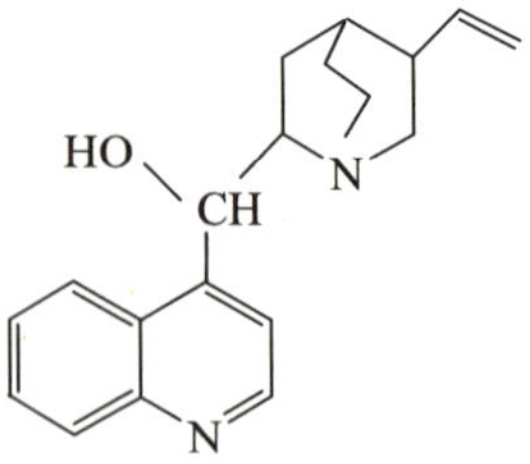　　　　奎宁

另一重要发现是 Williams 以氢氧化钾作用于不纯的 *N*-乙酰喹啉盐，合成了第一个菁染料。菁染料是照相软片的增感剂。1863 年，Hofmann 抱着回德国建立人工染料工业的宏愿，在柏林大学建立了规模较大的有机化学实验室，并充分利用了英国已有的成就，进行了染料、香料、医药合成的广泛研究。研究成果的应用给德国带来了巨大的利益。1871 年，德国煤化学工业技术占世界首位。1873 年，德国染料工业的产量、质量都超过了盛极一时的英国。合成染料工业带动了纺织工业(合成纤维)、制药工业(阿司匹林)、油漆工业和合成橡胶工业的发展，形成了几十亿马克的煤化学工业。德国赫希斯特公司和拜耳公司的产品源源不断地流向世界各国。许多天然产品被人工化学合成产品取代，人类进入了“化学合成时代”。原来的废弃物煤焦油成为了种种高价值产品的原料。德国人依靠自己的努力，终于迎头赶上和超过了英国。这一发展历史令人深省，值得我们中国人好好学习，我们也应通过自己的努力为国家的发展、经济的繁荣作出贡献。

到了 20 世纪上半叶，由于现代有机结构理论的初步确立和大批有机反应的发现，逐渐建立了通过有机化学反应的规律来进行有机合成的研究。大部分有机人名反应便是在这个时期出现的，有机合成工作开始了缓慢的进步。这个时期最有名的合成例子有血红素、颠茄酮、马萘雌酮，前两个化合物的合成者是诺贝尔化学奖的获得者。

0.3.2　艺术期(20 世纪 40~60 年代)

有了物理有机化学的知识，先进的科学手段，加上化学家杰出的才能，使得探索和掌握复杂分子的合成方法成为可能。因此，1945~1960 年期间，出现了许多复杂分子的高度精巧的合成方法。如 Woodward 对一批生物碱、甾体的合成，以及 Woodward、Eschenmoser 两个小组合作的维生素 B_{12} 全合成，是这一时期的结晶。

实际上，有机合成没有一个严格的公式可以遵循，它与个人的技巧、经验和熟练程度很有关系。正如印度化学家 Nitya Anand 所说的：“把有机合成和绘画、雕刻、音乐相比拟，应当作为一种艺术看待”，艺术高的几笔就画出了一件漂亮的作品。也如 Woodward 所说：“有机合成中有激动，有探险，也有挑战，也可包含着伟大的艺术”，有机合成进入艺术时期。

20 世纪 50 年代初，二茂铁的发现和 π 键夹心结构的阐明；硼氢化反应、Wittig 反应及铜试剂、锂试剂、硼烷试剂、硅烷试剂等的相继出现；有机分离、分析新方法乃至有机化学的新理论如 Woodward-Hofmann 规则、构象分析等成果促进了有机合成的快速发展，也显著地促进了整个有机化学的快速发展。我国的黄鸣龙反应、牛胰岛素的全合成、砷叶立德试剂的研究和应用，也得到了全世界的认可。

这个时期，有机化学家已成为名副其实的术士，几乎可以随心所欲地合成任何分子，只要这些分子不违反化学成键原则即可。

0.3.3 科学和艺术融合期(20 世纪 60~90 年代)

20 世纪 60 年代以后有机合成设计、有机合成策略被提了出来，其中最著名的，也是后来影响最大的是美国哈佛大学 E. J. Corey 提出的反合成分析概念。Corey 从合成的目标分子出发，根据其结构特征和对合成反应的知识进行逻辑分析，并利用其经验和推理技术，最后设计出巧妙的合成路线，使合成工作从一向认为是“科学艺术”发展成为可以计划的“系统工程”。自此，由于合成设计思想的提出，复杂产物分子的成功合成不仅仅是合成化学家的艺术杰作，更是科学和艺术的结晶，是想象力和逻辑推理以及实验技术的综合产物。

70 年代，有机合成的重大发展还在于致力于控制合成反应的选择性，包括分子中不同官能团上的化学选择性，不同部位上的区域选择性和更精细的立体选择性。有机合成的高选择性反应是 80~90 年代研究的热点。例如，哈佛大学的 Kishi 小组合成了一个剧毒的海洋生物毒素海葵毒素，该分子含有 129 个碳原子、64 个不对称中心和 7 个可以产生几何异构的分子内双键。假如合成反应没有精确的选择性，就可能产生 2^{71} 个异构体，近于天文数字了。因此，该合成方法被称为有机合成中的领先水平成果。也有人称这项合成为世纪性的工作。其实，对有机合成来讲，这不会是顶峰，还要发展，还会有更复杂更困难的合成任务等待解决。

中国科学院有机化学研究所周维善小组的青蒿素的全合成赢得了国际声誉，堪称中国天然合成的代表。90 年代以来，一系列具有不同复杂程度的天然产物相继被合成，如黄皮酰胺、油菜甾醇内酯、寡糖和糖苷等，显示了我国在天然产物合成领域已有较好的积累。

80 年代，我国把研究重点放在国际前沿的以导向有机合成为目标的金属有机化学，已经取得了一批可喜的成果，如陆熙炎院士的二价钯催化的缺电子三键与双键的 γ-丁内酯合成等，表明了我国金属有机化学的研究已进入世界前沿。

0.3.4 发展时期

20 世纪的有机合成化学与多种学科相结合，发展更快。

1. 以天然产物为目标的有机合成化学

一个多世纪以来，有机合成化学家以自然为师，努力合成自然界已发现的分子，合成了天然树脂、精油、高分子、药物、油脂及海洋天然产物的某些分子等，在自然形成的分子世界之外又创造了人工合成的世界，形成了天然产物学科，在很多高科技领域得到了很好的应用，创造出了重要价值。

中国是世界上植物资源最丰富的国家之一，仅高等植物就有 3.2 万余种，食用植物

2000 余种，药用植物 3000 余种，研究领域极为广阔。例如，据有关国际组织估计，今后 10 年全球药品销售将年均增长 7%，2010 年达到 6800 亿~7200 亿美元。国际植物药物增长势头更为迅猛，10 年后将达到 1000 亿美元的销售规模。因此，以天然产物为目标的研究是人类可持续发展保证的重要方面。

2. 与生命科学相结合的有机合成化学

生物学家注意认识世界，而化学家则想改变世界。化学与生命科学相结合有三层含义：一是有机合成选择生命科学中的重要物质为合成对象；二是将生物方法用于有机合成；三是二者巧妙结合产生一些全新的分支领域。这表明化学已进入了生命科学领域，有机合成与细胞周期的调控或生物信号传导的合作研究报道越来越多，如紫杉醇、Epothilone 和番荔枝内酯类的合成被广泛研究。对于生命科学来说，化学家要合成具有生物功能的分子，如合成能调控 30 000 条人基因的小分子、蛋白质或核酸。

生物方法在有机合成中的应用也越来越受到重视。如酶在有机合成中的应用是受到重视的一个热点，特别是在一些手性分子的制备上更显出它的重要性，对于一个酶体系来说，它的独特的选择性是无与伦比的，酶是一类很重要的催化剂。酶与抗体是有差别的，酶是选择性地与反应过渡态分子相结合，而抗体则与基态分子相结合。如果抗体也能与过渡态的稳定的类似物相结合，抗体也能发挥酶一样的作用。在单克隆技术发展以后，Schultz 和 Levener 首次成功地得到了能加速酶水解的抗体，其加速作用可达 10^3~10^6 倍。在酰胺键的水解中也有催化抗体出现，甚至 Claisen 重排反应、双烯加成反应等都有催化抗体。催化抗体不仅像酶一样能进行位置专一性诱变反应，而且还能进一步按照人们的意愿去进行预计的专一性的催化反应。近年来，大量反应(从酰胺键的断裂到碳-碳键的生成)都实现了抗体的催化。这种反应选择性好，加速快(最高可达百万倍)。预期这方面还会有新的突破。

3. 与材料科学相结合的有机合成化学

在材料科学的新发展中，很多材料本身都是合成的新物种，实用性能很好。如医疗上的外科手术的强力生物黏胶材料、骨组织修复材料、神经组织修复材料、牙科手术的引导组织再生(GTR)的膜材料等。尤其是分子电子元件的材料分子、人工晶体、沸石和生物芯片备受关注。

有机功能材料(包括功能高分子)是近年来发展较快的领域。有机功能材料的优点是较易从功能出发进行设计，也较易合成。致命的缺点是有机化合物的稳定性问题。因此，在工作条件不太苛刻时，有机材料将是十分优越的。如 DNA 芯片的制备，由 C_{60} 出发的多种衍生物的合成，显示了有机合成材料科学前途无量。

另外，有机–无机复合以至金属掺和的材料，更显示出广阔的应用前景。新催化剂的合成也是一个重要方面。

有机合成化学的研究历来是与理论化学的研究紧密结合的，有机合成的研究能促进有机反应机理中一系列理论问题的研究，有助于人们对各类有机反应规律的理解与掌握。

0.4 绿色有机合成化学

绿色有机合成化学是人类对生态环境关注的必然产物。为了使生态环境和人类可持续发展相协调，有机合成化学家必须进行合成的合理反应设计、高效率高选择的反应来实现零排放。

不可否认，“传统”的合成化学方法以及依其建立起来的“传统”合成化学工业，对整个人类赖以生存的生态环境造成了严重的污染和破坏。以往解决问题的主要手段是先污染后治理，花费了大量的人力、物力和财力，效果不明显。20 世纪 90 年代初，化学家提出了与传统的“治理污染”不同的“绿色化学”的概念，即如何从源头上减少，甚至消除污染的产生。通过研究和改进化学化工过程及相应的工艺技术，从根本上降低以至消除副产品或废弃物的生成，从而达到保护和改善环境的目的。“绿色合成化学”的目标要求是：使用的化学原料、化学化工过程以及最终的产品，对人类的健康和环境都应该是友好的。绿色化学的基本原理有以下几个方面：①防止污染的产生优于治理产生的污染；②原子经济性；③只要反应可行，应尽量采用毒性小的、更安全的化学合成路线，尽量避免不必要的衍生化步骤；④应尽可能避免使用辅助物质(如溶剂、分离剂等)，如用时应是无毒的；⑤应考虑到能源消耗对环境和经济的影响，并应尽量少地使用能源；⑥原料应是可再生的，而非将耗竭的；⑦催化性试剂(有尽可能好的选择性)优于当量性试剂；⑧化工产品在完成其使命后，不应残留在环境中，而应能降解为无害的物质；⑨分析方法必须进一步发展，以使在有害物质生成前能够进行即时的和在线跟踪及控制；⑩在化学转换过程中，所选用的物质和物质的形态应能尽可能地降低发生化学事故的可能性。总之，要求化学家从一个崭新的角度来审视“传统”的化学研究和化工过程，并以“与环境友好”为基础和出发点提出新的化学问题，创造出新的化工技术。

0.4.1 绿色有机合成化学原理和发展

1. 原子经济性

1991 年，著名化学家 B. M. Trost 提出以“原子经济性”的观念来评估化学反应的效率，也就是，要考察有多少反应物分子进入到最后的产物分子。理想的“原子经济性”反应应该是有 100%的反应物转化到最终产物中，而没有副产物生成。传统的有机合成化学比较重视反应产物的收率，而较多地忽略了副产物或废弃物的生成。例如，Wittig 成烯反应是一个应用非常广泛的有机反应，但从绿色化学的角度来看，它生成了较多的副产物，“原子经济性”很差。经过多年的实践，许多化学家，包括一些企业界的人士都认识到“原子经济性”原则的重要性。B. M. Trost 教授也因此获得了 1998 年美国总统绿色化学挑战者奖中的学术奖。

当然，目前真正属于高“原子经济性”的有机合成反应，特别是适于工业化生产的高“原子经济性”的有机合成反应还不多见。实现“原子经济性”的目标是一个漫长的过程。科学工作者应该自觉地用“原子经济性”的原则去审视已有的有机合成反应，并努力开发符合“原子经济性”原则的新反应。

2. 发展高选择性、高效的催化剂

1) 催化的不对称合成反应

获得单一手性分子的方法中，外消旋体的拆分是一个重要的途径。但是，理想的产率也只能达到50%；另一半异构体只能废弃，而可能对环境造成污染。利用催化的不对称反应以提高目标手性分子产率，是有机合成化学研究的热点和前沿，也是有关手性药物研究的主要兴趣之一。2001 年的诺贝尔化学奖授予了 Knowles、Noyori 和 Sharpless 三位化学家，以表彰他们在催化不对称反应的研究方面所取得的卓越成就，也说明开展催化不对称反应研究的重要意义。

2) 生物转化反应

生物转化反应非常符合绿色化学的要求：具有高效、高选择性和清洁反应的特点；反应产物单纯，易分离纯化；可避免使用贵金属和有机溶剂；能源消耗低；可以合成一些用化学方法难以合成的化合物。著名化学家 Chi-Huey Wong 以在酶促反应所取得的引人瞩目的创新性成就获得了 2000 年美国总统绿色化学挑战者奖中的学术奖。生物转化合成反应的研究可集中在以下几个方面：发现新的高活性和高选择性的酶催化剂；扩展酶促反应的适用范围；利用生物工程技术获得高效的酶催化剂；注意解决酶促反应工业中的问题；重视酶促反应的机理研究。

3. 简化反应步骤，减少污染排放，开发新的合成工艺

对于那些从传统的观念看，设计和效益都是合理的工艺路线也要从绿色化学的原理给予重新审视。这对有机合成化学提出了新的、更高的要求。例如：Roche Colorado 公司在开发抗病毒药物 Cytovene 时，对原有的工艺进行了大的改进，采用从鸟嘌呤三酯(guanine triester)出发的新合成路线。与旧工艺相比，新的工艺将反应试剂和中间产物的数量从 22 种减少到 11 种，减少了 66%的废气排放和 89%的固体废弃物，5 种反应试剂中有 4 种不进入最终产物而能在工艺过程中循环使用，产率提高了 2 倍。

0.4.2 新的或非传统的“洁净”反应介质开发利用

选择与环境友好的“洁净”反应介质是绿色化学合成研究的重要组成部分。主要有以下几种类型的反应介质：超临界和近(或亚)临界流体、液体水、离子液体等，还可以包括一些无溶剂的固态反应。

1. 超临界和近临界流体

超临界流体是指物质的温度和压力分别处在其临界温度和临界压力之上时的一种特殊的流体状态。超临界流体可以通过微调温度或压力来控制密度、黏度、比热容、介电常数和溶解力等特性的变化，可以适用于多种反应条件。鉴于超临界流体的优异性，人们对超临界流体的研究日趋深入。尤其是超临界水和超临界二氧化碳中的化学反应研究，取得了不少引人注目的成果。主要研究方向有：测定均相反应的反应速率和溶剂效应以寻求新的应用对象；非均相催化和生物催化反应的一般行为以及拓宽其应用范围；物料的转化和分解反应；在超临界水中的氧化反应等。

近临界水(near-critical water)的研究更引起了人们的重视。近临界水有许多优点和特点：相对于超临界水来说，需要的温度和压力都较低；作为溶剂，对有机物的溶解性能相当于丙酮或乙醇；近临界水的介电常数介于常态水和超临界水之间，因此，近临界水足以既能溶解盐，又能溶解有机化合物：水与产物易分离，用于分离纯化的耗费很小。在近临界水中进行的有机反应也有一些值得注意的特点。由于近临界水具有很大的离子化常数(ionization constant)，对于某些需要酸催化或碱催化的反应，近临界水也可催化反应，而不必另加催化剂。例如，在近临界水中进行的Friedel-Crafts 反应，不用像传统工业生产那样加入 2 倍当量的 $AlCl_3$，或其他的 Lewis 酸即可反应，避免了大量的无机盐废弃物的产生。目前，已有报道在近临界水中进行烷基化反应、Aldol 缩合反应、氧化反应等的研究结果。近临界水的应用更适合于小规模、高附加值的化工过程。对于“洁净”的反应介质，近临界水中的有机反应研究是一个值得注意的课题。

2. 以水为介质的有机反应

水相中的有机反应具有许多优点：操作简便，安全，没有有机溶剂的易燃、易爆等问题。在有机合成方面，可以省略许多诸如官能团的保护和去保护等的合成步骤。水的资源丰富，成本低廉，不会污染环境，因此是潜在的“与环境友善”的反应介质。从另一个角度看，长期以来，大部分有机反应是在有机溶剂中进行的，有的甚至必须在无水、无氧的条件下进行，有机合成反应的研究也是以有机反应介质为基础的。以水为介质必然会引出许多新问题，如有机底物在水中的“疏水作用”、反应底物和试剂在水中的稳定性、水中存在的大量的氢键对反应的影响、水中有机反应的机理、水中反应的立体化学、适于水相反应的新试剂和新反应的发现和应用等。可以预见，水相有机反应的研究将会在有机合成化学中开辟出一个新的研究领域。2001 年美国总统绿色化学挑战者奖学术奖授予了李朝军教授，也表明水相有机反应的研究正在受到越来越多的关注。

水相有机反应的研究已涉及多个反应类型，例如：周环反应；亲核加成和取代反应；金属参与的有机反应；Lewis 酸和过渡金属试剂催化的有机反应，包括聚合反应；氧化和还原反应，包括加氢反应；水相中的自由基反应等。近期的主要进展有：与水相溶的 Lewis 酸催化剂在水相形成新 C—C 键反应的应用；金属参与的，特别是金属铟参与的水相形成新 C—C 键的反应，以及在天然产物合成中的应用；过渡金属试剂催化的水相 Grignard 型和共轭加成反应；金属铑试剂催化的水相有机硼酸的不对称反应等。水相有机反应研究有以下几个方面值得重视：水相有机反应的特点和反应机理，水对反应的特殊作用以及相关的理论问题；研究有机金属试剂或 Lewis 酸催化的水相反应，特别是相应的水相不对称反应；探索将水相有机反应和生物转化反应相结合的新合成方法；实现水相中的“原子经济性”反应；加强对水相有机反应工业应用中基本问题的研究。

3. 离子液体的应用

离子液体(ionic liquid)是指室温或低温下为液体的盐，由含氮、磷有机阳离子和大的无机阴离子(如 BF_4^-、PF_6^-等)组成。离子液体对有机、金属有机、无机化合物有很好的溶解性，无需测蒸气压，无味，不燃，易与产物分离，易回收，可循环使用。可见，离子液体在作为与环境友好的“洁净”溶剂方面有很大的潜力。

离子液体兼有极性和非极性有机溶剂的溶解性能，溶解在离子液体中的催化剂，同时具有均相和非均相催化剂的优点，催化反应有高的反应速度和高的选择性。因此，以离子液体为溶剂的有机反应也表现出许多特点，并有可能在工业生产中得到应用。例如，在传统的有机溶剂中，烯烃与芳烃的烷基化反应是不能进行的；而在离子液体中，在催化剂作用下，反应在室温下则能顺利进行，收率为 96%，催化剂还能重复使用。某些离子液体还具有 Lewis 酸性，可以不另加催化剂就能催化反应。已报道的离子液体中的有机反应有：Friedel-Crafts 反应；烯烃的氢化反应；氢甲酰化反应；氧化、还原反应；形成 C—C 键的偶联反应等。另外，为解决酶的固定化和其在有机溶剂中失活的问题，用离子液体进行酶促反应是一个很好的办法。这方面的工作才刚刚开始，以离子液体为反应介质的优点、适用范围和不足还要不断深入研究和挖掘。离子液体对环境和生物的影响还需要更深入的评估。

4. 微波辐射有机合成

微波应用于合成反应起始于 1986 年，格迪等在微波炉内进行酯化、水解、氧化和亲核取代反应等研究取得了良好效果。之后发展迅速，现在形成了新领域。

微波的频率为 300MHz~300GHz，即波长为 100cm~0.1cm，位于电磁波谱红外辐射光波和无线电波之间，因而只能激发分子的转动能级。

微波作用下的反应速率比传统的加热方法快数倍甚至上千倍，具有操作方便、产率高及产品易纯化等优点，是清洁能源，具有良好的应用前景。微波应用于有机合成主要研究是：现有技术的完善和新技术的建立；微波在有机合成反应的应用及反应规律；微波化学理论。

0.5　有机合成化学展望

有机合成化学的未来会继续向高难度、高生物活性方向发展。开发新的、具有普遍意义的、可以广泛地用于各种不同的目标分子的合成方法也是有机合成发展的重要任务。随着生命科学的发展和需要，“仿生合成”也日益兴起。组合化学的应运而生，可将几批合成试剂和中间体分子以不同方式排列组合而一次性获得成千上万个化合物的合成方法。对合成工业产生着深远影响。计算机辅助合成设计也是一个发展方向。计算机在 20 世纪 90 年代的飞跃，使得分子力学、半经验量子化学计算或分子建模正成为有机合成的有力助手。实验室-通风橱-计算机三位一体的新实验室已逐渐普及，而且已进入工业界，在新产品开发中起着越来越重要的作用。

总之，有机合成的发展趋势可以概括为：解决合成什么——合成特殊功能的分子和分子聚集体，到生命科学、材料科学中去开辟新领域；怎样合成——合成的选择、有效性、绿色合成、组合合成、快速合成和非共价合成。前景很好，富有挑战性，并在分子科学领域中继续发挥其支配性作用。有机合成的发展没有终点，而且永远没有终点。

第 1 章　碳负离子反应

增长碳链是有机合成化学的一个重要工作，能形成碳-碳键的反应都能使碳链增长。本章主要讨论:反应物之一在碱催化下形成碳负离子 C^-和亲电性碳正离子 C^+所进行的几类增长碳链的缩合反应，即醇醛缩合型反应、酰基化和烃基化反应以及和活泼烯烃的加成反应等。

1.1　基 本 原 理

1.1.1　碳负离子的形成

碳负离子是以一个带有负电荷的三价碳为中心原子的中间体，是有机化学反应中常见的活性中间体。如甲基负离子、烯丙基负离子、苄基负离子、三苯甲基负离子等。这些碳负离子可以通过金属有机化合物(如 RLi, RMgX, RC$\equiv$CNa 等)异裂而产生。也可以认为碳负离子是有机分子中的碳-氢键失去质子后所形成的共轭碱。它作为一种亲核性碳，广泛地用于有机合成中碳-碳键的形成。碳-氢键的碳原子上存在吸电子基时易形成碳负离子，如

$$-\overset{O}{\overset{\|}{C}}-\overset{H}{\overset{|}{C}}- \xrightarrow{\text{强碱}} -\overset{O}{\overset{\|}{C}}-\overset{-}{C}- \longleftrightarrow -\overset{O^-}{\overset{|}{C}}=C-$$

$$N\equiv C-\overset{H}{\overset{|}{C}}- \xrightarrow{\text{强碱}} N\equiv C-\overset{-}{C}- \longleftrightarrow \overset{-}{N}=C=C-$$

$$NO_2-\overset{H}{\overset{|}{C}}- \xrightarrow{\text{强碱}} NO_2-\overset{-}{C}- \longleftrightarrow (^-O)_2\overset{+}{N}=C-$$

例如：

$$-\underset{A}{\overset{|}{C}}- + B^- \rightleftharpoons -\underset{A}{\overset{|}{C}}^- + BH$$

羰基化合物切断：

$$CH_3COCH_2CH(OH)R \Longrightarrow CH_3COCH_2^- + {}^+CH(OH)R$$

机理：

$$\text{CH}_3\text{CO}\text{-}\!\!\!/\!\!\!\text{-CH(OH)R} \Longrightarrow \text{CH}_2\!=\!\text{C(O}^-\text{M}^+\text{)CH}_3 \longleftrightarrow {}^-\text{CH}_2\text{COCH}_3 \xrightleftharpoons{\bar{\text{B}}:} \text{CH}_3\text{COCH}_3$$

烯醇负离子

碳负离子是一种碱，是由氢碳酸脱去质子形成的。在碳氢化合物中，碳原子上的氢从理论上讲，是一个潜在的酸，可看做一种氢碳酸(各种化合物的 pK_a 值见表 1-1)，只要有一个足够强的碱，就可以使它脱去质子，但一般脱去质子的速度很慢，同时要形成一个稳定的 C^-，需要一定的内外条件。如 CH_4 的 pK_a 还不能准确测定，解离平衡式为

$$CH_4 \rightleftharpoons CH_3^- + H^+ \qquad K_a = \frac{[CH_3^-][H^+]}{[CH_4]} \qquad pK_a = -\lg K_a$$

pK_a 值越小，酸性越强。

表 1-1　部分化合物的 pK_a 值

共轭酸	共轭碱	pK_a	共轭酸	共轭碱	pK_a
CH_3CH_3	$CH_3CH_2^-$	42.0	$CH_2(CO_2Et)_2$	$^-CH(CO_2Et)_2$	13.3
CH_4	CH_3^-	40*	$CH_2(CN)_2$	$^-CH(CN)_2$	12.0
$C_6H_5CH_3$	$C_6H_5CH_2^-$	40.9	CH_3COCH_2COOEt	CH_3COCH^-COOEt	10.0
C_6H_6	$C_6H_5^-$	37.0	CH_3CH_2CN	CH_3CH^-CN	10.0
$CH_2{=}CH_2$	$CH_2{=}CH^-$	37.0	$CH_3COCH_2COCH_3$	$CH_3COCH^-COCH_3$	8.8
$CH{\equiv}CH$	$CH{\equiv}C^-$	23.2	$CH_3COCH_2NO_2$	$CH_3COCH^-NO_2$	5.1
$CH_3C{\equiv}N$	$^-CH_2C{\equiv}N$	25.0	$O_2NCH_2NO_2$	$O_2NCH^-NO_2$	4.0
CH_3COCH_3	$CH_3COCH_2^-$	20.0			

* 表示 CH_4 的 pK_a 值还不能准确测定。

1.1.2　碳负离子的形成条件

1) 形成碳负离子的内部条件

能形成碳负离子的化合物从结构上讲，至少含有一个氢的碳原子的邻位要有一个活化基团，一些带有双键或三键的吸电子基团 $-\overset{|}{C}{=}O$、$-NO_2$、$-SO_3H$、$-CN$、$-C{\equiv}CH$ 等都是活化基团。活化基团有两个作用：①由于其吸电子作用，氢碳酸的酸性增加，而容易脱质子化。②使形成的 C^- 的负电荷离域而趋于稳定。C^- 的形成是和稳定性有关的，稳定的才易形成。如 $CH_3CH_2^-$ 很不稳定，而 $CH_3CO\bar{C}HNO_2$ 较稳定，因为前者负电荷因甲基的斥电子而比较集中在中心碳原子上，后者因受邻位羰基和硝基影响，负电荷发生离域化或共振效应而稳定。

$$CH_3-\overset{O}{\overset{\|}{C}}-\bar{C}H-\overset{O}{\overset{\uparrow}{N}}{=}O$$

活化基团的强弱顺序如下：

$$—NO_2 > \overset{|}{R}C{=}O > —SO_2 > —COOR > —CN > —C{\equiv}CH > —C_6H_5 > —CH{=}CH_2 > —R$$

除了要有一个活化基团外，分子中的其他基团的空间效应和电子效应对 C^-的形成和稳定性也有影响，其中空间阻碍影响最大。例如：丁酮和 4,4-二甲基-2-戊酮质子交换速度，前者比后者约大 90 倍，因为在后一化合物中的叔丁基在空间上阻碍了分子和碱的接近。另外，分子中其他基团的诱导效应也有一定作用，如果α-碳原子旁再连一个吸电子基团，更增加α-H 的活性(但氢离子离解的增加不等于几个负性基团的加和)。如果α-碳原子旁连接一个斥电子基团如烷基，则降低了α-碳原子与氢原子之间的电子云密度，使得其酸性增大，使碳负离子难以形成。α-碳原子上基团的诱导作用和氢原子的活性关系，可从表 1-2 中酮的氘-氢交换相对速度看出。

表 1-2 酮的氘-氢交换相对速度

酮	相对速度	酮	相对速度
$H—CH_2COCH_2CH_3$	45	$H—CH_2COCH_2C(CH_3)_3$	5.1
$H—CH_2COCH(CH_3)_2$	45	$CH_3CO\overset{H}{\overset{\vert}{C}}(CH_3)_2$	0.45
$CH_3CO\overset{H}{\overset{\vert}{C}}HCH_3$	41.5	$CH_3CO\overset{H}{\overset{\vert}{C}}HC(CH_3)_3$	< 0.1

2) 形成碳负离子的外部条件

有了一个带有活化基团的化合物后，还必须加入碱，才能把α-H 交换下来，形成碳负离子。碱的种类有很多，例如：HO^-，RO^-，$H:^-$，$—N:^-$，$:CN^-$，$R—Si^-$，在形成 C^-的时候，要根据 C^-共轭酸的强弱，选择强度适合的碱，酸性弱α-H 的要用强碱，反之用较弱的碱，例如使丙酮中α-H 脱质子，不能用 $CH_3CH_2O^-Na^+$，而要用更强的碱 *t*-BuOK(叔丁基醇钾)。

在选择碱的时候，还要分清哪些碱是强亲质子性的(与质子结合的能力)，哪些碱是强亲核性的(与碳正离子的结合能力)，哪些是两种都有的。这是因为在形成 C^-的过程中，碱可能进攻碳原子，也可能进攻质子。

一般来说，亲核试剂的亲核性能大致与其碱性的强弱次序相对应。对具有相同进攻原子的亲核试剂，碱性越强者，亲核性越强。如：$CH_3CH_2O^- > HO^- > C_6H_5O^- > CH_3COO^-$。在产生 C^-时应选择亲质子能力强而亲核能力弱的碱。下面列出常用碱的性能：

具有强亲质子和强亲核能力的碱：HO^-，CH_3O^-，$C_2H_5O^-$，RS^-，CN^-等。

具有强亲质子和弱亲核能力的碱：H^-，NH_2^-。

具有强亲质子和相当弱亲核性的碱：$(CH_3CH_2)_2N^-$,$C_6H_5N^-$，$Me_3Si\text{-}N^-$。

下面以实例说明选择碱的问题：

例　醛、酯的α-H 烷基化时，不能用 HO^-去脱质子。如用 HO^-时则醛发生醇醛缩合：

$$CH_3CH_2\overset{O}{\overset{\|}{C}}H + CH_3CH_2\overset{O}{\overset{\|}{C}}H \xrightarrow{HO^-} CH_3CH_2—\underset{H}{\overset{OH}{C}}—\underset{CH_3}{CHCHO}$$

这是因为 HO^-对质子和碳都有强的结合能力，这时最好选用亲质子能力更强的碱，如 $C_6H_5\bar{N}$:。

在形成碳负离子的外部因素中，还应指出溶剂的影响。如溶剂的酸性比氢碳酸强得多时，就不能产生很多的 C^-,因为溶剂的质子被刚形成的碱性很强的 C^-夺去，成为原来的化合物(内返作用)。

$$RH + M^+B^- \underset{内返}{\overset{离解}{\rightleftharpoons}} [R^-M^+ + BH] \longrightarrow R^- + M^+ + BH$$

一般应采用极性大、酸性弱的溶剂，即非质子溶剂。有以下几种配合：

(1) 通常溶剂用 *t*-BuOH 或二甲基亚砜(DMSO)、四氢呋喃(THF)。

(2) $NaNH_2$，溶剂用液氨或醚、苯、甲苯、1,2-二甲氧基烷基苯等。

(3) NaH、LiH，溶剂用苯、醚、THF 等。

(4) $(C_6H_5)_3CNa$，溶剂用苯基醚、液氨等。

碳负离子在反应中是一个亲核试剂。在许多情况下是以烯醇式负离子结构形式存在。为了满足合成的需要，常常需要形成单一部位的烯醇盐。这就需要从形成碳负离子时的条件上加以控制：①动力学控制形成碳负离子部位碳氢被碱提取质子的相对速度。一般在较低温度下和体积较大的碱条件下，易使碳负离子在位阻较小部位的碳-氢键处形成；②热力学控制两种碳负离子能相互转化并达到平衡，一般在较高温度、体积较小的碱条件下，取代基较多部位的碳-氢键易于形成碳负离子。如：(反应中 LDA：二异丙基氨基锂)

2-甲基环己酮 → H_3C-取代烯醇负离子（O^-，双键在取代侧） + H_3C-取代烯醇负离子（O^-，双键在非取代侧）

动力学控制	1	99（LDA/二甲氧基乙烷）
热力学控制	78	22（Et_3N/DMF）

1.2　碳负离子反应

C^-形成后，它虽然是共振稳定的，但仍具有很高的能量，可以发生多种亲核加成反应，下面分别介绍几类常用反应。

1.2.1 与含羰基的化合物反应

C^-与醛、酮羰基发生亲核加成，即醇醛缩合型反应，生成α-羟基羰基化合物或进一步失水为 α,β-不饱和羰基化合物。

$$\equiv\bar{C} + \,>C{=}O \longleftrightarrow -\overset{|}{\underset{|}{C}}-\overset{|}{\underset{|}{C}}-\bar{O}$$

碱催化醛、酮碳负离子反应。醛、酮在碱作用下，形成的烯醇负离子是双位性负离子。可以发生氧负和碳负的两位加成。反应可以使碳链增长 1~3 个碳原子。

$$RCH_2-\overset{O}{\overset{\|}{C}}-R + B^- \rightleftharpoons R\bar{C}H-\overset{O}{\overset{\|}{C}}-R' + BH^+ \rightleftharpoons R-CH{=}\overset{O^-}{\overset{|}{C}}-R'$$

(R'=H,R)

$$RCH_2-\overset{O}{\overset{\|}{C}}-R' \xrightarrow{B^-} \begin{cases} \xrightarrow{R\bar{C}HC(O)-R'} (RCH_2)(R')C(O^-)-CH(R)C(O)-R' \xrightleftharpoons{BH} (RCH_2)(R')C(OH)-CH(R)-C(O)-R' & (1) \\ \xrightarrow{RCH{=}C(O^-)-R'} (RCH_2)(R')C(O^-)-O-C(R'){=}CHR \xrightleftharpoons{BH} (RCH_2)(R')C(OH)-O-C(R'){=}CHR & (2) \end{cases}$$

这两种反应哪一种占优势取决于反应物结构、介质的性质和碳负离子的活性，一般来说按(1)式进行较多，因为在 C^-上的反应物比 O^-上的反应物在热力学上更稳定，从软硬酸碱理论看 C^-和 C^-是匹配的。不对称酮因含两个α-碳原子，且都连有氢原子，因此可形成两种碳负离子，生成两种缩合产物。

$$CH_3CH_2\overset{O}{\overset{\|}{C}}-CH_3 + B^- \longrightarrow \begin{bmatrix} \bar{C}H_2\overset{O}{\overset{\|}{C}}-CH_2CH_3 \\ CH_3\overset{O}{\overset{\|}{C}}-\bar{C}HCH_3 \end{bmatrix} \xrightarrow{CH_3\overset{O}{\overset{\|}{C}}-CH_2CH_3} \begin{bmatrix} (CH_3CH_2)(CH_3)C(OH)-CH_2\overset{O}{\overset{\|}{C}}-CH_2CH_3 \\ (CH_3CH_2)(CH_3)C(OH)-CH(CH_3)(COCH_3) \end{bmatrix}$$

实际上前者是主要产物，即不对称酮的碳负离子总是在烷化少的碳原子上生成，这是因为烷化少的碳原子空间障碍少的缘故。

1.2.2 烯醇碳负离子反应

烯醇碳负离子的电荷在碳及氧原子上非定域分布，因此它是两可性亲核试剂。当进行烃化反应时，除可在碳原子上进行烃化外，当结构有利时反应也可在氧原子上进行。如：

$$CH_3-\overset{O}{\overset{\|}{C}}-CH_2COOEt + Br(CH_2)_3Br \xrightarrow{EtO^-} \text{2-甲基-3-乙氧羰基-5,6-二氢-4H-吡喃}$$

其反应机理为

$$CH_3-\overset{O}{\overset{\|}{C}}-CH_2COOEt \xrightarrow{EtO^-} CH_3-\overset{O}{\overset{\|}{C}}-\overset{-}{C}HCOOEt \;(+\; CH_2CH_2CH_2Br-Br) \longrightarrow H_3C-\overset{O}{\overset{\|}{C}}-CH(COOEt)-CH_2-CH_2-CH_2Br \underset{}{\overset{EtO^-}{\rightleftharpoons}}$$

$$H_3C-\overset{O^-}{\overset{|}{C}}=C(COOEt)-CH_2-CH_2-CH_2Br \longrightarrow \text{2-甲基-3-乙氧羰基-5,6-二氢-4H-吡喃}$$

反应的推动力无疑来自于形成六元环的稳定过渡态。

烯醇负离子从羰基化合物中移去一个质子得到的碳负离子是烯醇物，具有亲核性，与卤代烷反应生成烷基化产物，如：

$$\text{2-甲酰基-6-甲基环己酮} \rightleftharpoons \text{2-羟甲叉基-6-甲基环己酮} \xrightarrow[K_2CO_3]{CH_3I} \text{2-甲基-2-甲酰基-6-甲基环己酮}$$

1.2.3　酯碳负离子反应

酯的α-亚甲基不能与酮发生醇醛缩合，但在醇钠的催化下，丁二酸酯或α-羟基取代的丁二酸酯却能和酮羰基反应(Stobbe 反应)。反应机理为

$$EtO_2C-CH_2CH_2-CO_2Et \underset{EtOH}{\overset{EtO^-}{\rightleftharpoons}} EtO_2C-\overset{-}{C}H-CH_2-COOEt$$

$$EtO_2C-\overset{-}{C}H-CH_2-CO_2Et + R_2CO \rightleftharpoons R_2\underset{\underset{O^-}{|}}{C}-\underset{\underset{CO_2Et}{|}}{CH}-CH_2-CO_2Et$$

一元羧酸酯和酮不发生 Stobbe 反应，而发生 Claisen 酯缩合反应。含α-H 的醛自身的缩合反应优先于 Stobbe 反应产物，但没有α-H 的醛可以发生 Stobbe 反应。也可用γ-酮酸酯代替丁二酸酯进行反应。

Stobbe 反应可在羰基碳上增长三个碳原子，使用在以芳香环为原料合成多环或稠环化合物方面很有价值。例如：

$$\mathrm{C_6H_5COR} \xrightarrow{\text{Stobbe缩合}} \mathrm{C_6H_5C(R){=}C(CO_2Et)CH_2CO_2Et} \xrightarrow[\text{Friedel-Crafts反应}]{\text{闭环}} \text{(R, }CO_2Et\text{ 取代的萘酮)}$$

$$\xrightarrow{\text{还原}} \text{(R, }CO_2Et\text{ 取代的二氢萘, }O^-\text{)} \xrightarrow[H^+]{-H_2O} \text{(1-R-2-}CO_2Et\text{ 萘)}$$

1.2.4　α-卤代羧酸酯碳负离子反应

羰基化合物与α-卤代羧酸酯缩合反应(Darzen 反应)，α-卤代羧酸酯和醛酮在碱催化下缩合，生成 α, β-环氧酸酯。

$$\mathrm{ClCH_2CO_2Et} \xrightarrow{\mathrm{RONa}} \mathrm{Cl\bar{C}HCO_2Et} \xrightarrow{\mathrm{R_2CO}} \mathrm{R_2C(O^-)\text{—}CH(Cl)\text{—}CO_2Et} \longrightarrow \mathrm{R_2C\text{—}CH\text{—}CO_2Et}\ (\text{环氧})$$

α, β-环氧酸酯在碱催化下水解得到缩水甘油酸。后者在酸存在下，迅速脱羧重排为醛。

$$\mathrm{R_2C\text{—}CH\text{—}CO_2Et}\ (\text{环氧}) \xrightarrow[\text{碱催化}]{H_2O} \mathrm{R_2C\text{—}CHCOOH}\ (\text{环氧}) \xrightarrow[(2)\ -CO_2]{(1)\ H^+} \mathrm{R_2C\text{—}CH_2}\ (\text{环氧}) \xrightleftharpoons{\text{重排}} \mathrm{R_2CHCHO}$$

若用α-卤代叔丁酯进行缩合反应生成的 α, β-环氧酸叔丁酯受热即自行分解获得醛。

$$\mathrm{RR'C{=}O + ClCH_2COOC(CH_3)_3} \xrightarrow{t\text{-BuOK}} \mathrm{RR'C\text{—}CHCOOC(CH_3)_3}\ (\text{环氧}) \xrightarrow[(2)\ -CO_2]{(1)\ H^+} \mathrm{RR'CHCHO}\quad 48\%\text{~}73\%$$

总的结果是在羰基碳上增加一个醛基：

$$\mathrm{{>}C{=}O} \longrightarrow \mathrm{{>}CH\text{—}CHO}$$

本反应适用于脂肪族、脂环族、芳香族、脂环芳香族、杂环以及 α, β-不饱和醛类或酮类化合物。但脂肪醛反应的收率较低。含活泼氢的其他化合物可为α-卤代醛、α-卤代酮、α-卤代酰胺。其卤素可为 Cl、Br、I。

1.2.5 硝基化合物和腈的碳负离子反应

1) 硝基化合物

在碱存在下，硝基甲烷先生成负离子，负离子再与醛缩合得到β-羟基硝基化合物。例如甲醛与硝基甲烷反应，硝基甲烷分子中α-碳转变为碳负离子进攻羰基碳，最后得β-羟基硝基甲烷。

$$CH_3-NO_2 \underset{BH^+}{\overset{B:^-}{\rightleftharpoons}} \overset{-}{C}H_2-NO_2 \overset{HCHO}{\rightleftharpoons} \underset{O^-}{CH_2}-CH_2NO_2 \overset{BH^+}{\rightleftharpoons} \underset{OH}{CH_2}-CH_2-NO_2$$

$$\xrightarrow{\text{进一步缩合}} HO-CH_2-C(CH_2OH)_2-NO_2$$

硝基甲烷负离子与芳香醛缩合得 α,β-不饱和硝基化合物，如苯甲醛和硝基甲烷反应得到硝基苯乙烯，产率 80%。

$$PhCHO + CH_3NO_2 \xrightarrow{[OH^-]} PhCH(OH)-CH_2-NO_2 \xrightarrow{-H_2O} PhCH=CH-NO_2$$

2) 腈

含α-H 原子的腈与甲醛反应类似硝基化合物。如：

$$PhCHO + CH_3CN \overset{EtO^-}{\rightleftharpoons} PhCH(O^-)-C\equiv N \overset{PhCHO}{\rightleftharpoons} Ph-CH(O^-)-CH(Ph)(CN) \overset{EtOH}{\rightleftharpoons}$$

$$Ph-CH(OH)-CH(Ph)(CN) \xrightarrow{-H_2O} PhCH=C(Ph)(CN)$$

3) 特殊的芳香体系

由环戊二烯脱质子衍生出来的负离子是一个含有六个π电子的芳香体系，释放出稳定碳负离子的能量足够引起碱催化下的缩合反应。

$$C_5H_6 \xrightarrow{B^-} C_5H_5^- \overset{(CH_3)_2CO}{\rightleftharpoons} C_5H_5-C(CH_3)_2-O^- \overset{BH^+}{\rightleftharpoons} C_5H_5-C(CH_3)_2-OH \overset{-H_2O}{\rightleftharpoons} C_5H_4=C(CH_3)_2$$

二甲基富烯

茚 和 也可以发生同样的反应。

1.3　碳负离子与羧酸衍生物反应

碳负离子和羧酸衍生物(酯、酰卤、酸酐)中羰基发生缩合生成酮酸酯、β-二酮、甲酰基、丙二酸酯等产物。反应可用下面通式表示：

$$\mathrm{A{-}\overset{\overset{\displaystyle O}{\|}}{C}{-}X} + {-}\overset{-}{C}\langle \longrightarrow \mathrm{A{-}\overset{\overset{\displaystyle O}{\|}}{C}{-}\overset{|}{\underset{|}{C}}{-}} + X^-$$

X=—Cl、—OR、—OCOR 等，A=烷基或芳基。羧酸衍生物的反应活性为

酰卤＞酸酐＞酯＞酰胺

1.3.1　醛酮碳负离子与酯缩合

醛酮和酯各有一个α-H，碱催化缩合得四个产物，在合成上没有实际意义。因而一般只有醛酮和没有α-H 的甲酸酯和草酸酯缩合在合成上是重要的。

草酸酯和酮缩合，使酮转变为β-酮酯。

$$\mathrm{R{-}\overset{\overset{\displaystyle O}{\|}}{C}{-}CH_3} + \begin{matrix}\mathrm{COOEt}\\ |\\ \mathrm{COOEt}\end{matrix} \xrightarrow{\mathrm{EtO^-}} \mathrm{R{-}\overset{\overset{\displaystyle O}{\|}}{C}{-}CH_2{-}\overset{\overset{\displaystyle O^-}{|}}{\underset{\underset{\displaystyle OCEt}{|}}{C}}{-}\overset{\overset{\displaystyle O}{\|}}{C}{-}OEt} \xrightarrow{\mathrm{H^+}}$$

$$\mathrm{R{-}\overset{\overset{\displaystyle O}{\|}}{C}{-}CH_2{-}\overset{\overset{\displaystyle O}{\|}}{C}{-}\overset{\overset{\displaystyle O}{\|}}{C}{-}OEt} \xrightarrow[\mathrm{EtO^-}]{-\mathrm{CO}} \mathrm{R{-}\overset{\overset{\displaystyle O}{\|}}{C}{-}CH_2{-}\overset{\overset{\displaystyle O}{\|}}{C}{-}OEt}$$

但是，导向非对称二酮的酮酯是没有合成价值的，因为平衡体系中存在着逆缩合反应，缩合产物-非对称二酮的逆反应，将导向多种二酮的混合物。

(反应式：丁酮 + 乙酸乙酯 $\underset{-\mathrm{EtOH}}{\overset{\mathrm{OEt^-}}{\rightleftharpoons}}$ 二酮(OEt⁻ 进攻两个羰基) $\rightleftharpoons$ 丁酮 + 丙酸乙酯)

β-酮酯中亚甲基因为含有两个活化氢，酸性增加可以在较温和的条件下进行其他反应，化合物中酯基可以水解为酸加热脱羧而除去。总的结果是在一个需要起反应的部位，引进活化基团，使这个部位能在温和的条件下与其他试剂起作用；之后又把引进的活化基团除去，这种办法在有机合成上常叫做导向或致活。例如在合成甾族化合物马萘雌酮时就是这样做的。

$$\xrightarrow[(2)\ \triangle]{(1)\ (CO_2Et)_2\ /\ EtO^-}\quad \xrightarrow[CH_3O^-]{CH_3I}$$

甲酸酯和酮在碱性条件下反应得 β-酮醛。

$$-\overset{O}{\overset{\|}{C}}-CH_3 + HCO_2Et \xrightarrow{EtO^-} -\overset{O}{\overset{\|}{C}}-CH_2-CHO \longleftrightarrow -\overset{O}{\overset{\|}{C}}-\underset{H}{C}=CH-OH$$

1.3.2 分子间酯缩合——克莱森(Claisen)缩合

两个酯的缩合和醇醛缩合的区别在于 C^-与羰基加成后，前者脱去 RO—，成为酮酯，而后者获得质子，形成羟酮。

$$CH_3\overset{O}{\overset{\|}{C}}-OEt + CH_3\overset{O}{\overset{\|}{C}}-OEt \xrightarrow{EtO^-} CH_3\overset{^-O}{\underset{OEt}{C}}-CH_2-\overset{O}{\overset{\|}{C}}-OEt \xrightarrow{H^+} CH_3\overset{O}{\overset{\|}{C}}CH_2CO_2Et + EtOH$$

本反应的特点为：

(1) 反应是可逆的，要使反应向右进行，取决于反应物的性质、所采用的条件，例如乙酸乙酯缩合之所以能以一定的产率得到乙酰乙酸乙酯，是由于乙酰乙酸乙酯的酸性大于同时生成的乙醇。EtO^-更易使它失去质子形成稳定的 $CH_3CO-\bar{C}H-COOC_2H_5$，使反应向右进行，实际操作中，在反应的同时，蒸出生成的乙醇，促使反应向右进行。

(2) 缩合在碱性催化剂催化下进行：如醇钠、氢化钠、三苯甲钠或格氏试剂等。一般用醇钠催化最方便，但它只能使含两个α-H 的酯缩合。所以如果活泼亚甲基上存在取代基，则普通醇钠无法引起反应，必须用更强的碱三苯甲钠[$(C_6H_5)_3CNa$]催化，才能使反应发生。三苯甲钠是一种既能使所有被醇钠缩合的酯缩合，又是只含一个α-H 的酯缩合的催化剂。

$$2\ (CH_3)_2CHCOOC_2H_5 \xrightleftharpoons{(C_6H_5)_3CNa} (CH_3)_2CH-CO-\overset{CH_3}{\underset{CH_3}{C}}-COOC_2H_5$$

同样可以使用格氏试剂，如异丙基溴化镁或均三甲基苯溴化镁催化缩合。

$$(CH_3)_2CHCOOEt + 2,4,6\text{-}(CH_3)_3C_6H_2MgBr \longrightarrow (CH_3)_2\bar{C}-COOEt + 1,3,5\text{-}(CH_3)_3C_6H_3 + Mg^{2+} + Br^-$$

(3) 对于各含有α-H 的不同酯的 Claisen 缩合，得到是四个产物的混合物。合成上没有实际意义。两个酯中，只有一个有α-H，另一个的羰基又活泼，则缩合只有一种产物。如：

$$\text{(5-}H_3CO\text{-4-COOEt-喹啉)} + PhCO{-}N\text{(哌啶, 3-}CH{=}CH_2\text{, 4-}CH_2CH_2CO_2Et) \longrightarrow H_3CO\text{-喹啉-4-}COCH(COOEt){-}CH_2\text{-哌啶(}N{-}COPh\text{, }CH{=}CH_2)$$

草酸酯和甲酸酯活性较强，分子中无活泼氢，与其他酯反应时，只有一种产物。如：

$$C_6H_5{-}CH_2COOEt + \begin{matrix}COOEt\\ |\\ COOEt\end{matrix} \xrightarrow{NaOEt} C_6H_5CH\begin{matrix}CO_2Et\\ COCOOEt\end{matrix} \xrightarrow{\text{水解}} C_6H_5CH\begin{matrix}COOH\\ COCOOEt\end{matrix}$$

$$\xrightarrow[-CO_2]{\triangle} C_6H_5CH_2COCOOH$$

α-酮酸

$$C_6H_5CH\begin{matrix}CO_2Et\\ COCOOEt\end{matrix} \xrightarrow[-CO]{175℃} C_6H_5CH(COOEt)_2 \qquad 80\%\sim83\%$$

这是制备烷基和芳香取代丙二酸酯的一个重要方法，特别是制备芳基取代的丙二酸酯，因苯活性较低，不能用烃基化方法置换丙二酸酯的活泼氢，这一方法就更为有用。

甲酸酯和碳酸酯进行 Claisen 缩合，是在羧酸酯的α-位引入羟亚甲基(或甲酰基)的好方法。

$$H{-}COOEt + CH_3COOEt \xrightarrow{NaOEt} HCOCH_2CO_2Et \qquad 79\%$$

$$H{-}COOEt + C_6H_5{-}CH_2COOEt \xrightarrow{NaOEt} C_6H_5{-}\underset{\underset{CHO}{|}}{CH}COOEt \rightleftharpoons C_6H_5{-}\underset{\underset{CHOH}{\|}}{C}{-}COOEt$$

β-醛酯　　　　90%

酯缩合反应常用过量的酯本身作溶剂，有时也在乙醚、苯或甲苯等惰性溶剂中进行。

酯分子间的缩合是合成β-酮酸酯的常用方法。二元酸酯分子内的缩合可以合成环状化合物。丁二酸酯与羰基化合物可以缩合成 α,β-不饱和酸酯。丙二酸酯具有活性亚甲基，更易与羰基化合物缩合。磷、硫、硅等杂原子均可稳定碳负离子，因此具有这些α-杂原子取代基的羧酸酯更易形成碳负离子与羰基缩合。β-溴代酯与羰基化合物的缩合，可以合成 α,β-环氧酸酯。羧酸酯的α-锂盐或锌盐与羰基化合物的反应是合成β-羟基酸的重要方法。如一元酸酯的缩合：

$$2RCH_2COOC_2H_5 \xrightleftharpoons{NaOC_2H_5} RCH_2CO\underset{\underset{R}{|}}{CH}COOC_2H_5 + C_2H_5OH$$

例如：在乙醇钠催化下，硬脂酸乙酯与草酸二乙酯缩合，缩合产物于 160~170℃加热脱羧，可合成α-十六烷基丙二酸酯。

$$C_{17}H_{35}COOC_2H_5 + (COOC_2H_5)_2 \xrightarrow{NaOC_2H_5} C_{16}H_{33}CH(COCOOC_2H_5)COOC_2H_5$$

$$\xrightarrow[-CO]{160\sim170℃} C_{16}H_{33}CH(COOC_2H_5)_2 \quad 71\%$$

具有α-H 的羰基化合物与碳酸酯的缩合，是合成β-酮酸酯的良好方法。

环辛酮 + $HO-C(=O)-OC_2H_5 \xrightarrow{NaH/C_6H_6}$ 2-乙氧羰基环辛酮（$-COOC_2H_5$） 91%~94%

1.3.3 分子内酯缩合——狄克曼(Dieckmann)缩合

分子内酯缩合是一种含有α-H 的二元酯分子内的 Claisen 缩合，适合得到五元或六元环状β-酮酸酯，脱羧后即可制得环酮。

己二酸二乙酯 $\xrightarrow[1/2\ H_2]{Na}$ $H_2C(\overset{-}{C}HCO_2Et)$ ⇌ 环状四面体中间体（O^-, OEt） $\xrightarrow{OEt^-}$ 2-乙氧羰基环戊酮（$-CO_2Et$） $\xrightarrow{-CO_2}$ 环戊酮 75%~80%

因为五元或六元环较稳定，故易用此法制得，例如从两分子的丁二酸二乙酯在碱性条件下首先发生 Claisen 缩合进而发生 Dieckmann 缩合反应，得到六元环二酮。

2 丁二酸二乙酯（CO_2Et, CO_2Et） $\xrightarrow[64\%\sim68\%]{NaOEt}$ $EtO_2C-CH(CH_2CO_2Et)-CO-CH_2CH_2CO_2Et$ $\xrightarrow[-EtO^-]{EtO^-}$ 2,5-二乙氧羰基-1,4-环己二酮（EtO_2C, CO_2Et） $\xrightarrow[180℃]{H_2O}$ 1,4-环己二酮 81%~89%

较大较小的环都不易生成。这时分子间和分子内的缩合反应发生竞争。为了减少分子间的缩合，便于分子内缩合，常常采用很稀的溶液，即把二酸酯用溶剂稀释，并慢慢加到有碱的溶剂中。该反应广泛用于脂环酮、多环化合物(如甾体)及其他天然化合物的合成。

（OH_3C，$COOCH_3$，$CH_2CH_2COOCH_3$）二酯 $\xrightarrow{NaOC_2H_5}$ 环戊酮并环产物（O，$COOCH_3$，OH_3C）

应用 Dieckmann-Komppa 改良法，草酸酯与戊二酸酯(或类似物)缩合可合成α-环二酮。

$$\begin{matrix}COOC_2H_5\\ |\\ COOC_2H_5\end{matrix} + \begin{matrix}CH_2COOC_2H_5\\ |\\ CHR\\ |\\ CH_2COOC_2H_5\end{matrix} \xrightarrow[\text{二甲苯}]{C_2H_5ONa}$$ 环戊二酮（O=C—C=O，C_2H_5COO—，—$COOC_2H_5$，C(R)(H)）

(R=H, C_6H_5)　　50%~70%

类似的反应是索普(Thorpe)反应，它是用α,ω-二腈在碱催化下缩合得到环状β-酮腈。

$$NC{-}CH_2{-}CH_2{-}CH_2{-}CH_2{-}CN \xrightarrow{B:} \text{2-亚氨基环戊腈 (NH, CN)} \xrightarrow{H_2O} \text{2-氧代环戊腈 (O, CN)}$$

反应中所用碱有一定的限制，即所用碱必须溶于反应用溶剂乙醚中，另外，它应对中间体亚胺对腈的加成有阻碍作用，常用碱有 $\overset{+}{Li}\overset{-}{N}(Ph)(Et)$。

1.4　碳负离子的烃基化反应

碳负离子和其他亲核试剂一样，可以置换卤代烷中卤素，形成碳-碳键，相对于 O、S、N 等的烃化，接触较多的是 C-烃化。反应的结果是使 C^-上带上一个烃基，可看成是 C^-的烃基化反应。

$$-\overset{|}{\underset{|}{C}}{}^{-} + -\overset{|}{\underset{|}{C}}-X \longrightarrow -\overset{|}{\underset{|}{C}}-\overset{|}{\underset{|}{C}}- + X^-$$

作为烃化剂，除了卤代烷外，还有对甲苯磺酸酯、硫酸二甲酯和重氮甲烷等。另外，有各种活化基团的α-碳的烃化。这里着重讨论由羰基活化的碳负离子的烃化反应。

在碱作用下，醛酮形成的烯醇负离子是两可性离子，在烷化时和酰化一样，也会得到 C-烃化和 O-烃化的产物，通常溶剂对烃化产物影响很大，在质子性溶剂中进行烃化，主要得 C-烃化产物。如：

$$Ph{-}\overset{O}{\overset{\|}{C}}{-}CH(Ph)_2 \xrightarrow[\text{二甲氧基乙烷或DMSO}]{CH_3I} (H_3CO)(Ph)C{=}C(Ph)_2 + Ph{-}\overset{O}{\overset{\|}{C}}{-}C(Ph)_2{-}CH_3$$

50%　　50%

$$Ph{-}\overset{O}{\overset{\|}{C}}{-}CH(Ph)_2 \xrightarrow[(CH_3)_3COH]{CH_3I} (H_3CO)(Ph)C{=}C(Ph)_2 + Ph{-}\overset{O}{\overset{\|}{C}}{-}C(Ph)_2{-}CH_3$$

4%　　96%

酚的负离子可以看做一个烯醇负离子，它的烃化随溶剂不同而得 C-烃化和 O-烃化产物。烃化反应是 S_N2 历程，对卤化物的活性有如下几条规则：

(1) 卤代烷的活性次序：I>Br>Cl>F。

(2) 产率次序：第一卤代烷>第二卤代烷>叔卤代烷。叔卤代烷，一般不宜作烃化剂，这是由于有脱去卤化氢生成烯烃的竞争反应所致。但近年来，在酸性条件下反应，取得了较好结果，例如

$$CH_2(COOC_2H_5)_2 + (CH_3)_3C-I \xrightarrow{BF_3} (CH_3)_3CCH(COOC_2H_5)_2 \quad 50\%$$

$$CH_3COCH_2COOC_2H_5 + (CH_3)_3CBr \xrightarrow{AgClO_4} CH_3CO\underset{\displaystyle C(CH_3)_3}{\underset{|}{C}}HCOOC_2H_5 \quad 68\%$$

(3) 乙烯基和芳基卤代烷不活泼，不能作烃化剂，但若芳环对位 *p*-、邻位 *o*-上有强的吸电子基团(硝基)的芳卤则可以反应。烯丙基卤、苄卤等是很好的烃化剂，环氧化合物也可作烃化剂。此外α-卤代酸酯也是反应性好的烃化剂，但酯中—OR 基团的位阻要大些。

1.4.1 单官能团化合物的烃化

单官能团化合物的烃化，是使用一个相对活泼的化合物或活化基团首先与反应物反应，使其变成新的活化基团，之后进行合成反应，此过程称为烃化。主要指醛酮、酯及氰的烃化物，这类化合物α-H 的酸性较小，它们的烯醇盐又容易与未作用的原料发生醇醛型缩合反应而不发生烃化反应。因此，反应要有足够强的碱作催化剂，如用 EtO^-作催化剂，用 $NaNH_2$、LiH、Ph_3CNa 这样的强碱使醛酮、酯及氰差不多全都变成烯醇盐，提供更多的 C^-，然后与烃化剂反应，得到高产率的烃化产物。不对称酮烃化，由于两种可能结构烯醇离子的形成，得到两种不同的结构产物。

$$RCH_2\overset{O}{\overset{\|}{C}}CH_2R' \underset{}{\overset{B:^-}{\rightleftharpoons}} RCH=\overset{O^-}{\overset{|}{C}}-CH_2R' + RCH_2\overset{O^-}{\overset{|}{C}}=CHR' \xrightarrow{R''X} R\underset{\displaystyle R''}{\underset{|}{C}}H\overset{O}{\overset{\|}{C}}CH_2R' + RCH_2\overset{O}{\overset{\|}{C}}\underset{\displaystyle R''}{\underset{|}{C}}HR'$$

如果有一种异构体烯醇负离子和其他基团如—CN、—NO_2、$CH_3\overset{O}{\overset{\|}{C}}$— 等是共轭稳定的，那么实际上就只有这种稳定的烯酯负离子形成烃化产物。α-苯基、α-烯基都可以有效地稳定负离子。烃化即在其相邻的位置上发生。

$$C_6H_5CH_2COCH_3 \xrightarrow[\text{二甲氧基乙烷}]{(C_6H_5)_3CK} C_6H_5CH=\overset{O^-}{\overset{|}{C}}CH_3 + C_6H_5CH_2\overset{O^-}{\overset{|}{C}}=CH_2 \xrightarrow{CH_3I} C_6H_5\underset{\displaystyle CH_3}{\underset{|}{C}}H-\overset{O}{\overset{\|}{C}}CH_3 \ (93\%) + C_6H_5CH_2\overset{O}{\overset{\|}{C}}CH_2CH_3 \ (<1\%)$$

只有α-烷基取代的不对称酮烃基化，一般得两种α-烃基化产物的混合物。这两种产物的相对含量取决于酮的结构，同时受实验条件如阳离子和溶剂等影响。一般说来，在动力学控制下形成的烯醇混合物含有较高的取代基少的烯醇负离子，表明取代基少的

α-碳质子容易用强碱除去。而在平衡控制下，有利于多取代烯醇负离子的形成。但无论用哪种方法，总是得到一种混合物，从混合物中分离出纯的化合物并不是容易的。

$NaNH_2$ / $C_2H_5OC_2H_5$,回流 ; $CH_2{=}CHCH_2Cl$; O^-Na^+ ; $CH_2CH{=}CH_2$

54%~62%

CH_2CN ; $NaNH_2$ / 液氨 ; $\bar{C}HCN$; Br ; 甲苯，回流 ; CHCN

65%~77%

不少化合物的合成已经使用改进的不对称酮烃基化的方法以提高选择性。最广泛应用的一种方法是在一个α-位置引入临时的活化基团来稳定相应的烯醇负离子，同时活化了α-碳上的氢原子使其酸性增大，待烃化反应完成后，再除去这个活化基团。常用活化基团有乙氧羰基、乙氧草酰基、甲酰基等。

另一种方法，是引入一种可随时除去的基团，封闭一个α-位置，以防止相应烯醇负离子的形成，例如 9-甲基十氢萘酮的合成：

(1)t-C_4H_9OK / t-C_4H_9OH / (2)CH_3I ; CH_3 ; $HCO_2C_2H_5$ / C_2H_5ONa,C_2H_5OH ; $=CHOH$; C_4H_9SH / 对$CH_3-C_6H_4SO_3H$

$=CHSC_4H_9$; t-C_4H_9OK / CH_3I / t-C_4H_9OH ; H_3C ; $=CHSC_4H_9$; H_2O,KOH / 乙二醇回流 ; H_3C

(78%的顺反混合物)

烯醇硅醚可用于醛酮的α-甲基化，饱和醛酮的烯醇硅醚用 Simmons-Smith 法环丙烷化，得到硅氧环丙烷类化合物，碱性水解，则得到羰基化合物的α-甲基衍生物。

$$(CH_3)_2CHCHO \xrightarrow[(C_2H_5)_3N,\ DMF]{(CH_3)_3SiCl} (CH_3)_2C{=}CHOSi(CH_3)_3 \xrightarrow[Zn\text{-}Ag]{CH_2I_2} (CH_3)_2C\text{(环丙烷)}(H)OSi(CH_3)_3 \xrightarrow[CH_3OH]{NaOH} (CH_3)_3CCHO$$

1.4.2 双官能团化合物的烃化

这是分子中有两个活化基团的化合物的烃化，最熟悉的如乙酰乙酸乙酯和丙二酸酯。这类化合物酸性较强，在 EtO^-的催化下即可烃基化。合成上往往利用这两个化合物的活泼性烃化之后，除去一个活化基，比单官能团化合物的烃化要合适，且可以制备一系列有用化合物。

主要机理：羰基化合物分子中的α-H 受羰基的影响，有微弱的酸性，在强碱的作用下可以生成烯醇盐：

$$B^- + —CH_2—\underset{\underset{O}{\|}}{C}— \rightleftharpoons BH + —\overset{-}{C}H—\underset{\underset{O}{\|}}{C}— \longleftrightarrow —CH_2=\underset{\underset{O^-}{|}}{C}—$$

乙酰乙酸乙酯、丙二酸酯和β-二酮及具有活泼氢的活泼亚甲基化合物都可以通过烯醇盐与卤代烃进行亲核取代反应生成新碳-碳键。

(1) 丙二酸二乙酯的烃化。反应常用乙醇钠作为碱性试剂，在乙醇溶液中进行。

$$CH_2(COOC_2H_5)_2 \xrightarrow[C_2H_5OH]{NaOC_2H_5} NaCH(COOC_2H_5)_2 \xrightarrow{RX} RCH(COOC_2H_5)_2$$

由于丙二酸二乙酯的α-H 比较活泼，它与乙醇钠的乙醇溶液反应，即可形成烯醇负离子，继而与烃化试剂反应，以良好产率生成一元烃化产物。常用的烃化试剂为卤代烃、硫酸酯等，烃化剂中存在—OR、$>C=O$、—CN、—NR_2、—NO_2 均无影响。丙二酸酯的烃化产物可将α-烃基取代的丙二酸酯直接脱羧合成羧酸酯。例如：α-烃基取代的丙二酸二乙酯在氰化钠存在下，于二甲基亚砜中加热脱羧，可直接生成羧酸酯。

$$C_2H_5CH(COOC_2H_5)_2 \xrightarrow[160℃]{NaCN/DMSO} (C_2H_5)_2CHCOOC_2H_5 \quad 80\%$$

若将α-烃基取代的丙二酸酯重复进行上述烃化反应，则可引入第二个烃基。第二个烃基引入的速度几乎与第一个烃基引入的速度相同。若欲引入相同的 2 个烃基，可用 2mol 的烃化试剂与丙二酸二乙酯反应，即可一步完成。然而欲引入 2 个仲烷基，由于体阻效应，往往产率不高。

在乙醇钠和硝酸银存在下，α-丁基丙二酸二乙酯与硝基甲烷反应，生成 α, α-二烷基取代的丙二酸二乙酯。

$$Bu—CH(CO_2Et)_2 + CH_3NO_2 \xrightarrow[AgNO_3,\ DMF]{NaOEt} (Bu)(O_2NH_2C)C(CO_2Et)_2 \quad 60\%$$

丙二酸二乙酯和 α, ω-二卤化物作用可合成三元和四元酯环类化合物。

$$CH_2C(CO_2Et)_2 + BrCH_2CH_2CH_2Br \xrightarrow{EtO^-} BrCH_2CH_2CH_2CH(CO_2Et)_2 \xrightarrow{EtO^-}$$

$$\begin{array}{l}CH_2—C(CO_2Et)_2\\|\quad\quad\ |\\CH_2—CH_2\end{array} \xrightarrow[(3)R_3C^-\quad \triangle]{(1)KOH\quad (2)H^+} \begin{array}{l}CH_2—CH—COOH\\|\quad\quad\ |\\CH_2—CH_2\end{array}$$

(2) 乙酰乙酸乙酯的烃化。乙酰乙酸乙酯和丙二酸酯一样，可以发生一烃化或二烃化反应，但烃化产物经碱进一步作用，则发生酮式分解或酸式分解，得到含有 $CH_3\overset{\overset{O}{\|}}{C}—$ 的酮或酸。

$$CH_3COCHRCO_2Et \xrightarrow[CH_3CH_2OH]{EtO^-} CH_3\underset{\underset{O^-}{|}}{C}{=}CRCO_2Et \xrightarrow{CH_3(CH_2)_3Br} CH_3CO\underset{\underset{CH_3(CH_2)_3}{|}}{C}RCO_2Et \quad 69\%\sim72\%$$

乙酰乙酸乙酯与 α, ω-二溴丙烷作用形成含氧环状化合物。

$$CH_3COCH_2CO_2Et + BrCH_2CH_2CH_2Br \xrightarrow{EtO^-} CH_3CO\underset{\underset{CH_2CH_2CH_2Br}{|}}{C}HCO_2Et \underset{}{\overset{EtO^-}{\rightleftharpoons}}$$

$$CH_3C(=O)\text{—}\overset{\overset{CO_2Et}{|}}{C}H\text{—}CH_2CH_2\text{—}H_2C\text{—}Br \longleftrightarrow H_3CC(\text{—}O^-){=}\overset{\overset{CO_2Et}{|}}{C}H\text{—}CH_2CH_2\text{—}\overset{+}{H}C\text{—}Br \xrightarrow{-Br} H_3CC{=}\overset{\overset{CO_2Et}{|}}{C}\text{—}CH_2\text{—}CH_2\text{—}CH_2\text{—}O\text{—}(\text{环})$$

1.5　碳负离子对活泼烯烃的加成反应

C^-和其他亲核试剂一样，不和一般的 C═C 加成。如果烯烃双键和一个 Z 基团共轭 (Z═—CHO、—COR、—COOR、—$CONH_2$、—CN、—NO_2)，C^-则发生加成反应，通式如下：

$$H\text{—}\overset{\overset{Z}{|}}{\underset{|}{C^-}} + \text{—}\overset{|}{C}{=}\overset{|}{C}\text{—}Z \longrightarrow H\text{—}\overset{\overset{Z}{|}}{\underset{|}{C}}\text{—}\overset{|}{\underset{|}{C}}\text{—}\overset{|}{\underset{-}{C}}\text{—}Z \xrightarrow{H^+} H\text{—}\overset{\overset{Z}{|}}{\underset{|}{C}}\text{—}\overset{|}{\underset{|}{C}}\text{—}\overset{|}{\underset{\underset{H}{|}}{C}}\text{—}Z$$

C^-和活泼共轭烯烃的加成叫迈克尔(Michael)反应，反应机理如下：

$$CH_2(CO_2Et)_2 + C_2H_5O^- \rightleftharpoons {}^-CH(CO_2Et)_2 + C_2H_5OH$$

$$(CH_3)_2C{=}CH\text{—}\overset{\overset{O}{\|}}{C}\text{—}CH_3 + {}^-CH(CO_2Et)_2 \rightleftharpoons (CH_3)_2\underset{\underset{CH(CO_2Et)_2}{|}}{C}\text{—}CH{=}\overset{\overset{O^-}{|}}{C}\text{—}CH_3$$

$$(CH_3)_2C{=}CH\text{—}\overset{\overset{O}{\|}}{C}\text{—}CH_3 + {}^-CH_2(CO_2Et)_2 \rightleftharpoons (CH_3)_2\underset{\underset{CH(CO_2Et)_2}{|}}{C}\text{—}CH{=}\overset{\overset{O^-}{|}}{C}\text{—}CH_3$$

反应常用碱催化剂为：R_2N、RNH_2、哌啶、CaH_2、KOH、KF 等。

这类加成可以扩大到 CH_3—[CH═CH]$_n$—Z 型烯烃(n=0，1，2，3)，得到 1,4-、1,6-甚至 1,8-加成产物。反应过程是一个共轭体系和一个碳负离子的加成，碳负离子加在共轭体系的一头碳原子上，而一个氢加在羰基相邻的碳原子上。例如：

$$\overset{6}{CH_3—CH}=\overset{5}{CH}—\overset{4}{CH}=\overset{3}{CH}—\overset{2}{C}(OMe)=\overset{1}{O} + CH_2(CO_2Et)_2 \longrightarrow$$

$$\underset{(1,6\text{-加成})\ 72\%}{CH_3—CH(CH(CO_2Et)_2)—CH=CHCH_2COOMe} + \underset{(1,4\text{-加成})\ 8\%}{CH_3CH=CH—CH(CH(CO_2Et)_2)—CH_2CO_2Et}$$

迈克尔反应在合成中应用很广。例如脂肪醛在 EtO^-的催化下，可自发地发生缩合和加成，制备取代戊二酸或戊二酸。

$$RCHO + \bar{C}H_2(CO_2Et)_2 \longrightarrow RC(OH)(CH(CO_2Et)_2)—CH(CO_2Et)_2 \xrightarrow[-H_2O]{EtO^-} RCH(CH_2(CO_2Et)_2)(CH(CO_2Et)_2)$$

$$\xrightarrow[(3)\text{加热}]{(1)KOH\ (2)H^+} RCH(CH_2COOH)_2 \xrightarrow{Ac_2O} RCH\langle(CH_2CO)_2O\rangle$$

如开始所用的为甲醛，则最终产物为戊二酸，进一步与酸酐反应生成环化物。

迈克尔反应是可逆的，使用等物质的量碱，升高反应温度，延长反应时间，往往能促进逆迈克尔反应。如苯亚甲基丙二酸二乙酯与乙酰乙酸乙酯发生迈克尔反应后，逆转可生成苯亚甲基-3-丁酮羧。

$$C_6H_5CH=C(\overset{O}{\overset{\|}{C}}OC_2H_5)_2 + CH_3COCH_2\overset{O}{\overset{\|}{C}}OC_2H_5 \xrightleftharpoons{C_2H_5ONa}$$

$$C_6H_5CH(CH_3CO—CH\overset{O}{\overset{\|}{C}}OC_2H_5)—CH(\overset{O}{\overset{\|}{C}}OC_2H_5)_2 \xrightleftharpoons{C_2H_5ONa} C_6H_5CH=C(COCH_3)—\overset{O}{\overset{\|}{C}}OC_2H_5 + CH_2(\overset{O}{\overset{\|}{C}}OC_2H_5)_2$$

由于逆向的迈克尔反应，除了可以得到原料外，还可以生成复杂的混合物，因此一般要求使用最温和的反应条件，使之有可能促进所要进行的反应发生就可以，尽量减少逆反应。

迈克尔加成中，若有羰基的酸性氢化合物和具有α-H 的 α,β-不饱和酮进行反应，生成 1,5-二羰基化合物，在碱作用下进行分子内羟醛缩合可发生环合，这常用于合成环状化合物，即发生 Robinson 关环反应，这是合成六元环化合物的一个好方法。例如：

$$C_6H_5COCH{=}CH_2 + CH_3COCH_2CH_2COOC_2H_5 \xrightarrow{C_2H_5ONa} \text{(5-hydroxy-5-phenyl-2-oxocyclohexanecarboxylic acid ethyl ester)} \xrightarrow[-H_2O]{C_2H_5ONa} \text{(4-phenyl-2-oxocyclohex-3-enecarboxylic acid ethyl ester)}$$

迈克尔方法可以用于杂环的合成。

$$CH_3CH{=}CHCOOCH_3 + HOCH_2COOCH_3 \xrightarrow{NaH} CH_3{-}CH(OCH_2COOCH_3)CH_2COOCH_3 \longrightarrow \text{(2-methyl-4-oxotetrahydrofuran-3-carboxylic acid methyl ester)}$$

$$CH_3OOCC{\equiv}CCOOCH_3 + HSCH_2COOCH_3 \xrightarrow{CH_3ONa} CH_3OOC{-}C(SCH_2COOCH_3){=}CHCOOCH_3 \longrightarrow \text{(3-hydroxythiophene-2,5-dicarboxylic acid dimethyl ester)}$$

迈克尔反应一般在强碱作用下进行，反应条件比较苛刻。而用 KF/Al_2O_3 作为碱性催化剂，与其他的催化剂相比，有反应条件温和、催化剂活性高、选择性强、后处理简单、产率高等优点，在合成中得到了广泛应用。如将 α,β-不饱和酮与丙二腈在催化量的 KF/Al_2O_3 存在下反应，可高产率地得到迈克尔加成产物：

$$R^1CH{=}CHCOR^2 + CH_2(CN)_2 \xrightarrow[DMF, 80^\circ C]{KF/Al_2O_3} R^1{-}CH(CH(CN)_2){-}CH_2COR^2$$

$$CH_3COCH_2CH_2CH_3 \xrightarrow{2CH_2{=}CHCN} CH_3CO{-}C(CH_2CH_2CN)_2{-}C_2H_5 \xrightarrow{CH_2{=}CHCN} NCCH_2CH_2{-}CH_2CO{-}C(CH_2CH_2CN)_2{-}C_2H_5$$

KF/Al_2O_3 对此反应有很高的催化活性，反应产率一般在 80%以上。

$$CH_3CH_2NO_2 + CH_2{=}CH{-}COCH_3 \xrightarrow[DMF]{KF/Al_2O_3} O_2N{-}CH(CH_3)CH_2CH_2COCH_3 \quad \text{约100\%}$$

采用单纯的 Al_2O_3 或 KF 吸附在 Al_2O_3 的体系实际上为无溶剂体系。以无机固体为催化介质的无溶剂反应称为干反应，其操作简便，条件温和，而且选择性往往高于有溶剂的反应，符合绿色合成要求，近年来在精细合成中受到重视。还可以采用氟化铯、钌的配合物等催化迈克尔反应。

$$C_6H_5COCH_3 + CH_3CH{=}CH\overset{O}{\overset{\|}{C}}OC_2H_5 \xrightarrow[80℃]{CsF,\ Si(OC_2H_5)_4} C_6H_5COCH_2\underset{CH_3}{\underset{|}{C}}HCH_2\overset{O}{\overset{\|}{C}}OC_2H_5 \quad 80\%$$

$$CH_3\underset{CN}{\underset{|}{C}}H\overset{O}{\overset{\|}{C}}OC_2H_5 + CH_2{=}CH{-}CHO \xrightarrow{RuH_2(PPh_3)_4} CH_3{-}\underset{CN}{\underset{|}{\overset{\overset{O}{\|}{COC_2H_5}}{\overset{|}{C}}}}{-}CH_2CH_2CHO \quad 72\%$$

酸酐在维生素 B_{12} 催化下，与共轭体系发生迈克尔反应，一步就可制得 4-氧代醛、酮、酯、腈。

$$(CH_3CO)_2O + CH_2{=}CH{-}CHO \xrightarrow[DMF]{h\nu,\ 维生素B_{12}} CH_3COCH_2CH_2CHO$$

47%

$$(CH_3CO)_2O + CH_2{=}CHCOCH_3 \xrightarrow[DMF]{h\nu,\ 维生素B_{12}} CH_3COCH_2CH_2COCH_3$$

63%

$$(CH_3CO)_2O + CH_2{=}CHCO_2CH_3 \xrightarrow[DMF]{h\nu,\ 维生素B_{12}} CH_3COCH_2CH_2CO_2CH_3$$

70%

$$(PhCO)_2O + CH_2{=}CHCN \xrightarrow[DMF]{h\nu,\ 维生素B_{12}} PhCOCH_2CH_2CN$$

55%

1.6　乙炔碳负离子反应

乙炔和它的一取代物的酸性比烯烃、烷烃的酸性稍强。这是由于 C—H 键是 sp 杂化，s 成分占 50%。s 成分的增大意味着亲核引力增强，电负性加大，使 C—H 键呈酸性。因此可以在强碱作用下脱质子而形成碳负离子，这种碳负离子可以发生与羰基的加成反应和卤代烃的烃化反应。

产生乙炔负离子是在液态氨中进行。交替地通入乙炔和加入金属钠，催化量的 Fe^{3+} 存在可加快反应：

$$2\ Na + 2\ NH_3 \longrightarrow 2\ NaNH_2 + H_2$$

$$CH{\equiv}CH + \bar{N}H_2 \longrightarrow CH{\equiv}C^- + NH_3$$

这里有 1/3 的乙炔变成乙烯而损失。

$$3\ HC{\equiv}CH + 2\ Na \longrightarrow 2\ CH{\equiv}CNa + CH_2{=}CH_2$$

1.6.1　乙炔碳负离子与卤代烃缩合

一般来说，乙炔碳负离子只有和 α,β-碳上没有支链的卤代烷 RCH_2CH_2X 才能反应。

$$HC\equiv CH \xrightarrow{Na/NH_3} HC\equiv C^- \xrightarrow{CH_3CH_2CH_2CH_2Br} CH_2{=}CH{-}CH_2CH_2CH_2CH_3$$

作为亲核取代反应，就卤代烷的反应活性而言，碘化物>溴化物>氯化物。利用这一反应，可增长碳链，合成某些重要物质，如油酸等。

1.6.2　乙炔碳负离子与羰基化合物缩合

$HC\equiv C^-$与醛酮反应形成α-乙炔醇，即在羰基上引入一个 $HC\equiv C$—基团，这在有机合成上有很大的意义，例如：异戊二烯的合成。

$$(CH_3)_2C{=}O + CH\equiv CH \xrightarrow{NH_2^-} (CH_3)_2C(O^-){-}C\equiv CH \xrightarrow{H^+} (CH_3)_2C(OH){-}C\equiv CH$$

$$\xrightarrow{Pd/H_2} (CH_3)_2C(OH){-}CH{=}CH_2 \xrightarrow[-H_2O]{Al_2O_3} CH_2{=}C(CH_3){-}CH{=}CH_2$$

这类反应已广泛地应用在合成胡萝卜素和多烯化学的中间体上，例如从甲基乙烯基酮制备 3-甲基-2-戊烯-4-炔-1-醇，即由甲基乙烯基酮同乙炔化物碳负离子在液态氨中反应，然后被催化羟基发生迁移重排形成热力学更稳定的含烯键和炔键共轭的醇。

$$CH_3COCH{=}CH_2 + CH\equiv CH \xrightarrow{NH_2^-} CH_2{=}CH{-}C(CH_3)(OH){-}C\equiv CH \xrightarrow{H^+} HOCH_2{-}CH{=}C(CH_3){-}C\equiv CH$$

有很多 $HC\equiv C$—反应，是用亚铜盐的氨水溶液处理乙炔制成炔基亚铜反应的。但一取代的铜盐不能同卤代烷及羰基反应。只有两个氢都被一价铜取代的乙炔酮，才能迅速反应。由于乙炔亚铜不像乙炔钠，不被水分解，反应可以在水溶液中进行，既容易操作又经济合理，可制得许多重要的有机化合物。

1.7　氰基(CN^-)负离子反应

CN^-是一个亲核试剂，由于碳的 sp 构型和氮的电负性使氰基趋于稳定，可作为独立离子存在于水溶液中。CN^-是双活性负离子，但通常多是亲核性强的碳端发生反应。氢氰酸是弱酸，在溶液中 CN^-的浓度很小。因此用于 CN^-反应，要在碱催化下，用氢氰酸盐比氢氰酸方便。

1.7.1 氰基负离子与卤代烃反应

第二卤代烃与 CN^- 发生亲核置换而得到相应的腈化物。第三卤代烷则发生消除反应。

$$N{\equiv}\bar{C} + -\overset{|}{\underset{|}{C}}-Z \longrightarrow N{\equiv}C-\overset{|}{\underset{|}{C}}-$$

氰基的引入可以使原来的碳链增加一个碳原子，通过氰基转换反应，则可衍生出一系列其他化合物。

1) 催化还原为胺

由蓖麻油制尼龙1010 $\left[NH-(CH_2)_{10}-NH-CO-(CH_2)_8-CO\right]_n$，其中癸二腈还原为癸二胺。全过程如下：

$$\begin{array}{l} CH_2OCOR \\ | \\ CHOCOR \\ | \\ CH_2OCOR \end{array} + 3\,NaOH \xrightarrow[\triangle]{H_2O} \underset{OH}{CH_2}-\underset{OH}{CH}-\underset{OH}{CH_2} + \underset{\text{蓖麻油脂肪酸钠}}{3\,RCOONa}$$

$$\underset{\text{蓖麻油脂肪酸}}{CH_3(CH_2)_5-\underset{OH}{CH}-CH_2-CH{=}CH(CH_2)_7-COOH} \xrightarrow[260\sim280℃]{NaOH,\ H_2O}$$

$$\underset{\text{辛醇-2}}{CH_3(CH_2)_5-\underset{OH}{CH}-CH_3} + \underset{\text{癸二酸钠}}{NaO_2C(CH_2)_8CO_2Na} + H_2$$

$$NaO_2C(CH_2)_8COONa \xrightarrow{H_2SO_4} HO_2C-(CH_2)_{10}-COOH \xrightarrow[340℃]{NH_3} NC(CH_2)_8CN$$

$$\xrightarrow[100℃,25.31MPa]{H_2/Ni} H_2N-(CH_2)_{10}-NH_2$$

2) 还原成醛

$$RCN \xrightarrow[(2)\ H_2O]{(1)\ HCl\text{-}SnCl_2} RCHO$$

$$CH_3CH_2CH_2CN \xrightarrow[(2)\ H_2O]{(1)\ LiAlH(OEt)_3} CH_3CH_2CH_2CHO$$

除非芳基卤化物很活泼(如 2,4-二硝基氯苯)，一般芳卤都要求强烈的条件，卤素才能被氰基置换。

$$\mathrm{PhBr} \xrightarrow[200℃]{\mathrm{CuCN}\,/\,喹啉} \mathrm{PhCN}$$

1.7.2　氰基负离子与羰基化合物反应

$$\mathrm{RR'C{=}O} \xrightarrow{\mathrm{HCN}} \mathrm{RR'C(OH)}{-}\mathrm{CN}$$

羰基化合物与氰化氢加成，生成α-羟基腈。这是一个平衡反应，平衡依赖于羰基化合物的结构和温度。对大多数脂肪醛、脂肪甲基酮以及芳香醛而言，平衡有利于生成α-腈基，产率较好；相反，芳基烷基酮生成相应的α-羟基腈的产率低，二芳基酮甚至不发生反应。

活性较低的酮不易生成相应的羟基腈，若将它们首先转化成烯醇的三甲基硅醚，然后再与氰化氢反应，则可以得到α-腈基的三甲基硅醚。

例　氰化三甲基硅烷直接与羰基化合物反应，能得到α-腈基的三甲基硅醚。

$$\mathrm{(CH_3)_3SiCN} + \mathrm{R{-}\overset{\displaystyle O}{\overset{\|}{C}}{-}R'} \longrightarrow \mathrm{RR'C(OSi(CH_3)_3)(CN)}$$

其他常用的有机氰化试剂有氰基锂、乙腈、氰基叔丁基二甲基硅烷或氰基叔丁基二苄基硅烷等。它们在不同的催化剂或辅助试剂作用下与羰基化合物反应生成α-或β-羟基腈。在这些反应中，催化剂的应用显得尤为重要。

α,β-不饱和酮、腈、酯、硝基化物以及乙烯取代的芳香化合物与氰化氢的反应，从产物看是氰化氢对活化了的烯键的加成，反应较易进行，也较重要。

环氧乙烷易与氰化氢加成，生成α-羟基腈，当环氧乙烷含有卤原子时，也不受影响。

$$\underset{\diagdown\,\mathrm{O}\,\diagup}{\mathrm{CH_2{-}CH}}\mathrm{{-}CH_2Cl} \xrightarrow{\mathrm{HCN,\,NaCN}} \mathrm{ClCH_2{-}\underset{\displaystyle OH}{\underset{|}{CH}}{-}CH_2CN}$$

1.8　Wittig 反应

Wittig 反应也称为羰基烯化反应。Wittig 等在 1953 年发现，三苯基膦与卤代烃反应可得到与季铵盐类似的季鏻盐，例如：

$$\mathrm{Ph_3P} + \mathrm{CH_3Br} \xrightarrow{\mathrm{C_6H_6}} \mathrm{Ph_3\overset{+}{P}{-}CH_2\overset{-}{Br}}$$

季鏻盐中的α-位碳原子上的氢原子被带正电荷的磷活化，具有一定的酸性，可用一种强碱(如有机锂化物、氰化钠等)将该氢夺走，所生成的叶立德又被内鏻盐因碳原子上 p 轨道和磷原子上 d 轨道之间的重叠而稳定化了，此中性化合物即为 Wittig 试剂，例如：

$$Ph_3\overset{+}{P}CH_2\overset{-}{Br} + PhLi \longrightarrow Ph_3\overset{+}{P}—\overset{-}{C}H_2 + C_6H_6 + LiBrH$$

显然，如果季鏻盐的α-位碳上连有吸电子基团(如—CN，—COPh 等)，则使用相对较弱的碱(如 NaOH)就可以生成 Wittig 试剂。例如：

$$Ph_3\overset{+}{P}CH_2CNX^- \xrightarrow{NaOH} Ph_3\overset{+}{P}—\overset{-}{C}HCN \longleftrightarrow Ph_3P{=}CHCN$$

Wittig 试剂具有很强的亲核性，可以发生一系列化学反应，其中与醛、酮加成使羰基直接变为烯键的反应称为 Wittig 反应，这是一种非常有价值的合成烯烃的方法，其产率一般是定量的。

$$Ph_3\overset{+}{P}\overset{-}{C}H_2 \xrightarrow{Ph_3CO} Ph_3C{=}CH_2 + Ph_3PO$$

一般认为反应的历程由两个阶段完成，首先是内鏻盐对羰基进行亲核加成反应，其次是中间产物受热消除 Ph_3PO，生成烯烃。以环己酮为例表示如下：

$$\text{环己酮} + Ph_3\overset{+}{P}\overset{-}{C}H—R \xrightarrow{\triangle} \text{(环己基)}—\overset{-}{O}\;HC(R)—\overset{+}{P}Ph_3 \longrightarrow \left[\text{O}\cdots Ph_3P,\ \cdots CH_2(R)\right] \xrightarrow{\text{消除}} \text{(环己亚基)}{=}CH—R + Ph_3PO$$

此后 Wittig 及他的同事在不断实践中知道，多种亚甲基三苯基膦都能同多种醛酮反应得到烯烃。这类反应可用通式表示如下：

$$R_3P{=}CR^1R^2 + \begin{matrix}R^3\\R^4\end{matrix}\!\!>C{=}O \longrightarrow R^1R^2C{=}CR^3R^4 + R_3P{=}O$$

由于反应条件温和，产率较高，所以得到广泛应用。Wittig 反应的优点是所生成的碳-碳双键的位置是完全确定的，即双键出现在原来羰基的位置，可以制得能量上不利的环外双键化合物。

几十年来，Wittig 反应得到了进一步的发展，从原来的磷元素，发展到了硫、砷、锑、铋、硒、碲、硼、硅、锡等元素。下面介绍磷叶立德的 Wittig 反应。

1.8.1 磷叶立德

磷叶立德是碳负离子内鎓盐，结构为：$R_3\overset{+}{P}—\overset{-}{C}R^1R^2$，特征是含有一个半极性键。由于磷原子具有低能量的 3d 空轨道，而α-碳上又具有孤电子对的 p 轨道，因此可以产生 d-pπ 共轭，分散α-碳上负电荷，使分子趋于稳定，故可用$R_3\overset{+}{P}—\overset{-}{C}R^1R^2$表示：

$$R_3\overset{+}{P}—\overset{-}{C}\begin{matrix}R^1\\R^2\end{matrix} \longleftrightarrow R_3P{=}C\begin{matrix}R^1\\R^2\end{matrix}$$

Wittig 试剂的制备。Wittig 试剂多半是用碱作用于相应的鏻盐而制得。三芳基(或烷基) 膦与卤化物作用则得季鏻盐。季鏻盐在有机溶剂中和碱存在下，分解成 Wittig 试剂。

卤代烃的α-碳上至少要有一个氢原子，才能满足与碱反应除去卤化氢，生成磷叶立德的要求。反应首先生成一个鏻盐，它可以分离和重结晶，因反应是在溶剂中进行，一般都不要分离。用碱与鏻盐反应生成共价型磷烷(ylen)或离子型磷叶立德(ylid)。

$$Ph_3P + R^1R^2CHX \longrightarrow Ph_3\overset{+}{P}-CR^1R^2X^- \xrightarrow{\text{碱}} \underset{\text{ylen (共价型)}}{Ph_3P{=}CR^1R^2} \longleftrightarrow \underset{\text{ylid (离子型)}}{Ph_3\overset{+}{P}-\overset{-}{C}R^1R^2}$$

式中：X=I、Br、Cl，以碘代烃反应最快，溴代烃较慢，氯代烃较难。一般用溴代烃。

在共价型中磷外层有 10 个电子，部分电子进入 3d 轨道，产生 d-pπ 共轭。据核磁共振谱的分析，倾向认为是 ylid(离子型)结构，即使 ylen (共价型)存在，也是微量的。

用 $R_3\overset{+}{P}-\overset{-}{C}HR$ 表示磷叶立德，可将其分为三类：

(1) 稳定的磷叶立德 R 为吸电子基，如羧基、酰基、酯基、氢基等。

(2) 活泼的磷叶立德 R 为推电子基，如烷基、环烷基。

(3) 半稳定的磷叶立德 R 为烯基、炔基、芳基。

1.8.2 磷叶立德与醛酮反应

磷叶立德与醛酮发生亲核加成反应，使羰基所在位置烯基化，这便是著名的 Wittig 反应。

$$R^1R^2C{=}O + Ph_3P{=}CR^3R^4 \xrightarrow{-Ph_3P{=}O} R^1R^2C{=}CR^3R^4$$

羰基化合物可以是脂肪烃或芳香烃的醛或酮。其他官能团不受影响，羰基组分可以含双键、三键、羟基、烷氧基、卤素、酯基等。叶立德的组分也可以带双键、三键及其他官能团。叶立德很活泼，除与羰基反应外，还能与 CO_2、O_2、C_2H_5OH 等反应，因此必须排除这些因素后进行反应。

Wittig 反应具有四大特点：①所生成的烯键的位置是完全确定的，即双键出现在原来羰基的位置；②对 α, β-不饱和醛、酮不发生 1,4-加成反应，这就提供了高度敏感的多烯类化合物如胡萝卜素等的新合成方法；③反应具有立体选择性，一般而言，在非极性溶剂中，共轭稳定磷叶立德与醛反应，优先生成反式烯烃，而不稳定叶立德则优先生成顺式烯烃，这一优点特别适于许多天然产物的立体选择性合成；④反应条件温和，产率高，在弱碱性介质中室温下进行，一些对酸或高温敏感的醛酮，特别是多烯类化合物，都可以通过这一反应或参与这一反应进行。

Wittig 反应的立体化学研究表明：稳定的叶立德的 Wittig 反应生成的烯具有 *E*-选择性，即优先生成 *E*-式烯烃，在质子性溶剂及锂盐存在下，*Z*-式烯烃有所增加。活泼的叶立德的 Wittig 反应具有 *Z*-选择性，即优先生成 *Z*-式烯烃，只是在非极性溶剂和锂盐存在下，*E*-式烯烃的比例明显增加。借助叶立德改变结构，可用来提高 *E*/*Z* 烯烃的选择性。

稳定的磷叶立德的 Wittig 反应，如：

$$Ph_3P{=}CHCOPh + O_2N{-}C_6H_4{-}CHO \xrightarrow{CHCl_3} O_2N{-}C_6H_4{-}CH{=}CHCOPh$$

E/Z=100/1

$$Ph_3P{=}CHC(O)OMe + CH_3CHO \xrightarrow[LiBr]{DMF} CH_3CH{=}CHC(O)OMe$$

E/Z=79/21

Wittig 与醛酮的反应，除可以用来合成一、二、三、四取代的烯烃外，还可以合成如下物质。

(1) 有效的合成环外双键，制得环外双键化合物。例如将环已酮与亚甲基三苯基膦反应，得到亚甲基环已烷：

$$\text{环己酮} + CH_2{=}PPh_3 \longrightarrow \text{亚甲基环己烷}(=CH_2)$$

这是合成环外双键的重要方法，有时可能是唯一的方法。这个方法曾应用来合成许多亚甲基甾族化合物。维生素 D_2 在人体内有重要的生理作用，是关系到钙、磷代谢的活性物质，在它的多步合成中，其中第一步便使用了 Wittig 反应。

$$\text{(R取代双环酮)} + Ph_3P{=}CHCH{=}CH_2 \longrightarrow \text{(R取代双环烯)}$$

(2) 带有 α, β-双键和三键的二元羰基化合物，可与两分子的 Wittig 试剂作用，以制备多烯炔类或多烯类化合物。例如：

$$OHC{-}CH{=}CH{-}(C{\equiv}C)_2{-}CH{=}CH{-}CHO + 2Ph_3P{=}CH{-}(CH{=}CH)_2CH_3$$

$$\longrightarrow CH_3(CH{=}CH)_4(C{\equiv}C)_2{-}(CH{=}CH)_4{-}CH_3$$

(3) 环状的二元鏻烷与二元羰基化合物反应，可以合成环状化合物。例如 1,2,5,6-二苯并环辛烷的合成：

$$C_6H_4(CHPPh_3)_2 + C_6H_4(CHO)_2 \xrightarrow[DMF]{C_2H_5OLi/C_2H_5OH} \text{二苯并环辛四烯}$$

(4) 合成多一个碳原子的醛。当三苯基膦与α-卤代醚作用时，所生成的鏻烷与羰基化合物反应得到相应的乙烯醚，后者酸性水解便得到多一个碳原子的醛。例如：

$$Ph_3P + ClCH_2OCH_3 \longrightarrow Ph_3\overset{+}{P}CH_2OCH_3 \cdot \overset{-}{Cl} \xrightarrow{:B} Ph_3P{=}CHOCH_3$$

$$Ph_3P{=}CHOCH_3 \xrightarrow{\text{环己酮}} \text{环己叉}{=}CHOCH_3 \xrightarrow{H_3\overset{+}{O}} \text{环己基}(CHO)(H)$$

$$2Ph_3P{=}CHOCH_3 + o\text{-}C_6H_4(CHO)_2 \longrightarrow o\text{-}C_6H_4(CH{=}CHOCH_3)_2 \xrightarrow{H_3\overset{+}{O}} o\text{-}C_6H_4(CH_2CHO)_2$$

(5) α-卤代磷叶立德与醛酮作用。在过量碱存在下，可合成卤代烯烃。所得卤代烯烃进一步脱卤化氢可直接得到炔烃。

$$Ph_3P{=}CHCl + (c\text{-}C_3H_5)_2C{=}O \longrightarrow (c\text{-}C_3H_5)_2C{=}CHCl \xrightarrow[-HCl]{n\text{-BuLi}} c\text{-}C_3H_5{-}C{\equiv}C{-}c\text{-}C_3H_5 \quad 77\%$$

习 题

1. 论述形成碳负离子的原理和条件。
2. 论述如下合成反应机理。

$$CH_3{-}\overset{O}{\overset{\|}{C}}{-}CH_2COOEt + Br(CH_2)_3Br \xrightarrow{EtO^-} \text{(6-甲基-3,4-二氢-2H-吡喃-5-甲酸乙酯: 环上 } CH_3, COOEt, O)$$

3. 论述分子间酯缩合——克莱森(Claisen)缩合反应特点。
4. 论述迈克尔反应机理。
5. 论述 Wittig 试剂制备及反应机理。
6. 合成下列化合物。

(1) $CH_3(CH_2)_5{-}\underset{OH}{\underset{|}{C}H}{-}CH_2{-}CH{=}CH(CH_2)_7{-}COOH \longrightarrow NaO_2C(CH_2)_8CO_2Na$

(2) $H_3C{-}\overset{O}{\overset{\|}{C}}{-}CH_3 + \underset{COOEt}{\overset{COOEt}{|}} \longrightarrow H_3C{-}\overset{O}{\overset{\|}{C}}{-}CH_2{-}\overset{O}{\overset{\|}{C}}{-}OEt$

(3) $C_6H_5CH_2COCH_3 \longrightarrow C_6H_5\underset{CH_3}{\underset{|}{C}H}{-}\overset{O}{\overset{\|}{C}}CH_3$

(4) $CH_2{=}CH{-}CO{-}C_6H_5 + CH_3COCH_2COOC_2H_5 \longrightarrow$ (环己烯酮：H_5C_6 取代于双键碳，羰基邻位碳上连 $\overset{O}{\overset{\|}{C}}OC_2H_5$)

(5) $Ph_3P + ClCH_2OCH_3 \longrightarrow$ 环己烷甲醛（环上碳连 CHO 和 H）

(6) $(CH_3)_2C{=}O + CH{\equiv}CH \longrightarrow CH_2{=}\overset{CH_3}{\overset{|}{C}}{-}CH{=}CH_2$

第2章 酸催化缩合反应

本章讨论的反应是极性反应，即带正电荷的碳和带负电荷的碳相互作用形成 C—C 键。但本章所讨论反应的重点是在酸催化下，反应物之一首先形成一个碳正离子，随后和体系中的亲核基团反应形成碳正离子的方法主要有两种。

(1) 化合物分子失去一个带负电荷的原子或基团。例如，氯代叔丁烷在三氯化铝存在下，形成碳正离子。

$$(CH_3)_3C—Cl + AlCl_3 \longrightarrow (CH_3)_3C^+ + AlCl_4^-$$

(2) 不饱和化合物加上一个质子：

$$\text{(a)}\ (CH_3)_2C=CH_2 + H^+ \longrightarrow (CH_3)_3C^+$$

$$\text{(b)}\ CH_3CHO + H^+ \rightleftharpoons H_2C(H)—CH=\overset{+}{O}H \xrightleftharpoons{-H} CH_3\overset{+}{C}H—OH$$

$$\text{(c)}\ (CH_3)_2NH + CH_2=\overset{+}{O} \longrightarrow (CH_3)_2N=CH—\overset{+}{H_2O} \xrightarrow{-H_2O} (CH_3)_2\overset{+}{N}=CH_2 \rightleftharpoons (CH_3)_2N—\overset{+}{C}H_2$$

和碳负离子相似，碳正离子越稳定越容易形成。C^+的稳定性大小取决于所带电荷的分散程度，C^+的正电荷越分散，其结合电子的能力就越弱，也就越显得稳定。伯、仲、叔碳正离子的稳定性由大到小，即

$$\overset{+}{C}H_3 < CH_3\overset{+}{C}H_2 < CH_3—\overset{+}{C}H—CH_3 < \overset{+}{C}(CH_3)_3$$

由于碳正离子的结构特征是缺电子碳及其所带正电荷，它所进行的一些反应都是为C^+提供一对电子，使它满足8偶体的结构。这些反应有：①消去一个氢原子形成烯烃；②重排成较稳定的碳正离子；③与负离子及其他碱性分子结合；④和烯烃加成形成一个较大的碳正离子；⑤从烷烃中夺走一个负氢离子。由②或④形成的碳正离子可再进行上述反应。

2.1 烯烃的自身缩合反应

烯烃在 Lewis(美国化学家 G. N. Lewis)酸如 $AlCl_3$ 或 BF_3 催化下聚合成多烯烃，但采用水溶液，则生成低相对分子质量聚合物。例如：异丁烯用 60%硫酸或磷酸处理，得到 2,2,4-三甲基戊烯-1 和 2,2,4-三甲基戊烯-2 混合物。

$$(CH_3)_2C{=}CH_2 + H^+ \longrightarrow (CH_3)_3C^+ \xrightarrow{(CH_3)_2C=CH_2} (CH_3)_3C{-}CH_2\overset{+}{C}(CH_3)_2$$

$$\xrightarrow{-H^+} (CH_3)_3C{-}CH_2{-}C(CH_3){=}CH_2 + (CH_3)_3C{-}CH{=}C(CH_3){-}CH_3$$

1份　　　　4份

反应是经过碳正离子进行的，由 C^+的性质可知，这一反应的主要副产物是叔丁醇和烯烃多聚物。

$$(CH_3)_3\overset{+}{C} + H_2O \longrightarrow (CH_3)_3C{-}\overset{+}{O}H_2 \xrightarrow{-H^+} (CH_3)_3C{-}OH$$

$$(CH_3)_3C{-}CH_2\overset{+}{C}(CH_3)_2 \xrightarrow{(CH_3)_2C=CH_2} (CH_3)_3C{-}CH_2{-}C(CH_3)_2{-}CH_2{-}\overset{+}{C}(CH_3)_2\cdots\cdots$$

所以必须注意控制酸的浓度和反应条件。

目前工业上制备高级汽油 2,2,4-三甲基戊烷(异辛烷)就是在酸催化下，用异丁烯和异丁烷反应。

$$(H_3C)_2C{=}CH_2 + H{-}C(CH_3)_3 \xrightarrow[0\sim10^\circ C]{浓H_2SO_4或HF} CH_3{-}CH(CH_3){-}CH_2{-}C(CH_3)_2{-}CH_3$$

该反应前两步和异丁烯二聚反应的前两步相同，最后一步是碳正离子从异丁烷夺取负氢离子。

$$CH_2{-}\overset{+}{C}(CH_3)_2 + H{-}C(CH_3)_3 \longrightarrow (CH_3)_3C{-}CH_2{-}CH(CH_3){-}CH_3 + {}^{+}C(CH_3)_3$$

烯烃的酸催化缩合除上述一些反应外，它们还可环化得到立体结构上稳定的五元或六元环，例如，Ψ-紫罗酮转变为α-和β-紫罗酮，β-紫罗酮是合成维生素 A 的主要原料。

$$\Psi\text{-紫罗酮} \xrightarrow{H^+} \text{环化碳正离子（CH—CH=CHCOCH}_3\text{）}$$

$$\xrightarrow{-H^+} \beta\text{-紫罗酮} + \alpha\text{-紫罗酮}$$

Ψ-紫罗酮

β-紫罗酮　　α-紫罗酮

2.2　Friedel-Crafts 反应

Friedel-Crafts 反应常用的有烷基化反应和酰基化反应，主要是芳烃在 Lewis 酸存在下通过亲电取代反应在结构中引入新基团，形成新的碳-碳键的同时并失去简单分子。如

$$(CH_3)_2C{=}CH_2 + C_6H_6 \xrightarrow{FeCl_3} C_6H_5C(CH_3)_3 \quad 89\%$$

$$\text{2-}NO_2C_6H_4OCH_3 \xrightarrow{CH_3COCl} \text{4-}CH_3CO\text{-2-}NO_2C_6H_3OCH_3$$

2.2.1　芳烃的 Friedel-Crafts 烷基化反应

芳烃的烷基化反应是合成烷基苯的一种重要方法。芳香族化合物在三氯化铝或其他 Lewis 酸催化下，可与卤代烷发生烷基化反应。

$$R'C_6H_5 + RX \xrightarrow{AlCl_3} [R'C_6H_5 + \overset{+}{R}—\overset{-}{X}AlCl_3] \longrightarrow [R'C_6H_5^{+}(H)R + X^- AlCl_3] \xrightarrow{-H} R'C_6H_4R$$

(R'=H, 卤原子, OH, OR)

反应一般需要在酸催化下进行，常用的 Lewis 酸催化剂的活性次序为：$AlCl_3 > FeCl_3 > SbCl_5 > SnCl_4 > BF_3 > TiCl_4 > ZnCl_2$；常用的质子酸的活性次序为：$HF > H_2SO_4 > P_2O_5 > H_3PO_4$；常用的烷基化试剂有卤代烃、烯、醇、醚、醛、酮和酯等。卤代烷是最常用的烷基化试剂，卤代烷的活性次序为：叔卤代烷>仲卤代烷>伯卤代烷；若烷基相同，RF < RCl < RBr < RI。

例　1-溴代-1-苯基丙酮在三氯化铝催化下与苯反应生成 1,1-二苯基丙酮。

$$C_6H_5CH(Br)COCH_3 \xrightarrow[AlCl_3,\ \triangle]{C_6H_6} C_6H_5CH(C_6H_5)COCH_3 \quad 53\%\sim57\%$$

$$\text{环氧乙烷} + C_6H_6 \xrightarrow{AlCl_3} C_6H_5CH_2CH_2OH$$

各种取代基取代的芳香族化合物，其反应容易程度按下述次序递减：$OH > CH_3O > (CH_3)_2N > CH_3 > H > Cl > Br > I > CHO > CH_3CO > COOR > NO_2 > CN$，反应的容易程度亦跟烷化剂的极性有关。如卤乙烯、芳基卤化物等对反应是惰性的。

需要注意的是：

(1) 芳烷化的主要副反应是生成多烷基衍生物。例如由于烷化反应所得产物活性比原料高，氯甲烷甲基化苯时得到的是甲苯、二甲苯、三甲苯、四甲苯和五甲苯、六甲苯

的混合物。

(2) 产物中烷基的重排及异构化。由于反应时要先形成烷基碳正离子，而碳正离子通常会发生重排生成更稳定的碳正离子，故当卤代烷(特别是伯卤代烷)含有多个碳原子时，往往会得到重排产物。但重排的程度取决于反应条件和碳正离子的性质。如苯和正丙基氯化物反应得到正丙苯和异丙苯，这是由于碳正离子的稳定性引起氢离子转移的结果，本身并不涉及碳骨架的转变。

$$CH_3CH_2CH_2Cl + AlCl_3 \rightleftharpoons CH_3CH_2CH_2^+ + AlCl_4^-$$

$$CH_3CH_2\overset{+}{C}H_2 \rightleftharpoons CH_3\overset{+}{C}HCH_3$$

$$C_6H_6 + \overset{+}{C}H(CH_3)_2 \longrightarrow C_6H_5CH(CH_3)_2 + H^+$$

用溴代正丙烷作烷基化试剂的苯的烷基化反应得到重排产物。

$$\text{苯} \xrightarrow[AlBr_3]{CH_3CH_2CH_2Br} \text{异丙苯}$$

(3) 烷化反应是可逆的，反应受热力学控制。例如烷化一元取代的苯，通常以得到间位烷化产物为主，因为间位在热力学上是稳定的。

$$\text{苯} + 3\,C_2H_5Br \xrightarrow[-3HBr]{AlBr_3} 1,3,5\text{-}(C_2H_5)_3C_6H_3 \quad 87\%$$

烷基化反应的可逆性在工业上是很有用的。如乙烯烷化苯得到乙苯的同时，还生成多乙苯。这样乙苯的产率降低，可以利用反应的可逆性，增加苯的用量，则多乙苯在反应中将一部分乙基转移到苯核，从而提高了乙苯的产率；烷基可以从一个分子转移至另一个分子，或在苯核上从一个位置转移至另一位置。因此，烷基化反应可以在动力学控制下，或在热力学控制下进行，得到不同的产品。一般而言，温和的反应条件，有利于动力学控制的产品形成。

醇在酸催化下容易形成碳正离子，因此也常用作烷基化试剂，但甲醇、乙醇作烷基化试剂的反应是困难的。用醇作烷基化试剂时，在很多情况下，硫酸、三氟化硼和一些有机酸是较为常用的催化剂。

1-苯基-2,2,2-三氯乙醇在浓硫酸催化下与溴苯反应生成烷基化产物。

$$C_6H_5\overset{OH}{\overset{|}{C}}HCCl_3 \xrightarrow[H_2SO_4]{C_6H_5Br} C_6H_5\overset{C_6H_4Br\text{-}p}{\overset{|}{C}}HCCl_3 \quad 50\%\sim74\%$$

对 Lewis 酸敏感的化合物可用高氯酸银作催化剂，在碳酸钙存在下进行。

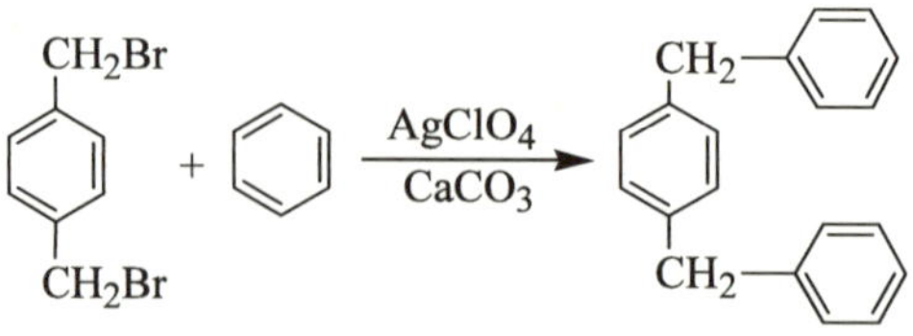

许多芳香族化合物，多核稠环类及其杂环化合物如噻吩、呋喃等均能发生本反应。对芳香族化合物来说，烷基化反应的难易程度与核上的取代基密切相关，一般核上带有邻对位定位基的取代基的芳香族化合物烷基化比苯容易，芳核上有吸电子取代基的钝化了烷基化反应，如硝基苯、苯甲醛、苯腈等不能用本法进行烷基化，但致钝基团的邻位或对位有强的邻对位取代基时，也能进行烷基化。例如邻硝基苯甲醚用异丙醇烷化时，烷化产率达 84%。

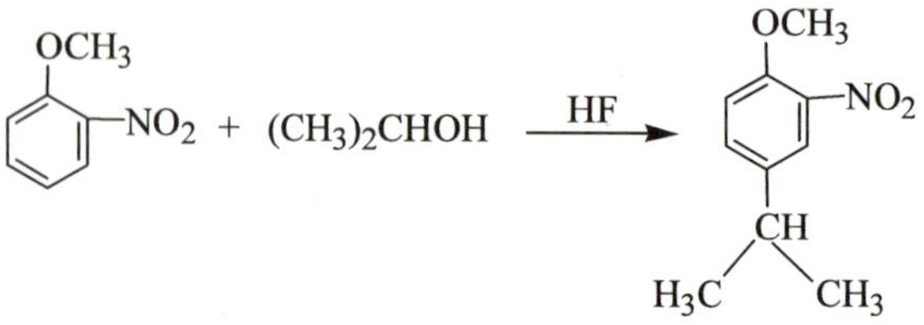

在这个反应中显示了—OCH_3 的致活作用，而—OH、—NH_2、—NR_2 等正常的致活作用，部分地由于它们和催化剂反应而失去活性。如

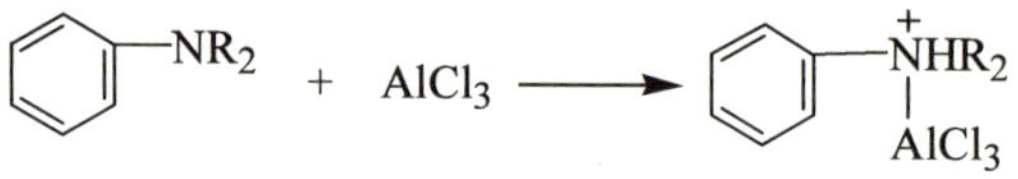

所以芳胺也不能进行烷基化反应。

Friedel-Crafts 烷基化反应的缺点：由于初生成的烷基苯比未取代的原料更易发生烷基化反应，因此反应不易停留在单取代阶段，而是进一步形成多取代产物，难于分离提纯。为了尽量减少多取代产物的形成，通常采用大大过量的原料芳烃及较低的反应温度。

2.2.2　烯烃的 Friedel-Crafts 烷基化反应

烯烃的烷化反应，在 $AlCl_3$ 存在下，氯化叔丁烷与乙烯在−10℃反应制得新的己烷氯化物，产率 75%。反应过程如下：

$$(CH_3)_3C-Cl + AlCl_3 \longrightarrow (CH_3)_3C^+ + AlCl_4^-$$

$$(CH_3)_3C^+ + CH_2{=}CH_2 \longrightarrow (CH_3)_3C-CH_2-\overset{+}{C}H_2$$

$$(CH_3)_3C-CH_2-\overset{+}{C}H_2 + Cl-AlCl_3 \longrightarrow (CH_3)_3C-CH_2-CH_2Cl + AlCl_3$$

烯烃的 Friedel-Crafts 烷基化反应，一般都会发生几种副反应：①在 $AlCl_3$ 作用下，烯烃发生异构化。②卤代烷发生重排，产物卤化物进一步反应。

工业上大量生产烷基苯时，常用烯烃作为烷基化试剂。如在三氯化铝催化下，利用廉价易得的乙烯、丙烯与苯反应，合成重要的工业原料乙苯、异丙苯等。

$$C_2H_4 + C_6H_6 \xrightarrow[40\sim100℃]{AlCl_3} C_6H_5CH_2CH_3$$

$$C_3H_6 + C_6H_5 \xrightarrow[40\sim100℃]{AlCl_3} C_6H_5CH(CH_3)_2$$

苯乙烯是合成聚苯乙烯的单体，工业上是用三氯化铝作催化剂、乙烯为烷化剂与苯反应，得乙苯，然后脱氢得苯乙烯：

$$C_6H_6 + CH_2{=}CH_2 \xrightarrow{AlCl_3} C_6H_5{-}CH_2{-}CH_3 \xrightarrow[600℃]{ZnO} C_6H_5{-}CH{=}CH_2$$

以浓硫酸为催化剂，2-甲基-3-氯丙烯在室温下与苯反应可顺利生成烷基化产物。

$$ClCH_2C(CH_3){=}CH_2 + C_6H_6 \xrightarrow{H_2SO_4} C_6H_5C(CH_3)_2CH_2Cl \quad 70\%\sim73\%$$

2.2.3　Friedel-Crafts 酰基化反应

芳烃及其衍生物通过酰基化反应可以制得酮、醛、羧酸、胺等化合物，但主要用于醛、酮的合成。它在形成新碳键的同时，将酰基引入到了芳环上。

在 $AlCl_3$ 存在下，烯烃可被酰氯或乙酸酐酰化，亲电部分是一个酰基碳正离子。

$$CROCl + AlCl_3 \longrightarrow R{-}\overset{+}{C}{=}O + AlCl_4^-$$

$$(RCO)_2O + AlCl_3 \longrightarrow R{-}\overset{+}{C}{=}O + AlCl_3(OCOR)^-$$

(1) Friedel-Crafts 酰基化反应合成酮

$$Ar + RCOX \xrightarrow{催化剂} ArCOR$$

在酸性催化剂存在下，多种芳香族化合物可被羰酸及其衍生物酰化成酮，称酰基化反应。苯、蒽、菲及其他多核芳烃、杂环化合物等均可进行酰化反应。因此，本法应用极广，特别适用于芳基酮的合成。

$$C_6H_5COCl + C_6H_6 \xrightarrow{AlCl_3} C_6H_5{-}CO{-}C_6H_5 \quad 82\%$$

常用的催化剂为 Lewis 酸，如三氯化铝、三氟化硼、五氯化锑、四氯化锡、二氯化锌，其活性次序为：$AlCl_3 > BF_3 > SbCl_5 > SnCl_4 > ZnCl_2$。亦可用质子酸催化，如硫酸、氢氟酸、磷酸、多聚磷酸，碘亦可作活性芳烃及多核芳烃酰化的催化剂。高碳链羧酸作酰化试剂时，沸石是良好的催化剂。近年来的研究发现，钪、镧、镱等元素的三氟甲磺酸盐是优良的酰化催化剂。

任何羧酸衍生物和羧酸本身都可以作酰化剂，而以酰氯及酸酐最为普遍。催化剂的用量往往与酰化剂的种类有关。例如酰卤至少需 1mol $AlCl_3$，酸酐需 3mol $AlCl_3$，羧酸需 2mol $AlCl_3$，才能获得满意结果。

用一元羧酸的酰卤、酸酐作酰化剂，可合成芳基烷基酮或二芳基酮。一般而言，芳核上具有邻、对位取代基时，酰化反应容易进行。苯、烷基苯、烷氧基苯均极易反应，卤代苯亦可顺利进行酰化，例如：硝基苯不起酰化反应，可以用作酰化反应的溶剂，而邻硝基苯甲醚则容易酰化。

邻硝基苯甲醚（OCH_3，NO_2） $\xrightarrow{CH_3COCl}$ 产物（OCH_3，NO_2，CH_3CO）

苯环上有间位取代基时，酰化比较困难。如硝基苯、氰基苯、吡啶、喹啉及其类似物均不能用此法酰化。但间位取代基存在于酰化剂中则无影响。

卤代芳烃的酰化反应比苯速度慢，产率也低。

溴苯（Br） + 乙酸酐（$CH_3C(=O)$–O–$C(=O)CH_3$） $\xrightarrow[CS_2\ 回流]{AlCl_3}$ Br–C_6H_4–$COCH_3$ 69%~79%

γ-芳基取代的酸可以进行分子内酰化，是制备四氢萘酮衍生物的常用方法。分子内的酰化反应，在建立环状体系方面特别有价值，这些反应常用二元酸的酸酐为酰化剂，如：

苯 + O(CO–CH_2)(CO–CH_2) $\xrightarrow{AlCl_3}$ C_6H_5CO–CH_2–CH_2–C(=O)HO $\xrightarrow{克莱门森还原}$ C_6H_5–CH_2–CH_2–CH_2–C(=O)HO（89%） $\xrightarrow[(2)AlCl_3]{(1)SOCl_2}$ α-四氢萘酮 79%

克莱门森还原：醛酮用锌汞齐加盐酸还原时可以转化为烃，是将羰基转化为亚甲基的一个较好的方法。

分子内酰化常用质子酸作催化剂，如硫酸、氢氟酸、磷酸及多聚磷酸。浓硫酸作催化剂时常常发生氧化、磺化等副反应；氢氟酸可使反应在室温下顺利进行。β-芳基或δ-芳基取代酸亦可进行类似反应成环酮。成环的难易顺序为：六元环 > 五元环 > 七元环。

双官能团酰化剂与芳香族化合物反应是合成二酮及酮酸的重要方法。二元酰卤、环状酸酐、二元羧酸等均可作酰化剂。例如，邻苯二酚与己二酸二酰氯在三氯化铝等 Lewis 酸催化下，可得到良好产率的二酮产物。若双官能团酰化剂的两个酰基化官能团分步反应，且将第一步反应生成的酮羰基还原，则得到单酮。除酰卤外，酸酐也可作为酰化剂。

许多活性芳香族化合物如芳醚、多核芳烃、噻吩等不用催化剂或采用催化量的催化剂，即可顺利反应，产率良好。

丁二酸酐的酰化反应是合成稠环芳烃及其衍生物的第一步，常称为 Haworth(霍沃思)反应。例如：

$$\text{萘} + \begin{matrix} CH_2-CO \\ | \quad\quad \; O \\ CH_2-CO \end{matrix} \xrightarrow{AlCl_3} \text{萘基}-COCH_2CH_2COOH \xrightarrow[\text{(3)酰化}]{\text{(1)还原 (2)SOCl}_2} \text{酮}$$

(2) Friedel-Crafts 酰基化反应合成醛。用甲酰氯作酰化试剂进行 Friedel-Crafts 反应，可得到芳醛。但在常温下制备甲酰氯时，总是得到 CO 和 HCl。实践证明，在 $AlCl_3$ 和 Cu_2Cl_2 存在下，用 CO 和 HCl 的混合物在 20℃下可以使芳烃酰化得到芳醛。

$$C_6H_5CH_3 + CO + HCl \xrightarrow[\triangle]{AlCl_3-Cu_2Cl_2} p\text{-}CH_3C_6H_4CHO$$

上述反应有效的进攻试剂为：CO 和 HCl 在 Lewis 酸作用下生成甲酰基正离子，甲酰基正离子与苯环作用生成醛，机理为

$$CO + HCl \longrightarrow HCOCl \xrightarrow{AlCl_3} H-\overset{+}{C}=O + AlCl_4^-$$

$$CO + HCl \xrightarrow[\triangle]{AlCl_3-Cu_2Cl_2} H-\overset{+}{C}=O \xrightarrow{C_6H_6} [C_6H_6CHO]^+ \xrightarrow{-H} C_6H_5CHO \quad 82.8\%$$

甲酰氟在常温下是稳定的，可以用作酰基化试剂。

$$1,3,5\text{-}(CH_3)_3C_6H_3 + FCHO \xrightarrow[0\sim10℃]{BF_3} 2,4,6\text{-}(CH_3)_3C_6H_2CHO \quad 70\%$$

氰氢酸有剧毒，使用不便，可以用氰化锌代替。

$$\text{2-CH}_3\text{-4-CH}_3\text{-1-CH(CH}_3)_2\text{C}_6\text{H}_3 \xrightarrow[(2)\ \overset{+}{H_2}O]{(1)\ Zn(CN)_2, HCl, AlCl_3} \text{2-CH}_3\text{-4-CH}_3\text{-5-CH(CH}_3)_2\text{C}_6\text{H}_2\text{CHO} \quad 90\%$$

(3) 烯烃酰化。烯烃酰化反应是通过酰卤或酸酐在 Lewis 酸作用下发生的，亲电部分是酰基正离子。

$$(CH_3)_2C{=}CH_2 + H_3C{-}\overset{+}{C}{=}O \longrightarrow CH_3{-}\overset{+}{C}(CH_3){-}CH_2{-}\overset{O}{\overset{\|}{C}}CH_3 \xrightarrow{AlCl_4^-} CH_3{-}C(Cl)(CH_3){-}CH_2{-}\overset{O}{\overset{\|}{C}}CH_3$$

酰基正离子与烯烃加成后形成新的碳正离子，后者与亲核试剂作用形成β-卤代酮，或失去一个质子形成不饱和酮，后者可以分离出来。也可以在反应条件下进一步脱 HCl，生成 α,β-不饱和酮，例如：

$$\text{环己烯} \xrightarrow{CH_3\overset{+}{C}O} \text{2-COCH}_3\text{环己基正离子} \xrightarrow{AlCl_4^-} \text{2-氯-1-COCH}_3\text{环己烷} \xrightarrow[\text{或二甲胺}, -HCl]{\text{升温}} \text{1-COCH}_3\text{环己烯}$$

$$\text{2-COCH}_3\text{环己基正离子} \xrightarrow{-H} \text{1-COCH}_3\text{环己烯}$$

不对称烯烃酰化，酰基正离子加在含氢多的碳上。在合成(±)硫辛酸时曾用到烯烃酰化：

$$Cl{-}CO{-}(CH_2)_4{-}CO_2Et + CH_2{=}CH_2 \xrightarrow{AlCl_3} Cl{-}CH_2CH_2CO{-}(CH_2)_4{-}CO_2Et \xrightarrow{NaBH_4}$$

$$ClCH_2CH_2CH(OH){-}(CH_2)_4{-}CO_2Et \xrightarrow[(2)PhCH_2SH+KOH]{(1)SOCl_2} PhCH_2{-}S{-}CH_2CH_2{-}CH(SCH_2Ph){-}(CH_2)_4COOH$$

$$\xrightarrow{Na\text{-}NH_3} H_2C(SH){-}CH_2{-}CH(SH){-}(CH_2)_4COOH \xrightarrow{O_2} \underset{S{-}{-}{-}S}{H_2C{-}CH_2{-}CH}{-}(CH_2)_4COOH \quad \text{硫辛酸}$$

酰化反应和烷化反应的比较：

在酰化反应中，由于部分催化剂和产物结合 $\overset{Ar}{\underset{R}{\;}}\!\!>C{=}O \cdots \rightarrow$ $AlCl_3$不参与催化作用，故催化剂用量必须在 1mol 以上，对酰氯，$AlCl_3$ 必须用 1mol，对酸酐必须用 2mol，少于这些用量则反应不完全，而烷化仅需微量催化剂。

酰化反应的产物活性比被酰化的底物小，因此不像烷化反应，没有多酰化副反应。酰化反应的另一特点是，没有酰基的异构化反应和歧化反应，因此酰化产物的产率高。

酰化试剂和 Lewis 酸所形成的络合物，由于空间位阻关系，对于苯核上有邻对位取代基的化合物，则邻位产率很低，如甲苯硝化可得 60%的邻位产物，而酰化得到邻甲基苯乙酰产率很低，而对位异构体产率则达 85%以上。

(4) 阳离子型聚合反应。阳离子型聚合反应是烯烃在酸催化下，通过碳正离子进行的亲电加成反应。该反应是制备高分子化合物的重要方法之一，在工业上有着广泛的应用。如异丁烯聚合反应历程如下：

$$AlCl_3 + HCl \rightleftharpoons \overset{+}{H}[AlCl_4]^-$$

$$H^+[AlCl_4^-] + (CH_3)_2C{=}CH_2 \longrightarrow [(CH_3)_3C^+][AlCl_4]^-$$

$$(CH_3)_3C^+ + (CH_3)_2C{=}CH_2 \longrightarrow CH_3{-}C(CH_3)_2{-}CH_2{-}C^+(CH_3)_2 \longrightarrow CH_3{-}[C(CH_3)_2{-}CH_2]_{n-1}{-}C(CH_3){=}CH_2$$

聚异丁烯是一种弹性体，耐低温性能特别好。

2.3　不饱和醛酮的合成

2.3.1　醛酮自身缩合

用酸处理醛酮，能通过烯醇化发生自身缩合作用。酸的主要作用是：

(1) 提高 C═O 亲核加成的活性

$$CH_3{-}CH{=}O \xrightleftharpoons{H^+} CH_2(H){-}CH{=}\overset{+}{O}H \rightleftharpoons CH_3\overset{+}{C}H{-}OH$$

(2) 催化羰基化合物烯醇化

$$CH_3{-}CH{=}O \xrightleftharpoons{H^+} CH_2(H){-}CH{=}\overset{+}{O}H \xrightleftharpoons{-H^+} CH_2{=}CH{-}OH$$

一分子烯醇和一分子活化后的羰基化合物反应：

$$HO{-}CH{=}CH_2 + H_3C{-}CH{=}OH \xrightleftharpoons{H^+} HC(={}^+OH){-}CH_2{-}CH(CH_3){-}OH \xrightarrow{-H^+} CH_3CH(OH){-}CH_2{-}CHO$$

酸催化脱水得不饱和羰基化合物。酸催化的醇醛缩合，一般产率很低，没有碱催化缩合应用广泛。

$$CH_3CH(OH)-CH_2-CHO \xrightleftharpoons{H^+} CH_3-CH(\overset{+}{O}H_2)-CH_2-CHO \xrightarrow{-\overset{+}{H_2O}} CH_3CH{=}CH-CHO$$

巴豆醛

丙酮在无机酸催化下缩合得到异亚丙基丙酮，进一步缩合，最后得到双异亚丙基丙酮，反应过程为

$$2\,CH_3COCH_3 \xrightleftharpoons{H^+} (CH_3)_2C{=}CHCOCH_3 \xrightarrow{CH_3COCH_3} (CH_3)_2C{=}CHCOCH{=}C(CH_3)_2$$

反应机理为

$$2\,CH_3COCH_3 \xrightleftharpoons{H^+} CH_3\overset{\overset{+}{O}H}{\overset{\|}{C}}CH_3 \longleftrightarrow CH_3\overset{+}{C}(OH)-CH_3$$

$$2\,CH_3COCH_3 \xrightleftharpoons{H^+} CH_3\overset{\overset{+}{O}H}{\overset{\|}{C}}-CH_2-H \xrightarrow{-H^+} CH_3C(OH){=}CH_2$$

$$CH_3C(\ddot{O}H){=}CH_2 + CH_2\overset{+}{C}(OH)-CH_3 \longrightarrow CH_3\overset{\overset{+}{O}H}{\overset{\|}{C}}CH_2C(OH)(CH_3)_2 \xrightarrow{-\overset{+}{H_3O}} CH_3\overset{O}{\overset{\|}{C}}CH{=}C(CH_3)_2$$

$$CH_3\overset{O}{\overset{\|}{C}}CH{=}C(CH_3)_2 \xrightleftharpoons{H^+} CH_3\overset{OH^+}{\overset{\|}{C}}CH{=}C(CH_3)_2 \xrightarrow{-H^+} CH_2{=}C(OH)CH{=}C(CH_3)_2$$

$$CH_2{=}C(OH)CH{=}C(CH_3)_2 + CH_2\overset{+}{C}(OH)-CH_3 \longrightarrow (CH_3)_2C{=}CH_2\underset{\underset{\overset{+}{O}H}{\|}}{C}CH_2-C(OH)(CH_3)_2$$

$$\xrightarrow{-\overset{+}{H_3O}} (CH_3)_2CH{=}CHCOCH{=}C(CH_3)_2$$

酸催化也容易引起环化，如丙酮在硫酸催化下，缩合最终得均三甲苯：

$$(H_3C)_2C{=}O \xrightarrow{H_2SO_4} (CH_3)_2C{=}CHCOCH_3 \xrightarrow[H_2SO_4,\,-H_2O]{(CH_3)_2C{=}O} \left[(H_3C)_2C{=}CH-C(CH_3){=}CH-C(O)CH_3\right] \xrightarrow[-H_2O]{H_2SO_4} \text{1,3,5-}(CH_3)_3C_6H_3$$

另外，某些醛在酸催化下可以直接环化。如一拳用硫酸催化得到三聚乙醛和少量四聚体：

$$3CH_3CHO \xrightarrow{H_2SO_4} \text{2,4,6-三甲基-1,3,5-三噁烷}\ (H_3C-\overset{H}{C}-O-\overset{H}{C}-CH_3,\ O,\ O,\ HC-CH_3)$$

多聚乙醛用稀酸处理，乙醛立即游离出来。

利用醛酮自身缩合反应可制备各种 α,β-不饱和羰基化合物，例如将乙醛与稀氢氧化钠溶液混合，可制得巴豆醛：

$$2CH_3CHO \xrightarrow{NaOH(稀)} CH_3—CH=CH—CHO$$

巴豆醛是很有用的原料，加氢得到正丁醛或正丁醇。正丁醛用类似方法可制得 2-乙基己醇，还可合成重要的食品防腐剂山梨酸：

$$CH_3CH=CHCHO \xrightarrow{CH_2=C=O} \xrightarrow{H^+} CH_3—CH=CH—CH=CH\overset{O}{\overset{\|}{C}}OH$$

在羟醛缩合反应中，除脱水外，其他各步都是可逆的，脱水能使反应进行到底，提高最终产物的收率。

醛类化合物比酮类化合物有更高的反应活性，因为醛的羰基空间位阻小，容易受亲核试剂进攻，有利于反应的进行。在自缩合中，若酮为不对称酮或只含一个 α-H 的不对称酮，则产物单一，反应总是发生在取代基较少的 α-C 上，得到 β-羟基酮或其脱水产物，产率 77%。

$$2C_6H_5COCH_3 \xrightarrow[\text{二甲苯，100℃}]{(t\text{-}BuO)_3Al} C_6H_5—\underset{CH_3}{\underset{|}{C}}=CH—\overset{O}{\overset{\|}{C}}—C_6H_5$$

在缩合反应中，芳醛与不对称酮反应，碱催化时，与该酮中取代基较少的 α-C 进行缩合；酸催化时，则与该酮中取代基较多的 α-C 进行缩合。

$$C_6H_5CHO + CH_3COCH_2CH_3 \xrightarrow{OH^-} C_6H_5CH=CHCOCH_2CH_3 \quad \text{主要产物}$$

$$C_6H_5CHO + CH_3COCH_2CH_3 \xrightarrow{H^+} C_6H_5CH_3=\underset{CH_3}{\underset{|}{C}}—COCH_3 \quad \text{主要产物}$$

2.3.2　酮和酰氯或酸酐的缩合

在 BF_3 催化下，酮可和酰氯酸酐缩合，例如丙酮和酸酐反应，制乙酰丙酮，产率 80%。较用丙酮和乙酸乙酯碱催化缩合产率高，反应需在无水条件下进行，以免酰氯或酸酐水解。反应过程如下：

$$CH_3\overset{O}{\overset{/\!/}{C}}—CH_3 \underset{}{\overset{BF_3}{\rightleftharpoons}} CH_3—\overset{O--BF_3}{\overset{\|}{C}}—CH_2—H \xrightarrow{-H^+} CH_3—\overset{O—BF_3}{\overset{|}{C}}=CH_2$$

$$(CH_3CO)_2O \underset{}{\overset{BF_3}{\rightleftharpoons}} (CH_3CO)_2\overset{+}{O}\overset{-}{B}F_3 \rightleftharpoons CH_3\overset{+}{C}{=}O + CCOOBF_3^-$$

$$CH_3C(\overset{-}{O}{-}BF_3){=}CH_2 + \overset{+}{C}(=O){-}CH_3 \xrightarrow{-BF_3} CH_3\overset{\overset{O}{\|}}{C}{-}CH_2{-}COCH_3$$

对于 $CH_3\overset{\overset{O}{\|}}{C}{-}CH_2R$ 这类甲基酮的酰化，用酸催化往往在次甲基上酰化。而碱催化则在甲基上酰化。

$$CH_3\overset{\overset{O}{\|}}{C}{-}CH_2R \begin{cases} \xrightarrow{(CH_3CO)_2OBF_3} CH_3COCHRCOCH_3 \\ \xrightarrow{CH_3CO_2Et{-}EtO^-} CH_3COCH_2COCH_2R \end{cases}$$

在第一个反应中甲基、次甲基酰化的程度受通入 BF_3 的量和 R 的影响。如果 R 是一直链，则次甲基酰化产物占 90%，如果 R 是具支链的烷基，则甲基衍生物增加；BF_3 通入量增加，则甲基酰化衍生物增加。

一般碱催化方法较酸催化方法为优，例如丙醛酸催化易发生加成。

$$CH_3CH_2CHO + CH_3\overset{\overset{O}{\|}}{C}{-}O{-}COCH_3 \xrightarrow{BF_3} CH_3CH_2CH(OCOCH_3)_2$$

2.4　胺甲基化反应(Mannich 反应)

含有活泼氢的化合物与醛(一般是甲醛)及一个胺(仲胺、伯胺)在酸催化下反应。产物用碱中和后得到一个胺甲基衍生物，即一个活泼氢被胺甲基所取代的缩合产物，常称为胺甲基化或 Mannich 反应。例如：

$$C_6H_5COCH_3 + NH_3 + CH_2{=}O \longrightarrow C_6H_5COCH_2{-}CH_2NH_2$$

酸组分　　碱组分　　醛组分　　Mannich碱

Mannich 反应中酸组分可以是含 α-H 的醛、酮、羧酸、氰、硝基烷等，也可以是含有活泼氢炔或活化的苯环，其中应用最广的是甲基酮和环酮。碱组分除氨外，也可用仲胺、伯胺。醛组分除甲醛外，其他醛也有被采用的。

Mannich 反应通常在水、乙醇或乙酸中进行，常用酸催化，有些反应也可用碱催化。

机理如下：

$$R_2N + H_2C{=}O \longrightarrow R_2\ddot{N}{-}CH_2(OH) \xrightarrow{H^+} R_2\overset{+}{N}{=}CH_2$$

$$-\underset{|}{\overset{H}{\overset{|}{C}}}-\overset{O}{\overset{\|}{C}}- \xrightarrow{H^+} -\underset{|}{\overset{H}{\overset{|}{C}}}-\overset{\overset{+}{O}H}{\overset{\|}{C}}- \xrightarrow{-H^+} -\underset{|}{C}{=}\overset{OH}{\overset{|}{C}}-$$

$$R_2\overset{+}{N}{=}CH_2 + -\underset{|}{C}{=}\overset{OH}{\overset{|}{C}}- \longrightarrow R_2N-CH_2-\underset{|}{\overset{|}{C}}-\overset{O}{\overset{\|}{C}}- + H^+$$

Mannich 反应广泛用于药物合成和天然产物合成。一个典型的反应如下：

$$CH_3\overset{O}{\overset{\|}{C}}-CH_3 + CH_2O + (CH_3)_2NH \xrightarrow[CH_3OH]{HCl} CH_3\overset{O}{\overset{\|}{C}}-CH_2CH_2\underset{CH_3}{\underset{|}{\overset{CH_3}{\overset{|}{N}}}}\cdot HCl \xrightarrow{NaOH} CH_3COCH_2CH_2N(CH_3)_2$$

反应过程为

$$(CH_3)_2NH + CH_2{=}O \longrightarrow (CH_3)_2\ddot{N}{-}CH_2(OH) \xrightarrow{H^+} (CH_3)_2\overset{+}{N}{=}CH_2$$

$$(CH_3)_2NH + CH_2{=}O \longrightarrow (CH_3)_2\ddot{N}{-}CH_2(OH) \xrightarrow[-H_2O]{H^+} (CH_3)_2\overset{+}{N}{=}CH_2 \longleftrightarrow (CH_3)_2N-\overset{+}{C}H_2$$

$$CH_3\overset{O}{\overset{\|}{C}}-CH_3 \rightleftharpoons \overset{+}{C}H_2\overset{O^-}{\overset{|}{C}H}-CH_3 \rightleftharpoons CH_3-\overset{OH}{\overset{|}{C}}{=}CH_2$$

$$CH_3-\overset{OH}{\overset{|}{C}}{=}CH_2 + CH_2{=}\overset{+}{N}(CH_3)_2 \longrightarrow CH_3\overset{\overset{+}{O}H}{\overset{\|}{C}}-CH_2CH_2N(CH_3)_2 \xrightarrow{NaOH} CH_3COCH_2CH_2N(CH_3)_2$$

该反应在水、醇溶液中加入少量 HCl 以保证体系在酸性条件下进行，甲醛可以用甲醛溶液或三聚及多聚甲醛，反应一般用二级胺的盐酸盐，如二甲胺、六氢吡啶等，第一胺或 NH_3 由于 N 原子上有多余氢，产物可进一步和醛反应，得到副产物。例如苯乙酮与一级胺反应得到二级胺，还可进一步反应得到三级胺。

$$C_6H_5COCH_3 + CH_2{=}O + RNH_2\cdot HCl \longrightarrow C_6H_5COCH_2CH_2NHR\cdot HCl$$

$$\xrightarrow{C_6H_5COCH_3-CH_2O} (C_6H_5COCH_2CH_2)_2NR\cdot HCl$$

如使用 NH_3 则得到连续反应三次的产物。

Mannich 反应条件比较温和，应用范围很广，不仅醛酮的活泼氢可以进行反应，其他化合物如羧酸、酯、酚或其他含有芳环体系的活泼氢等都可以反应，特别是在合成环系或氨基酸在制药工业得到应用。胺甲基化反应之所以重要，是因为它对氨基酮合成很有用。如阿托品(抗胆碱药)的中间体使用胺甲基化反应，用丁二醛、甲胺、丙酮二酸，只用一步反应就合成了托品酮，产率为 17%。

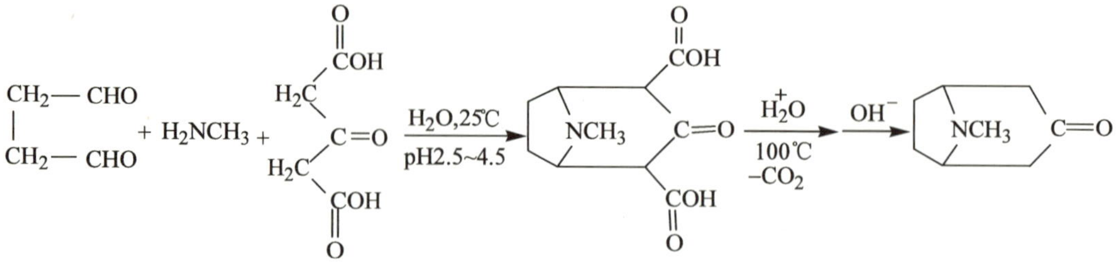

托品酮具有镇痛、解毒和解除痉挛等作用。托品酮经过羰基还原，随后用 $PhCH(CHO)CO_2H$ 进行酯化，再还原得到颠茄碱，产率达 90%，反应如下：

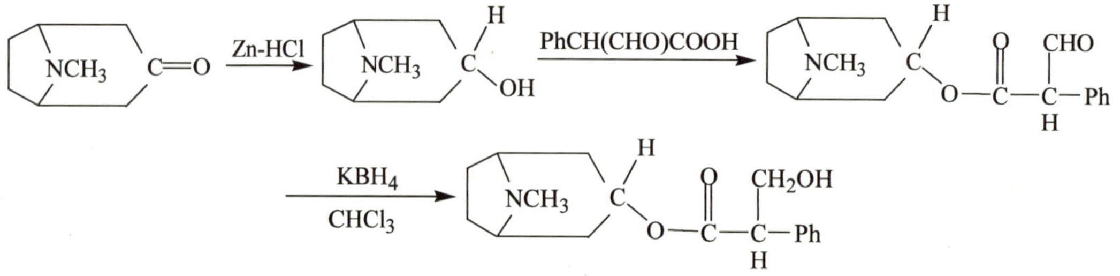

颠茄碱可以从植物中提取，常用于麻醉前给药，眼科中用作扩大瞳孔用药，抢救有机膦中毒用药。具有麻醉作用的古柯碱、假石榴碱和土透卡因等也是利用 Mannich 反应合成的。

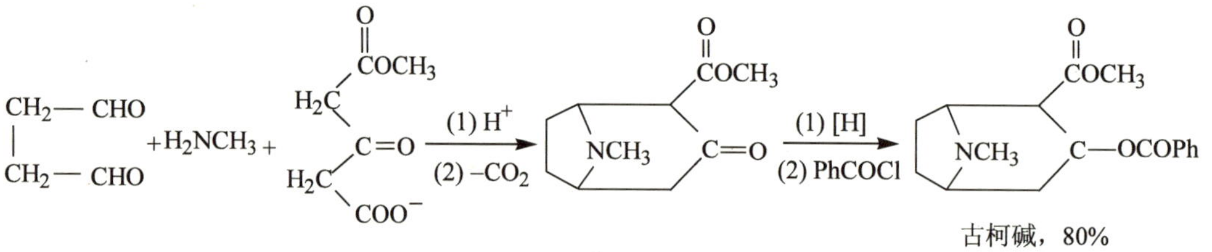

古柯碱，80%

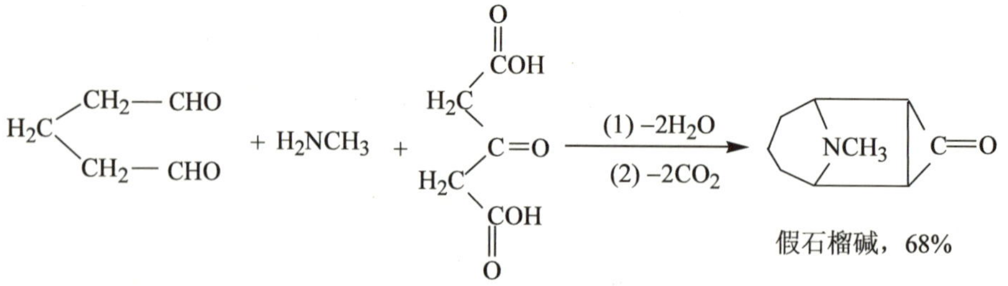

假石榴碱，68%

原料中的丙酮二酸含有两个活泼亚甲基，它和丁二醛的两个醛基进行亲核加成，同时和甲胺上的两个氢失去水，发生一步关环反应。当用不对称酮进行反应时，氨甲基化反应总是发生在取代程度较高的α-C 上。因为在酸性条件下，含取代基较多的烯醇比取代基较少的烯醇稳定。

$$CH_3COCH(CH_3)_2 + (HCHO)_n + (CH_3)_2\overset{+}{N}H_2 \cdot \overset{-}{Cl} \xrightarrow{HCl/C_2H_5OH} \xrightarrow{OH^-}$$

$$CH_3CO-C(CH_3)_2-CH_2N(CH_3)_2 + (CH_3)_2CH-CO-CH_2CH_2N(CH_3)_2$$

76%　　22%

Mannich 碱受热易分解出氨或胺，它的季铵盐本身更易分解，转化为 α, β-不饱和羰基化合物，这也是 α, β-不饱和羰基化合物的一种重要制备方法。后者在镍催化下加氢，生成比原先反应物增加一个碳原子的同系物。

$$C_6H_5CH_2OHCH_3 + CH_2CHOH + R_2NH \xrightarrow{H^+} C_6H_5COCH_2CH_2NR_2 \xrightarrow[-NHR_2]{\triangle}$$

$$C_6H_5COCH{=\!=}CH_2 \xrightarrow{H_2/Ni} C_6H_5COCH_2CH_3$$

$$\text{1-萘酚} + \begin{matrix} CH_2O \\ (CH_3)_2NH \end{matrix} \xrightarrow{H^+} \text{2-}CH_2N(CH_3)_2\text{-1-萘酚} \xrightarrow{H_2/Ni} \text{2-}CH_3\text{-1-萘酚} \xrightarrow{CrO_3} \text{2-甲基-1,4-萘醌}$$

2-甲基萘醌是制备维生素 K 的中间体。

Mannich 碱主要用作合成中间物，它之所以重要是因为它对氨基的合成有用，把β-氨基或其衍生的季铵盐加热分解导致生成α-亚甲基酮。季铵盐的分解特别容易，消除掉氨基官能团，而生成 α, β-不饱和酮，这是迈克尔加成和硼氢化反应的有用中间体。

$$(CH_3)_2CHCH(CH_2N(CH_3)_2)CHO \xrightarrow{\triangle} CH_3CH_2-C(=CH_2)-CHO$$

Mannich 碱中的氨基可被 CN^-等取代，得到腈化物：

$$C_6H_5COCH_2CH_2NR_2 \xrightarrow{CN^-} C_6H_5COCH_2CH_2CN$$

近年来，国内有人用芳胺盐酸法或醛胺缩合法，用芳香酮在室温和 HCl/C_2H_5OH 存在条件下，一步直接合成了β-芳香酮。

$$C_6H_5COCH_3 + CH_2O + H_2N-C_6H_4-R \xrightarrow{HCl/C_2H_5OH} C_6H_5COCH_2CH_2NH-C_6H_4-R$$

目前此法已扩大应用至各种对位取代苯乙酮、苯丙酮、脂肪酮、α, β-不饱和酮、杂环酮、1,3-二酮等化合物，均得到比较满意的结果。甲基酮与环烷酮，在 Mannich 反应中用得最多。它们的α-H 有足够的活泼性。丁酮和戊酮缩合都发生在有取代基的α-C 上。反应中，所用甲醛也可用其他醛，如乙醛、苯甲醛代替。如：

$$\text{环己酮} + C_6H_5CH_2OH + C_6H_5CH_2NH_2 \xrightarrow[CH_2CHOH]{HCl} \text{2-}[CH(C_6H_5)NHCH_2C_6H_5]\text{环己酮}$$

习　　题

1. 形成碳正离子的方法主要有哪几种？分别论述。

2. 目前工业上制备高级汽油 2,2,4-三甲基戊烷(异辛烷)就是在酸催化下，用异丁烯和异丁烷反应。

$$(H_3C)_2C{=}CH_2 + H{-}C(CH_3)_3 \xrightarrow[0\sim10^\circ C]{\text{浓}H_2SO_4\text{或}HF} CH_3{-}CH(CH_3){-}CH_2{-}C(CH_3)_2{-}CH_3$$

论述合成反应机理。

3. 什么是 Friedel-Crafts 反应？Friedel-Crafts 烷基化反应是合成烷基苯的一种重要方法，论述主要机理。

4. 论述如下反应机理：

$$2\,CH_3COCH_3 \overset{H^+}{\rightleftharpoons} (CH_3)_2C{=}CHCOCH_3 \xrightarrow{CH_3COCH_3} (CH_3)_2C{=}CHCOCH{=}C(CH_3)_2$$

5. 什么是 Mannich 反应？以下面反应式为例，论述 Mannich 反应机理。

$$C_6H_5COCH_3 + NH_3 + CH_2{=}O \longrightarrow C_6H_5COCH_2{-}CH_2NH_2$$

酸组分　　碱组分　　醛组分　　Mannich碱

6.合成下列化合物。

(1) $C_6H_6 + CH_2{=}CH_2 \longrightarrow C_6H_5CH{=}CH_2$

(2) 邻硝基苯甲醚（OCH_3，NO_2） $\longrightarrow$ 含 OCH_3、NO_2、CH_3CO 的苯环（乙酰基位于甲氧基对位）

(3) 甲苯（CH_3） + CO + HCl $\longrightarrow$ 对甲基苯甲醛（CH_3，CHO）

(4) 环己烯 $\longrightarrow$ 1-乙酰基环己烯（$COCH_3$）

(5) $C_6H_5CH_2OHCH_3 + CH_2CHOH + R_2NH \longrightarrow C_6H_5COCH{=}CH_2$

(6) $\begin{matrix} CH_2-CHO \\ | \\ CH_2-CHO \end{matrix} + H_2NCH_3 \longrightarrow$ (bicyclic product with bridging NCH_3 and $C{=}O$)

第3章　有机合成试剂制备及应用

从广义的定义来说，凡是含除 H、N、S 和 Cl、Br、I 以外元素的有机化合物，都称为元素有机化合物，这当中除少数几类(如 F、P 等)属非金属元素有机化合物之外，绝大部分属金属元素有机化合物，简称金属有机化合物。文献中有准金属有机化合物之称，是指性质类似于金属有机化合物，即 Si、B、P、Se、Te 等有机化合物，由于 Si、B、P 这几类有机化合物在有机化工中有广泛的用途，所以人们并没有严格区分它们，在谈论金属有机化合物时，都把它们列入其中。

有机合成试剂包括了元素有机试剂、金属有机试剂、过渡金属有机试剂以及稀土金属有机试剂等。有机合成试剂数量大、功能多，互相之间性质差异较大，所发生反应各有特点，应用不断扩大。本章主要介绍构成碳-碳键的反应，适当涉及一些具有其他特色的反应。

3.1　Grignard 试剂制备以及应用

格氏(Grignard)试剂是 1901 年用于有机化学中的，在有机合成中有广泛应用。Grignard 应用有机镁代替难以制备且易于燃烧的有机锌化合物，由于有机镁的反应性能良好，可以用它制备多种多样的化合物，推动了整个有机化学的发展。由此 Grignard 获得了 1912 年的诺贝尔化学奖。格氏试剂至今还在国内外被广泛地研究。它是我们最熟悉、最常用的一种金属有机试剂。不但原料易得，价格便宜，制备容易，而且反应活性高。不仅是实验室中常用的制备试剂，在工业生产中，特别是在精细合成中有广泛的应用。

3.1.1　Grignard 试剂的制备

1) 烷基卤与金属反应

用绝对无水无醇的乙醚或四氢呋喃作溶剂，卤代烃和镁反应生成 Grignard 试剂。

$$\mathrm{RX} + \mathrm{Mg} \xrightarrow{\text{无水乙醚}} \mathrm{RMgX}$$

R = 烷基、芳基、烯基；X = Cl、Br、I。Grignard 试剂中 C—Mg 键高度极化，其中 C^-是很强的亲核试剂，可以发生多种反应。

Grignard 反应是放热反应。为了避免局部过热和局部浓度高而产生副产物，反应要在良好的搅拌下进行。格氏试剂对氧、二氧化碳及水敏感，所以一般在惰性气体(如氮气)中进行，并注意隔绝潮气。

(1) 当 R 为烷基、卤代活泼芳烃时，用无水乙醚作溶剂。如：

$$\text{Br-C}_6\text{H}_4\text{-Cl (间位)} + Mg \xrightarrow{\text{无水乙醚}} \text{BrMg-C}_6\text{H}_4\text{-Cl (间位)}$$

由卤代芳烃制备格氏试剂需较高温度和压力，不易在实验室使用，用四氢呋喃可成功。

(2) 当 R 为含乙烯型($CH_2=CH—$)、烯丙型($CH_2=CH—CH_2—$)、苯甲型和卤代不活泼芳烃时，用四氢呋喃作溶剂，可以制得 Grignard 试剂。

$$CH_2=CHCl + Mg \xrightarrow[50℃,9h]{THF} CH_2=CHMgCl$$

不用无水乙醚，是因为所制得的 Grignard 试剂发生歧化、偶联反应。

$$CH_2=CH_2 + CH\equiv CH \xleftarrow[\text{歧化反应}]{\text{无水乙醚}} CH(H)=CHBr \ (+\ CH_2=CHMgBr) \qquad CH_2=CHBr + Mg \xrightarrow{THF} CH_2=CHMgBr$$

偶联反应：

$$CH_2=CHCH_2Br + CH_2=CHCH_2MgBr + Mg \xrightarrow{\text{无水乙醚}} CH_2=CHCH_2CH_2CH=CH_2$$

格氏试剂的制备需要较低温度。温度稍高，这类卤代烃很活泼，一旦有格氏试剂生成，就和卤代烃发生偶合，故需严格控制温度。

卤代物中含有—COOH、—OH、—NH_2、—SO_3H 等时能和生成的格氏试剂反应，制备不能成功。—C=O、—COOR、—CN 同样和格氏试剂反应。—NO_2 则氧化格氏试剂。因此含这些基团的卤代物不能用于制备格氏试剂。

在制备双格氏试剂时，某些二卤代物能发生消除反应。例如从 1,1-或 1,2-二卤代物制备双格氏试剂是难以实现的。

$$Br-CH_2CH_2-Br + Mg \longrightarrow Br-CH_2-CH_2-MgBr \longrightarrow CH_2=CH_2 + MgBr_2$$

在脂肪族二卤代物中，只有当 $n \geqslant 4$ 时，才能形成双格氏试剂：

$$(CH_2)_5Br_2 + 2Mg \longrightarrow (CH_2)_5(MgBr)_2$$

2) 金属化反应制 Grignard 试剂

当采用链状单取代末端炔烃或含有活泼氢的其他化合物时，用金属化反应用于制备 Grignard 试剂。

$$HC\equiv CH + C_2H_5MgBr \longrightarrow HC\equiv CMgBr + C_2H_6$$

上述反应中另一端的氢是否金属化，取决于原料的用量。通常使用通式为

$$RH + R'MgX \xrightarrow{Et_2O} RMgX + R'H$$

当电负性 R > R'时，反应可以发生。

$$\text{环戊二烯} + C_2H_5MgBr \longrightarrow \text{环戊二烯基-MgBr} + C_2H_6$$

影响格氏试剂制备的因素主要如下。

金属镁：所用金属镁要求尽量纯、新鲜，这样可提高格氏试剂的产率，并防止其后发生副反应。对于活性大的卤代烃，所用金属镁的表面不宜大；而对活性较小的卤代烃，所用的镁要细些。对不活泼的卤代烃要在 THF 中用 Na、K 还原 $MgCl_2$ 所得的活泼的灰黑色粉状金属镁。

卤代烷：制备格氏试剂所用卤代烃的活性次序为 RI>RBr>RCl，R—Cl 生成格氏试剂时比较困难，但副反应较少。实验室和许多精细合成中最常用的是溴代烃。工业生产中较大量使用时一般使用氯代烃。当卤代烃的卤原子相同时，伯卤代烷所得的格氏试剂产率最高，仲卤代烷次之，叔卤代烃最差。

制备格氏试剂时，卤代烃的滴加速度一般慢些较好。不过在工业上制备较大量格氏试剂时，为了节约时间，可以在强烈搅拌及稀释和冷却下，以较快的滴加速度加入卤代烃。制备卤代烯烃的格氏试剂时必须控制反应条件，以免发生 Wiirtz 反应。

溶剂：制备格氏试剂时，溶剂的选择有时显得很重要。乙醚价廉易得，是制备格氏试剂的常用溶剂。但沸点低，挥发性大，易燃，故有时用沸点较高的四氢呋喃、丁醚、异戊醚作溶剂。

工业上制备格氏试剂，可用烃类、二氯甲烷、二氯乙烷、正硅酸乙酯作溶剂。用 CH_2Cl_2 作溶剂的最大优点是不易燃烧，溶解性好，例如在乙醚中难溶的炔烃基镁可在 CH_2Cl_2 中溶解。格氏试剂在烃中生成的速度慢，但在 *N, N*-二甲苯胺、醇镁等催化下加快反应。正硅酸乙酯也可加快格氏试剂的生成。如氯苯在正硅酸乙酯中反应可生成氯化苯基镁。

3.1.2　Grignard 试剂与羟基化合物的加成反应

Grignard 试剂中的烃基部分具有亲核性，可与不饱和键（$>C{=}O$、$-C{\equiv}N$、$-\overset{O}{\overset{\|}{C}}-OR$、$-\overset{O}{\overset{\|}{C}}-X$）起加成反应。烃基加在碳原子上，生成新的碳-碳键，如：

$$>C{=}\ddot{O}: + RMgX \longrightarrow >\underset{\uparrow R}{C}{=}\ddot{O}:MgX \longrightarrow >\underset{R}{\overset{|}{C}}-COMg$$

Grignard 试剂与甲醛反应生成伯醇，和其他醛反应得到仲醇，与酮反应得到叔醇，产率较低。使用格氏试剂合成复杂醇比较方便，产物便于分离和处理，缺点是成本高。

$$HCHO + RMgX \longrightarrow RCH_2OMgX \xrightarrow{H_2\overset{+}{O}} RCH_2OH$$

$$CH_3-\overset{O}{\overset{\|}{C}}-CH_3 + n\text{-}BuMgBr \xrightarrow{H_2\overset{+}{O}} CH_3-\underset{CH_3}{\underset{|}{\overset{OH}{\overset{|}{C}}}}-Bu\text{-}n \qquad 50\%$$

$$Ph-\overset{O}{\overset{\|}{C}}-CH_2CH_3 + CH_3CH_2MgBr \xrightarrow{H_2\overset{+}{O}} CH_3CH_2-\underset{CH_2CH_3}{\underset{|}{\overset{OH}{\overset{|}{C}}}}-Ph \qquad 80\%$$

格氏试剂与醛酮的反应提供了一条简单醇制备复杂醇的路线。

Grignard 试剂与 α, β-不饱和醛酮加成产物是 1,2-加成还是 1,4-加成，和两个反应物结构有关：

$$>C=\underset{|}{C}-\underset{|}{C}=O + RMgX \longrightarrow \begin{cases} >C=\underset{|}{C}-\underset{R}{\underset{|}{C}}-OH & \text{1,2-加成} \\ >\underset{R}{\underset{|}{C}}-\underset{|}{C}=\underset{|}{C}-OH & \text{1,4-加成} \end{cases}$$

对于 α, β-不饱和羰基化合物：$\overset{R'}{\underset{R}{>}}C=\underset{R''}{\underset{|}{C}}-\underset{O}{\underset{\|}{C}}-R'''$, R、R'体积大有利于 1,2-加成，R'''体积大有利于 1,4-加成。格氏试剂与 α, β-不饱和醛反应通常 1,2-加成，得到不饱和醇。

$$\text{(2,6,6-三甲基环己烯基)}-CHO + CH_2=CHCH_2MgBr \longrightarrow \text{(2,6,6-三甲基环己烯基)}-\overset{OH}{\overset{|}{C}}H-CH_2CH=CH_2$$

格氏试剂与 α, β-不饱和酮一般起 1,4-加成反应。但如果在 4-位上有大的基团，由于空间位阻关系，4-位的加成受阻，也产生 1,2-加成产物。

$$C_6H_5-CH=CH-\underset{CH_3}{\underset{|}{C}}=O \xrightarrow[(2)H_3\overset{+}{O}]{(1)C_2H_5MgBr} \underset{\text{1,4-加成产物(60\%)}}{C_6H_6-\underset{C_2H_5}{\underset{|}{C}}H-CH_2-\overset{O}{\overset{\|}{C}}-CH_3} + \underset{\text{1,2-加成产物(40\%)}}{C_6H_6-CH=CH-\underset{CH_3}{\underset{|}{\overset{C_2H_5}{\overset{|}{C}}}}-OH}$$

如用下面的不饱和酮，羰基旁连接一个很大的叔丁基，无论用哪一种格氏试剂，都得到 1,4-加成产物：

$$C_6H_5-CH=CH-\overset{O}{\overset{\|}{C}}-Bu\text{-}t \begin{cases} \xrightarrow[(2)\text{干醚}, H_2\overset{+}{O}]{(1)C_6H_5MgBr} C_6H_5\underset{C_6H_5}{\underset{|}{C}}H-CH_2-\overset{O}{\overset{\|}{C}}-Bu\text{-}t & \text{1,4-加成产物(100\%)} \\ \xrightarrow[(2)\text{干醚}, H_2\overset{+}{O}]{(1)C_2H_5MgBr} C_6H_5\underset{C_2H_5}{\underset{|}{C}}H-CH_2-\overset{O}{\overset{\|}{C}}-Bu\text{-}t & \text{1,4-加成产物(100\%)} \end{cases}$$

以上反应是由和它们共轭的羰基作用所致。格氏试剂一般不和碳-碳双键发生加成反应，烯酮可以和格氏试剂发生反应，生成碳链增长的酮：

$$CH_2{=}C{=}O + RMgX \longrightarrow CH_2{=}C(OMgX)R \xrightarrow{H_2O} \left(CH_2{=}C(OH)R\right) \longrightarrow CH_3{-}\overset{O}{\overset{\|}{C}}{-}R$$

铜离子催化剂如 $CuCl_2$、$Cu(OAc)_2$(在反应中 $Cu(OAc)_2$ 被格氏试剂还原为 Cu^+)，有利于发生 1,4-加成反应。例如：

CH_3MgBr → 91%

CH_3MgBr / $CuCl_2$ → 1,4-加成产物(82.5%)

Grignard 试剂与酯的反应在醚中进行。由于酯的羰基活性比酮的羰基差，因此反应很难停留在酮的阶段，一般生成的酮会很快与体系中的格氏试剂发生反应，生成醇。

$$R'COOR'' + RMgX \xrightarrow{\text{无水乙醚}} R'(R)C(OMgX')(OR'') \xrightarrow{H_3^+O} \underset{R'}{\overset{R}{}}{>}C{=}O \xrightarrow[(2)\ H_3^+O]{(1)\ RMgX} R''R'C(R){-}OH$$

与甲酸反应制备醛的特殊方法：

$$C_2H_5MgBr + HCOOH \xrightarrow[0℃]{THF} HCOOMgBr \xrightarrow[0\sim20℃,40min]{CH_3(CH_2)_5MgBr} CH_3(CH_2)_5CH(OMgBr)_2$$

$$\xrightarrow{H_2O\text{-}H^+} CH_3(CH_2)_5CHO \qquad 75\%$$

其他羧酸盐也能反应，但慢得多，却生成酮。

3.1.3 Grignard 试剂与酰卤、腈和环氧化合物反应

Grignard 试剂与酰基化合物反应：

$$R'COX + RMgX' \longrightarrow \left[R'(R)C(OMgX')(X)\right] \xrightarrow{-H_2O} \underset{R}{\overset{R'}{}}{>}C{=}O + MgXX'$$

酮进一步与格氏试剂反应，则生成三级醇。

与 *N*, *N*-二取代甲酰胺反应是制备醛、酮的普遍方法：

$$m\text{-}CF_3C_6H_4MgX + HCON(CH_3)Ph \longrightarrow m\text{-}CF_3C_6H_4CHO \qquad 92\%$$

$$CH_3(CH_2)_3C\equiv CMgBr + HCON(CH_3)_2 \longrightarrow CH_3(CH_2)_3C\equiv C-CHO \qquad 51\%$$

$$RMgX + R'CONR''_2 \longrightarrow R-C(OMgX)(R')-NR''_2 \xrightarrow{H^+} RCOR' + MgX + R''_2NH$$

Grignard 试剂与酸酐反应：

$$(R'CO)_2O + RMgX \longrightarrow RC(=O)R' \xrightarrow{RMgX} R_2C(R')-OH$$

Grignard 试剂与环氧乙烷反应生成碳链增长的醇。

$$R'-\underset{\diagdown O \diagup}{CH-CH_2} + RMgX \longrightarrow R'-\underset{OH}{CH}-CH_2R'$$

据报道，白蚁追踪信息素是按如下反应制得的：

$$C_6H_5C\equiv CH \longrightarrow C_6H_5C\equiv CMgX \xrightarrow{\text{环氧乙烷}} C_6H_5C\equiv C-CH_2CH_2OH$$

$$\xrightarrow{H_2/Ni} C_6H_5CH=CHCH_2CH_2OH$$

Grignard 试剂与腈反应：

$$RMgX + R'C\equiv N \longrightarrow (R)(R')C=NMgX \xrightarrow{H_2O} (R)(R')C=NH \xrightarrow[H_2O]{H^+} (R)(R')C=O$$

家蝇性引诱剂也可用格氏反应来制备：

$$n\text{-}C_8H_{17}CH=CH(CH_2)_7CN \xrightarrow[(2)H_3\overset{+}{O}]{(1)n\text{-}C_5H_{11}MgX} n\text{-}C_8H_{17}CH=CH(CH_2)_7-\overset{O}{\overset{\|}{C}}-C_5H_{11}\text{-}n$$

在 $R'\overset{O}{\overset{\|}{C}}-R''$ 中，若 R'、R''都是叔丁基，则 $R'\overset{O}{\overset{\|}{C}}-R'' + RMgX \not\longrightarrow$，同样在 RMgX 中，若 R 带有支链，一般产率不好。

3.1.4 Grignard 试剂与卤代烷反应

Grignard 试剂与卤代烷反应生成单链增加的烃：

$$XMg—R + CH_3—X \longrightarrow R—CH_3 + MgX_2$$

用饱和卤代物反应产率较低，但用烯丙型和苄基型卤代物反应，则产率较高。如：

$$CH_3CH_2MgBr + CH_2{=}CH—CH_2Br \longrightarrow CH_3CH_2CH_2—CH{=}CH_2 \quad 94\%$$

$$PhCH_2Cl \xrightarrow[(2)C_2H_5OSO_2OC_2H_5]{(1)Mg} PhCH_2CH_2CH_3 + MgCl(OSO_2OC_2H_5) \quad 70\%\sim75\%$$

$$\text{2-溴-1,3,5-三甲苯} \xrightarrow[(2)CH_3OSO_2OCH_3]{(1)Mg} \text{1,2,3,5-四甲苯} + MgX(OSO_2OCH_3) \quad 60\%$$

3.2 有机锂试剂制备以及应用

有机锂试剂的反应活性比有机镁化合物高，因此有机锂可用于一些有机镁难以进行的反应中。

3.2.1 有机锂试剂的制备

烷基卤与金属锂在无水乙醚作用下制备有机锂试剂。

$$RX + 2Li \xrightarrow[N_2]{\text{无水乙醚}} RLi + LiX$$

由于有机锂极易与氧作用，因此反应需要在干燥的氮气流中进行。另外，有机锂化合物对卤代烃的反应活性比格氏试剂高，所以反应需要在低温(约-10℃)下进行，以减少Wurtz 偶合副反应。

$$RLi + RX \longrightarrow R—R + LiX$$

金属锂一般不与芳基卤化物作用，因而相应的锂化物则可由金属-卤素交换来制得，如：

$$C_6H_5Br + n\text{-}C_4H_9Li \xrightarrow[N_2]{\text{无水乙醚}} C_6H_5Li + n\text{-}C_4H_9Br$$

金属化反应。含酸性氢的化合物与有机锂化合物通过锂-氢交换而得锂化物：

$$\text{2-甲基吡啶} + PhLi \xrightarrow[N_2]{\text{无水乙醚}} \text{2-吡啶基甲基锂}(CH_2Li) + PhH$$

$$\text{苯甲醚}(OCH_3) + PhLi \xrightarrow[N_2]{\text{无水乙醚}} \text{邻锂代苯甲醚}(OCH_3, Li) + PhH$$

有机锂试剂常以聚集体形式存在，碳-锂共价键中碳上带有部分负电荷，作为亲核试剂与格氏试剂类似，可以与极性双键、卤代烃以及活泼金属化合物反应。

3.2.2 有机锂试剂与羰基化合物反应

有机锂试剂与格氏试剂不同的只是锂化物立体阻碍小，反应活性高，因此在某些场合，用有机锂代替有机镁，制备空间障碍大的醇。例如溴化异丙基镁不能和 2-异丙酮反应来制备 3-异丙基甲醇，但用异丙基锂与 2-异丙酮反应，则可以制得 3-异丙基甲醇：

$$Me_2CHLi + (Me_2CH)_2C{=}O \xrightarrow{\text{乙醚}} (Me_2CH)_3C{-}OLi \xrightarrow[H_2O]{H^+} (Me_2CH)_3COH$$

(1) 有机锂试剂与 α, β-不饱和酮的加成反应，主要得到 1,2-加成产物：

$$PhCH{=}CHCOPh \xrightarrow[(2)H_2O,H^+]{(1)PhLi} PhCH{=}CH{-}C(Ph)(OH){-}Ph$$

而格氏试剂与 α, β-不饱和酮的加成反应，主要得到 1,4-加成产物：

$$PhCH{=}CHCOPh \xrightarrow[(2)H_2O,H^+]{(1)PhMgX} Ph_2CH{-}CH{-}C(Ph){=}O$$

(2) 有机锂试剂与 CO_2 反应。格氏试剂与 CO_2 作用得到羧酸，有机锂化物与 CO_2 作用得到酮，因为锂化物亲核性比格氏试剂强，能进一步与中间体羧酸根离子反应。例如：

$$RLi + O{=}C{=}O \longrightarrow R{-}C(=O)\overset{-}{O}\overset{+}{Li} \xrightarrow{RLi} R_2C(\overset{-}{O}\overset{+}{Li})_2 \xrightarrow{H_2O / H^+} R_2C{=}O + 2LiOH$$

(3) 有机锂与羧酸反应生成酮。环己烯酸与甲基锂反应制得甲基环己烯酮，产率达 85%以上：

$$\text{环己烯基}{-}COOH \xrightarrow[\text{THF, 0℃}]{CH_3Li} \text{环己烯基}{-}COOLi \xrightarrow[(3)H_3\overset{+}{O}]{(1)CH_3Li,\ (2)(CH_3)_3SiCl} \text{环己烯基}{-}C(=O){-}CH_3$$

第一步反应，1mol 甲基锂作为碱，夺取羧酸中氢生成羧酸锂盐；第二步反应，1mol 甲基锂作为亲核试剂与该锂盐反应，再经后处理得到酮。

格氏试剂与酸作用生成的是 RCOOMgX 羰基，不活泼，不再与格氏试剂反应，因此不能用游离酸通过格氏试剂合成酮。

3.2.3　有机锂试剂与金属卤化物反应

有机锂试剂中锂是电正性很高的金属，可以与某些电正性较低的金属卤化物在无水惰性溶剂中反应，生成该金属有机化合物。

$$RLi + R'X \xrightarrow{N_2} R{-}R' + LiX \quad (X=Cl, Br, I)$$

例如：

$$PhCH_2Li + BuX \xrightarrow{N_2} Ph(CH_2)_5H$$

$$RLi + CuI \xrightarrow{N_2} RCu + LiI$$

金属有机化合物和卤代烃反应，使两个有机基团偶联，也可以说卤素被烃基取代，这是构成碳-碳键的一类重要反应，但常伴随有消除反应，得到烯类副产物。卤代烷与金属有机锂试剂的反应活性顺序为：RI > RBr > RCl。

金属-卤素交换反应制取双金属化合物。这类反应以锂-卤素交换用得最多。通过这一反应可制得一系列化合物，例如制取双金属化合物：

$$Br{-}C_6H_4{-}N(CH_3){-}C_6H_4{-}Br + 2n\text{-}C_4H_9Li \longrightarrow Li{-}C_6H_4{-}N(CH_3){-}C_6H_4{-}Li$$

$$\xrightarrow{2R_3MX} R_3M{-}C_6H_4{-}N(CH_3){-}C_6H_4{-}MR_3$$

M=Si, Ge, Pb　　X=Cl, Br　　R=Me, Ph

3.3　有机铜试剂制备以及应用

有机铜试剂有两种类型：一种是烷基铜(RCu)试剂，其中 Cu^+，烷基铜比较稳定，更活泼；另一种是烷基铜锂(R_2CuLi)，是一种双金属络合物，它的溶解性好、活性高、选择性好，是有机合成中常用试剂。

3.3.1　有机铜试剂的制备

有机锂试剂与 CuI 在氮气保护下并在乙醚中反应制得烷基铜(RCu)试剂，通式如下：

$$RM + CuX \xrightarrow[<0℃]{\text{惰性气体}} RCu + MX$$

M═MgX, Li, Zn, Hg, Al 等。

二烃基铜锂是最具合成价值的化合物，其制备方法如下：2mol 甲基锂和碘化亚铜在乙醚中反应制得二甲基铜锂：

$$2RLi + CuI \xrightarrow{N_2,\text{乙醚}} R_2CuLi + LiI$$

R═芳基、烯基、伯烷基等。

有机铜化合物是一种可以发生多种反应且选择性高的有机试剂。一种选择性是对各种基团的反应选择性，比如它对某些基团如羰基、酯基、氨基等不发生反应，这就使它和另一些基团反应时不需要先行保护这些基团。另一种选择性是产物空间构型的选择性，即产物能保持铜试剂或反应物的原有构型和构象，同时按反应条件的不同，在加成反应处能得到同侧加成或异侧加成的产物，这就在合成设计和产物纯化方面得到了很大方便。有机铜试剂反应的另一优点是反应速度快、产率高，许多反应都在−78℃下进行。

3.3.2 有机铜试剂与卤代烷反应

有机铜试剂与卤代烃的反应优点：有机铜试剂与烯丙基卤化物、乙烯基卤化物均能顺利反应；无论是顺反异构的乙烯基卤化物与有机铜试剂反应，还是顺反异构的有机铜试剂与卤代烃反应，均可优先得到双键构型保持不变的产物，是一种立体选择性制备多取代烯烃类化物的好方法。

$$R_2CuLi + R'X \longrightarrow R_2CuR' \longrightarrow R—R' + LiX$$

二烃基铜锂中的 R 可以是烷基、烯丙基、烯基、芳基。卤代烷中的 R 基可以是烷基、烯基、烯丙基、苯甲型基。反应物中带有 C═O、COOH、COOR、$CONR_2$、OH、NH_2 等不受影响，产率很好，可方便地制取含功能基的化合物：

$$(CH_3)_2CuLi + I—CH_2—C_9H_{19} \longrightarrow CH_3—CH_2—C_9H_{19} \quad 90\%$$

$$(CH_3)_2CuLi + Br—(CH_2)_{10}—COOH \longrightarrow CH_3(CH_2)_{10}COOH \quad 30\%$$

当乙烯型卤代烃与二烃铜锂反应时，烃基取代卤素位置，而原来构型保持不变：

$$\underset{(E)}{\text{H}_3\text{C}(\text{H})\text{C}{=}\text{C}(\text{H})\text{Br}} \xrightarrow[(2)CuI,P(OCH_3)_3]{(1)Li} \left[\text{H}_3\text{C}(\text{H})\text{C}{=}\text{C}(\text{H})—\right]_2 CuLi \xrightarrow{n\text{-}C_8H_{17}—I} \underset{(E)\ 73\%}{\text{H}_3\text{C}(\text{H})\text{C}{=}\text{C}(\text{H})C_8H_{17}\text{-}n}$$

这种立体选择性合成曾用于保幼激素合成中的一步关键反应：

$$\cdots(CH_2)_2—C{\equiv}C—CH_2OH \xrightarrow[(2)I_2,-78℃]{(1)LiAlH_4 / CH_3ONa}$$

$$\cdots(CH_2)_2—C(I){=}CH—CH_2OH \xrightarrow{(CH_3)_2CuLi} \cdots(CH_2)_2—C(CH_3){=}CH—CH_2OH$$

该反应中，原来存在于炔醇中的取代基构型保持不变，利用这种方法可以解决许多合成问题。

一般炔化铜与卤代物不易反应，但与卤代烯或卤代炔反而易起反应：

$$\text{Ph—C}\equiv\text{C—Cu} + \text{Cl—CH=CH—I} \xrightarrow{C_5H_5N} \text{Cl—CH=C(H)—C}\equiv\text{C—Ph}$$

当苯环上有羧基、氨基等活泼氢的基团时，无需保护可直接反应：

$$\text{Ph—C}\equiv\text{C—Cu} + \text{I-}C_6H_4\text{-}NH_2 \longrightarrow \text{Ph—C}\equiv\text{C-}C_6H_4\text{-}NH_2 \quad 76\%$$

但当这些基团与卤素处于邻位时，将与三键加合成环：

$$\text{Ph—C}\equiv\text{C—Cu} + \text{Cu} + H_3C\text{-}C_6H_3(I)(NH_2) \xrightarrow{DMF} \text{5-甲基-2-苯基吲哚} \quad 90\%$$

3.3.3　有机铜试剂与 α,β-不饱和羰基化合物反应

α,β-不饱和羰基化合物与格氏试剂起 1,2-加成反应和 1,4-加成反应，而有机锂与其只起 1,2-加成反应。但与有机铜锂试剂加成，只发生 1,4-加成，这一反应具有高度的专一性，产率很高。这是有机合成中将烷基或芳基导入 α,β-不饱和羰基化合物中β-位的重要方法，特别适用于有位阻的 α,β-不饱和羰基化合物：

$$\overset{+}{Li}R\overset{-}{Cu}R + \text{>C=C—C=O} \longrightarrow \text{R—C—C=C—O}\overset{-}{Cu}RL\overset{+}{i} \xrightarrow{H_2O}$$

$$\text{R—C—C=C—OH} \longrightarrow \text{R—C—C(H)—C=O}$$

该共轭加成对于具有位阻的化合物更为合适。

$$t\text{-Bu-}C_6H_{10}\text{=CHCOCH}_3 \xrightarrow{(CH_3)_2CuLi} t\text{-Bu(H)}C_6H_{10}(CH_3)CH_2COCH_3$$

二烃基铜锂和 α, β-炔酮、炔酸和炔酯也是发生 1,4-加成，而且几乎全部为顺式加成(其他金属有机试剂则多为反式加成)：

$$R'C\equiv CCO_2R + R''_2CuLi \xrightarrow{-78℃} (R')(R'')C=C(CO_2R)(H)$$

3.3.4　有机铜试剂与环氧、酰氯化合物反应

有机铜锂试剂可以与环氧乙烷化合物在温和条件下发生亲核开环反应。反应特点是：没有其他金属试剂的副反应，如重排、α-卤醇的形成，而且羰基、环氧羰基的存在均无影响。利用这一优点合成了脱氧粗榧碱的支链：

$$\text{(epoxide)}\ COOCH_3,\ CH_2COOCH_3 + [(CH_3)_2CHCH_2]_2CuLi \longrightarrow (CH_3)_2CHCH_2CH_2C(OH)(COOCH_3)CH_2COOCH_3$$

铜试剂不与羰基反应，只和酰氯反应，停留在酮的阶段，其他功能基团(氰基、羧基、烷氧基、卤素等)均不受影响，这是合成酮的一个好方法：

$$CH_3(CH_2)_4CO(CH_2)_4COCl + (CH_3)_2CuLi \xrightarrow[-78℃]{Et_2O} CH_3(CH_2)_4CO(CH_2)_4COCH_3$$

3.3.5　偶联反应

利用偶联反应合成烷烃，是增长碳链的一类重要方法。有机铜试剂可以热解发生自偶联，如果有氧存在则偶联更易进行。优点在于能合成具有不同基团的化合物。如：

$$2\,C_6H_5SO_2CH_2Cu \xrightarrow{20℃} C_6H_5SO_2CH_2CH_2SO_2C_6H_5$$

$$C_6H_5CH_2Cu \xrightarrow{25℃} C_6H_5CH_2-CH_2C_6H_5 \qquad 88\%$$

$$Ph_2CuLi \xrightarrow[-78℃]{O_2} Ph—Ph \qquad 75\%$$

烯基酮的自偶联能保持原有烯烃的构型，如：

$$2CH_3-CH=CH-Cu \xrightarrow{90℃} (H_3C)(H)C=C(H)-C(H)=C(H)(CH_3) \qquad 84\%$$

e型　　　　ee 型

乙烯基卤化物与铜粉共热，即可立体定向地生成偶联产物。

$$(C_2H_5OOC)(H)C=C(I)(COOC_2H_5) \xrightarrow[\triangle]{Cu} (C_2H_5OOC)(H)C=C(COOC_2H_5)-C(COOC_2H_5)=C(H)(COOC_2H_5) \qquad 96\%$$

卤代芳烃在铜粉的催化下偶联，一般认为反应首先生成芳基酮中间体：

$$H_3C\text{-}C_6H_4\text{-}I + Cu \xrightarrow[\text{快}]{\text{8-甲基喹啉}} H_3C\text{-}C_6H_4\text{-}Cu \xrightarrow[\text{慢}]{H_3C\text{-}C_6H_4\text{-}I} H_3C\text{-}C_6H_4\text{-}C_6H_4\text{-}CH_3$$

3.4 有机硅试剂制备以及应用

有机硅化合物最初是作为醇的保护基团引入到有机合成中的。近几十年来，随着硅有机化合物的迅速发展，有机硅化合物的研究已成为极其活跃的领域。许多硅有机化合物，如烯醇硅烷（$>C{=}C(-)-OSiMe_3$），乙烯基硅烷（$>C{=}C(-)-SiMe_3$），烯丙硅烷（$>C{=}C(-)-C(<)-SiMe_3$）等，都是具有多种性能的反应试剂，可发生多种类型的反应，因而广泛应用于多种化学键的形成，特别是碳-碳键的构成。

3.4.1 有机硅试剂的结构特点

硅原子的外层电子结构是$3s^23p^23d^0$，含有能量较低的3d空轨道，可以形成配位键。Si—O、Si—F键比C—O、C—F键强，而Si—C、Si—H键比C—C、C—H键弱。这样就可引起许多热力学上有利的合成反应。

C、H、Si原子半径分别为：77pm、37pm、117pm，电负性分别为：2.55、2.18、1.90，可以看出Si具有较大原子半径和较弱电负性，因此，Si—C、Si—H键是极化的，其中，Si呈电正性，如$Si^{\delta+}—C^{\delta-}$、$Si^{\delta+}—O^{\delta-}$、$Si^{\delta+}—H^{\delta-}$都是极性键，硅原子易被亲核试剂进攻，因此含Si—C、Si—O键的化合物可发生分裂，硅极易离去，可发生多种形式的消除或取代反应。

$$Nu{:} + Si—C—\overset{+}{C}H_2 \longrightarrow >C{=}C< + NuSi^+$$

$$Nu{:} + Si—C—OR \longrightarrow OR^- + NuSi^+$$

硅原子具有3d空轨道。它可以与相邻的α-碳负离子形成d-π共轭，而使碳负离子稳定，从而可在硅原子或碳原子上发生多种类型的烃化反应、酰化反应、缩合反应等。

$Si^{\delta+}—C^{\delta-}$可稳定相邻的碳正离子，使β-硅基取代的卤代烷易发生S_N1取代反应。烯基硅烷易发生亲电加成反应。硅基芳烃易发生亲电取代反应。因为，硅基稳定了反应中间体β-碳正离子。$Si—C—C^+$相似于$H—C—C^+$

$$Me_3SiCH_2CH_2Cl \xrightarrow{S_N1} Me_3SiCH_2\overset{+}{C}H_2$$

$$Me_3Si(>C{=}C<) \xrightarrow{E^+} >\overset{+}{C}—C(SiMe_3)(E)<$$

$$\text{PhSiMe}_3 \xrightarrow{X^+} [\text{C}_6\text{H}_5(\text{X})(\text{SiMe}_3)]^+ \longrightarrow \text{PhX}$$

3.4.2　有机硅试剂的制备

乙烯基硅烷可由以下三种方法制得

$$\text{RC}\equiv\text{CH} + \text{R}'_3\text{SiH} \xrightarrow{H_2PtCl_6} \text{R(H)C}=\text{C(R)SiMe}_3$$

$$\text{RC}\equiv\text{CMgI} \xrightarrow{Me_3SiCl} \text{RC}\equiv\text{C}-\text{SiMe}_3$$

$$\text{Me}_2\text{C}=\text{C(Me)Cl} \xrightarrow[Na]{Me_3SiCl} \text{Me}_2\text{C}=\text{C(Me)SiMe}_3$$

烯丙基三甲基硅烷可通过烯丙基三甲基氯硅烷与甲基溴化镁作用或烯丙基溴化镁与三甲基氯硅烷作用制得。也可由羰基化合物与带有硅基取代的 Wittig 试剂反应制得

$$\text{CH}_2=\text{CHCH}_2\text{MgBr} \xrightarrow[Et_2O]{Me_3SiCl} \text{CH}_2=\text{CHCH}_2\text{SiMe}_3$$

芳基硅烷可由芳基金属化合物与三烃基氯硅烷反应制得

$$\text{PhX} \xrightarrow[Me_3SiCl]{2Na} \text{PhSiMe}_3$$

烯醇硅醚的制备通用方法是在强碱的作用下，醛、酮与 Me_3SiCl 作用而得到

$$\text{2-甲基环己酮} \xrightarrow[Me_3SiCl]{Et_3N\text{ , DMF}} \text{1-OSiMe}_3\text{-2-甲基环己烯}$$

用硅氢化物也可制得

$$\text{八氢萘-2-酮} + \text{Et}_3\text{SiH} \xrightarrow[50℃,60min,92\%]{(Ph_3P)_3RCl,5mol,1\%} \text{Et}_3\text{SiO-烯醇硅醚}$$

3.4.3　有机硅试剂的反应

根据对有机硅化物结构特性的讨论可以看出，有机硅试剂的反应，多为亲电加成或取代反应，下面分类进行讨论。

1) 乙烯基硅烷的反应

乙烯基硅烷的反应是亲电试剂区域专一地导入原来与—SiR_3 相连的碳上的反应。这是由于亲电试剂加在—$Si(CH_3)_3$ 相连的碳上可以形成硅基稳定的β-碳正离子。

乙炔基硅烷也可发生同样反应：

$$Me_3Si-C\equiv C-SiMe_3 \xrightarrow[AlCl_3]{RCOCl} R-\overset{O}{\overset{\|}{C}}-C\equiv C-SiMe_3 \xrightarrow[MeOH]{MeONa} RCOCH_2CHO$$

乙烯基硅烷形成的碳负离子 $\begin{matrix}H \\ R\end{matrix}\!\!>C=\overset{-}{C}<\!\!\begin{matrix}SiMe_3 \\ Li^+\end{matrix}$ 在合成上相当于酰基负离子，它与卤代烷反应后，接着氧化水解，得到羰基化合物。因此是酰基负离子的极性转换试剂。

$$\begin{matrix}H \\ R\end{matrix}\!\!>C=\overset{-}{C}<\!\!\begin{matrix}SiMe_3 \\ Li^+\end{matrix} \xrightarrow{R'X} \begin{matrix}H \\ R\end{matrix}\!\!>C=C<\!\!\begin{matrix}SiMe_3 \\ R'\end{matrix} \xrightarrow[(2)H_3O^+]{(1)[O]} RCH_2COR'$$

$$\updownarrow$$

$$RCH_2\overset{O}{\overset{\|}{C}}-$$

乙烯基硅烷和醛反应后得β-羟基硅烷，后者可发生其他反应。

$$RCHO + \begin{matrix}Me_3Si \\ Li\end{matrix}\!\!>C=CH_2 \longrightarrow \underset{OH}{RCH}-C(SiMe_3)=CH_2$$

$$\xrightarrow{SOCl_2} \begin{matrix}R \\ H\end{matrix}\!\!>C=C<\!\!\begin{matrix}SiMe_3 \\ CH_2Cl\end{matrix} \xrightarrow{R'_2CuLi} \begin{matrix}R \\ H\end{matrix}\!\!>C=C<\!\!\begin{matrix}SiMe_3 \\ CH_2R'\end{matrix}$$

$$\xrightarrow{Ac_2O} \underset{OAc}{RCH}-C(SiMe_3)=CH_2 \xrightarrow{R'_2CuLi} \begin{matrix}R \\ H\end{matrix}\!\!>C=C<\!\!\begin{matrix}CH_2R' \\ SiMe_3\end{matrix}$$

这是一种立体选择地合成二取代或三取代烯烃的一般方法。

由于乙烯基硅烷可以立体专一地被多种亲电试剂所取代，因此利用本法可进一步合成各种立体异构的烯烃。

乙烯基硅烷的亲电取代反应可按加成-消除两步机理进行，但有些反应也可停留在加成反应阶段。例如，乙烯基硅烷发生硼氢化反应，生成α-和β-羟基硅烷，其中以α-羟基硅烷为主，但β-羟基硅烷具有立体专一性。

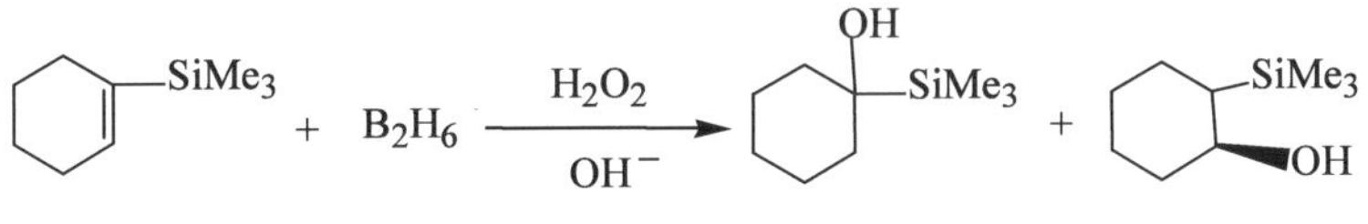

乙烯基硅烷可以发生多种环加成反应，带有吸电子取代基的乙烯基硅烷是良好的亲双烯体系，反应具有良好的立体选择性和区域选择性。例如：

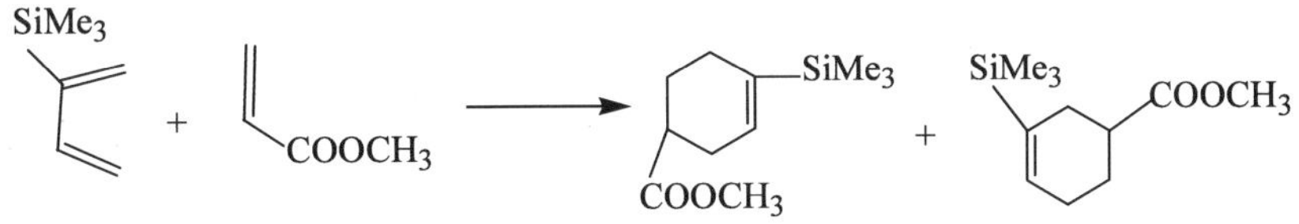

2) 烯丙基硅烷的反应

在 Lewis 酸促进下，烯丙基三甲基硅烷可与醛、酮、缩(醛)酮、亚胺、氮杂缩酮等发生加成反应；可与酰卤发生酰基亲核取代反应；与α,β-烯酮进行共轭加成。

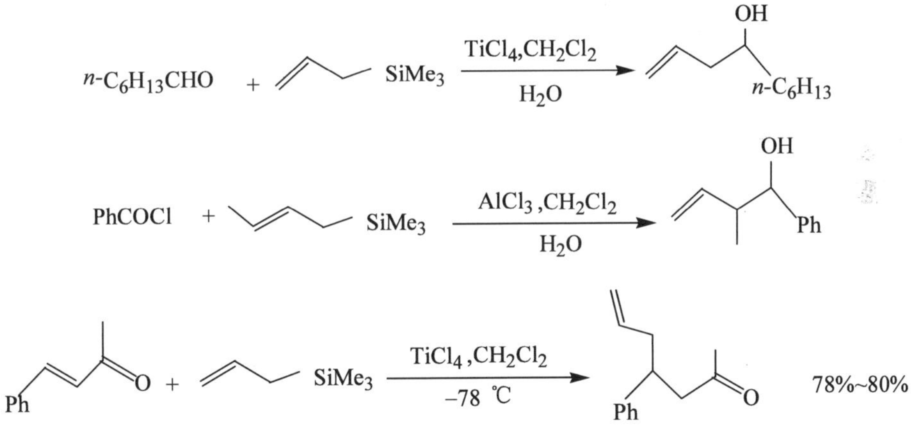

烯丙型三甲基硅烷作为烯丙基负离子合成所表现的优势是：

(1) 区域专一性。烯丙型三甲基硅烷与亲电试剂的加成总是发生在γ-位，而相应的格氏试剂的加成将导向α-和γ-加成的混合物。

(2) 高度立体选择性。(*E*)-和(*Z*)-2-丁烯基三甲基硅烷与醛反应均得到羟基与甲基同侧的产物。

(3) 反应可以在酸性条件下进行，因而可用对碱性敏感的底物。

(4) 对于α,β-不饱和的加成，用有机铜试剂传递烯丙基有时不可靠，而用烯丙基三甲基硅烷则很有效。从下面反应可以看出差异：

82%　　11%　　29%　　31%

烯丙基三甲基硅烷与亲电试剂的加成机理：

由上述反应机理可以看出，烯丙基三甲基硅烷的亲核性和区域选择性都源于硅原子稳定β-碳正离子的能力。

烯丙基硅烷和酰氯作用时，首先生成β-硅基稳定的碳正离子，接着消除三甲硅基，生成β,γ-不饱和酮。

3) 三甲硅基稳定的碳负离子($Me_3Si—\bar{C}<$)的反应

硅原子稳定的碳负离子，与 Wittig 试剂类似，能与羰基化合物缩合，硅基以硅醇形式消除后，则构成了新的 C═C 双键。以通式表示如下：

$$>C=O + Me_3Si-\bar{C}-\overset{+}{M} \longrightarrow >\underset{}{\overset{\bar{O}\overset{+}{M}}{C}}-\overset{SiMe_3}{C}< \xrightarrow{\text{酸或碱}} >C=C<$$

或

$$>C=O + {}^{-}CH(SiMe_3)Z \longrightarrow \left[>\overset{O^-}{C}-CH(SiMe_3)Z\right] \longrightarrow >C=C<^{Z}$$

式中 Z 若是一个可以稳定碳负离子的基团，则反应直接得烯烃。如果 Z 不是一个可以稳定碳负离子的基团，则可把中间体分离出来。例如：

$$Me_3Si-\underset{Li}{\underset{|}{C}}HR + RCHO \longrightarrow \underset{R}{Me_3Si}\!>\!CH-CH\!<\!\underset{R}{OH} \xrightarrow{KOH} \begin{matrix} R & & H \\ & C=C & \\ H & & R \end{matrix} + Me_3SiOH$$

$$\xrightarrow{Et_2O \,|\, BF_3} \begin{matrix} R & & R \\ & C=C & \\ H & & H \end{matrix}$$

硅基稳定的α-碳负离子的能力也被用于改进 Robinson 环合成反应。

$$\text{3-}SiMe_3\text{-1-}NPh\text{-azetidin-2-one} \xrightarrow[(2)\ R^1COR^2]{(1)\ LDA} \text{3-}(R^1R^2C=)\text{-1-}NPh\text{-azetidin-2-one}$$

三甲硅基α-碳负离子还可以发生其他的烷基化、酰基化反应。如α-氯代乙基三甲基硅烷和羰基化合物反应首先形成环氧基三甲基硅烷，继而在酸作用下发生开环消除转化成酮。

$$\text{cyclohexanone} \xrightarrow{Me_3Si-C(Li)(Cl)-CH_3} \text{spiro-epoxide}(SiMe_3)(CH_3) \xrightarrow{H^+} \text{cyclohexyl}-COCH_3$$

α-三甲硅基-α-烷硒基烃基锂与羰基化合物缩合生成带有硒基的β-烃基硅烷，是极有价值的中间体。

$$Me_3Si-\underset{SeCH_3}{\overset{R}{C}}-Li \xrightarrow{R^1R^2C=O} R-\underset{SeCH_3}{\overset{SiMe_3}{C}}-\underset{R^1}{\overset{OH}{C}}-R^2$$

$$\xrightarrow{Br / CCl_4} \begin{matrix} R & & R^1 \\ & C=C & \\ Br & & R^2 \end{matrix}$$

$$\xrightarrow{H_2O_2 / THF} R-\underset{O}{\overset{}{\underset{\|}{C}}}-\underset{OH}{C}R^1R^2$$

$$\xrightarrow{HgCl_2} R\underset{O}{\underset{\|}{C}}-CH R^1R^2$$

$Me_3Si\frown\!\!\smile SePh$ 相当于甲酰基负离子，按正常情况甲酰基—CHO 中碳受氧影响带正电荷，而要使甲酰基碳带负电荷，即要发生极性转换，$Me_3Si\frown\!\!\smile SePh$ 就是一个相当于甲酰基负离子的极性转换试剂。

4) 烯醇硅醚的反应

由于烯醇硅醚($Me_3SiO-\overset{|}{C}=C<$)结构的特殊性，它可以作为保护基或各种亲电取

代反应的中间体，用于一般情况下难以合成的有机化合物的合成，而且反应均具有良好的区域专一性。烯醇硅醚和一系列亲电试剂在 $TiCl_4$ 或其他 Lewis 酸存在下作用，生成 α-取代羰基化合物。通式如下：

$$-C(OSiMe_3){=}C< \xrightarrow{E} -C(=O)-C(E)<$$

试剂 E	—E
$CH_2{=}CHCOR$	$-CH_2CH_2COR$
RCHO	—CHOHR
$R_2C(OR)_2$	$-CR_2OR$
CCl_3COCl	$-COCCl_3$
PhSCl	—SPh
$ArSO_2Cl$	$-SO_2Ar$
$R^1R^2R^3C-Cl$	$-CR^1R^2R^3$

例如：

$$R^1-\overset{O}{\overset{\|}{C}}-CH_2R^2 \xrightarrow{Me_3SiCl} R^1-\overset{OSiMe_3}{C}{=}CHR^2 \xrightarrow[H_3O^+]{Zn\text{-}Cu/ClCH_2COCH_3} R^1-\overset{O}{\overset{\|}{C}}-\overset{CH_2COCH_3}{CHR^2} \xrightarrow[160\sim180℃]{KHSO_4} R^1-\overset{O}{\overset{\|}{C}}-\overset{CH_3}{\underset{H}{C}}-R^2$$

烯醇硅醚可与卡宾发生 Simmon-Smith 反应，生成环丙醚，进一步可转化为羰基化合物。

$$Me_2C{=}C(CH_3)OSiMe_3 \xrightarrow[CH_2I_2]{Zn(Ag)} \text{环丙基硅醚}\ \begin{cases}\xrightarrow{NaOH/CH_3OH} \text{酮} \\ \xrightarrow{Br_2} \text{溴甲基酮 }(BrCH_2)\end{cases}$$

环己烯酮形成的硅醚，与卡宾反应使烯酮α-甲基化。

$$\text{甾体烯酮} \begin{cases}\xrightarrow[(2)Me_3SiCl]{(1)LiN(Pr\text{-}i)_2} Me_3SiO\text{-二烯} \xrightarrow[(2)C_5H_5N]{(1)Zn(Ag)/CH_2I_2} \text{甲基化烯酮} \\ \xrightarrow[Et_3N/DMF]{Me_3SiCl} Me_3SiO\text{-二烯} \xrightarrow[(2)C_5H_5N;\ (3)NaOH/CH_3OH]{(1)Zn(Ag)/CH_2I_2} \alpha\text{-甲基酮}\end{cases}$$

3.5　有机硼试剂制备以及应用

有机硼化物在有机合成的应用日益广泛，发展极为迅速。特别是烷基硼烷(RBH_2、R_2BH、R_3B)可极其方便地通过硼氢化反应制得，已成为有机合成的重要中间体。目前已提供的数十种有价值的新型合成方法，可广泛应用于多种化学键的形成，最突出的是碳-碳键的合成，这些反应，多数反应条件温和，操作简便，产率高，并且具有高度的立体选择性，很适用许多天然产物如甾体化合物、萜类化合物和激素的立体合成，烷基硼烷在合成中的广泛应用已逐渐应用于工业生产中。

有机硼试剂主要包括硼烷和烃基硼烷，硼位于元素周期表中第二周期ⅢA 族，电子构型为 $1s^22s^22p^1$,硼与碳一般形成三价化合物，该化合物中硼最外层只有 6 个电子，所以，有机硼试剂是高度缺电子的亲电试剂，能够发生各种反应，在有机合成上具有重要价值。

3.5.1　有机硼烷的制备

1. 格氏法

有机硼试剂通过格氏法制备:

$$BX_3 + 3RMgX^1 \longrightarrow R_3B + 3Mg\begin{matrix} X^1 \\ X \end{matrix} \qquad (X=F, Cl; X^1=\text{卤素})$$

2. 硼氢化法

不饱和烯烃或炔烃在醚类溶剂中迅速地与乙硼烷(B_2H_6)或甲硼烷发生加成反应，方便地转化为有机硼烷的反应，叫硼氢化反应。烷基硼烷可以通过乙硼烷与烯烃、炔烃在室温下进行加成制得。乙硼烷可通过硼氢化钠与硫酸、盐酸、乙酸或 Lewis 酸制得，其反应过程如下：

$$2NaBH_4 + 2CH_3COOH \longrightarrow B_2H_6 + 2H_2 + 2CH_3COONa$$

$$RBH_2: \quad B_2H_6 + CH_2{=}CHR \longrightarrow RCH_2CH_2BH_2$$

$$R_2BH: \quad RCH_2CH_2BH_2 + RCH{=}CH_2 \longrightarrow (RCH_2CH_2)_2BH$$

$$R_3BH: \quad (RCH_2CH_2)_2BH + RCH{=}CH_2 \longrightarrow (RCH_2CH_2)_3B$$

烯烃结构对产物的影响很大,一般单取代的乙烯可以和硼烷反应一直到三烃基硼烷。三取代的乙烯，反应可以停止在二烃基硼烷阶段。四取代乙烯，反应只进行到一烃基硼烷阶段。例如：

$$CH_3-CH_2-CH{=}CH_2 + B_2H_6 \longrightarrow (CH_3CH_2CH_2CH_2-)_3B$$

$$B_2H_6 + (H_3C)_2C{=}CHCH_3 \longrightarrow [(CH_3)_2CH\underset{}{\overset{CH_3}{\overset{|}{C}}}H-]_2BH$$

硼氢化反应也可用炔烃，如：

$$R—C≡CH + B_2H_6 \longrightarrow R—C≡CH—BH_3 \longrightarrow \cdots\cdots$$

3.5.2 有机硼烷的氧化

烃基硼烷的氧化反应通常用过氧化氢在碱性介质中氧化硼烷，该反应条件下许多官能团都不发生反应，能将各种取代烯烃、炔烃转化为醇或羰基化合物。反应基本上是定量进行的，是实验室中常用的反应。产物是羟基化合物，整个过程是极有价值的反马氏规则的烯烃加成方法。

$$BR_3 + H_2O_2 \xrightarrow{NaOH} B(OH)_3 + 3R—OH$$

$$RCH{=}CH_2 \xrightarrow{B_2H_6/THF} (RCH_2CH_2)_3B \xrightarrow[NaOH]{H_2O_2} RH_2CH_2OH$$

通常认为在碳-碳键氧化成醇的过程中构型保持不变，烷基发生分子内转移，由硼原子上转移到氧原子上，机理如下：

$$R_3B \xrightarrow{HOO^-} R_2\overset{-}{B}(R)—O—OH \xrightarrow{-OH^-} R_2B—O—R \xrightarrow{OH^-} R_2\overset{-}{B}(OH)—O—R$$

$$\longrightarrow R_2B—O^- + R—OH \longrightarrow 3ROH + B(OH)_3$$

反应经过一个碳负离子，烃基的碳原子在整个过程中保持 8 个电子，因此不发生重排，而保持烃基的原有构型和构象。

3.5.3 质子分解反应

硼氢化质子分解反应通常是在质子酸中回流进行反应的。用乙酸、丙酸等处理，氢原子可取代硼基。当烯烃或炔烃分子中存在某些对催化氢化敏感的基团时，该方法可以进行双键或三键的选择性反应，还原烯生成相应的饱和烃，还原炔生成相应的烯烃。如：

$$n\text{-}C_4H_9CH{=}CH_2 \xrightarrow{B_2H_6/THF} (C_4H_9CH_2CH_2)_3B \xrightarrow{\text{丙酸回流}} C_4H_9CH{=}CH_2 \quad 90\%$$

$$C_2H_5C≡CH \xrightarrow{B_2H_6/THF} C_2H_5CH{=}CHB\langle \xrightarrow{\text{丙酸回流}} C_2H_5CH{=}CH_2 \quad 80\%$$

有机硼化物脱硼，也可用卤化法，使卤原子代替硼原子：

$$\begin{matrix}R'\\R''\end{matrix}\rangle C{=}CH_2 \xrightarrow{(R''')_2BH} \begin{matrix}R'\\R''\end{matrix}\rangle CH_2CH_2—B(R''')_2 \xrightarrow[NaOH]{I_2} \begin{matrix}R'\\R''\end{matrix}\rangle CH_2CH_2—I$$

(R'=Bu， R''=H， R'''=(CH$_3$)$_2$CH－CH—CH$_3$) 95%

3.5.4　形成碳-碳键的反应

烷基硼烷具有较强的亲电性能，可以和多种亲核试剂反应。多数反应的共同点是：烷基硼烷首先亲电进攻，形成碳-硼键，继而与硼原子相连的烷基进行由硼原子到碳原子上的亲核重排，产生了新的碳-碳键：

$$\mathrm{-\underset{|}{\overset{R}{\overset{|}{B}}}- + :\underset{X}{\underset{|}{C}}- \xrightarrow{亲电进攻} -\underset{}{\overset{R}{\overset{|}{B}}}-\underset{X}{\underset{|}{C}}- \xrightarrow{亲核重排} -\underset{|}{B}-\underset{X}{\underset{|}{\overset{R}{\overset{|}{C}}}}-}$$

烷基硼烷也是极好的游离基源泉。例如它受氧及其他引发基的引发，即可生成烷基游离基，进而发生多种形成碳-硼键的游离基反应。

$$\mathrm{R_3B + O_2 \longrightarrow R^{+} + R_2BO_2^{-}}$$

1）与α-卤代羰基化合物的反应

在叔丁醇钾的存在下，三烷基硼烷与α-溴代酮顺利反应，产率极好，提供了酮的一元烃基化的新合成法。

$$\mathrm{R_3B + R^1-\underset{Br}{\underset{|}{CH}}-\overset{O}{\overset{\|}{C}}-R^2 \xrightarrow{(CH_3)_3COK} R^1-\underset{R}{\underset{|}{\overset{H}{\overset{|}{C}}}}-\overset{O}{\overset{\|}{C}}-R^2}$$

反应历程为，三烷基硼烷首先对羰基α-碳负离子进行亲电进攻，继而硼原子上的烷基转移到碳原子上，之后进行亲核重排：

$$\mathrm{R^1-\underset{Br}{\underset{|}{CH}}-\overset{O}{\overset{\|}{C}}-R^2 \xrightarrow{(CH_3)_3COK} \left[R^1-\underset{Br}{\underset{|}{\bar{C}}}-\overset{O}{\overset{\|}{C}}-R^2\right]}$$

$$\mathrm{R_3B + \left[R^1-\underset{R}{\underset{|}{\bar{C}}}-\overset{O}{\overset{\|}{C}}-R^2\right] \longrightarrow \left[R-\underset{R}{\underset{|}{\overset{R}{\overset{|}{B}}}}-\underset{Br}{\underset{|}{\overset{R^1}{\overset{|}{C}}}}-\overset{O}{\overset{\|}{C}}-R^2\right]^- \longrightarrow \left[R-\underset{Br}{\underset{|}{\overset{R}{\overset{|}{B}}}}-\underset{R^1}{\underset{|}{\overset{R}{\overset{|}{C}}}}-\overset{O}{\overset{\|}{C}}-R^2\right]^-}$$

$$\mathrm{\longrightarrow \begin{matrix}R\\R\end{matrix}\!>\!B-\underset{R^1}{\underset{|}{\overset{R}{\overset{|}{C}}}}-\overset{O}{\overset{\|}{C}}-R^2 \overset{+}{}\ \bar{Br}H \xrightarrow{(CH_3)_3COH} R-\overset{R}{\overset{|}{CH}}-\overset{O}{\overset{\|}{C}}-R^2 + (CH_3)_3COBR_2}$$

一元、二元卤代乙酸乙酯亦可进行上述类似反应，由于操作简便，产率高，优于丙二酸酯的合成。

$$\mathrm{R_3B + BrCH_2COOC_2H_5 \xrightarrow{(CH_3)_3COK} RCH_2COOC_2H_5}$$

碱催化下，α-氯代腈亦可发生上述反应，是腈烷化的优良方法。

2) 与叶立德反应

三烷基硼烷对硫叶立德进行亲电进攻，继而烷基发生亲核重排，生成的烷基硼烷经氧化即成为羟甲基化的新合成法。

$$R_3B + \bar{C}H_2\overset{+}{S}(CH_3)_2 \longrightarrow [R_3\bar{B}-CH_2\overset{+}{S}(CH_3)_2] \longrightarrow R_2B-CH_2R \xrightarrow{H_2O_2/NaOH} RCH_2OH + 2ROH$$

3) 与重氮化合物的反应

三烷基硼烷与重氮酮反应，首先生成烯醇二烷基硼酸酯，再经碱性水解，是合成酮的方法，用溴代丁二酰亚胺处理获得α-卤代酮，若与碘代 N,N-二甲基亚甲胺反应，则以极好的产率生成β-二甲胺基酮。

$$R_3B + R'COCHN_2 \longrightarrow [R^1-C(O\bar{B}R_2)=CHN_2] \longrightarrow \begin{cases} \xrightarrow{H_2O} R^1-CO-CH_2R \\ \xrightarrow{(1)\ NBS\ (2)NaOH} R^1-CO-CHR(Br) \\ \xrightarrow{(CH_3)_2\overset{+}{N}=CH_2I^-} R^1-CO-CHR-CH_2N(CH_3)_2 \end{cases}$$

同样，重氮乙醛、重氮乙酸乙酯及重氮乙腈亦可发生上述类似反应。若用二氯代烷基硼烷代替三烷基硼烷进行上述反应，可以使烷基全部被利用。

$$BHCl_2 + 烯 \longrightarrow RBCl_2$$

$$RBCl_2 + N_2CHCOOC_2H_5 \longrightarrow RCH_2COOC_2H_5$$

3.5.5 羰基化反应

一氧化碳与烷基硼烷的反应称羰基化反应，为一氧化碳直接用于有机合成开辟了一个新的途径。因为一氧化碳容易与烃基硼负离子作用，生成的初始产物连续经过三次重排，生成硼酸酯衍生物，硼酸酯衍生物再与溶剂乙二醇反应生成类似环状缩醛的中间体，最后经碱性过氧化氢氧化得到三烃基甲醇。反应历程如下：

$$R_3B + CO \xrightleftharpoons{乙二醇或LiBH_4} R_3\bar{B}-\overset{+}{C}=O \longleftrightarrow R_3\bar{B}-C\equiv\overset{+}{O} \xrightarrow{R迁移}$$

$$R_2B-C(=O)-R \longrightarrow R_2C\overset{O}{—}BR \longrightarrow R_3C-B=O \xrightarrow{HOCH_2CH_2OH} R_3C-B(OCH_2CH_2O) \xrightarrow{H_2O_2/NaOH} R_3COH$$

当有金属氢化物存在时，仅发生一次转移，氧化后得醛。若被 $LiBH_4$ 还原则生成伯醇。

$$R-\underset{R}{\underset{|}{B}}-\underset{O}{\underset{\|}{C}}-R \begin{cases} \xrightarrow{H_2O_2/NaOH} RCHO \\ \xrightarrow{LiBH_4} RCH_2OH \end{cases}$$

在金属氢化物存在下，三烷基硼烷与一氧化碳反应生成中间体，经碱性水解则成为引入羟甲基的简便方法，若氧化则获得醛及伯醇。

$$\text{(环)}B-R + CO + LiAlH(OCH_3)_3 \longrightarrow \text{(环)}B-\overset{H}{\overset{|}{\underset{OAl(OCH_3)_3}{\underset{|}{C}}}}-R \begin{cases} \xrightarrow{H_2O\ /\ NaOH} RCH_2OH \\ \xrightarrow{H_2O_2\ /\ NaOH} RCHO \end{cases}$$

当硼原子上有三个不同的烃基时，基团迁移的能力为伯 > 仲 > 叔。因此，选择适当的三烃基硼烷进行羰基化，可优先生成伯醇。

如果反应在少量水存在下，使一氧化碳与三烷基硼烷反应，获得高产率的对称酮：

$$R_2C\overset{O}{—}BR \xrightarrow{H_2O,100℃} R-\underset{OH}{\underset{|}{B}}-\underset{OH}{\underset{|}{CR_2}} \xrightarrow{H_2O_2\ /\ NaOH} \begin{matrix} R \\ R \end{matrix}\!\!>C=O$$

3.6　有机硫试剂制备以及应用

有机合成上常用的有机硫是硫醚，其官能基团是 RS—；亚砜 $RS(O)R^1$，其官能基团是 RS(O)—；砜 RSO_2R^1，其官能基团是 RSO_2—。

3.6.1　硫叶立德

1. 四价硫叶立德 $(CH_3)_2S=CH_2$

四价硫叶立德比较稳定，通常在使用时，由三甲基锍盐与二甲基亚砜钠盐，在二甲基亚砜(DMSO)和四氢呋喃(THF)溶液中临时制得。

$$(CH_3)_2\overset{+}{S}CH_3\overset{-}{I} + CH_3S=CH_2 \xrightarrow[DMSO/THF]{N_2,-10\sim0℃} (CH_3)_2S=CH_2$$

常用制备方法是采用锍盐与适当的碱反应而得，例如，二甲基硫醚和溴甲烷反应：

$$CH_3SCH_3 + CH_3Br \longrightarrow (CH_3)_3\overset{+}{S}\overset{-}{Br} \xrightarrow{CH_3\overset{O}{\overset{\|}{S}}\overset{-}{C}H_2} (CH_3)_3\overset{+}{S}\overset{-}{C}H_2 + CH_3\overset{O}{\overset{\|}{S}}CH_3$$

硫叶立德可与羰基化合物反应生成环氧类物质。例如：四甲基硫叶立德作为亲核试剂与醛、酮反应生成环氧化合物。

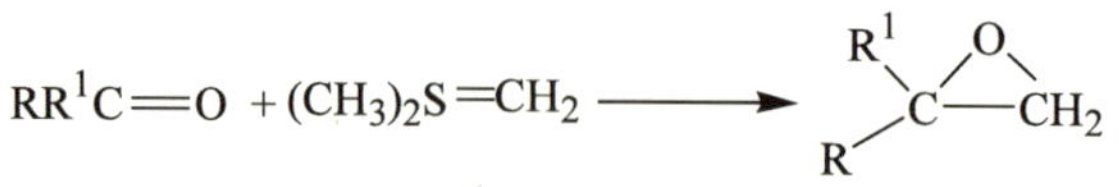

$$RR^1C{=}O + (CH_3)_2S{=}CH_2 \longrightarrow \text{R}^1\text{(R)C—CH}_2\text{（环氧，O桥连）}$$

反应机理：

$$RR^1C{=}O + (CH_3)_2\overset{+}{S}-\overset{-}{C}H_2 \longrightarrow R^1(R)C(-O^-)-CH_2-\overset{+}{S}(CH_3)_2 \longrightarrow R^1(R)C\overset{O}{—}CH_2 + (CH_3)_2S$$

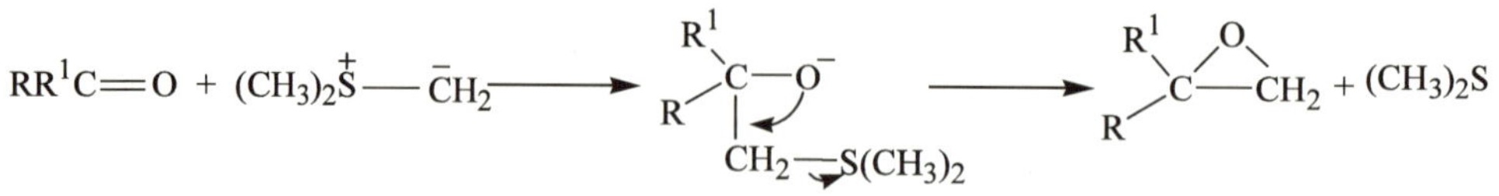

$(CH_3)_2S{=}CH_2$ 与亲电烯烃反应，主要是在氧上发生，生成环氧丙烷类化合物。

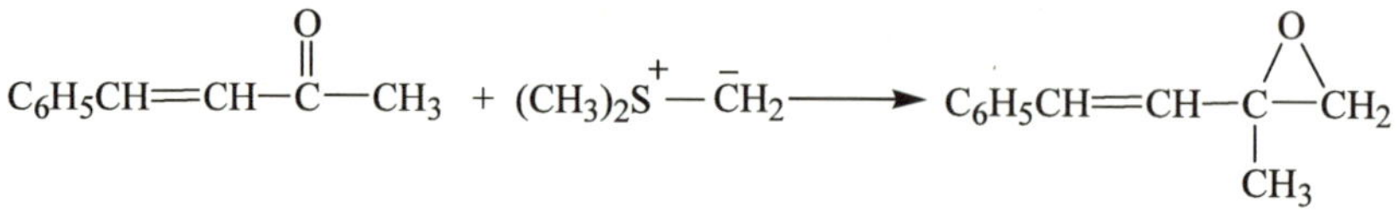

$$C_6H_5CH{=}CH-\overset{O}{\overset{\|}{C}}-CH_3 + (CH_3)_2\overset{+}{S}-\overset{-}{C}H_2 \longrightarrow C_6H_5CH{=}CH-C(CH_3)\overset{O}{—}CH_2$$

如果在临近碳原子上带有适当取代基的化合物与四价硫叶立德反应，可得到多种杂环化合物。如β-羰基化合物的烯醇醚或硫醚与硫叶立德反应，是合成呋喃衍生物的新方法。

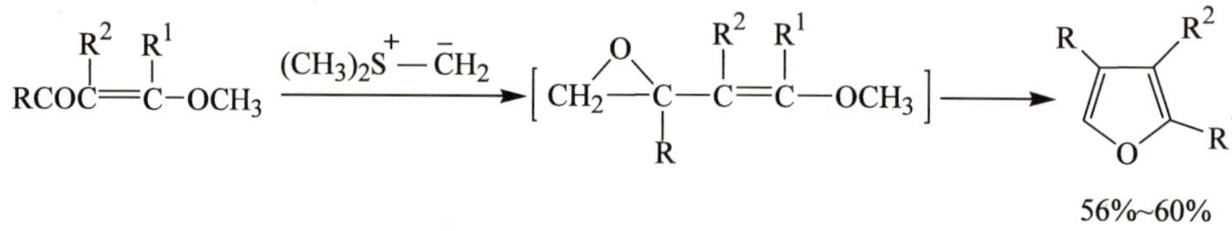

$$RCOC(R^2){=}C(R^1)-OCH_3 \xrightarrow{(CH_3)_2\overset{+}{S}-\overset{-}{C}H_2} \left[CH_2\overset{O}{—}C(R)-C(R^2){=}C(R^1)-OCH_3\right] \longrightarrow \text{3-R-4-R}^2\text{-5-R}^1\text{-呋喃}$$

56%~60%

由于呋喃环中α-位有较高的反应性能，所以一般在β-位直接引入烃基是不可能的。因此利用硫叶立德合成β-取代的呋喃衍生物方法就特别重要。

另一种有价值的四价叶立德环丙硫叶立德。其制备方法为

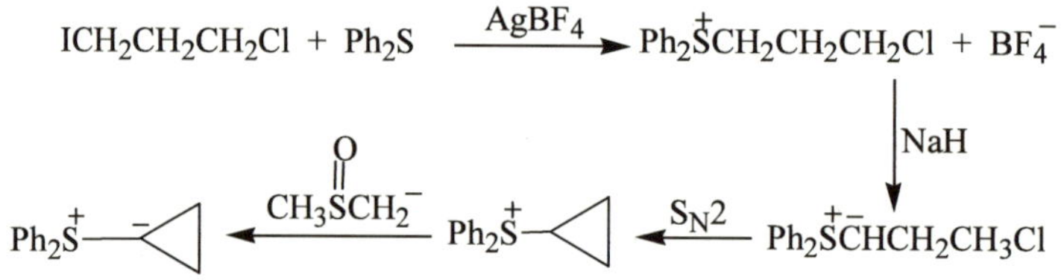

$$ICH_2CH_2CH_2Cl + Ph_2S \xrightarrow{AgBF_4} Ph_2\overset{+}{S}CH_2CH_2CH_2Cl + BF_4^-$$

$$\xrightarrow{NaH} Ph_2\overset{+-}{S}CHCH_2CH_2Cl \xrightarrow{S_N2} Ph_2\overset{+}{S}-\text{环丙基} \xrightarrow{CH_3\overset{O}{\overset{\|}{S}}CH_2^-} Ph_2\overset{+}{S}-\overset{-}{\text{环丙基}}$$

这是一种极好的螺构烃化试剂，它与醛、酮反应，一般可分离得到极好产率的氧化螺构戊烷，用酸处理，可重排成环丁酮衍生物。

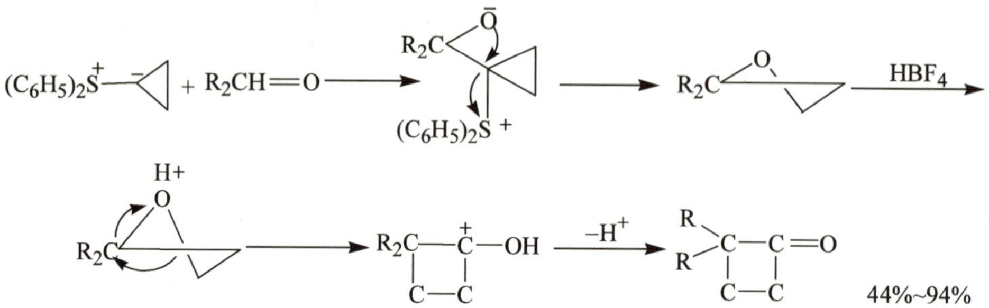

$$(C_6H_5)_2\overset{+}{S}-\overset{-}{\text{环丙基}} + R_2CH{=}O \longrightarrow R_2C(\overset{-}{O})-\text{环丙基}-\overset{+}{S}(C_6H_5)_2 \longrightarrow R_2C\overset{O}{—}\text{环丙基（氧化螺戊烷）} \xrightarrow{HBF_4}$$

$$\text{H}^+\text{-氧化螺戊烷} \longrightarrow R_2C-\overset{+}{C}-OH\ (\text{四元环 C—C}) \xrightarrow{-H^+} R(R)C-C{=}O\ (\text{环丁酮，C—C})$$

44%~94%

环丙烷硫叶立德在合成上的重要性在于生成的氧化螺构戊烷可以进一步发生十分有价值的反应。

$$\text{(1)}LiN(C_2H_5)_2 \quad \text{(2)}(CH_3)_3SiCl$$

$OSi(CH_3)_3$ 　△ 重排　水解　CH_3Li RX

环丙基硫叶立德与亲电烯烃反应发生在 C═C 双键上生成环丙烷衍生物。例如：

$$(C_6H_5)_2\overset{+}{S}-\overset{-}{C}\text{(cyclopropyl)} + CH_2{=}CH_2-CHOOCH_3 \longrightarrow \text{(spiro)}-COOCH_3 \quad 83\%$$

一些体积较大的四价硫叶立德与不饱和烯烃反应，也生成环丙烷衍生物。

$$(C_6H_5)_2\overset{+}{S}-\overset{-}{C}(CH_3)_2 + \text{diene ester (OCH}_3) \longrightarrow \text{cyclopropane}-COOCH_3 \quad 72\%$$

2. 六价硫叶立德

六价硫叶立德的制备方法与四价硫叶立德相似，但一般不用特殊的强碱，而用 NaH 夺取质子制得，六价硫叶立德结构如下：

$$CH_3-\overset{O}{\overset{\|}{S}}-CH_3 + CH_3I \xrightarrow{\triangle} (CH_3)_2\overset{+}{S}(=O)CH_2\overset{-}{I} \xrightarrow{NaH} (CH_3)_2\overset{+-}{S}(=O)CH_2$$

六价硫叶立德和醛、酮的反应与四价硫叶立德相同，也得到了环氧化合物，进一步用 BF_3 处理，得到增加一个碳的醛。一般来说，六价的比四价的稳定，在制备环氧化合物时，采用六价硫叶立德较方便合适。在它们与环酮反应时，立体化学是不同的，例如与 4-叔丁基环己酮的反应：

$$\text{4-叔丁基环己酮} + (CH_3)_2\overset{+-}{S}(=O)CH_2 \longrightarrow \text{环氧化合物} + \text{环氧化合物}$$

六价硫叶立德与亲电烯烃反应时，由于体积大，更容易在 C═C 双键上反应，得到环丙烷衍生物。

$$C_6H_5CH{=}CH{-}\overset{\overset{O}{\|}}{C}{-}CH_3 + (CH_3)_2\underset{\underset{O}{\|}}{\overset{+}{S}}\overset{-}{C}H_2 \longrightarrow C_6H_5\underset{\diagdown CH_2 \diagup}{CH{-}CH}{-}\overset{\overset{O}{\|}}{C}{-}CH_3$$

3.6.2 硫醚反应

硫醚中，与硫相连的α-碳原子上的氢比相应的氧醚中α-碳原子上的氢的酸性要强，易形成亲核性强的碳负离子，可发生多种有价值的反应。

1. 饱和硫醚

饱和硫醚中，最简单的是二甲基烷醚，由于它的高度挥发性及恶臭，合成一般不采用。苯甲基硫醚是个易得的原料，合成上较常用。

1) 烃基化反应

在四氢呋喃中，用正丁基锂和偶氮双环[2,2,2]辛烷(DABCO)处理苯甲基硫醚，几乎定量地生成硫甲基锂，它与溴代烷、碘代烷很容易发生烃化反应。用碘甲基处理，再加热消除苯甲基硫醚，得到增加一个碳原子的碘代烷。这种方法相对于采用氰化法将卤代烷延长一个碳原子的合成法，具有反应步骤少、产率高的优点。

$$C_6H_5SCH_3 + n\text{-}C_4H_9Li \xrightarrow[\text{THF}]{\text{DABCO}} C_6H_5\bar{S}CH_2\overset{+}{Li} \xrightarrow{RCH_2X} RCH_2CH_2SC_6H_5$$

$$\xrightarrow[\text{NaI,DMF}]{CH_3I,\ \triangle} \left[RCH_2CH_2\underset{\underset{CH_3}{|}}{\overset{+}{S}}{-}C_6H_5\right]\bar{I} \xrightarrow{\triangle} RCH_2CH_2I + C_6H_5SCH_3$$

$(R{=}n\text{-}C_9H_{19}\quad 93\%)$

2) 与羰基化合物加成

苯硫甲基锂与羰基化合物发生亲核加成，生成β-羟烷基苯硫醚，用氟硼酸三甲基盐处理，接着用碱处理，得到环氧化合物。

$$C_6H_5\bar{S}CH_2\overset{+}{Li} + \underset{R}{\overset{R^1}{>}}C{=}O \longrightarrow \underset{R}{\overset{R^1}{>}}\overset{\overset{OH}{|}}{C}{-}CH_2SC_6H_5 \xrightarrow[\text{(2)NaOH}]{\text{(1)}(CH_3)_3OBF_4} \underset{R}{\overset{R^1}{>}}C\overset{O}{\diagup\diagdown}CH_2 \quad 59\%\sim86\%$$

磷叶立德对脂中羰基是惰性的，而苯硫甲基锂则能与脂中羰基反应，结果得到末端位异丙烯结构的烯，可应用于萜类化合物的合成。

$$CH_3(CH_2)_8COOCH_3 \xrightarrow[-25℃]{2C_6H_5SCH_2Li} \underset{73\%}{CH_3(CH_2)_8\overset{\overset{OH}{|}}{C}(CH_2SC_6H_5)_2} \xrightarrow{C_6H_5COCl}$$

$$\underset{82\%}{CH_3(CH_2)_8\overset{\overset{OCOC_6H_5}{|}}{C}(CH_2SC_6H_5)_2} \xrightarrow[\triangle]{Li\text{-}NH_2} CH_3(CH_2)_8\underset{\underset{CH_3}{|}}{C}{=}CH_2 \quad 77\%$$

环丙基硫醚形成的碳负离子是一种新的螺构增环试剂，它与羰基化合物反应得到加成物在催化剂存在下可发生多种重排作用，可用于环丁酮、环戊酮衍生物的合成，特点是各步反应产率较高。

环丙基硫醚与环丙基硫叶立德和 α,β-不饱和酮加成的区别在于，前者是在羰基上反应的。这种环丁酮衍生物同样可以发生多种有用的转化。

2. 不饱和硫醚

1) 乙烯基硫醚

乙烯基硫醚可以由 α,β-碳原子上带有磷、硅等功能的硫醚与羰基化合物反应而得

$$(CH_3)_3SiCH_2SR \xrightarrow[\text{R'R''C=O}]{n\text{-}CC_4H_9Li} \text{R'R''C=CH(SR)}$$

也可以由双金属化的丙烯硫醇双负离子与烷基化试剂反应制得

$$CH_2=CHCH_2SH \xrightarrow[\text{TMEOA}]{\text{S-}C_4H_9Li} [C_3H_4S]^{2-}\,2Li^+ \xrightarrow[(2)R^1X]{(1)RX} RCH_2CH=CHSR^1$$

乙烯基硫醚在四氢呋喃和六甲基磷酰胺中，用仲丁基锂处理，可得到乙烯基硫醚负离子，经烃化后水解得到酮，与环氧化合物反应水解后得到α,β-不饱和酮：与羰基化合物加成，水解后得到α-羟基酮。

$$RSCH=CHR^1 \xrightarrow[\text{THF-HMPA}]{\text{S-}C_4H_9Li} RS\overset{-}{C}=CHR^1Li^+$$

$RS\bar{C}{=}CHR^1Li^+$

(1) R^2CHO (2) Hg^+/H_2O → $R^2-CH(OH)-C(=O)-CH_2R^1$　51%~62%

(1) R^2-环氧乙烷 (2) Hg^+/H_2O → $R^2CH{=}CHC(=O)-CH_2R^1$　57%~68%

(1) R^2X (2) Hg^+/H_2O → $R^2C(=O)CH_2R^1$　52%~90%

由反应看出，上述乙烯基硫醚负离子在合成上相当于一个隐蔽的酰基化负离子 $CRCH_2\bar{C}{=}O$，在合成上特别有用。

乙烯基硫醚负离子与α, β-不饱和酯进行迈克尔加成，继而缩合闭环，提出了一种环戊烯酮的简便合成法。

$R^1C(=O)C(R^2){=}CHSR$ —(2,2,6,6-四甲基哌啶锂 / THF, 78℃)→ $R^1CH(OLi)C(R^2){=}CHSR$ —($CH_2{=}CHCOOCH_3$)→

(环戊烯：H_3COOC, HO, R^2, R^2, SR 取代) —(水解, 脱羧)→ 2-R^2-3-R^1-环戊酮

这里的乙烯基硫醚负离子相当于 $R^1\overset{+}{C}H{-}CH{=}CH{-}\bar{C}{=}O$。

2) 烯丙基硫醚

烯丙基硫醚很容易从烯丙基型卤化物与硫醇(酚)的钠盐反应制得。烯丙基硫醚形成的负离子发生烃基化反应时，可以在α-和γ-位上进行，烃基化反应的区域选择性取决于烯丙基的结构、烃基化试剂的结构及反应采用的溶剂。

$RS{-}\overset{\alpha}{C}H{-}\overset{\beta}{C}H{-}\overset{\gamma}{C}H_2\ Li^-$ —(R^1X)→ $RSCH(R^1)CH{=}CH_2$ + $RSCH{=}CHCH_2R^1$

烯丙基硫醚	烷基化试剂	溶剂	烷化产率	a ： g
$C_6H_5SCH_2CH{=}CH_2$	CH_3I	THF	93%	75：25
$C_6H_5SCH_2CH{=}CH_2$	$CH_2{=}CHCH_2Br$	THF	91%	68：32
$C_6H_5SCH_2CH{=}C(CH_3)_2$	CH_3I	THF	100%	95：5
$C_6H_5SCH_2CH{=}C(CH_3)_2$	$CH_2{=}CHCH_2Br$	THF	60%	50：50

具有特殊结构的烯丙基硫醚，如 [结构式]、[结构式] 在金属化后生成锂盐时，由于形成了分子内的五元环螯合物而被稳定，因此对烃化反应区域选择性的发生在 α-位。

$\xrightarrow[\text{THF}]{C_4H_9Li}$　$\xrightarrow{RX}$　$\xrightarrow[8LiAlH_4]{4CuCl_2}$　53%~95%

这种具有高度区域选择性的烃化反应的新方法克服了采用烯丙型镁试剂、锂试剂与有机卤化物进行偶联反应伴随产生的双键异构及卤素-金属交换等副反应。

一个特殊的烯丙硫醚，由它形成的负离子是个重要的中间体，它与卤代烃化合物等反应可得到多种类型的羰基化合物。

H_3CS—CH=CH—SCH_3 $\xrightarrow[\text{THF/0~10℃}]{LiN(i\text{-}Pr)_2}$ H_3CS—(Li$^+$)—SCH_3

$\xrightarrow{n\text{-}C_5H_{11}Br}$ n-C_5H_{11}—CH(SCH_3)—CH=CH—SCH_3 (90%) $\xrightarrow[H_2O\,/\,CH_3CN]{4HgCl_2}$ n-C_5H_5—CH=CH—CHO (84%)

R'R''C=O → R^1R^2C(OH)—CH(SCH_3)—CH=CH—SCH_3 (89%~97%) $\xrightarrow[H_2O\,/\,CH_3CN]{4HgCl_2}$ R^1R^2C(OH)—CH=CH—CHO (R^1=H, R^2=Et, 48%)

α-碳原子上带有磷官能基的烯丙基硫醚形成的碳负离子，很容易与羰基化合物反应，消除含磷部分，得到乙烯基烯丙基硫醚，它可以发生烯丙型重排，最后得到γ, δ-不饱和醛。

CH$_2$=CHCH$_2$SCH_2P(O)$(OC_2H_5)_2$ $\xrightarrow[\text{THF,−78℃}]{S\text{-}C_4H_9Li}$ CH$_2$=CHCH$_2$S$\overset{-}{C}$H(Li$^+$)P(O)$(OC_2H_5)_2$ $\xrightarrow{RR'C=O}$

RR'C=CHSCH$_2$CH=CH$_2$ $\xrightarrow[\text{烯丙型重排}]{HgO}$ RR'C(CHO)CH$_2$CH=CH$_2$

39%~83%

上述反应的结果是：羰基化合物中氧被带有不同官能团的碳链所代替，它们可以进一步发生其他化学反应，在合成上十分重要。

3.6.3 亚砜类碳负离子

二甲基亚砜负离子是通过如下方法制得的：

$$CH_3\overset{\overset{O}{\|}}{S}CH_3 + NaH \longrightarrow CH_3\overset{\overset{O}{\|}}{S}\overset{-}{C}H_2 + H_2 + Na \rightleftharpoons CH_3\underset{\underset{O^-}{|}}{S}{=}CH_2$$

1) 亚砜负离子的烃化反应

亚砜形成的负离子是一种强的亲核试剂，与卤代烃极易发生烃化反应，热解烃化产物，得到很好产率的末端烯烃。例如：

$$CH_3SOCH_3 + NaH \xrightarrow[10℃]{N_2} CH_3SO\overset{-}{C}H_2\overset{+}{Na} \xrightarrow{RCH_2X} RCH_2CH_2SOCH_3$$

$$\xrightarrow[100℃]{DMSO} RCH{=}CH_2 \qquad (R{=}C_{11}H_{23} \quad 80\%)$$

2) 亚砜负离子的酰化反应

与烃化反应比较，亚砜负离子的酰化反应尤其重要，这是因为从亚砜的酰化产物进一步反应，可导出一系列有价值的合成方法。

亚砜负离子很容易与酯发生酰化反应，得到β-羰基亚砜，进一步在含水的四氢呋喃中用铝-汞齐或锌-乙酸还原，则得到极好的甲基酮。

$$CH_3SO\overset{-}{C}H_2\overset{+}{Na} + RCOOR' \longrightarrow R\overset{\overset{O}{\|}}{C}{-}CH_2SOCH_3 \xrightarrow{Al\text{-}Hg} RCOCH_3 \qquad 70\%\sim98\%$$

β-羰基亚砜进一步烷化，接着还原可以得到各种取代酮。

$$R\overset{\overset{O}{\|}}{C}{-}CH_2SOCH_3 \xrightarrow[(2)R''X]{(1)NaH / THF} R\overset{\overset{O}{\|}}{C}R'R''SOCH_3 \xrightarrow{Al\text{-}Hg} RCOCHR'R'' \qquad 35\%\sim96\%$$

3) 亚砜负离子与羰基化合物及环氧化合物反应

亚砜负离子与羰基化合物、环氧化合物反应生成β-羰基亚砜，在镍催化还原脱硫后均得到醇。

$$RS(=O)CH_2R^1 \xrightarrow{R^2R^3C=O} R^2R^3C(OH)-CH(R^1)SOR \xrightarrow[[H]]{N:} R^2R^3C(OH)-CH_2R'$$

$$RS(=O)CH_2R^1 \xrightarrow{\text{环氧化物 }R^2R^3C(O)CR^4R^5} R^4R^5C(OH)-CR^2R^3-CH(R^1)SOR \xrightarrow[[H]]{N:} R^1CH_2CR^2R^3-CR^4R^5-OH$$

β-羟基亚砜

中间体β-羟基亚砜在醋酸钠存在下，用乙酸酐处理能发生重排，可以合成一系列羟基衍生物，例如：

$$C_6H_5CH(OH)CH_2S(=O)-C_6H_4-CH_3 \xrightarrow[(CH_3CO)_2O]{CH_3COONa} C_6H_5CH(OCOCH_3)-CH(OCOCH_3)S-C_6H_4-CH_3 \xrightarrow{NaBH_4} C_6H_5CH(OH)CH_2OH \quad 65\%$$

$$C_6H_5CH(OH)CH_2S(=O)-C_6H_4-CH_3 \xrightarrow{CH_3I,\ Ag_2O} C_6H_5CH_2CH_2S(=O)-C_6H_4-CH_3 \xrightarrow[(CH_3CO)_2O]{CH_3COONa} C_6H_5CH(OCH_3)-CH(OCOCH_3)S-C_6H_4-CH_3$$

$$\xrightarrow{\text{碱水解}} C_6H_5CH(OCH_3)CHO \quad 65\%$$

$$\xrightarrow[CH_3OH\cdot H_2O]{NaCN} C_6H_5CH(OCH_3)CH(OMe)CN \quad 88\%$$

$$\xrightarrow[(2)NH_4^+/NH_3/H_2O]{(1)NaCN} C_6H_5CH(OCH_3)-CH(NH_2)CN \xrightarrow{[H_3O^+]} C_6H_5CH(OCH_3)-CH(NH_2)COOH$$

α-氯代亚砜形成的α-碳负离子与醛缩合，继而热裂，以良好产率生成α-氯代酮。若与酮缩合，再用碱处理，继而热裂解生成α, β-不饱和醛。

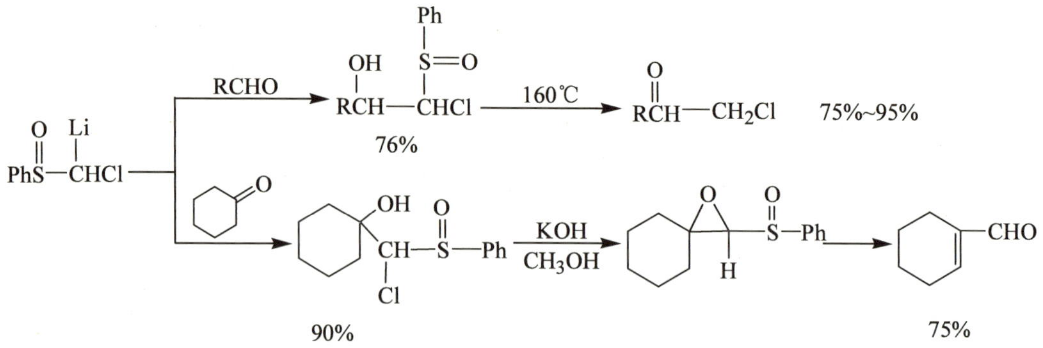

4) 烯丙型亚砜负离子的反应

烯丙型亚砜可由烯丙型卤化物或烯丙醇通过重排获得。

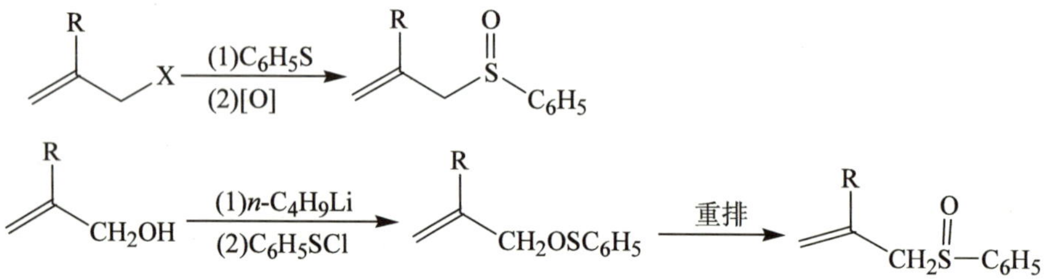

在四氢呋喃中用计量的*N*,*N*-二异丙基处理烯丙基亚砜生成烯丙基亚砜负离子，与卤代烃发生烃化反应重排、分解，可得到各种取代丙烯醇。

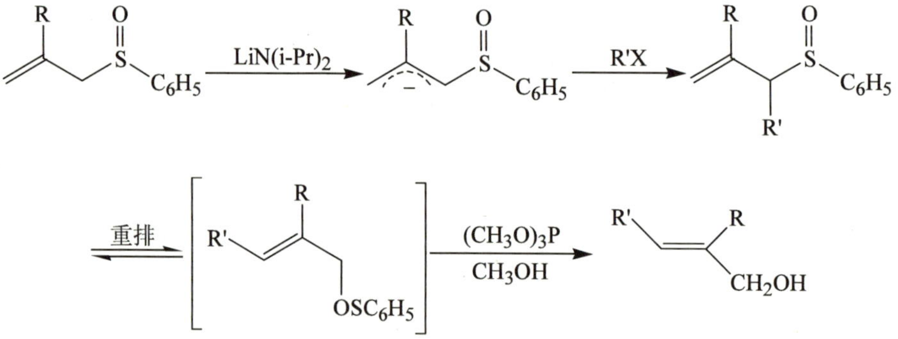

这种反应具有高度的立体选择性，优先生成反式烯烃，对合成一些天然产物特别合适。例如消旋 Nucifera L 合成：

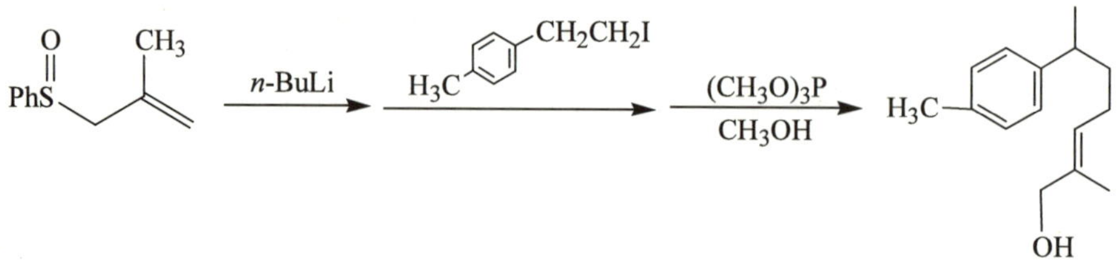

习　　题

1. 论述格氏试剂的常用制备方法，讨论影响格氏试剂制备的主要因素。
2. 论述有机锂化合物相对于有机镁化合物在有机合成中的优点。
3. 论述金属催化氢化机理，讨论金属催化氢化的优缺点。
4. 合成下列化合物。

(1) $R'COOR'' + RMgX \xrightarrow{\text{无水乙醚}} \xrightarrow{H_3^+O} \xrightarrow[(2)\ H_3^+O]{(1)\ RMgX}$

(2) $(R'CO)_2O + RMgX \longrightarrow \quad \xrightarrow{RMgX}$

(3) $n\text{-}C_8H_{17}CH{=}CH(CH_2)_7CN$ (cis) $\xrightarrow[(2)H_3^+O]{(1)n\text{-}C_5H_{11}MgX}$

(4) $PhCH{=}CHCOPh \xrightarrow[(2)H_2O,H^+]{(1)PhLi}$

(5) $t\text{-}Bu\text{-}C_6H_{10}{=}CHCOCH_3 \xrightarrow{(CH_3)_2CuLi}$

(6) $R_3B + R^1\text{-}CH(Br)\text{-}C(=O)\text{-}R^2 \xrightarrow{(CH_3)_3COK}$

(7) $(C_6H_5)_2\overset{+}{S}\text{-}\overset{-}{C}_3H_4$ (cyclopropylide) $+ R_2CH{=}O \longrightarrow \quad \xrightarrow{HBF_4} \quad \xrightarrow{-H^+}$

(8) $CH_3SO\bar{C}H_2\overset{+}{Na} + RCOOR' \longrightarrow \quad \xrightarrow{Al\text{-}Hg}$

(9) $C_6H_5SCH_3 + n\text{-}C_4H_9Li \xrightarrow[THF]{DABCO} \quad \xrightarrow{RCH_2X} \quad \xrightarrow[NaI,DMF]{CH_3I,\triangle} \quad \xrightarrow{\triangle}$

第 4 章　有机化合物的极性转换

极性转换是指在有机合成中某个原子或官能团的反应特性(亲电性或亲核性)发生了暂时性的转换的过程。极性转换的结果改变了有机化合物结构中一个或多个原子的极性。通过有目的地暂时引入能够形成稳定负离子的基团或离去基团，就可进行极性的设计与调控。

$$X^- \xrightarrow{\text{极性转换}} X^+$$

早在 1967 年，E. J. Corey 就指出，反应的极性转换是一类极有用的合成方法。如利用极性转换改变了羰基的极性后，可使亲电试剂与之反应，从而扩大了醛、酮羰基的化学反应，为合成提供了不少新的方法。卤代烷原本是亲电试剂，但是它容易转换为亲核的有机金属中间体，而成为有用的亲核试剂。

由于碳正离子化学、碳负离子化学、金属有机化学等方面的迅速发展，人们发现了许多能使官能团旁碳原子的电荷发生转变的方法，所以，极性转换在有机合成中的应用越来越广泛。经过极性转换，可以发生原来不能或不易起的反应，为合成方法提供了新途径。不过进行极性转换也要付出代价，即在合成中要绕道走，多用试剂、多花时间，会影响产率，所以有时也必须慎重考虑附加的步骤。一般希望极性转换是可逆的，即产生极性转换而引入的基团要能脱去，这样才好应用于合成中。

4.1　基 本 概 念

4.1.1　极性转换的含义

有机合成的一个中心问题是要构成碳-碳键，在构成碳-碳键的反应中，除游离基反应、协同反应外，大部分都属于极性反应，也叫 Lewis 酸、碱反应。即带正电荷的碳原子与带负电荷的碳原子相互作用而形成碳-碳键。

$$\mathrm{R\overset{\delta^+}{C}(=O^{\delta^-})-Cl} \xrightarrow[\text{(2)}H_3O^+]{\text{(1)}R'\overset{\delta^-}{}\overset{\delta^+}{Mg}X} \mathrm{RC(=O)-R'} + \mathrm{Mg}\langle^{X}_{Cl}$$

反应由带部分正电荷的羰基碳原子与带部分负电荷的烷基碳原子发生亲核加成而构成碳-碳键。

一个分子中，碳原子所带的电荷是由与其相连接或相邻的杂原子(除 C、H 原子外)

的电负性大小决定的。上述反应的发生，氧的电负性比碳大，使羰基碳呈电正性。而镁的电负性比碳小，与镁相连的碳则呈电负性，不同电性的基团相互作用，使反应正常发生，则是极性反应。但如下反应不能发生，是因为羰基碳和烷基碳都带部分正电荷，正极性的基团不能和卤代烃中正极性基团反应。

$$H_3C\overset{O}{\overset{\|}{C}}—H + \overset{\delta^+}{C_4H_9}\overset{\delta^-}{Br} \not\longrightarrow C_4H_9—\overset{O^-}{\overset{|}{C}}—CH_3$$

近年来发展了这样一种方法，改变有机分子中某个碳原子相连或相邻的杂原子来改变碳原子的电荷，使它从带正电荷变为带负电荷或从带负电荷变为带正电荷，促使反应按人们设计的方向进行，这种方法叫极性转换。例如：上述不能进行的反应，如果把正丁基溴中碳原子按下列方式进行转换后，反应即可进行。

$$\overset{\delta^+}{C_4H_9}\overset{\delta^-}{Br} \xrightarrow[\text{乙醚}]{Mg} Br\overset{\delta^+}{Mg}\overset{\delta^-}{C_4H_9} + CH_3\overset{\delta^+}{\underset{H}{\underset{|}{C}}}=O \longrightarrow \xrightarrow{H_3O^+} CH_3\overset{O}{\overset{\|}{C}}—C_4H_9$$

同样也可按下列方式使乙醛分子中的羰基碳进行极性转换后，再进行反应。

$$CH_3CHO \xrightarrow{HSCH_2CH_2CH_2SH} \text{2-甲基-1,3-二噻烷} \xrightarrow{n\text{-}C_4H_9Li} \text{2-锂-2-甲基-1,3-二噻烷}(Li^+) \xrightarrow{C_4H_9Br} \text{2-丁基-2-甲基-1,3-二噻烷} \xrightarrow{H_2O} CH_3\overset{O}{\overset{\|}{C}}—C_4H_9 \quad \text{己酮-2}$$

这样，反应产物己酮-2 表面看是由原料乙醛与溴丁烷作用脱溴化氢，但乙醛的羰基碳(这里定为 C^1)受氧的电负性影响带正电，不能和 $C_4H_9—Br$ 中正电的 $CH_3CH_2CH_2\overset{+}{C}H_2$ 作用，而在反应过程中，通过加入 1,3-二巯基丙烷使乙醛变为二噻烷，再与正丁基锂作用移去一个质子，此时 C^1 发生了极性转换，带负电荷，即可与 $C_4H_9—Br$ 中的 $CH_3CH_2CH_2\overset{+}{C}H_2$ 作用，水解后，恢复原来的羰基。

极性转换在有机化学中并不是新概念，但是有机化合物极性转换的研究是近年来有机化学领域内的重大进展之一。这主要是由于碳正离子化学、碳负离子化学、金属有机化学等方面的迅速发展的结果。通过极性转换的研究，又发展了许多新试剂、新方法，促进了有机化学特别是有机合成的发展。

4.1.2　极性转换研究的范围

有机合成中常常碰到以下问题。

(1) 碳原子的正常极性，不能使我们合成 1,2*n*-二取代产物(2*n* 是相邻两个官能团之间相隔的碳原子数)。例如：如何合成下面两个化合物呢?

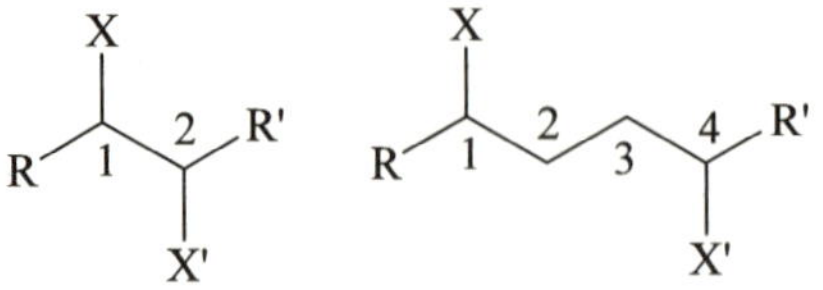

X、X'=NR_2、OR_2、NR_2、O

(2) 如何偶联两个极性或亲核性相同的中心？如：

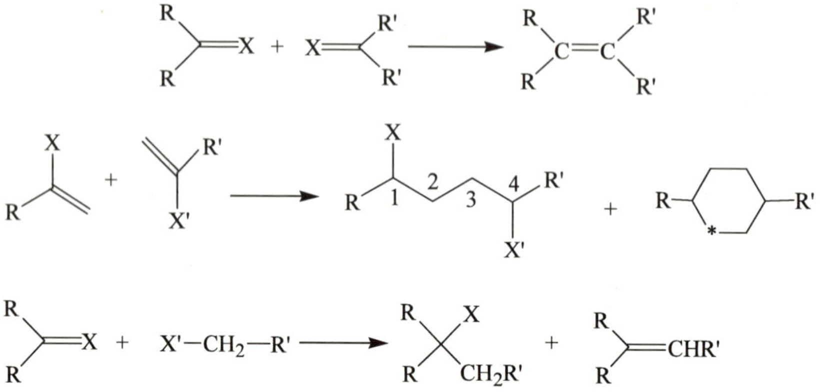

(3) 在一个碳链上，如何在 1,2-碳位上产生相同的极性或在 1,(2*n*+1)-碳位上产生相反的极性？如下图所示。

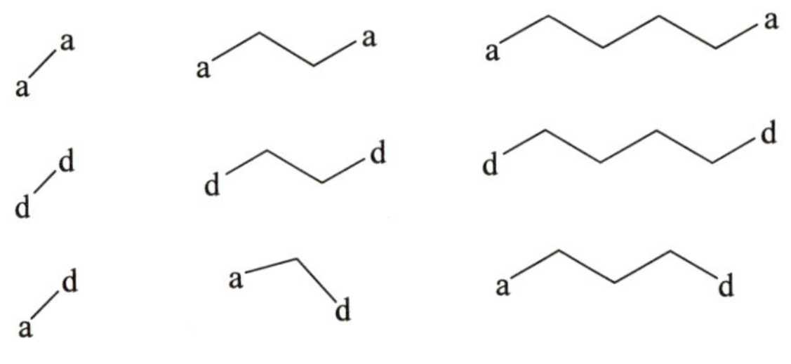

a表示亲电性　　d表示亲核性

上述问题的解决即是极性转换所研究和解决的范围。也可以看出，目前极性转换研究的一些反应都具有以下特点：

(1) 成键部位或断裂部位是极性的(d 或 a)，即 Lewis 酸、碱反应。

(2) 要合成的有机化合物多为含 O、N 官能团化合物。

(3) 当碳链上有杂原子(如 O、N 等)官能团取代(并有必要的双键存在)时，则碳链上碳原子的反应性能，按其对杂原子的相对位置而不同，奇数碳原子是亲电的(用 a 表示)，偶数碳原子则是亲核的(用 d 表示)，即碳链上碳原子的电性呈交替变化，如下图所示，这属于正常反应。

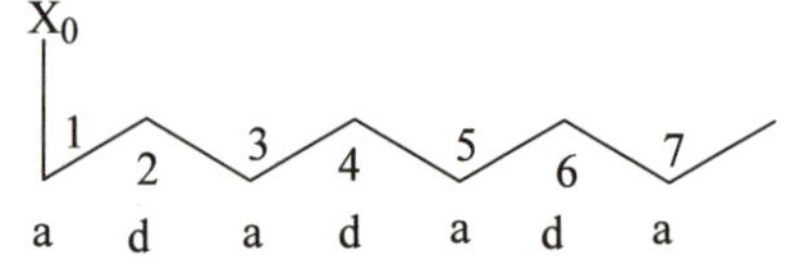

C 的上角上数字表示第几个碳原子，从杂原子开始定为零，依次定为 1，2，3，…

$$X{=}O, N \qquad a^{1,3,5,7} \qquad d^{2,4,6}$$

当发生极性转换时，碳链上碳原子的电性及其反应性正好与此相反。

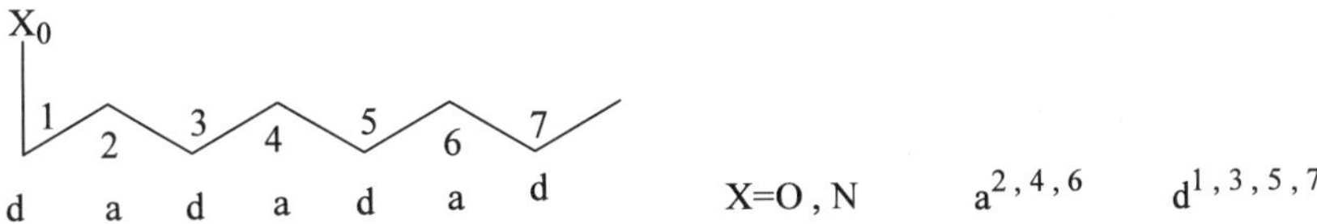

这样，要合成两个杂原子取代基团之间碳原子数为奇数的化合物(如：1,3-二取代、1,5-二取代)时，并不需要极性转换，只要用一般化合物即可；要合成杂原子取代基团之间碳原子数为偶数的化合物(1,2-二取代、1,4-二取代)时，则需要进行极性转换。Seebach 将生成这样的化合物的反应都纳入极性转换范围。但值得注意的是，极性转换反应最好从反应本身来划分，这比从反应产物结构来划分似乎更妥当些。

4.1.3　极性转换研究中常用的术语、符号

(1) 被保护(protected)、被屏蔽(masked)、被阻塞(blocked)。这几个词的意思是一样的，在这里意味着，某一被屏蔽的官能团，可以通过一定步骤发生极性转换，这一官能团则认为是被屏蔽的或被保护的。例如苯甲醛，在 CN^- 的催化下发生苯偶姻缩合，经过下面几个步骤。

$$\text{PhCHO} \xrightarrow{CN^-} \text{Ph—}\overset{\overset{\displaystyle O^-}{|}}{\underset{\underset{\displaystyle CN}{|}}{C}}\text{—H} \rightleftharpoons \text{Ph—}\overset{\overset{\displaystyle OH}{|}}{\underset{\underset{\displaystyle CN}{|}}{C^-}} \xrightarrow{\text{PhCHO}} \text{Ph—}\overset{\overset{\displaystyle OH}{|}}{\underset{\underset{\displaystyle CN}{|}}{C}}\text{—}\overset{\overset{\displaystyle O^-}{|}}{\text{CH}}\text{—Ph} \xrightarrow{-CN^-} \text{Ph—}\overset{\overset{\displaystyle O}{\|}}{C}\text{—}\overset{\overset{\displaystyle OH}{|}}{\text{CH}}\text{—Ph}$$

反应过程中形成的碳负离子 $\text{Ph—}\bar{C}\begin{smallmatrix}\diagup OH\\ \diagdown CN\end{smallmatrix}$ 在合成中相当于苯甲酰负离子 $\text{Ph}\bar{C}{=}O$(实际上并不存在)，这相当于苯甲醛中的羰基 C^1 发生了极性转换，因此 $\text{Ph—}\bar{C}\begin{smallmatrix}\diagup OH\\ \diagdown CN\end{smallmatrix}$ 称为被屏蔽的苯甲酰负离子，下面再举一可逆性转换的例子：

$$\text{[1,3-二噻烷-2-(H)(R)]} \xrightarrow{C_4H_9Li} \text{[1,3-二噻烷-2-}\bar{C}\text{(R)]}\,Li^+\ [2] \xrightarrow{R'X} \text{[1,3-二噻烷-2-(R')(R)]}$$

$$\xrightarrow{H_2O} \underset{[3]}{R\text{—}\overset{\overset{\displaystyle O}{\|}}{C}\text{—}R'} \quad \text{-----} \quad \underset{[1]}{R\overset{\overset{\displaystyle O}{\|}}{C}\text{—H}} \xrightarrow{HSCH_2CH_2CH_2SH} \text{[1,3-二噻烷-2-(H)(R)]}$$

我们希望的是由[1]变为[3]，但不能直接一步由醛和卤代烃反应制得，要通过极性转换，中间经过[2]的负离子所起的作用如同实际上并不存在的酰基负离子 $Ph\bar{C}{=}O$ ，反应式中[2]的负离子就叫被屏蔽的酰基负离子。

(2) 合成子。任何一个有机分子都可以看成是由几个结构单元组成。例如：

$$RCH_2CH_2CHO \Longrightarrow RCH_2CH_2 + \overset{O}{\overset{\|}{C}}{-}H$$

$\Longrightarrow$ 表示将分子拆开为两部分碎片，每一个碎片(或结构单元)就是一个合成子。RCH_2CH_2 和 CHO 是两个合成子。合成子实际上是一个人为的概念性碎片，它主要是帮助我们考虑用什么合适的原料和反应去合成一个目标分子，本身不一定能稳定存在。

(3) 合成等效剂。也有称合成等价物。是能够起那些本身无法使用的合成子的功能的试剂。在极性转换范围里，合成等效剂也就是极性转换试剂(或极性转换化合物)。上面例子中的 $Ph\bar{C}{=}O$ 就是酰基负离子(或羰基负离子)的等效剂。由 RX , $CH_2{=}CHOCH_3$ 和 RLi 去制备 $R{-}CO{-}CH_3$ ，如果有一现成的 $CH_3\bar{C}{=}O$ ，用它和 RX 作用即可。但不可能有一个乙酰基 C^1 负离子，只可用一个乙酰基 C^1 负离子等效剂来达到此目的，于是通过以下过程：

$$CH_2{=}CHOCH_3 \xrightarrow{RLi} CH_2{=}\overset{Li}{\overset{|}{C}}OCH_3 \xrightarrow{RX} CH_2{=}\overset{R}{\overset{|}{C}}OCH_3 \xrightarrow{H_2O/H^+} R{-}\overset{O}{\overset{\|}{C}}{-}CH_3$$

这里乙烯基醚就是乙酰基负离子的合成等效剂(极性转换试剂)。

(4) 可逆与不可逆极性转换。起始化合物中的官能团，通过极性转换进行反应后，又能很容易地变回原来的官能团，称为可逆极性转换。这在合成中用处很大，相反，如果不能或不容易恢复原来的官能团，则称为不可逆极性转换。

脂肪醛通过 1,3-二噻烷类中间物与卤代烷反应，最后生成酮是可逆极性转换的例子。不可逆极性转换，如二苯酮可以通过极性转换为硫代二苯酮，再与苯基锂反应生成产物。

$$\underset{(1)}{(C_6H_5)_2C{=}O} \longrightarrow \underset{(2)}{(C_6H_5)_2C{=}S} \xrightarrow{C_6H_5Li} (C_6H_5)_2C(Li){-}S{-}C_6H_5 \xrightarrow{H_2O} (C_6H_5)_2C(H){-}S{-}C_6H_5$$

反应式(1)经极性转换变成(2)，与 C_6H_5Li 反应后，水解产物不能恢复成原来的羰基，所以称为不可逆转换。

极性转换研究范围甚广，特别在有机合成设计中用途很广。这里我们只着重介绍如何通过极性转换试剂实现羰基化合物和胺类化合物中碳原子的极性转换。

4.2　羰基化合物的极性转换

4.2.1　C^1 的极性转换

羰基化合物中，醛、酮 C^1 极性转换研究得最多。羰基碳原子 C^1 如果是带正电荷，能和亲核试剂 Nu 作用，正常反应类型称为 N^1。如果 C^1 经极性转换后带负电荷，能和亲电试剂 E 作用，反应类型称为 E^1，C^1~C^n 都可分别起 N 反应和 E 反应。醛、酮的 C^1 极性转换后即成为酰基负离子，它可以和酰氯、酯、酮、α,β-不饱和酮、环氧化物和卤化物等亲电试剂反应，在合成上是非常有用的。C^1 经极性转换后，可以从不同原料开始，能为现代合成方法提供新的途径。

C^1 的极性转换试剂可分为两大类：第一类羰基不被屏蔽的，是一些酰基金属试剂。RCO—M(M 代表金属)，羰基带负电荷，直接起供电子作用。

R—CH=C(Z)(E) ⟵ R—C(=O)—E ⟵ XRC(Y(H))(E)

↑E^+　　↑E^+　　↑E^+

R—CH=$\bar{C}$—Z [Ⅷ]　　R—C(=O)—M [Ⅵ]　　XRC̄—Y(H) [Ⅶ]

↑　　↑　　↑

R—CH=C(Z)(H) ⟵ R—C(=O)—H ⟶ XRC(Y(H))(H)

第二类羰基被屏蔽的：一类是 C^1 上不带双键，其结构可用 $XYRC^-$ 或 $XHRC^-$ 表示(X、Y 代表 OR、SR、NO_2、CN 等)。另一类是 C^1 上带有双键的，结构通式为 $—\overset{|}{C}=\bar{C}—Z$(Z 代表 OR、SR、$SiR_3$ 等)。

1. 羰基不被屏蔽的极性转换试剂

这一类试剂在合成中用处较大的是一些过渡金属络合物，常用的是四羰基铁酸钠和锆试剂。四羰基铁酸钠可以和卤代烷作用生成负一价络离子，后者和配位体(用 L 表示，它可以是 CO、Ph_3P)络合，生成醛基金属试剂 R—CO—M。四羰基铁酸钠也可以和酰氯作用得到酰基金属试剂，酰基金属试剂则相当于酰基负离子，它可以和很多种亲电试剂作用，如它和卤化物作用得到酮，和乙酸作用得醛，与卤素作用后再用水、醇、胺处理分别得酸、酯、酰胺，这些反应表示如下：

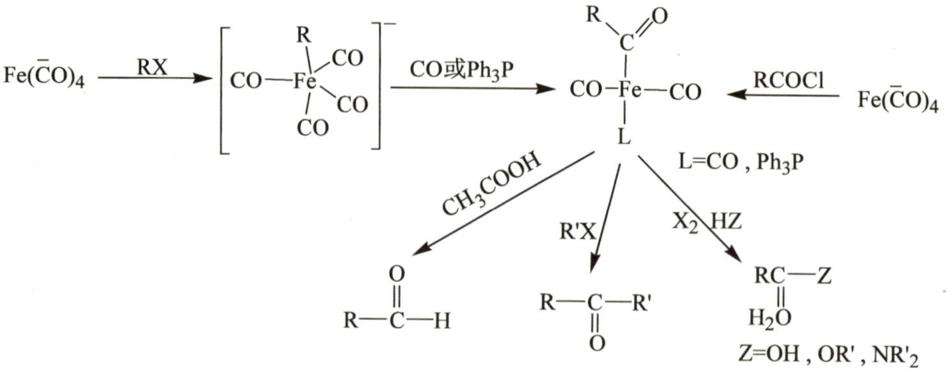

图中所示反应一般条件温和，产率高。另外四羰基铁酸钠只与卤化物或酰卤作用，而其他基团如酮基、酰基、氰基等，都可不受影响，因而可进行选择反应。

酰基二茂基氯化锆[$CP_2Zr(COR)Cl$]也是一种酰基负离子极性转换试剂，把酰基锆试剂用稀酸水溶液处理得醛，用 NBS 处理得酰溴，用双氧水处理而后加酸得羧酸，在甲醇中用溴处理得羧酸甲酯。表 4-1 列出 $CP_2Zr(COR)Cl$ 不同处理方法所得产物及产率。

表 4-1　不同处理方法所得产物及产率

R	最后处理方法	产物	产率/%
己烯-1 或己烯-3	①稀盐酸	正庚醛	91
	②溴-甲醇	正庚甲酯	51
	③$NaOH-H_2O_2$	正庚酸	71
2-甲基-2-丁烯	①稀盐酸	4-甲基戊醛	71
	②溴-甲醇	4-甲基戊酸甲酯	50
	③$NaOH-H_2O_2$	4-甲基戊酸	26
环己烯	①稀盐酸	环己基醛	97
	②溴-甲醇	环己基羧酸甲酯	57

2. 羰基被屏蔽的极性转换试剂

(1) $XYRC^-$及 $XHRC^-$类型的 C^1 极性转换试剂：1,3-二噻烷(X、Y=SCH_2CH_2S)及相关化合物是用得较多的一类化合物，有很多成功的例子，它们不仅可用作 C^1 的极性转换。也可用于 C^2、C^3 的极性转换，人们研究了很多种化合物，例如：

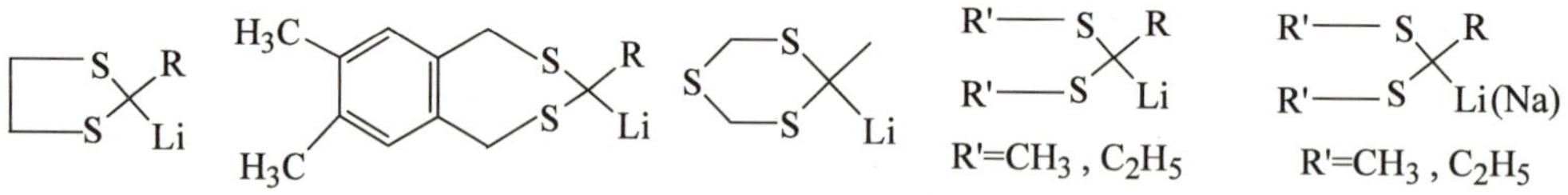

最后一个化合物用得最多，它价格便宜，而且不一定都用锂化物，钠也可以(即用 NaH 脱质子)。

应用 1,3-二噻烷于有机合成的例子也很多。例如昆虫信息素(苏格兰洋松毛虫) Z-6- 二十一-烯-11-酮的合成：

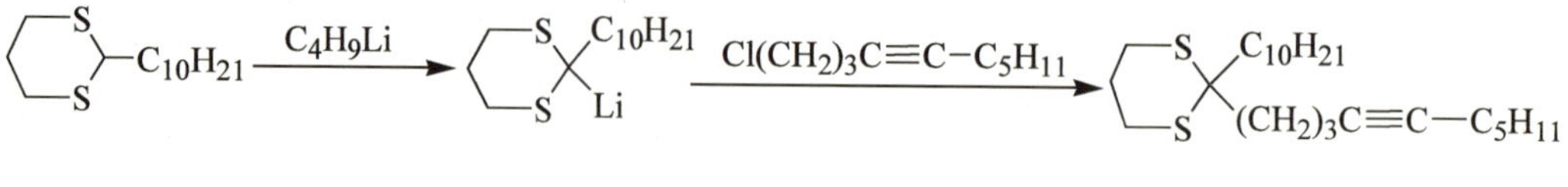

$$\xrightarrow{CuO,\ CuCl_2} C_{10}H_{21}\overset{\overset{O}{\|}}{C}(CH_2)_3C{\equiv}C-C_5H_{11} \xrightarrow[Ni]{H_2} C_{10}H_{21}-\overset{\overset{O}{\|}}{C}-(CH_2)_3-\underset{H}{C}{=}C\begin{matrix}C_5H_{11}\\ H\end{matrix}$$

苏格兰洋松毛虫信息素

(2) 羰基被保护的氰醇：醛和 HCN 作用得氰醇。这实际上是把羰基保护起来，如果羟基连接的碳脱去氢质子，就可以得到酰基负离子。前面已提到的苯甲醛与 HCN 作用形成氰醇，然后脱质子成为 $Ph-\bar{C}\begin{matrix}OH\\ CN\end{matrix}$，它实际上起苯甲酰负离子的作用。一般来说，由于苯环通过共轭作用使 C^-稳定，容易形成，但是脂肪醛要生成相应的氰醇负离子 $Ph-\bar{C}\begin{matrix}OH\\ CN\end{matrix}$，就要困难得多。首先要用乙烯醚把羟基保护起来，另外要用非亲核性强碱二异丙基氨基锂(LDA)，脱质子可以成功。

$$CH_3CHO \xrightarrow[(2)C_2H_5OCH{=}CH_2]{(1)HCN} CH_3-\overset{\overset{CN}{|}}{C}H-OCH\begin{matrix}OC_2H_5\\ CH_3\end{matrix} \xrightarrow{LDA} CH_3-\underset{-}{\overset{\overset{CN}{|}}{C}}-OCH\begin{matrix}OC_2H_5\\ CH_3\end{matrix}$$

$$\xrightarrow{(CH_3)_2CHBr} CH_3-\underset{\underset{CN}{|}}{\overset{\overset{\overset{OC_2H_5}{|}}{\overset{CH-CH_3}{|}}}{\overset{O}{|}}C}-\underset{\underset{CH_3}{|}}{CH}-CH_3 \xrightarrow{H_3^+O} CH_3-\overset{\overset{O}{\|}}{C}-CH(CH_3)_2$$

保护氰醇羟基的试剂除乙烯基醚类之外，还有一些别的试剂，如二氢吡喃等。

$$R-\overset{\overset{OH}{|}}{C}H-CN + \text{二氢吡喃} \longrightarrow RHC(CN)-O-\text{四氢吡喃基}$$

在合成四环素化合物时，有人曾用了氰醇这一类极性转换试剂。

$$\text{(HC(CN)OTHP 取代的原料)} \xrightarrow{t\text{-BuNa}} \text{(环合产物，含 NC、OTHP、Ph)} \xrightarrow{H_2O} \text{(二酮产物，含 Ph)}$$

THP=四氢吡喃

(3) 硝基化合物：硝基化合物的α-H在碱的作用下脱质子形成碳负离子，可以和亲电试剂反应，而硝基又可转变为羰基(Nefreaction反应)，所以硝基化合物的碳负离子 $R\bar{C}H-NO_2$在合成中相当于酰基负离子 $R\bar{C}{=}O$，硝基化合物是羰基 C^1 的极性转换试剂。

Nefreaction 法转变硝基化合物为羰基化合物，是伯或仲碳离子的硝基烷烃的碱金属盐经酸解可分别生成醛或酮。

$$>CH-NO_2 \xrightarrow[\text{或}KOH]{NaOH} >C=N(O^-)ONa \xrightarrow[\text{或}HCl\cdot H_2O]{H_2SO_4} \left[>C(OH)-N(OH)_2 \longrightarrow >C(OH)-N=O \right] \longrightarrow >C=O \quad 80\%\sim85\%$$

如用$TiCl_3$和水处理(pH>4)，可在温和的条件下，将硝基转变为羰基，机理如下：

$$R_2CH-NO_2 \xrightarrow{\text{碱}} R_2C=NO_2^- \xrightarrow[PH=5]{TiCl_3} R_2C=N(O^-)OTiCl_3 \xrightarrow{TiCl_3} R_2C=N-OH \longrightarrow R_2C=NH \xrightarrow{H_2O} R_2C=O$$

反应举例：

$$CH_3CH_2CH(NO_2)CH_2CH_2COCH_3 \longrightarrow CH_3CH_2COCH_2CH_2COCH_3 \quad 85\%$$

$$C_6H_5CH_2NO_2 \longrightarrow C_6H_5CHO \quad 80\%$$

$$CH_3C\equiv CCH_2CH_2NO_2 \xrightarrow{CH_3COCH=CH_2} CH_3C\equiv CCH_2CH(NO_2)CH_2CH_2COCH_3 \longrightarrow CH_3C\equiv CCH_2COCH_2CH_2COCH_3$$

3. $>C=\bar{C}-Z$ 型的 C^1 极性转换试剂

这类试剂主要有以下几种：

2-R-5-锂呋喃　$CH_2=CHOC_2H_5$　$CH_2=CHSC_2H_5$　$CH_2=CHSiMe_3$

呋喃α-锂化合物可以和各种亲电试剂作用，生成物水解得 1,4-二酮。

$$\text{呋喃} \xrightarrow{C_4H_9Li} \text{2-}C_4H_9\text{-5-Li-呋喃} \xrightarrow{E} C_4H_9-CO-CH_2CH_2-CO-E$$

所以 2-R-5-锂呋喃 相当于被屏蔽的γ-酮基酰基负离子 $R-CO-CH_2CH_2-\bar{C}O$。用α-甲基呋喃合成顺式茉莉酮：

$$H_3C\text{-furan} \xrightarrow[(2)\ \text{CH}_3\text{CH}_2\text{CH=CHCH}_2\text{CH}_2\text{Br}]{(1)C_4H_9Li} \text{H}_3\text{C-furan-CH}_2\text{CH}_2\text{CH=CHCH}_2\text{CH}_3 \xrightarrow{H^+} \text{1,4-二酮} \xrightarrow{OH^-} \text{环戊烯酮}$$

乙烯基醚、乙烯基硫醚的应用。

$$CH_2{=}CHOC_2H_5 \xrightarrow[(2)C_6H_5CHO]{(1)t\text{-BuLi}} CH_2{=}C(OC_2H_5){-}CH(OH){-}C_6H_5 \longrightarrow CH_3CO{-}CH(OH){-}C_6H_5$$

$$CH_2{=}CHSC_2H_5 \xrightarrow[(2)C_8H_{17}CHO]{(1)t\text{-BuLi}} CH_2{=}C(SC_2H_5){-}CH(OH){-}C_8H_{17} \longrightarrow CH_3C({=}O){-}CH(OH){-}C_8H_{17}$$

乙烯基硅烷中三甲硅基可以稳定α-碳上负离子，所以它的α-碳可以发生亲电反应。乙烯基三甲基硅烷氧化水解得酮。

$$\text{RCH}{=}\text{C(SiMe}_3\text{)Li} \xrightarrow{R'X} \text{RCH}{=}\text{C(SiMe}_3\text{)R'} \xrightarrow[(2)H_3O^+]{(1)[O]} RCH_2COR'$$

4.2.2 C^2极性转换

羰基旁的α-碳原子(C^2)易在碱性条件下失去质子，而生成碳负离子，C^2正常的典型反应是双分子消除(E^2)，要发生双分子亲核(N^2)反应，需要极性转换，这里有两种方法。

(1) 卤代法：将羰基化合物进行卤代反应，然后将生成的α-卤代物与亲核试剂反应，为了避免亲核试剂进攻羰基碳原子C^1的副反应，可将羰基变成缩酮：

$$\underset{(d^2)}{R{-}C({=}O){-}CH_3} \xrightarrow{X} \underset{(a^2)}{R{-}C({=}O){-}CH_2X} \xrightarrow{R'OH} R{-}C(OR')_2{-}CH_2X \xrightarrow{Nu} R{-}C(OR')_2{-}CH_2Nu$$

$$R{-}C({=}O){-}CH_2X \xrightarrow{Nu} R{-}C({=}O){-}CH_2{-}Nu$$

(2) 使用极性转换试剂：烯酮二硫代缩醛一氧化物和烯酮二硫代缩醛。

$$R{-}CH{=}C(SCH_3)(S(\rightarrow O)CH_3) \qquad >C{=}C(SR)_2$$

$$R{-}CH{=}C(SCH_3)(SOCH_3) \xrightarrow[(2)E]{(1)Nu} R{-}CH(Nu){-}C(E)(SCH_3)(SOCH_3) \xrightarrow{H_3O^+} R{-}CH(Nu){-}C(E){=}O$$

$$H_3CO_2C\text{-}CH(C_2H_5)^- + CH_2{=}C(SCH_3)(SOCH_3) \longrightarrow H_3CO_2C\text{-}CH(C_2H_5)\text{-}CH_2\text{-}\bar{C}(SCH_3)(SOCH_3) \xrightarrow{H^+} H_3CO_2C\text{-}CH(C_2H_5)\text{-}CH_2\text{-}CH(SCH_3)(SOCH_3) \xrightarrow{H_2O} H_3CO_2C\text{-}CH(C_2H_5)\text{-}CH_2\text{-}CHO$$

$$\text{1,3-二噻烷-2-}C(SiMe_3)(Li) \xrightarrow{C_6H_5CHO} \text{1,3-二噻烷-2-}{=}CHC_6H_5 \xrightarrow[(2)CH_3I,E^1]{(1)t\text{-}BuLi,N^2} \text{1,3-二噻烷-2-}C(CH_3)\text{-}CH(C_6H_5)C(CH_3)_3 \xrightarrow{H_2O} (CH_3)_3C\text{-}CH(COCH_3)(C_6H_5)$$

烯酮二硫代缩醛的烯丙基位置上不应有氢，如果有氢时，则容易在亲核试剂作用下脱去。反应最后产物并不是 C^2 极性转换的 N^2 反应产物，而是α,β-不饱和酰基负离子的产物。另一种极性转换试剂可认为是四羰基铁和α,α'-二溴酮反应而得到一个 C^2 极性转换试剂。

$$RCH(Br)\text{-}CO\text{-}CH(Br)R \xrightarrow{Fe(CO)_4} R\text{-}CH{\overset{+}{\cdots}}C(OFe){\cdots}CH\text{-}R$$

上式是烯丙基阳离子的一种，它不仅具有通常的烯丙基阳离子性质，而且还由于中间碳原子上连有氧原子的独特结构，是一种具有两种官能团反应特征的活性中间体，它可以发生多种反应，特别是形成一系列难于制得的碳环化合物。它也可以看做一个 C^2 极性转换试剂。

$$R\text{-}CH{\overset{+}{\cdots}}C(OFe){\cdots}CH\text{-}R \xrightarrow{Nu:} RCH(Nu)\text{-}CO\text{-}CH_2R$$

4.3 胺类化合物的极性转换

由于胺类化合物是有机化合物中重要的一类，研究这类化合物的极性转换问题使合成方法得以增加是很有意义的，在这些方面已有不少的研究工作。

4.3.1 氨基α-碳的极性转换试剂

氨基α-碳的极性转换基本方法分为四类：第一类是合成等效体方法；例如，伯胺α-碳负离子等效体是硝基烷。第二类是在氮原子α-位引入稳定负离子基团；硝基烷可以产生稳定化的α-碳负离子，硝基可以被还原成氨基，因此，硝基可以看做氨基α-位的极性转换剂。第三类是在氮原子上引入稳定负离子基团。第四类是通过金属-金属交换产生稳定化的碳负离子。

氨基化合物在反应中通常生成亚胺离子，而使氨基旁的α-碳原子带正电，从而与各种亲核试剂进行(N^1)反应，如曼尼希(Mannich)反应。

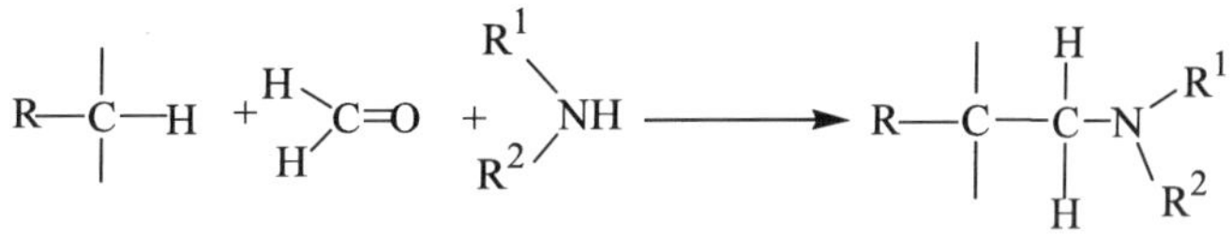

具有活泼氢的化合物与甲醛(有时也用其他醛)、胺(或氨)发生缩合反应，称 Mannich 反应。这是一类应用范围很广的反应。能够发生 Mannich 反应的活泼氢化合物有：醛、酮、酸、脂、腈、硝基烷、炔以及邻对位未取代的酚及一些杂环化合物，如α-甲基吡啶、吲哚等。胺可以是伯胺、仲胺，也可用氨，但最方便的是仲胺及氨。氨甲基化反应后，但氮上还有氢，可以再发生反应，使产物变的复杂。近年研究表明，芳香胺也可以发生反应。通常，Mannich 反应手续比较简单，只要将反应物放在一起回流即可。该反应常在醇、乙酸、硝基苯等溶液中进行。Mannich 反应历程一般认为是亲核性较强的胺甲醛先反应，生成亚胺离子，而后再与活泼氢化合物反应。

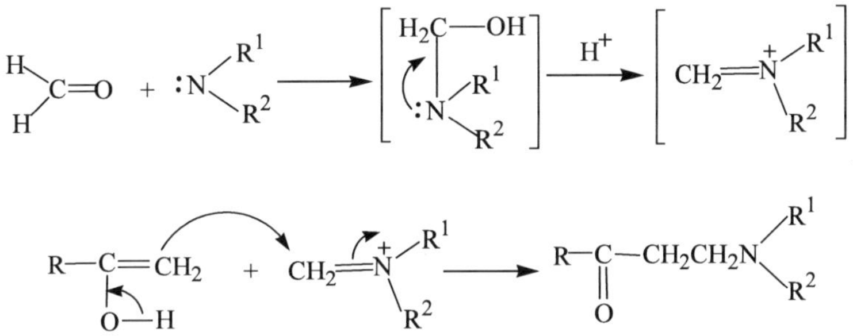

在 Al_2O_3 存在下，苯胺、甲醛及苯乙酮在乙醇中反应，生成 1-(N-芳胺基)-3-丙酮。

$$C_6H_5COCH_3 + HCHO + H_2NC_6H_4Br \xrightarrow[16\sim25h]{Al_2O_3,\ CH_3CH_2OH} C_6H_5COCH_2CH_2NHC_6H_4Br$$

如果具有活泼氢的酮为不对称酮，一般是亚甲基比甲基容易反应。可以预料，当含有多个活泼氢的酮进行反应时，则形成多氨甲基化合物。

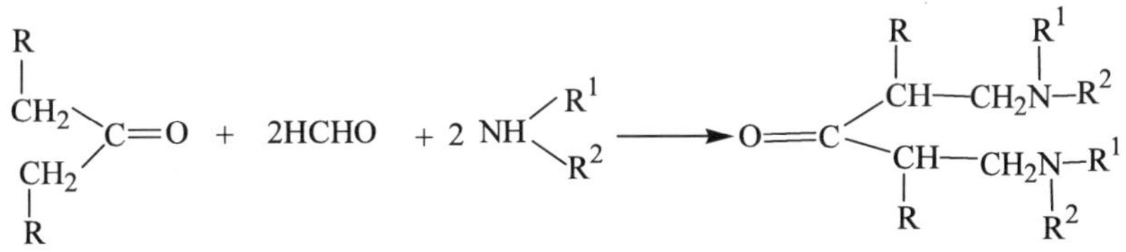

比施勒-纳皮耶拉尔斯基(Bischler-Napieralski)反应：

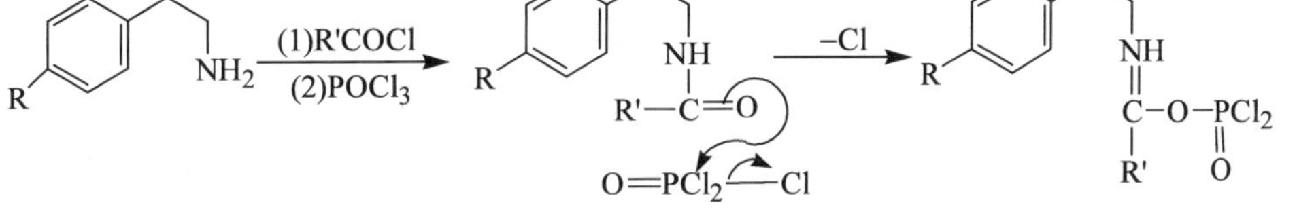

$\xrightarrow{-H^+}$ (7-R-8-R'-1-$OP(O)Cl_2$-1,2,3,4-四氢异喹啉) $\xrightarrow{-Cl_2P(O)OH}$ (7-R-1-R'-3,4-二氢异喹啉) $\xrightarrow{Pd/C}$ (7-R-1-R'-异喹啉)

异喹啉

要使氨基旁α-碳进行 E^1 反应，必须进行α-碳由正电性到负电性的极性转换，氨基α-碳的 E^1 极性转换试剂主要有两类。

1. 氨基α-碳的锂化物

氨基α-碳的锂化物是用非亲核性强碱使氨基α-碳脱质子而形成的。

$$R_2N{-}H \xrightarrow{CH_3SiR_3} R_2N{-}CH_2SiR_3 \xrightarrow[-65℃]{BuLi} R_2N{-}CH_2Li$$

这种试剂不稳定，易发生重排，如：

$$(C_6H_5H_2C)(H_3C)N{-}CH_2Li \xrightarrow{20℃} C_6H_5CH_2CH_2{-}N(Li)CH_3$$

常用试剂如：

$R_2C{=}N{-}CH(R)Li$　　$>C{=}N{-}CH(R)Li$　　$N_3{-}CH(C_6H_5)Li$

$X_2P(O){-}N(CH_3){-}CH(Ph)Li$　　$-C(S){-}NR{-}CH_2Li$　　$R(ON)N{-}C(Li)<$

反应列举如下：

$$C_6H_5{-}CH(Li)(\ddot{N}{=}\ddot{C}) + CO_2 \longrightarrow C_6H_5{-}CH(\ddot{N}{=}\ddot{C})CO_2Li \xrightarrow{H_2O} C_6H_5{-}CH(NH_2){-}COOH$$

$$C_6H_5CONHCH_2C_6H_5 \xrightarrow[2,5,8\text{三氧壬烷/己烷}]{LDA} C_6H_5C(OLi){=}N{-}CH(Li)C_6H_5 \begin{cases} \xrightarrow[(2)H_2O]{(1)RX} C_6H_5CONH{-}CH(R)C_6H_5 \\ \xrightarrow[(2)H_2O]{(1)C_6H_5CHO} C_6H_5CONH{-}CH(C_6H_5){-}CH(OH)C_6H_5 \end{cases}$$

$$(C_6H_5CH_2)(CH_3)NCH_2Li + C_6H_5CHO \longrightarrow C_6H_5CH(OH)CH_2N(CH_2C_6H_5)(CH_3) \xrightarrow{H_2/Pt} C_6H_5CH(OH)CH_2N(CH_3)_2$$

2. 仲胺亚硝基锂化物

$NO-N(CH_2Li)(CH_3)$ 亚硝胺是致癌物，制备与使用时必须严格注意，制备过程为

$$(H_3C)_2CH-NH-CH_3 \xrightarrow[THF]{\text{亚硝酯乙酯}} (H_3C)_2CH-N(NO)-CH_3 \xrightarrow[-78℃]{THF-LDA} (H_3C)_2CH-N(NO)-CH_2Li$$

这是一种可逆性极性转换试剂，氨基α-碳原子发生 E^1 反应后，通过还原可恢复氨基，从而可制得一系列化合物。这一转换过程如下：

$$>CH-N(R)-NO \xrightarrow{\text{金属取代}} >\bar{C}(Li)-N(R)-NO \xrightarrow{E} >C(E)-N(R)-NO \xrightarrow{\text{去亚硝基}} >C(E)-NHR$$

$$>CH-NHR \xrightarrow{\text{亚硝化}} >CH-N(R)-NO;\quad >CH-NHR \dashrightarrow >C(E)-NHR$$

4.3.2　亚硝基胺锂化合物的应用

1. 烷基化反应

氨基α-碳原子的极性转换试剂亚硝胺锂可以和卤代烷反应，生成在氨基α-碳上烷基取代的衍生物，产率一般为 60%~95%。例如：

$$H-N(CH_3)_2 \longrightarrow ON-N(CH_3)_2 \xrightarrow{RLi} ON-N(CH_2Li)(CH_3) \xrightarrow{C_6H_5C_2H_4Br} ON-N(CH_3)(CH_2-CH_2-C_6H_5)\quad >95\%$$

当卤代烷为 n-C_4H_9—I 时，产率 75%；为 CH_2=CH—CH_2Br 时，产率 90%。

2. 亲核加成反应

亚硝胺锂可以和脂肪醛酮、芳香醛酮、芳香酮发生亲核加成，生成加合物，一般反应如下：

$$NO-N(R)-C(-)-Li \xrightarrow{R'R''C=O} NO-N(R)-C(-)-C(R')(R'')OH$$

例如：

$$NO-N(C(CH_3)_3)-CH(SCH_3)Li \xrightarrow{C_6H_5CHO} NO-N(C(CH_3)_3)-CH(SCH_3)-CH(OH)-C_6H_5 \quad 90\%$$

$$NO-N(C(CH_3)_3)-CH(SCH_3)Li \xrightarrow{(CH_2)_4C=O\ (环己酮)} NO-N(C(CH_3)_3)-HC(SCH_3)-C(OH)(CH_2)_4CH_2 \quad 80\%$$

$$NO-N(CH_3)-CH_2Li \xrightarrow{CH_3CH_2CH_2CHO} NO-N(CH_3)-CH_2-CH(OH)-(CH_2)_2CH_3 \quad 80\%$$

$$NO-N(CH_3)-CH_2Li \xrightarrow{C_6H_5CHO} NO-N(CH_3)-CH_2-CH(OH)-C_6H_5$$

$$NO-N(CH_3)-CH_2Li \xrightarrow{CH_3COCH_3} NO-N(CH_3)-CH_2-C(CH_3)(OH)-CH_3$$

$NO-N(CH_3)-CH_2-CH-C_6H_5$ 去亚硝基，则得盐穗草碱，如：

$$NO-N(CH_3)-CH_2-CH(OH)-C_6H_5 \longrightarrow CH_3-HN-CH_2-CH(OH)-C_6H_5$$

盐穗草碱

亚硝基胺锂的某些烷基化和羰基化产物是生物碱的衍生物，通过去亚硝基化可制得某些生物碱，例如毒芹碱等。

$$哌啶(N-H) \xrightarrow{NaNO_2/HCl} N\text{-}亚硝基哌啶(N-NO) \xrightarrow{LDA} 2\text{-}锂代\text{-}N\text{-}亚硝基哌啶$$

$$\xrightarrow{C_3H_7X} 2\text{-}丙基\text{-}N\text{-}羟基哌啶(N-OH) \longrightarrow 2\text{-}丙基哌啶$$

毒芹碱

$$\xrightarrow{C_2H_5CHO} N\text{-}亚硝基\text{-}2\text{-}(1\text{-}羟丙基)哌啶(N-NO, OH) \longrightarrow 2\text{-}(1\text{-}羟丙基)哌啶(N-H, OH)$$

羟毒芹碱

用这种方法合成的生物碱，比经典方法步骤简单、产率高，所以今后在合成生物碱领域将会更多使用金属化亚硝胺。

4.4 芳香族化合物的极性转换

芳香族与过渡金属间形成的π-配合物在合成上有极大潜力。因为：①配合后，由于电子效应和立体效应的影响，芳香配体由亲核性变成亲电性，因而能发生原先不能发生的亲核反应。在反应以后，还可以方便地将配合的金属除去，得到不带金属的芳香族化合物。②芳香族化合物配合的金属恰似起了一个既易引入又容易除去的活化原子团的作用。③进行反应的条件温和，为有机合成带来了方便。

配合的过渡金属一般采用 Cr、Pd、Rh 等，用得最多的是 Cr，在少数情况下也用 Fe、Mn 等。目前应用芳香族金属配合物在合成中的主要试剂为芳香烃三羰基铬。因为这类化合物制备方便，并且具有一定的稳定性和反应性能，在反应完了也容易用碘或硝酸铈铵将配合金属除去。

芳香烃三羰基铬可由相应的芳香族化合物与六羰基铬[$Cr(CO)_6$]在惰性溶剂(通常用 $CH_3OCH_2CH_2OCH_2CH_2OCH_3$)中回流数小时来制备。六羰基铬中的三羰基被芳香烃置换而得到一芳香烃三羰基铬。芳香环上带有各种不同的取代基时，亦可用这种方法制备相应的三羰基配合物。

芳香烃金属配合物与碳负离子的加成-氧化类型的亲核取代反应，不是取代芳核上的卤素，而是取代芳核上的氢，成为碳负离子向芳核上引入侧链的方法，R^-皆为具有适当稳定性的碳负离子(带有负电荷的碳链上连接有—CN 或—COOR 等原子团)。

$Cr(CO)_3$ $\xrightarrow{R^-}$ [R H $Cr(CO)_3$] ⟶ R $Cr(CO)_3$

例如，以色列 Keinan 等通过 Pd (O)催化的碳烯丙酯的聚合反应合成了结构复杂的辅酶 Q_{12}，可用作心血管治疗药物。

MeO MeO MeO MeO OCOMe + Et S OH $\xrightarrow{Pd(PPh_3)_4/THF}$

⟶ O MeO MeO 4

近年来，用有机锡试剂进行偶联反应，取得了很大成功。在钯催化剂存在下，用烯丙基卤化物和三丁基乙烯基锡反应，得到一系列间双基的产物。例如：

$$EtO{=}C\text{—}CH{=}C(OMe)\text{—}CH_2Br + n\text{-}Bu_3Sn\text{—}CH{=}CH\text{—}R \xrightarrow[\text{THF,50℃}]{Pd(O)} EtOC(O)\text{—}CH{=}C(MeO)\text{—}CH_2\text{—}CH{=}CH\text{—}Br$$

$$\text{3-Cl-5-(COOMe)cyclohexene} + n\text{-}Bu_3Sn\text{—}CH{=}CH\text{—}COOEt \xrightarrow{Pd(O)} BuOC(O)\text{—}CH{=}CH\text{—}(\text{5-COOMe-cyclohex-2-enyl})$$

习 题

1. 什么是极性转换，在有机合成中为什么要进行极性转换？

2. 举例说明极性转换过程，指出极性转换过程中的极性转换试剂，并简单介绍常用的极性转换试剂。

3. 论述曼尼希(Mannich)反应机理。

4. 合成下列化合物。

(1) $CH_3CHO \longrightarrow CH_3\text{—}\overset{O}{\overset{\|}{C}}\text{—}CH(CH_3)_2$

(2) $\text{呋喃} \longrightarrow C_4H_9\text{—}\underset{O}{\underset{\|}{C}}\text{—}CH_2CH_2\text{—}\overset{O}{\overset{\|}{C}}\text{—}E$

(3) $(H)(R)C{=}C(SiMe_3)(Li) \longrightarrow RCH_2COR'$

(4) $R_2N\text{—}H \longrightarrow R_2N\text{—}CH_2Li$

(5) $(H_3C)_2CH\text{—}\underset{H}{\underset{|}{N}}\text{—}CH_3 \longrightarrow (H_3C)_2CH\text{—}\underset{NO}{\underset{|}{N}}\text{—}CH_2Li$

第5章　重 排 反 应

在有些反应中，原子或基团迁移使碳架的位置发生变化，这种反应称为重排反应。重排反应是在加热或在其他因素影响下进行的，重排反应在实际应用上是一类很重要的有机反应。应用重排反应能合成其他反应难以合成的结构单元，而且许多重排反应还有很好的立体和区域选择性。重排反应类型有缺电子重排、富电子重排、游离基重排、芳香族重排等。本章重点介绍缺电子重排，简单介绍其他重排反应。

5.1　缺电子重排

缺电子重排最多的是 1,2 位迁移，即一个原子或基团带着一对电子转移到相邻的缺电子的原子上。

$$\text{M:}-\overset{|}{\underset{|}{C}}-\overset{+}{\underset{|}{C}}- \longrightarrow -\overset{+}{\underset{|}{C}}-\overset{M}{\underset{|}{C}}-$$

缺电子重排的中间体为缺电子碳(碳正离子)、碳烯或缺电子氮(氮烯)。研究这类反应历程的方法有化学动力学法、示踪原子法、交叉实验法、中间体的分离鉴定法和立体化学法等。

5.1.1　重排到缺电子的碳原子上

1) 碳正离子重排

反应过程产生碳正离子中间体的，都可能会发生碳正离子重排。如烯烃的亲电加成，芳烃的亲电取代、亲核取代反应等。重排往往发生在 1,2 位，在重排反应中，重排后的碳正离子更稳定，基团迁移的顺序为芳基>烷基(3°>2°>1°)>氢。

$$\text{(1-methylcyclopentyl)}CH_2OH \xrightarrow{H^+} CH_2\overset{+}{O}H_2 \xrightarrow{-H_2O} \overset{+}{C}H_2 \longrightarrow \text{(2-methylcyclohexyl cation)} \xrightarrow{-H^+} \text{methylcyclohexane}$$

1-丙基阳离子的重排

$$CH_3-CH_2-CH_2NH_2 \xrightarrow[HCl]{NaNO_2} CH_3-CH_2-CH_2-\overset{+}{N}\equiv N \xrightarrow{-N_2} CH_3-\underset{H}{\underset{|}{C}}H-\overset{+}{C}H_2 \longrightarrow CH_3-\overset{+}{C}H-CH_3$$

2) Wagner-Meerwein 重排(原菠烷重排)

原菠烷正离子和萜类化合物的亲核重排发生在环上，俗称瓦格纳-米尔文(Wagner-Meerwein)重排。Wagner-Meerwein 重排也是通过碳正离子中间体的生成而进行的。

3) 频哪醇(pinacol)重排

频哪醇重排及环氧乙烷衍生物的重排，均属酸催化的亲核重排反应。若用相应的频哪醇及环氧化物较易获得，本法仍为有价值的醛、酮合成方法。乙烯基丙烯基醚的重排及不饱和醇的重排均按环过渡状态的协同机理进行。

$$R_2COHCH_2OH \xrightarrow{H^+} R_2\overset{H_2O^+}{\overset{|}{C}}CH_2OH \xrightarrow{-H_2O} R_2CHCHO + H^+$$

频哪醇重排既可生成酮，也可生成醛，重排的方向主要决定于反应过程中生成的碳正离子的稳定性及取代基转移的难易程度。若为非对称的二取代乙二醇重排，可得良好产率的醛。

例 1　2-甲基-1,2-丙二醇在稀硫酸中回流，几乎以定量产率生成异丁醛。

$$(CH_3)_2COHCH_2OH \xrightarrow{H_3^+O} (CH_3)_2CHCHO \qquad 100\%$$

或邻二醇重排生成酮(如下式)。

$$R_1R_2C(OH)-C(OH)R_3R_4 \xrightarrow{H_2SO_4} R_1R_2C(OH)-C(\overset{+}{O}H_2)R_3R_4 \xrightarrow{-H_2O} R_2-\underset{+OH}{\underset{\|}{C}}-CR_1R_3R_4 \xrightarrow{-H^+} R_2-\underset{O}{\underset{\|}{C}}-CR_1R_3R_4$$

α-烷氧醇、α-氯代醇及α-氨基醇亦可发生类似的重排，也是二取代乙醛的合成方法。

例 2　α-烷氧醇可由α-烷氧基腈与格氏试剂反应获得，进一步用稀酸水解，则生成二取代醛。

$$CH_3OCH_2CN + RMgX \xrightarrow{55\%\sim60\%} CH_3OCH_2COR \xrightarrow[50\%\sim60\%]{R'MgX} CH_3CH_2\underset{OH}{\underset{|}{C}}RR' \xrightarrow[50\%\sim70\%]{H_3^+O} RR'CHCHO$$

例 3　β-碘-α-羟基乙苯与硝酸银水溶液共热，则重排成苯乙醛。

$C_6H_5CHOHCH_2I \xrightarrow{AgNO_3/H_2O} C_6H_5CH_2CHO$ 52%

例 4 邻二醇重排

$\xrightarrow{H^+}$

结构不对称的二醇的重排首先决定于哪一个羟基是离去基团，这取决于碳正离子的稳定性。如：

$C_6H_5-C(C_6H_5)(OH)-C(CH_3)(OH)-CH_3 \xrightarrow{H^+} C_6H_5-\overset{+}{C}(C_6H_5)-C(CH_3)(OH)-CH_3 \longrightarrow C_6H_5-C(C_6H_5)(CH_3)-C(=\overset{+}{O}H)-CH_3 \xrightarrow{-H^+} C_6H_5-C(C_6H_5)(CH_3)-C(=O)-CH_3$

芳基比烷基更容易迁移，如：

$CH_3-C(C_6H_5)(OH)-C(C_6H_5)(OH)-CH_3 \xrightarrow{H^+} CH_3-\overset{+}{C}(C_6H_5)-C(C_6H_5)(OH)-CH_3 \longrightarrow C_6H_5-C(C_6H_5)(CH_3)-C(=\overset{+}{O}H)-CH_3 \xrightarrow{-H^+} C_6H_5-C(C_6H_5)(CH_3)-C(=O)-CH_3$

氨基醇也可发生类似的重排反应。如：

$(CH_3)_2C(OH)-C(NH_2)(CH_3)_2 \xrightarrow{HNO_2} (CH_3)_2C(OH)-C(\overset{+}{N}\equiv N)(CH_3)_2 \longrightarrow (CH_3)_2C(OH)-\overset{+}{C}(CH_3)_2 \longrightarrow CH_3C(=\overset{+}{O}H)-C(CH_3)_3 \xrightarrow{-H^+} CH_3C(=O)C(CH_3)_3$

$\xrightarrow{HNO_2}$ $\longrightarrow$

α-氨基醇重排反应：

$R_2C(OH)-CH_2NH_2 \xrightarrow{NaNO_2/AcOH} RCOCH_2R$

α-氨基醇在酸中用亚硝酸钠处理，可重排成酮。α-氨基醇通常可由酮与氢氰酸加成，再还原，或者由酮与硝基烷缩合，再还原制得。本合成法主要用于 1- (氨甲基)环醇的重排，而达到环扩大的目的。

例　环烷酮首先与氢氰酸反应，生成α-氰基环烷醇，继而用氢化铝锂还原或氧化铂催化加氢，生成的1-(氨甲基)环烷醇，用亚硝酸处理，即可生成多一个碳的环烷酮。

$$\text{环烷酮}(CH_2)_{n-1} \xrightarrow[(2)LiAlH_4\text{或}PtO_2/H_2]{(1)HCN} \text{HO, }CH_2NH_2\text{-环烷}(CH_2)_{n-1} \xrightarrow{HNO_2} \text{环烷酮}(CH_2)_n \quad 61\% \quad (n=6)$$

利用环烷酮与甲基异腈锂盐反应，提供了合成α-氨基醇的另一方法。例如环庚酮的合成。

$$\text{环己酮} + LiCH_2NC \xrightarrow[-70℃\ 77\%]{THF} \text{1-HO-1-}CH_2NC\text{-环己烷} \xrightarrow[63\%]{HCl/CH_3OH} \text{1-HO-1-}CH_2NH_2HCl\text{-环己烷} \xrightarrow[71\%]{NaNO_2/CH_3COOH} \text{环庚酮}$$

4) 环氧乙烷衍生物的重排

环氧乙烷衍生物的重排与频哪醇重排类似，生成醛或酮的选择性主要决定于开环的方向及取代基转移的能力。也与两者的比例和环氧化物的结构、催化剂的性质及反应条件有关。一般而言，采用弱酸性催化剂如三氟化硼，有利于醛的生成。若采用碱性催化剂，如二乙基氨基锂，则有利于酮的生成。

例 1　环氧乙烷在三氟化硼作用下开环氧化重排成醛。在二乙基氨基锂作用下，则有利于酮的生成。

$$C_6H_5CH\overset{O}{—}CHC_6H_5 \xrightarrow{BF_3} (C_6H_5)\overset{+}{C}H—CH(\overset{-}{O}BF_3)(C_6H_5) \longrightarrow (C_6H_5)_2CH—\overset{+}{C}H(\overset{-}{O}BF_3) \longrightarrow (C_6H_5)_2CHCHO$$

$$ArCH\overset{O}{—}CHAr \xrightarrow{LiN(C_2H_5)_2} ArCOCH_2Ar$$

例 2　顺式二苯环氧乙烷用三氟化硼催化重排生成二苯乙醛。而利用二乙基氨基锂催化时，则生成1,2-二苯乙酮。

$$\text{顺式二苯环氧乙烷} \begin{cases} \xrightarrow{BF_3} (C_6H_5)_2CHCHO \\ \xrightarrow{LiN(C_2H_5)_2} C_6H_5COCH_2C_6H_5 \end{cases}$$

例 3　环氧乙烷在过氯酸锂催化下，常常生成醛，然而螺构氧代戊烷在过氯酸锂存在下，进行重排，可以有效地生成环丁酮产物。

$$\text{RR'C-螺氧杂环} \xrightarrow{LiClO_4} \text{2-R,2-R'-环丁酮} \quad 35\%\sim97\%$$

螺构氧代戊烷不仅在过氯酸锂存在下可生成环丁酮，亦可用碘化锂催化形成环丁酮。然而如碘化锂等卤化锂催化环氧乙烷重排的最有用方法是使 1-氧杂螺环[2,3]己烷重排生成环戊酮。发生重排反应时，往往是取代基较多的碳优先迁移。

例 4　氧杂螺环化合物在碘化锂催化下，生成环戊酮产物。

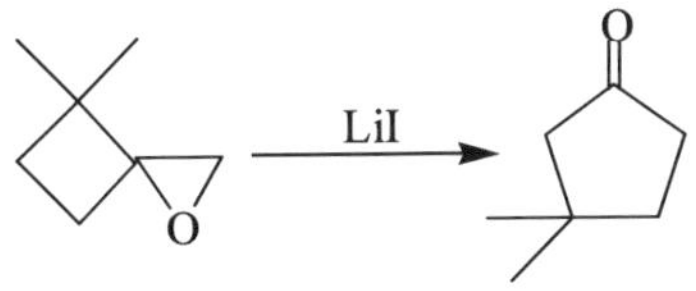

LiI

酰基环氧化物在酸催化下，可重排生成二羰基化合物。一般而言，吸电子的酰基更易发生迁移，但也会因催化剂、反应溶剂及温度的改变而有所不同。这种方法对合成一些特殊的螺环二酮具有重要的意义。

例 5　在三氟化硼乙醚的催化下，下列环氧化合物重排以良好产率生成螺环二酮产物。

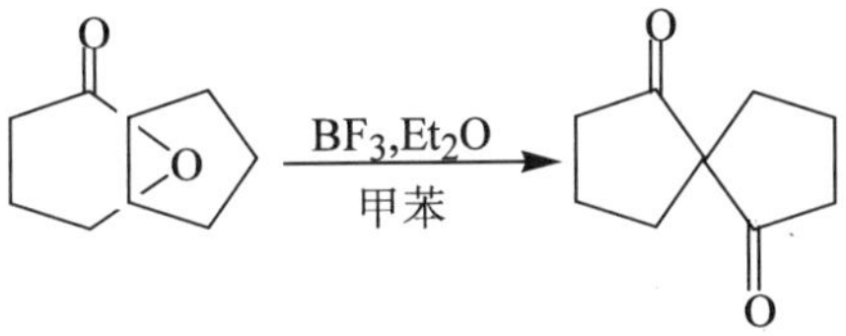

BF_3,Et_2O / 甲苯　80%

例 6　溴化锂也是环氧乙烷衍生物重排的优良试剂，但它不溶于苯。若加入六甲基磷酰三胺或亚磷酸三丁酯，则溴化锂能与它们生成可溶于苯的络合物，进而使环氧乙烷衍生物重排生成醛。

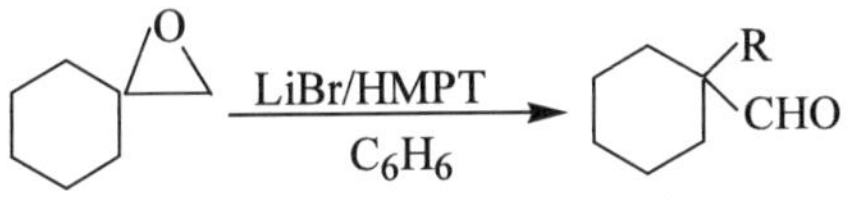

LiBr/HMPT / C_6H_6　R　CHO

5.1.2　重排到缺电子的氮原子上

1) 碳烯重排(Wolff 和 Arndt-Eistert 重排)

重氮甲烷与酰氯作用形成 α-重氮甲酮，然后在银离子催化下经酰基碳烯重排生成烯酮。烯酮经水解可得到多一个碳原子的羧酸，烯酮也可与醇或氨反应分别生成酯或酰胺。

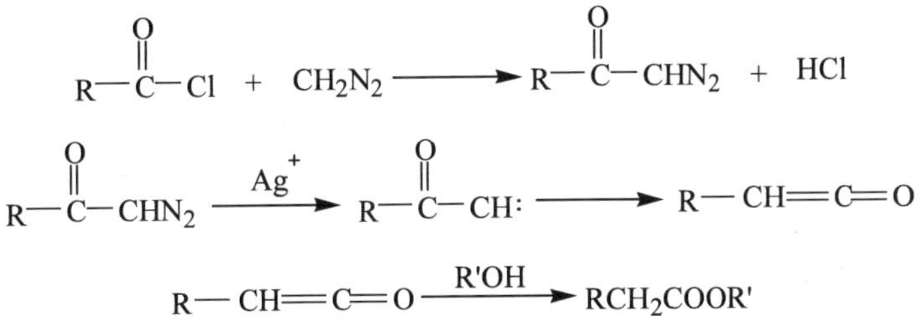

$$R-\overset{O}{\overset{\|}{C}}-Cl + CH_2N_2 \longrightarrow R-\overset{O}{\overset{\|}{C}}-CHN_2 + HCl$$

$$R-\overset{O}{\overset{\|}{C}}-CHN_2 \xrightarrow{Ag^+} R-\overset{O}{\overset{\|}{C}}-CH: \longrightarrow R-CH=C=O$$

$$R-CH=C=O \xrightarrow{R'OH} RCH_2COOR'$$

2) 氮正离子重排(Beckmann 重排)

醛或酮肟在酸(如硫酸、五氯化磷等)作用下重排为酰胺的反应称 Beckmann 重排。Beckmann 重排是经由生成一个氮正离子中间体，与氮正离子相邻的烃基转移到氮原子上，接着形成碳正离子，水分子加到碳正离子上生成吸电子很强的$—\overset{+}{O}H_2$基，然后消去质子重排成酰胺。

$$R—\underset{\underset{+}{O}H_2}{C}=N—R' \xrightarrow{-H} R—\underset{OH}{C}=N—R' \longrightarrow R—\underset{O}{\overset{}{C}}—NHR'$$

如肟在浓 H_2SO_4、PCl_5 等酸性试剂作用下生成酰胺。

$$R—\overset{R'}{C}=N—OH \xrightarrow{H^+} R—\overset{R'}{C}=N—H_2O^+ \xrightarrow{-H_2O} R—\overset{R'}{C}=N^+ \longrightarrow R—\overset{+}{C}=N—R' \xrightarrow{H_2O}$$

$$R—\underset{\underset{+}{O}H_2}{C}=N—R' \xrightarrow{-H} R—\underset{OH}{C}=N—R' \longrightarrow R—\underset{O}{C}—NHR'$$

迁移基团R'与—OH 处于反式。

例如，酮肟的两种顺、反异构体发生 Beckmann 重排后，生成两种不同的产物，肟羟基反位的烃基发生迁移。常用这种方法来检定肟的构型。

$$C_6H_5—\underset{\underset{N\diagdown OH}{\|}}{C}—C_6H_4OCH_3\text{-}p \xrightarrow[-10℃]{PCl_3} O=\underset{NHC_6H_5}{C}—C_6H_4OCH_3\text{-}p$$

m.p.=147℃

$$C_6H_5—\underset{\underset{HO\diagup N}{\|}}{C}—C_6H_4OCH_3\text{-}p \xrightarrow[-10℃]{PCl_3} C_6H_5—\underset{NHC_6H_4OCH_3\text{-}p}{C}=O$$

m.p.=117℃

5.1.3　酰胺的重排

重排反应也可以用于胺的制备。羧酸及其衍生物可用 Hofmann 重排、Curtius 重排、Lossen 重排以及 Schmidt 重排转化成少一个碳原子的胺。这些方法仅用于合成伯胺。氢化偶氮苯的重排是合成联苯胺及其衍生物的重要工业方法。Stevens 重排、Sommelet 重排可以合成一些特殊结构的叔胺。Smiles 重排也可以用于伯、仲胺的合成。

1) Hofmann 重排

$$RCONH_2 \xrightarrow{NaOX} RNCO \xrightarrow{H_2O} RNH_2$$

酰胺用氯(或溴)和碱处理，生成少一个碳原子伯胺的反应称 Hofmann 重排。反应的初产物为异氰酸酯，但这一产物一般不需要分离，在此反应条件下，生成终产物是少一个碳原子的伯胺。该合成法适用于许多脂肪族、芳香族及杂环酰胺的合成。对于低级脂肪族酰胺(C_1~C_6)，产率高达 80%~90%，C_7的酰胺亦有 70%的产率，但对高级脂肪酰胺，则产率下降，这是因为生成的胺易被 NaOX 氧化为腈。若用溴和甲醇钠与酰胺反应，则能提高胺的产率，此时先生成氨基甲酸酯，继而水解，得到胺。

$$RCONH_2 + Br_2 + CH_3ONa \longrightarrow RNHCOOCH_3$$

$$RNHCOOCH_3 \xrightarrow{H_2O} RNH_2 + CO_2 + CH_3OH$$

例 1 将藜芦酰胺溶于次氯酸钠和氢氧化钠溶液中，然后加热反应，即可得 4-氨基藜芦醚。

CONH2 / OCH3 / OCH3 —NaOH/NaOCl, △→ NH2 / OCH3 / OCH3 80% ~82%

一些二酰胺可以用同样的方法转化成胺。

例 2 在酰胺分子的适当位置有羟基、胺基存在时，它们可以与 Hofmann 重排形成的中间体异氰酸酯进行反应，生成环状化合物。

N / CONH2 / NH2 / CH3 N —NaOH/NaOCl→ NH / N / OH / CH3 N / N

例 3 二元酸的酰亚胺也可以发生 Hofmann 重排。

H / O N O —NaOH/NaOCl→ O NH 85%

近年来，对酰胺的 Hofmann 重排进行了一些改进。原来一般在碱性介质中进行，现已扩展到可在弱碱性、近中性以及弱酸性的条件下进行。

例 4 环丁基甲酰胺在二(三氟乙酸)碘苯[$PhI(OCOCF_3)_2$]作用下，于乙腈水溶液中，室温下反应 4h，可生成环丁胺。

$$\text{cyclobutyl-CONH}_2 \xrightarrow[\text{MeCN/H}_2\text{O,室温,1h}]{\text{PhI(OCOCF}_3)_2} \text{cyclobutyl-NH}_2 \quad 69\%\sim77\%$$

例 5　在二(三氟乙酸)碘苯的作用下，吡啶-4-甲酸胺在溶剂(乙腈：甲醇：水为 2：1：1)中，室温下反应 4h 生成 4-氨基吡啶。

$$\text{4-pyridyl-CONH}_2 \xrightarrow[\text{MeCN/CH}_3\text{OH/H}_2\text{O,室温,4h}]{\text{PhI(OCOCF}_3)_2} \text{4-pyridyl-NH}_2 \quad 88\%$$

例 6　在二乙酸碘苯的作用下，N-丁氧羰基-L-天冬酰胺在溶剂(乙酸乙酯：乙腈：水为 1：1：1)中，反应生成手性的β-氨基-α-丁氧羰基氨基丙酸。

$$\text{H}_2\text{NCOCH}_2\text{CH(NHCOOBu-}n\text{)COOH} \xrightarrow[\text{搅拌，3~4h}]{\text{PhI(OAc)}_2,\ \text{CH}_3\text{COOEt：MeCN：H}_2\text{O}} \text{H}_2\text{NCH}_2\text{CH(NHCOOBu-}n\text{)COOH} \quad 73\%$$

2) 酰基叠氮的重排(Curtius 反应)

酰基叠氮可由酰氯与叠氮化钠或由酯的肼解、重氮化而生成；也可以由羧酸与二苯基磷酰叠氮反应；还可以由氯甲酸酯处理羧酸，再与叠氮化钠反应生成。热分解重排的常用溶剂有苯、甲苯、氯仿等。

$$\text{RCOCl} \xrightarrow{\text{NaN}_3} \text{RCON}_3 ;\quad \text{RCONHNH}_2 \xrightarrow{\text{HNO}_2} \text{RCON}_3$$

$$\text{RCON}_3 \longrightarrow \text{RNCO} \xrightarrow{\text{H}_2\text{O}} \text{RNH}_2$$

$$\text{RNCO} \xrightarrow{\text{C}_2\text{H}_5\text{OH}} \text{RNHCO}_2\text{C}_2\text{H}_5 \xrightarrow{\text{H}_2\text{O}} \text{RNH}_2$$

$$\text{RCOCl} + \text{NaN}_3 \longrightarrow \text{R—C(=O)—N}_2 \xrightarrow{-\text{N}_2} \text{R—C(=O)—}\ddot{\text{N}}\text{:} \longrightarrow \text{RN=C=O} \xrightarrow{\text{H}_2\text{O}} \text{RNH}_2$$

将羧酸转化为少一个碳原子的胺的另一种方法，是通过酰基叠氮在惰性溶剂中加热分解重排成异氰酸酯，而后水解成胺；也可以与醇反应，生成氨基甲酸酯，再水解成胺。

与 Hofmann 重排类似，Curtius 重排也适用于多数脂肪、芳香和杂环胺的合成。在具体合成中，究竟选用哪种方法，则视具体情况而定。如酯为易得的原料，则一般选用 Curtius 法方便。起始原料为羧酸时，则一般选 Hofmann 重排为好。对于不饱和酸、含有活泼卤素的芳香酸以及酰化的氨基酸，则采用 Curtius 反应为宜。而对于非酰化的氨基酸、酮酸，则常用 Hofmann 反应。

一些二元或多元酰基叠氮，同样可重排成二元或多元胺。某些含有卤素、硝基、羧基的羧酸，用 Curtius 反应时，这些基团并不受到影响。

例 1　己二酰肼用亚硝酸处理后，加热，用盐酸水解，即得丁二胺盐酸盐。

$$\mathrm{(CH_2)_4(CONHNH_2)_2} \xrightarrow[\mathrm{HCl}]{\mathrm{HNO_2}} \xrightarrow[\triangle]{\mathrm{HCl}} \mathrm{(CH_2)_4(NH_2\cdot HCl)_2} \quad 73\%\sim77\%$$

例 2 在甲苯中，用二苯基磷酰叠氮、树脂支持的醇及三乙胺与对硝基苯甲酸共热，生成对硝基苯甲酰基叠氮，而后通过 Curtius 重排、三氟乙酸解生成对硝基苯胺。

$$p\text{-}\mathrm{O_2NC_6H_4COOH} \xrightarrow{\mathrm{(PhO)_2PON_3}} \left[p\text{-}\mathrm{O_2NC_6H_4CON_3} \xrightarrow{\mathrm{HO}\frown\bullet} p\text{-}\mathrm{O_2NC_6H_4NHCOO}\frown\bullet \right] \xrightarrow{\mathrm{TFA/CH_2CH_2}} p\text{-}\mathrm{O_2NC_6H_4NH_2} \quad >95\%$$

在 Curtius 反应中，羟基的存在干扰反应的正常进行。

3) 羟肟酸的重排(Lossen 重排)

酰氯或酯等羧酸衍生物与羟胺作用得到的异羟肟酸或酰化物在加热或碱存在下重排成异氰酸酯，再经水解成胺的反应，称为 Lossen 重排，这是制取伯胺的一种方法。

$$\mathrm{RCOCl} \xrightarrow{\mathrm{NH_2OH}} \mathrm{RC(=O)—NHOH} \xrightarrow{\triangle} \mathrm{R—C(=O)—\ddot{N}:} \longrightarrow \mathrm{R—N{=}C{=}O} \xrightarrow{\mathrm{H_2O}} \mathrm{RNH_2}$$

例 1 2-吡啶基羟肟酸在甲酰胺中加热，则生成 2-氨基吡啶。

$$\text{2-吡啶基}\mathrm{CONHOH} \xrightarrow[\triangle]{\mathrm{HCONH_2}} \text{2-吡啶基}\mathrm{NH_2} \quad 84\%$$

然而，此方法不如 Hofmann 反应及 Curtius 反应应用广泛，原因之一是羟肟酸不易获得。Lossen 反应的一个重要改进，就是直接用芳酸、羟胺以及多聚磷酸加热，一步合成芳胺。也可以用芳酸、硝基甲烷以及多聚磷酸一起加热，获得芳胺。此法不适用于脂肪胺的合成。

例 2 将β-萘甲酸、羟胺盐酸及多聚磷酸一起加热，放出二氧化碳，同时生成β-萘胺。

$$\beta\text{-}\mathrm{C_{10}H_7COOH} \xrightarrow[\triangle]{\mathrm{NH_3OH\cdot HCl/PPA}} \beta\text{-}\mathrm{C_{10}H_7NH_2} \quad 82\%$$

例 3 对氯苯甲酸、硝基甲烷以及多聚磷酸混合物加热，则可以生成对氯苯胺。

$$p\text{-}\mathrm{ClC_6H_4COOH} \xrightarrow[150^{\circ}\mathrm{C}]{\mathrm{CH_3NO_2/PPA}} p\text{-}\mathrm{ClC_6H_4NH_2} \quad 80\%$$

在本例中羟胺由硝基甲烷与聚磷酸反应生成。

$$CH_3NO_2 \xrightarrow[\triangle]{PPA} NH_2OH + CO$$

例 4 羟肟酸的 *O*-硫酰基衍生物，在加热后水解，生成伯胺。如 2-氯苯甲酰氯与羟胺-*O*-硫酸回流反应，倒入冰水中碱化，则生成 2-氯苯胺。

$$\text{2-}ClC_6H_4COCl \xrightarrow[1h]{NH_2OSO_3H} \text{2-}ClC_6H_4CONHOSO_3H \xrightarrow[(2)OH^-]{(1)\text{冰水}} \text{2-}ClC_6H_4NH_2 \quad 86\%$$

本方法产率高，也适用于芳杂环的衍生物，同时避开了叠氮化物的危险性，是合成芳胺的一种较好的方法。

碳烯重排和氮烯重排属分子内重排，若 R 基团具有手性，经过重排后产物仍保持原来手性。

$$n\text{-}C_4H_9\text{—}\overset{*}{C}(C_6H_5)(CH_3)\text{—}CCHN_2(=O) \xrightarrow[(2)H_3^+O]{(1)AgO/H_2O} n\text{-}C_4H_9\text{—}\overset{*}{C}(C_6H_5)(CH_3)\text{—}CH_2COOH$$

5.1.4 重排到缺电子的氧原子上

醛和酮被过氧化氢或过氧酸氧化生成酯。

$$R\text{—}\overset{O}{\overset{\|}{C}}\text{—}R' + R''\text{—}\overset{O}{\overset{\|}{C}}\text{—}O\text{—}O\text{—}H \rightleftharpoons RR'C(OH)\text{—}O\text{—}O\text{—}\overset{O}{\overset{\|}{C}}R'' \xrightleftharpoons{H^+} RR'C(OH)\text{—}O\text{—}\overset{+}{O}H\text{—}CR'' \longrightarrow R\text{—}\overset{+}{O}H\text{=}C\text{—}CR'... $$

$$\longrightarrow R\text{—}\overset{\overset{+}{O}H}{\overset{\|}{C}}\text{—}OR' + R''COOH \xrightarrow{-H^+} R\text{—}\overset{O}{\overset{\|}{C}}\text{—}OR'$$

烷基的迁移顺序为：叔烷基 > 仲烷基 > 苯基 > 正烷基 > 甲基。因而下列酮的 Baeyer-Villiger 重排反应，氧原子应当插入到箭头所指的部位。

$$\text{环丙基}\text{—}\overset{O}{\overset{\|}{C}}\text{—}CH_3 \qquad C_6H_5\text{—}\overset{O}{\overset{\|}{C}}\text{—}CH_2CH_3 \qquad CH_3CH_2\text{—}\overset{O}{\overset{\|}{C}}\text{—}CH_3$$

5.1.5 醛、酮与重氮烷反应

醛、酮与重氮烷在温和条件下可重排成酮及环氧化物。两者的比例与醛、酮及重氮烷的结构以及 Lewis 酸催化剂的存在与否有关。醛与重氮甲烷反应，氢优先转移，生成甲基酮及一定的环氧化物。

$$RCHO + CH_2N_2 \longrightarrow \left[R-\overset{\bar{O}}{\underset{H}{C}}-\overset{+}{C}H_2 \right] \xrightarrow{H^+} RCOCH_3 + R-\text{(环氧乙烷)}$$

本法是由醛增加一个碳原子合成甲基酮的方法，广泛用于糖及甾族化合物的合成。

例 由阿拉伯糖四乙酸酯以62%产率生成1-脱氧果糖四乙酸酯。

$$CHO-(CHOCOCH_3)_3-CHOCOCH_3 + CH_2N_2 \longrightarrow H_3C-CO-(CHOCOCH_3)_3-CHOCOCH_3$$

酮与重氮甲烷的反应更多趋向于生成环氧化物。但若有醇、三氯化铝及三氟化硼存在时，则有利于酮的生成。本合成法的主要应用是环酮与重氮烷反应，合成高一级的环酮。例如将环己酮的乙醇溶液在–10℃下加到重氮乙烷的乙醚溶液中反应生成2-甲基环庚酮。

$$\text{环己酮} + CH_3CHN_2 \xrightarrow{(C_2H_5)O} \text{2-甲基环庚酮}\quad 92\%$$

5.1.6 羧酸与叠氮酸作用(Schmidt 反应)

$$RCOOH + NH_3 \xrightarrow{H_2SO_4} RNH_2 + CO_2 + N_2$$

在硫酸存在下，羧酸与叠氮酸反应生成胺，称为 Schmidt 反应。某些情况下，反应中间体异氰酸酯可被分离。由于叠氮酸毒性大，所以操作必须小心。通常，可由叠氮化钠与浓硫酸或100%硫酸、20%发烟硫酸或多聚磷酸反应，产生叠氮酸。对浓硫酸稳定的多数脂肪酸及芳香酸能得到良好产率的胺。一些烷基、羟基、烷氧基、氰基、硝基取代苯甲酸，生成相应胺的产率为41%~80%。如果酸是比较易得的原料，则 Schmidt 反应可一步将羧酸转化为胺，比 Hofmann 反应及 Curtius 反应来得方便。

例 1 温热的间氯氢合肉桂酸、苯与浓硫酸的混合物中，慢慢加入叠氮化钠，再温热一段时间，可生成2-(间氯苯基)乙胺。

$$m\text{-}ClC_6H_4CH_2CH_2COOH \xrightarrow[50\ ℃]{NaN_3\ +\ H_2SO_4/C_6H_5} m\text{-}ClC_6H_4CH_3CHNH_2\quad 85\%$$

例 2 2 α 氨基-5,5-二甲基双环[2.1.1]己烷的合成。

$$\text{(bicyclic)-COOH} \xrightarrow[40℃]{NaN_3 + H_2SO_4/CHCl_3} \text{(bicyclic)-NH}_2 \quad 61\%$$

例 3　含有α-氨基的羧酸不发生 Schmidt 反应。若羧基远离氨基，则能发生正常的反应。利用这种差别，可以由α-氨基己二酸合成鸟氨酸。

$$HO_2C(CH_2)_3CH(NH_2)COOH + HN_3 \xrightarrow{H_2SO_4} H_2NC(CH_2)_3CH(NH_2)COOH \quad 75\%$$

例 4　取代的丙二酸发生 Schmidt 反应，生成α-氨基酸。因此，借此法可以合成高丝氨酸与高赖氨酸。

$$HO_2C(CH_2)_5CH(COOH)_2 \xrightarrow{HN_3/H_2SO_4} H_2N(CH_2)_5CH(NH_2)COOH$$

$$CH_3OCH_2CH_2CH(COOH)_2 \xrightarrow[(2)\ HBr]{(1)HN_3/H_2SO_4} HOCH_2CH_2CH(NH_2)COOH$$

与酸类似，酮也能与叠氮酸发生反应，生成酰胺。通过酰胺的水解得到胺，提供了由酮经过两步反应合成胺的方法。

$$R_2C{=}O \xrightarrow{HN_3/H_2SO_4} RCONHR \xrightarrow{H_2O} RNH_2$$

例 5　由于叠氮酸与甲基酮的反应速度比羧酸及酯的反应速度快，因此化合物中的甲基酮可优先反应。

$$\text{(pyridine: 4-COOH, 5-}H_5C_2OOC\text{, 3-}COCH_3\text{, 2-}CH_3) \xrightarrow{HN_3/H_2SO_4} \text{(pyridine: 4-COOH, 5-HOOC, 3-}NH_2\text{, 2-}CH_3) \quad 70\%$$

$$CH_2(OH)\text{—}CH(CON_2)NHCOOCH_2C_6H_5 \longrightarrow \left[CH_2(OH)CH(N{=}C{=}O)NHCOOCH_2C_6H_5\right] \longrightarrow \text{4-(}C_6H_5CH_2OOCNH\text{)-oxazolidin-2-one}$$

5.2　富电子重排

富电子重排是在分子中消去一个正离子，留下一个碳负离子或具有活泼的未共用电子对的中心，而与之相邻的基团以正离子的形式转移过来，该转移基团所遗留的一对电子，可以吸取一个质子。大多数富电子重排是在碱中进行的。

$$\text{G-A-B(H)} \xrightarrow[-\text{HB}]{:\text{B}^-} \text{G-A-}\ddot{\text{B}}^- \longrightarrow {}^-\ddot{\text{A}}\text{-B-G}$$

A = N⁺, S⁺, O

5.2.1 Stevens 重排

含有活泼的α-H 原子的季铵盐或锍盐在碱的作用下，烃基从氮原子或硫原子上迁移到邻近的碳负离子上得到胺。如：

$$C_6H_5-\overset{+}{N}(CH_2C_6H_5)(CH_3)-CH_2CH=CH_2 \xrightarrow[(CH_3)_2SO]{KOC_4H_9} C_6H_5-\overset{+}{N}(CH_2C_6H_5)(CH_3)-\overset{-}{C}HCH=CH_2 \longrightarrow C_6H_5-N(CH_3)-CH(CH_2C_6H_5)CH=CH_2$$

其中，迁移基团的构型不变，C—N 链断裂与 C—C 键生成协同进行。

例 在强碱性试剂的存在下，季铵盐氮原子上的一个烃基，迁移到相邻的带负电荷的或具有未共用电子对的碳原子上，生成叔胺。

$$C_6H_5COCH_2\overset{+}{N}(CH_2C_6H_5)(CH_3)_2Br^- \xrightarrow{NaOH} C_6H_5COCH(CH_2C_6H_5)N(CH_3)_2 \quad 90\%$$

在环状季铵盐中，重排后发生环的缩小或扩大。

$$\text{N,N-二甲基-2,5-二氢吡咯鎓 } X^- \xrightarrow{\text{碱}} \text{环丁烯基-}N(CH_3)_2 \quad 63\%$$

$$\text{2-苯基-N,N-二甲基哌啶鎓 } X^- \xrightarrow{\text{碱}} \text{苯并环状叔胺 }(N-CH_3) \quad 83\%$$

5.2.2 邻二酮重排

如在强碱催化下，二芳基乙二酮重排为二芳基乙醇酸的反应。

$$C_6H_5-\overset{O}{\overset{\|}{C}}-\overset{O}{\overset{\|}{C}}C_6H_5 \underset{}{\overset{OH^-}{\rightleftharpoons}} C_6H_5-\overset{O}{\overset{\|}{C}}-\overset{O^-}{\overset{|}{C}}(OH)C_6H_5 \longrightarrow C_6H_5-\overset{O^-}{\overset{|}{C}}(C_6H_5)-\overset{O}{\overset{\|}{C}}-OH \xrightarrow{\text{H迁移}} C_6H_5-\overset{OH}{\overset{|}{C}}(C_6H_5)-\overset{O}{\overset{\|}{C}}-O^- \longrightarrow C_6H_5-\overset{OH}{\overset{|}{C}}(C_6H_5)-\overset{O}{\overset{\|}{C}}-OH$$

5.2.3　Wittig 重排

醚和强碱作用，醚中烷基移位得到醇。

$$RCH_2OR' \xrightarrow{(CH_3)_3COK} R\bar{C}HOR' \longrightarrow R-\underset{R'}{CH}-O^- \xrightarrow{H^+} R-\underset{R'}{CH}-OH$$

基团的迁移顺序为：烯丙基 > 苄基 > 甲基、乙基 > 苯基。

5.2.4　Fritch 重排

羧酸的酚酯在 Lewis 酸(如 $AlCl_3$，$ZnCl_2$，$FeCl_3$ 等)催化剂存在下加热，发生酰基迁移到邻位(或对位)生成邻(或对)酚酮的反应。

$$C_6H_5OCOCH_3 \xrightarrow{AlCl_3} o\text{-}HOC_6H_4COCH_3 + p\text{-}HOC_6H_4COCH_3$$

Fritch 重排如：

$$Ar_2C{=}C(H)X \xrightarrow[ROH]{RO^-} Ar_2C{=}\bar{C}X \longrightarrow Ar-C{\equiv}C-Ar + X^-$$

反应速率：Br>I>Cl。

5.2.5　Favorskii 重排

α-卤代酮在碱作用下重排得羧酸盐(酯)。

$$\text{(H)C}-\text{C(=O)}-\text{C(Cl)} \xrightarrow{RO^-} \bar{C}-C(=O)-C-Cl \longrightarrow \text{环丙酮} \xrightarrow{RO^-} \text{(RO)(O}^-\text{)环丙烷} \longrightarrow \text{C(COOR)}-\bar{C} \xrightarrow{ROH} \text{C(COOR)}-CH$$

例如：

$$\text{2-氯环己酮(Cl, *)} \xrightarrow[HOCH_3]{NaOCH_3} {}^*\text{C}_5\text{H}_9\text{-}CO_2CH_3 + {}^*\text{C}_5\text{H}_9\text{-}CO_2CH_3$$

其过程如下：

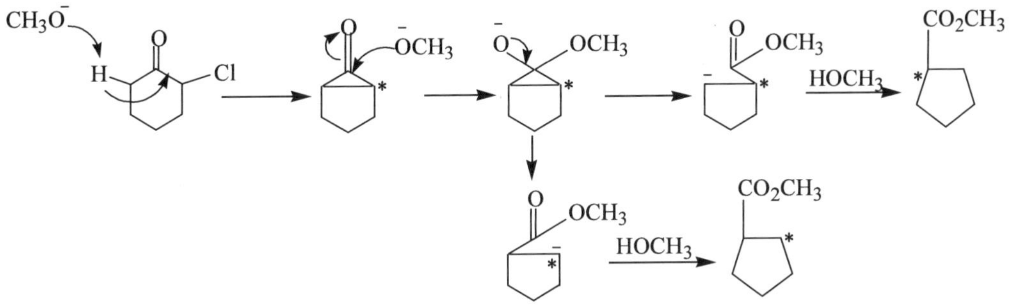

在 Favorskii 重排中，若使反应生成两种产物的产率相等，必须通过一对称的三元环中间体，从而达到由六元环缩成五元环时，两边断裂概率等同的目的。

当α-卤代酮的α'位无酸性氢原子时，在醇碱作用下，亦可重排生成酯。反应历程与联苯酰-二苯乙醇酸重排相似，称为半二苯乙醇酸重排(semibenzilic rearrangement)。

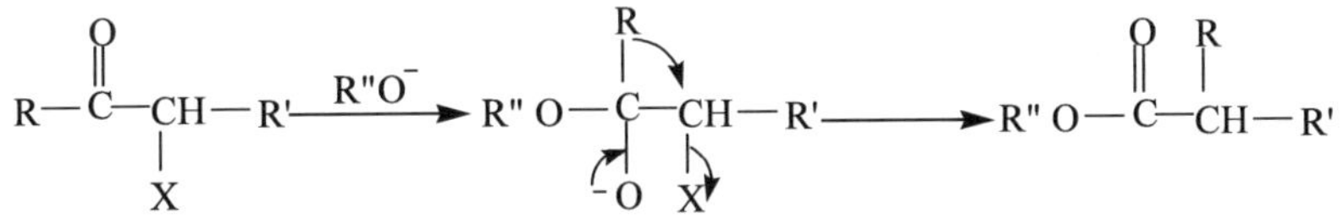

具有α'-H 的α,α'-二卤代酮和具有α-H 的α,α'-二卤代酮重排时，产物为α,β-不饱和酯。两种反应物均形成同样的环丙酮中间体。开环方式与前述不同，系同时消除卤素离子。

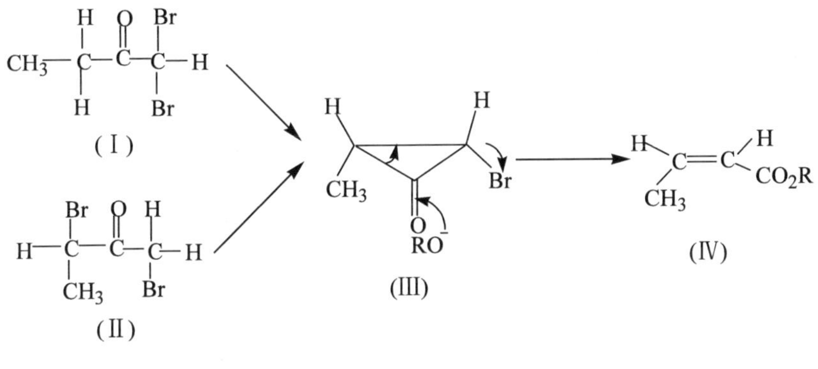

(Ⅰ) (Ⅱ) (Ⅲ) (Ⅳ)

脂肪族α-卤代酮的 Favorskii 重排，对结构因素和反应条件甚为敏感。$(CH_3)_2CBrCOR$的 R 为甲基、乙基或正丙基时，采用干燥的烷氧化物在乙醚中重排，收率为 39%~69%。R 为异丙基时，收率仅 29%。而 R 为叔丁基(无α'-H 原子)时，则不发生 Favorskii 重排。反之，当卤素相邻碳上有烷基取代时，有利于重排反应的进行。

5.3 芳环上的重排

5.3.1 联苯胺重排

联苯胺重排是指氢化偶氮苯化合物重排成 4,4'-二氨基联苯类的反应。氢化偶氮苯的重排，可得 70%的 4,4′-联苯胺与 30%的 2,4′-联苯胺。

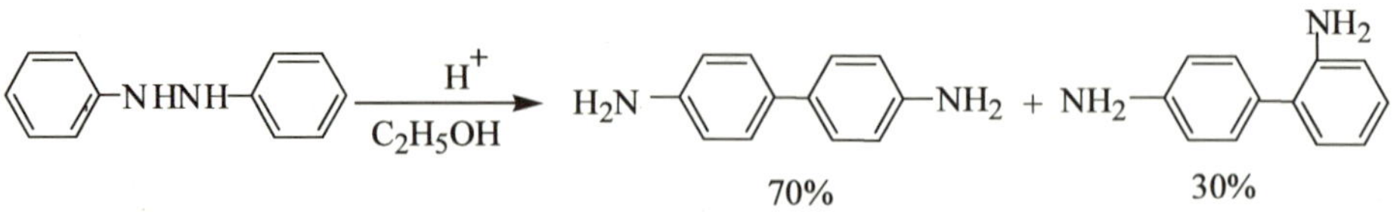

NHNH ——(H^+, C_2H_5OH)→ H_2N—C₆H₄—C₆H₄—NH_2 (70%) + NH_2—C₆H₄—C₆H₄(NH_2) (30%)

1) 氢化偶氮苯重排

氢化偶氮苯在酸催化下发生重排，生成联苯胺的反应称为联苯胺重排。硫酸、盐酸是常用的催化剂，乙醇是反应的溶剂。有时，重排反应亦可在乙酸中或在含有氯化氢的苯或甲苯中进行。在强酸催化下，氢化偶氮苯类重排生成 4,4′-氨基联苯类的反应。

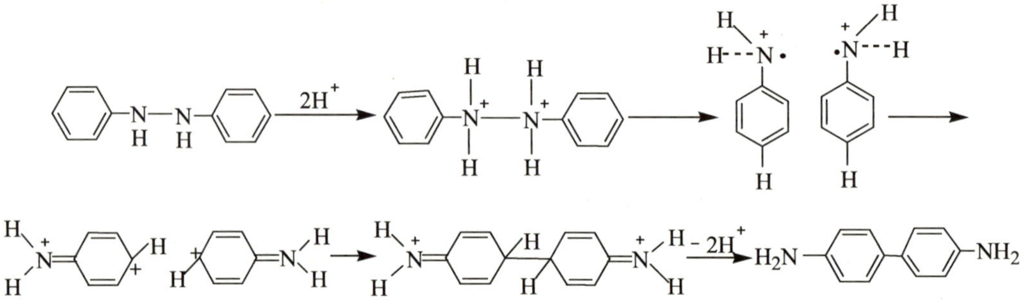

2H⁺ → ─ 2H⁺ → H_2N—C₆H₄—C₆H₄—NH_2

重排发生在分子内，不发生交叉重排。偶联可发生在对位、邻位或氮原子上。例如：

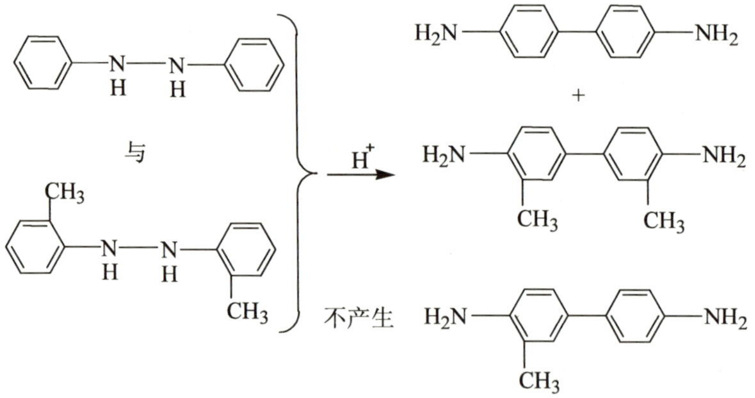

与 —H^+→ H_2N—C₆H₄—C₆H₄—NH_2 + (CH₃)₂ 联苯胺；不产生 H_2N—(CH₃)C₆H₃—C₆H₄—NH_2

2) N-取代苯胺重排

HN—A —H^+→ $H_2\overset{+}{N}$—A → $\overset{+}{N}H_2$ A^+ → $\overset{+}{N}H_2$ (H, A) → NH_2 (A)　(A=—NO, —NO_2, —SO_3H)

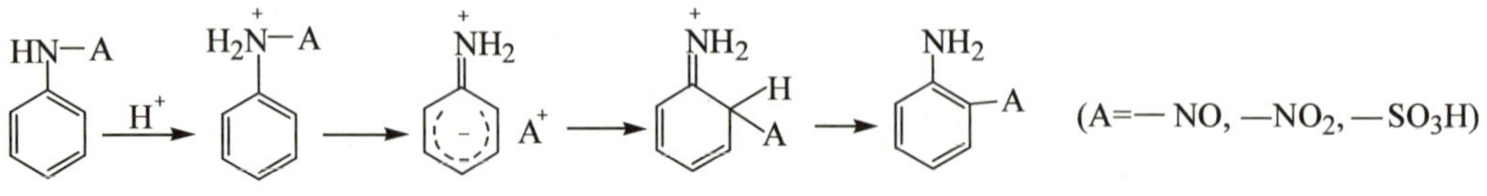

重排产物主要为对位，对位占据时重排至邻位。

例 1　N,N′-(2-萘基)肼发生重排，可完全生成 2,2′-二氨基-1,1′-联萘。

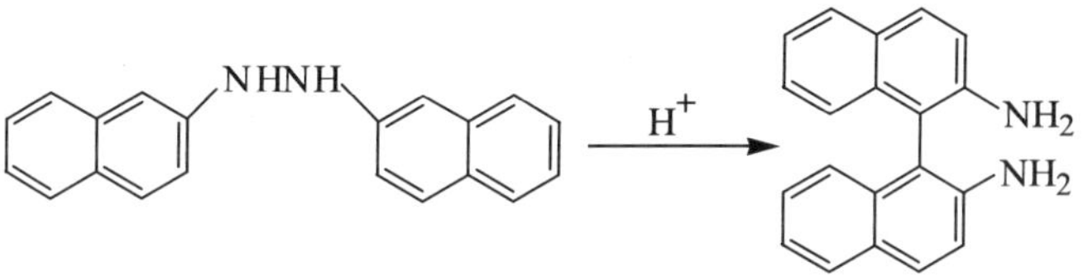

NHNH H+ NH_2 NH_2

例 2 环状 N,N-二取代氢化偶氮化合物(Ⅰ)重排可生成(Ⅱ)。

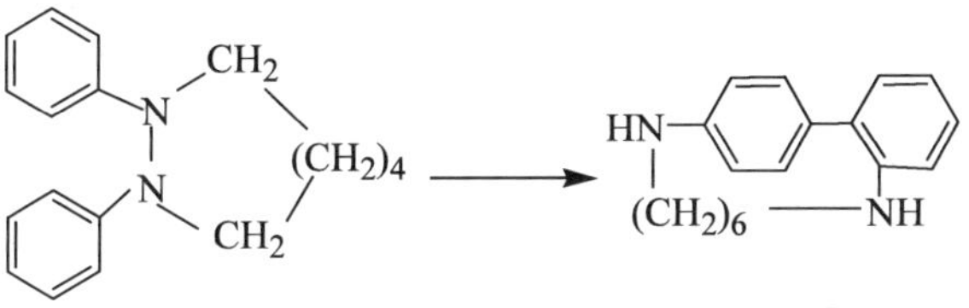

CH_2 N N $(CH_2)_4$ CH_2 HN $(CH_2)_6$ NH 77%

(Ⅰ) (Ⅱ)

5.3.2 Claisen 重排

酚或烯醇的烯丙醚在加热至 190~200℃时发生烯丙基由氧原子迁移至碳原子上，分别生成 C-烯丙基酚或 C-烯丙基酮的反应，此重排为分子内重排，一般认为其中经过了六元环状过渡态。

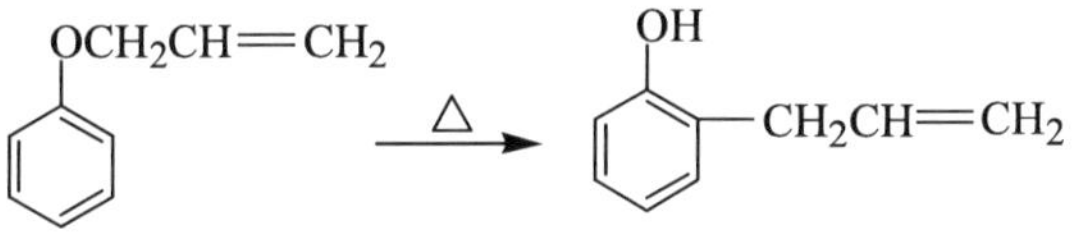

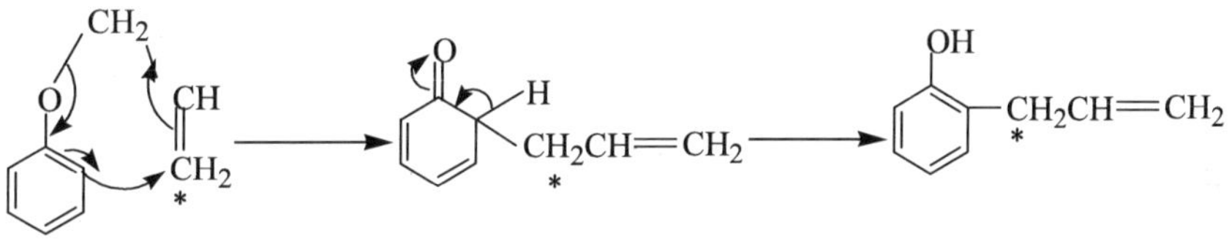

$OCH_2CH{=}CH_2$ △ OH $CH_2CH{=}CH_2$

CH_2 O CH CH_2 * O H $CH_2CH{=}CH_2$ * OH $CH_2CH{=}CH_2$ *

若芳环的邻位被占据，则重排生成对位产物。如：

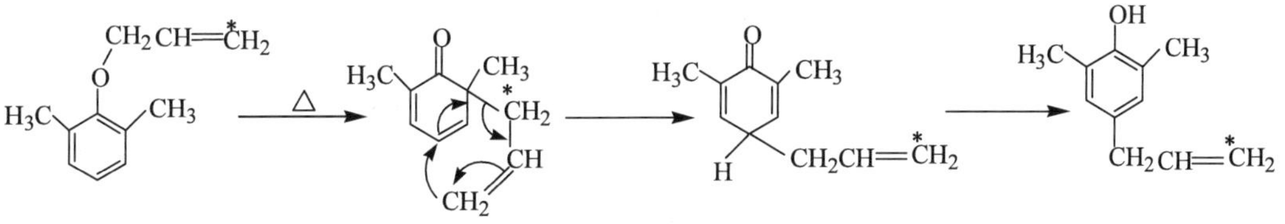

$CH_2CH{=}\overset{*}{C}H_2$ O H_3C CH_3 △ H_3C O CH_3 $\overset{*}{C}H_2$ CH CH_2 H_3C O CH_3 H $CH_2CH{=}\overset{*}{C}H_2$ OH H_3C CH_3 $CH_2CH{=}\overset{*}{C}H_2$

1) 苯基羟胺的重排

可生成对氨基酚。烯丙基芳基醚的 Claisen 重排是合成取代酚的重要方法。苯基羟胺在稀硫酸中加热，发生重排反应生成对氨基酚。

$$C_6H_5NHOH \xrightarrow[\triangle]{H_2SO_4} p\text{-}H_2NC_6H_4OH$$

其一般历程如下：

$$C_6H_5NHOH \underset{}{\overset{H^+}{\rightleftharpoons}} C_6H_5\overset{+}{N}HOH_2 \longrightarrow \left[C_6H_5\overset{+}{N}H \longrightarrow H-\overset{+}{C}_6H_4=NH \right] \xrightarrow[-H^+]{H_2O} HO-C_6H_4-NH_2$$

工业上制备对氨基酚，可以采用硝基苯在硫酸中电解还原，生成的中间产物苯基羟胺在反应条件下，即可发生重排。

2) 烯丙基芳基醚重排(Claisen 重排)

加热烯丙基芳基醚，发生重排反应，生成邻烯丙基酚。如果邻位已有基团占据时，则烯丙基重排至对位。这个反应被称为 Claisen 重排。

例 1 丁子香酚的合成。

$$o\text{-}CH_3OC_6H_4OCH_2CH=CH_2 \xrightarrow{\triangle} 2\text{-}(CH_2CH=CH_2)\text{-}6\text{-}OCH_3C_6H_3OH \qquad 80\%\sim90\%$$

例 2 2,6-二甲基-4-烯丙基酚的合成。

$$2,6\text{-}(H_3C)_2C_6H_3OCH_2CH=CH_2 \xrightarrow{\triangle} 4\text{-}(CH_2CH=CH_2)\text{-}2,6\text{-}(H_3C)_2C_6H_2OH \qquad 85\%$$

值得指出的是，当烯丙基重排到邻位时，则要发生烯丙基的倒转，即原来烯丙基醚的γ碳原子连在苯环上，而重排至对位时，不发生烯丙基的倒转。

例 3 γ苯基取代的烯丙基芳基醚，经重排后生成烯丙基倒转的化合物。

$$C_6H_5OCH_2CH=CHC_6H_5 \xrightarrow{\triangle} o\text{-}HOC_6H_4CH(C_6H_5)CH_3$$

烯丙基烷基醚在三乙胺作用下也可发生 Claisen 型重排反应生成醇。

$$CH_3CH=CHCH_2OCH_2CO_2CH_3 \xrightarrow{Et_3N/CH_2Cl_2} CH_2=CHCH(CH_3)CH(OH)CO_2CH_3 \qquad 66\%$$

3) 乙烯基烯丙基醚的重排(Claisen 重排)

$$CH_2=CHCH_2OCH=CH_2 \xrightarrow{252\sim255℃} CH_2=CHCH_2CH_2CHO$$

乙烯基烯丙基醚重排是按环过渡状态协同机理进行的。由于乙烯基烯丙基醚可由多种方法制得，因此本法可被用于合成γ,δ-不饱和醛。

例 1 双烯丙基缩醛的酸分解是乙烯基烯丙基醚的方便的来源，进而热裂，以 37%~91%产率生成醛。

$$(CH_3)_2CHCHO \xrightarrow{CH_2{=}CHCH_2OH} (CH_3)_2CHCH(OCH_2CH{=}CH_2)_2 \xrightarrow{H_3^+O}$$

$$(CH_3)_2C{=}CHOCH_2CH{=}CH_2 \xrightarrow{\text{热裂}} CH_2{=}CHCH_2C(CH_3)_2CHO \quad 77\%$$

例 2 在磷酸存在下，α,α-二烷基丙烯醇与乙烯醚反应，可以良好的产率生成γ,δ-不饱和醛。反应过程是首先生成乙烯基烯丙基醚，继而发生 Claisen 重排。

$$R^1R^2C(OH)CH{=}CH_2 + C_2H_5OCH{=}CH_2 \xrightarrow{H_3PO_4} R^1R^2C(OCH{=}CH_2)CH{=}CH_2 \longrightarrow R^1R^2C{=}CHCH_2CH_2CHO \quad 52\%\sim60\%$$

乙烯基烯丙基硫醚甚易由(烯丙硫基甲基)膦酸酯的锂盐与酮缩合制得，它在氧化汞的存在下加热，亦可发生 Claisen 重排生成γ,δ-不饱和醛。

$$CH_2{=}CHCH_2SCH_2PO(OC_2H_5)_2 \xrightarrow[-78℃]{n\text{-BuLi}} CH_2{=}CHCH_2SCH(Li)PO(OC_2H_5)_2 \xrightarrow{R_2C{=}O}$$

$$R_2C{=}CHSCH_2CH{=}CH_2 \xrightarrow{HgO} R_2C(CHO)CH_2CH{=}CH_2 \quad 40\%\sim83\%$$

例 3 环己酮与锂盐(Ⅰ)缩合，继而热裂即可生成γ,δ-不饱和醛，后者是合成多种螺环化合物的重要中间体。

$$\text{环己酮} + \underset{(\text{Ⅰ})}{CH_2{=}CHCH_2SCH(Li)PO(OC_2H_5)_2} \longrightarrow \text{环己亚基}{=}CHSCH_2CH{=}CH_2$$

$$\xrightarrow{HgO} \text{1-甲酰基-1-烯丙基环己烷 }(CHO,\ CH_2CH{=}CH_2) \xrightarrow{\text{多步反应}} \text{螺[5.5]十一酮}$$

5.4 炔烃的异构化和烯丙醇(醚)重排

在碱的作用下，炔烃能发生三键的转移，反应可能通过丙二烯中间体而进行。

$$RCH_2C\equiv CH \rightleftharpoons RCH=C=CH_2 \rightleftharpoons RC\equiv CCH_3$$

通常，末端炔烃与氢氧化钠或氢氧化钾酒精溶液共热，可异构化成非末端炔烃；而用更强的碱，如氨基化钠，则有利于内炔烃异构化成末端炔烃。

例 1 由 1-丁炔合成 2-丁炔:

$$C_2H_5C\equiv CH \xrightarrow[\triangle]{KOH/C_2H_5OH} CH_3C\equiv CCH_3 \quad 70\%$$

例 2 由 2-辛炔合成 1-辛炔。

$$CH_3(CH_2)_4C\equiv CCH_3 \xrightarrow[\triangle]{NaNH_2/\text{甲苯}} CH_3(CH_2)_5C\equiv CH \quad 80\%$$

例 3 3-氨基丙基氨基钾(KAPA)是个较好的使炔异构化的试剂，它能在较温和的条件下，使内炔烃的三键移动多于一个碳的位置，生成末端炔烃。

$$HO(CH_2)_7C\equiv C(CH_2)_7CH_3 \xrightarrow[20℃,1h]{KAPA} HO(CH_2)_{15}C\equiv CH \quad 90\%$$

例 4 光学活性的 7-羟基-十七-5-炔在类似的条件下发生异构化时，手性中心碳原子的构型几乎不变。

$$CH_3(CH_2)_9CH(OH)-C\equiv C(CH_2)_4CH_3 \xrightarrow{KAPA} CH_3(CH_2)_9CH(OH)-(CH_2)_5C\equiv CH \quad > 90\%$$

连有给电子取代基的炔烃，在醇金属作用下进行异构化，优先形成碳-碳三键与取代基相连的炔烃。反之，若分子中连有吸电子取代基，则优先形成取代基远离碳-碳三键的炔烃。

例 5 丁炔醛的缩醛在叔丁醇钾存在下异构化，由于缩醛基是吸电子取代基，故优先形成碳-碳三键远离取代基的产物。

$$CH_3C\equiv CCH(OC_2H_5)_2 \xrightarrow{\text{叔丁醇钾}} HC\equiv CCH_2CH(OC_2H_5)_2$$

炔丙醇可以由金属炔化物与醛、酮反应制得，但在一般条件下，炔丙醇较难发生重排反应，然而文献报道，炔丙醇(醚)可以在过渡金属催化剂存在下发生重排，生成 α,β-不饱和酮。若在铑、铱催化剂作用下，羰基在原羟基所在的碳上生成。

例 6 在二(三异丙基膦)氢化铱的催化下，炔丙醇在甲苯中回流，主要生成 α,β-不饱和酮，并伴有少量的β,γ-不饱和酮生成。

$$R-CH_2-C\equiv C-CH(OH)R' \xrightarrow[\text{甲苯,回流}\quad 70\%\sim92\%]{IrH_5(-Pr_3P)_3} RCH_2CH=CHCOR' + RCH=CHCH_2COR'$$

例 7　钯催化剂不能催化上述重排反应，但却能催化 2-炔-1,4-二醇重排成 1,4-二酮。

$$R-\underset{}{\overset{OH}{\overset{|}{CH}}}-C\equiv C-\overset{OH}{\overset{|}{CH}}-R' \xrightarrow{[Pd]} RCOCH_2CH_2COR' \quad 58\%\sim 93\%$$

烯丙醇(醚)重排生成酮的报道甚少，但一些特殊结构(如带有缩醛官能团)的烯丙醇(醚)可以在 Lewis 酸催化下，发生环化，一般是频哪醇重排串联反应，有时经过一步反应就可形成数个手性中心。该反应是形成碳环的有效方法。

例 8　在四氯化锡催化下，下列烯丙醇重排，以 70%的产率生成酮，并一步产生了三个手性中心。

HO, OBn, OBn $\xrightarrow{SnCl_4}$ O, H, OBn

习　　题

1. 写出下列反应的中间产物。

(1) CH_3, CH_2OH $\xrightarrow{H^+}$ [　　] $\xrightarrow{-H_2O}$ CH_4, $\overset{+}{C}H_2$ $\longrightarrow$ [　　] $\xrightarrow{-H^+}$ CH_3

(2) $C_6H_5-\overset{C_6H_5}{\overset{|}{\underset{OH}{\underset{|}{C}}}}-\overset{CH_3}{\overset{|}{\underset{OH}{\underset{|}{C}}}}-CH_3 \xrightarrow{H^+}$ [　　] $\longrightarrow C_6H_5-\overset{C_6H_5}{\overset{|}{\underset{CH_3}{\underset{|}{C}}}}-\underset{^+OH}{\underset{\|}{C}}-CH_3 \xrightarrow{-H^+} C_6H_5-\overset{C_6H_5}{\overset{|}{\underset{CH_3}{\underset{|}{C}}}}-\underset{O}{\underset{\|}{C}}-CH_3$

(3) HO, CH_2NH_2 $\xrightarrow{HNO_2}$ [　　] $\longrightarrow$ O

(4) C_6H_5, O, C_6H_5, C, C, H, H $\xrightarrow{BF_3}$ [　　] $\longrightarrow$ $(C_6H_5)_2CH-\overset{O\bar{B}F_3}{\overset{|}{\underset{+}{C}}}-H \longrightarrow (C_6H_5)_2CHCHO$

2. 论述贝克曼(Beckmann)重排机理。

3. 论述氢化偶氮苯重排机理。

4. 合成下列化合物，并写出合成过程。

(1) $R_2COHCH_2OH \longrightarrow R_2CHCHO$

(2) $(CH_3)_2\underset{\underset{OH}{|}}{C}-\overset{\overset{NH_2}{|}}{C}(CH_3)_2 \longrightarrow CH_3\underset{\underset{O}{\|}}{C}C(CH_3)_3$

(3) 3-$ClC_6H_4CH_2CH_2COOH \longrightarrow$ 3-$ClC_6H_4CH(CH_3)NH_2$

(4) $C_6H_5-\overset{\overset{O}{\|}}{C}-\overset{\overset{O}{\|}}{C}C_6H_5 \longrightarrow C_6H_5-\underset{\underset{C_6H_5}{|}}{\overset{\overset{OH}{|}}{C}}-\overset{\overset{O}{\|}}{C}-OH$

(5) $RCONH_2 \longrightarrow RNH_2$

第6章 氧化反应

有机氧化还原反应是有机合成中功能基转换的一类十分重要的反应。有机氧化反应定义有多种，如用电子的部分转移、电子云密度的增加或减少、氧化数概念等来描述有机氧化还原过程。但长期以来，为了实用目的，习惯上称有机氧化反应是指有机化合物分子获得氧(氮、氯等)或脱去氢原子的反应。至于卤化、硝化、磺化等反应，虽然也使有机化合物分子中氢原子数减少，但一般不包括在氧化反应以内。由于有机化合物种类繁多，所以氧化的种类很多，历程多种多样，氧化试剂选择性各异，而氧化还原本身又是一个复杂而又不能定量进行的过程，不少反应机理至今还不明了。因此要用以上任何一种定义圆满地解释各种有机氧化还原过程是困难的，也是不必要的。本章重点是从有机合成的角度出发，以一些化合物的氧化制备为线索，介绍一些主要的氧化反应，同时适当讨论一些氧化试剂的选择性和反应立体的控制等问题。

氧化反应是有机合成中和工业中最常用的反应之一。通过氧化反应，不仅可以变换化合物的基团以适应合成上的需要，而且还可以把活性不大的化合物(如烃类)转化成具有化学活性的物质，如醇、醛、酮、酸、酯等，这些都是日益被大量采用的有机基本原料。

氧化剂是亲电试剂，氧化反应是氧化剂从有机化合物中获取电子，氧化剂攻击有机分子中电子云密度较大的地方。可以用来氧化有机化合物的氧化剂归纳起来可分为四类：①氧及含氧键的试剂，如臭氧、过氧化氢、有机过氧化物等。②非金属氧化物及含氧酸。③金属氧化物及其盐。④具有氧化作用的有机化合物。按照氧化剂的氧化行为又可分为通用型氧化剂和专用型氧化剂。通用型氧化剂可以氧化多种基团，氧化能力强、选择性差。专用氧化剂只能选择性地氧化某些基团，对其他可氧化基团不能氧化或氧化进行很慢。如二氧化硒、四乙酸铅等。下面按照不同类型化合物的生成为序，讨论不同化合物的氧化剂的选择以及反应条件的控制和氧化反应类型。

6.1 环氧化合物的生成

在工业生产和实验室中，用氧化反应制备环氧化合物一般是从烯烃出发，用有机过氧酸氧化环化、过氧化氢氧化环化、催化下空气中氧化环化等，而有机过氧酸氧化是广泛使用的方法。有机过氧酸是一个典型的亲电试剂，它与烯烃的环氧化反应属亲电加成过程。

$$\gt C=C\lt + RC(=O)-O-O-H \longrightarrow [\text{过渡态}] \longrightarrow [\text{过渡态}] \longrightarrow RC(=O)OH + \gt C\underset{O}{-}C\lt$$

6.1.1　有机过氧酸的制备

有机过氧酸现在已成为一类有机酸的典型衍生物，几乎每一种有机酸都可以转化成相应的有机过氧酸。如过苯甲酸就是以苯甲酸为原料在甲基磺酸中经过氧化氢氧化而制成。

$$C_6H_5COOH + H_2O_2 \xrightarrow{CH_3SO_3H} C_6H_5CO_2OH + H_2O$$

这一方法可以推广到许多其他过氧酸的制备。另外用苯甲酰氯，在碱性条件下，经过氧化氢氧化也可以得到同样的结果。

$$C_6H_5COCl + H_2O_2 \xrightarrow{NaOH} C_6H_5CO_2OH + NaCl + H_2O$$

乙酸酐经过氧化氢氧化得到过乙酸。这个方法的优点是可以制得无水过氧乙酸。因为反应中生成的水恰好与乙酸酐作用，生成乙酸。

$$(CH_3CO)_2O + H_2O_2 \longrightarrow CH_3CO_3H + H_2O$$

$$(CH_3CO)_2O + H_2O \longrightarrow CH_3CO_3H + CH_3COOH$$

用乙醛在钴、锰、铁等金属盐或臭氧、紫外线的催化作用下与空气中的氧反应，同样得到过氧乙酸。

$$CH_3CHO \xrightarrow[O_2]{Fe(OAc)_3} CH_3CO_3H$$

$$C_6H_5CHO \xrightarrow{O_2(\text{空气})} C_6H_5CO_3H$$

6.1.2　有机过氧酸的性质

(1) 酸性。与相应的酸相比，有机过氧酸的酸性较弱，如：

酸	pK_a	过氧酸	pK_a
HCOOH	3.7	HCO_3H	4.8
CH_2COOH	4.8	CH_3CO_3H	8.2

(2) 氢键。过氧酸随溶液的性质不同以不同的形式存在于溶液中，如果与溶液不形成氢键，则过氧酸自身形成氢键，由分子内羟基的氢与碳上的氧缩合，形成一个五元环：

$$\begin{array}{ccccc} & & O & \cdots & \\ & \diagup\!\!\diagup & & & \\ R-C & & & & H \\ | & & & & | \\ O & - & - & - & O \end{array}$$

在形成氢键的溶剂中，如丙酮，则过氧酸与溶剂形成氢键。这是因为在不同的溶剂中过氧酸的氧化能力可能不同，如苯甲酸氧化生成过苯甲酸，只能在丙酮中析出，而在不形成氢键的溶剂中，则过氧酸会很快与苯甲醛反应。

(3) 受热易分解。和其他过氧化物一样，过氧酸在高浓度时，遇热容易分解，而发生爆炸。这给制取高浓度过氧酸带来一定困难，也是使用时必须注意的。有些过氧酸必须现制现用，如过苯甲酸。

6.1.3 有机过氧酸环氧化

一般说来烯类都可用过氧酸环氧化，但如果分子中有羟基、氨基等易氧化的基团存在时，效果不太好，有时甚至不能应用。过氧酸氧化烯烃一般为顺式加成，是由其反应历程决定的。

$$\text{Ph(H)C=C(H)Ph} \xrightarrow[30\sim50^\circ\text{C}]{CH_3CO_3H} \text{Ph(H)C}\underset{O}{-}\text{C(H)Ph}$$

分子结构与反应活性之间的关系：烯烃上带有供电子取代基时，反应活性增加；过氧酸上带有吸电子取代基时，它的反应活性则远比烷基过氧酸活泼。这一活性次序说明，过氧酸起着亲电性氧化物的作用。

许多环氧增塑剂是用环氧化制备的。常用的环氧增塑剂有三类：环氧化油，环氧脂肪酸单酯，环氧四氢邻苯二甲酸酯。环氧化油(环氧甘油三羧酸酯)是应用最多的一类氧化剂。只要含有不饱和的天然油脂，均可通过环氧化反应制得环氧化油。其代表品是环氧大豆油，反应为

$$\begin{array}{l} CH_2-O-\overset{O}{\overset{\|}{C}}-R^1-CH=CH-R \\ | \\ CH-O-\overset{O}{\overset{\|}{C}}-R^2-CH=CH-R \\ | \\ CH_2-O-\overset{O}{\overset{\|}{C}}-R^3-CH=CH-R \end{array} \xrightarrow{R-\overset{O}{\overset{\|}{C}}-COOH} \begin{array}{l} CH_2-O-\overset{O}{\overset{\|}{C}}-R^1-CH\underset{O}{-}CH-R \\ | \\ CH-O-\overset{O}{\overset{\|}{C}}-R^2-CH\underset{O}{-}CH-R \\ | \\ CH_2-O-\overset{O}{\overset{\|}{C}}-R^3-CH\underset{O}{-}CH-R \end{array}$$

大豆油　　　　环氧大豆油

环氧脂肪酸单酯：

$$CH_3(CH_2)_7CH=CH(CH_2)_7\overset{O}{\overset{\|}{C}}OC_4H_9 \xrightarrow{R\overset{O}{\overset{\|}{C}}OOH} CH_3(CH_2)_7-CH\underset{O}{-}CH-(CH_2)_7\overset{O}{\overset{\|}{C}}OC_4H_9$$

环氧硬脂肪酸丁酯

环氧四氢邻苯二甲酸酯：

$$\text{四氢邻苯二甲酸酯}\xrightarrow{HCOOH\ +\ H_2O_2}\text{环氧四氢邻苯二甲酸酯}$$

四氢邻苯二甲酸酯　　环氧四氢邻苯二甲酸酯

环氧化反应可应用于改性天然橡胶。天然橡胶分子中的部分双氢键经环氧化后形成环氧化天然橡胶：

$$\text{天然橡胶}\xrightarrow{RCOOOH}\text{环氧化天然橡胶}$$

天然橡胶　　环氧化天然橡胶

用不同活性的过氧酸氧化烯烃，对环氧化合物的产率有一定的影响。如：

$$CH_3-(CH_2)_7CH{=}CH(CH_2)_7CONH-C_6H_{13\text{-}n}\xrightarrow{CH_3CO_3H}CH_3(CH_2)_7\overset{O}{CH-CH}(CH_2)_7CONHC_6H_{13\text{-}n}$$

用间氯过氧苯甲酸或对硝基过氧苯甲酸进行环氧化，产率较好。

$$R'CH{=}CHR''\xrightarrow{m\text{-}ClC_6H_4CO_3H}R'-\overset{O}{HC-CH}-R''$$

R'=Me , H　　R''=C_6H_{13} , C_8H_{17} , COOMe

$$C_6H_5-CH{=}CH-CH_2Cl\xrightarrow{O_2N-C_6H_4-CO_3H}C_6H_5-\overset{O}{CH-CH}-CH_2Cl$$

对 α, β-烯酮在环氧化时常伴随着羰基的酯化反应，有时甚至只发生酯化。

$$(CH_3)_2C{=}CHCOCH_3\xrightarrow[CHCl_3]{CH_3CO_3H}(CH_3)_2\overset{O}{C-C}HCOCH_3+(CH_3)_2\overset{O}{C-C}HCOOCH_3$$

1份　　4份

卤代烯烃在环氧化时，发生重排，烯醇醚、烯醇酯也是这样。

$$H_3C-C_6H_4-C(Cl){=}CH-C_6H_5\xrightarrow[CH_3Cl]{CH_3CO_3H}H_3C-C_6H_4-CO-CH(Cl)-C_6H_5\quad 71\%$$

$$\text{1-乙氧基环己烯 }(OCH_2CH_3)\xrightarrow[Et_2O\text{ , }0℃]{C_6H_5CO_3H}\text{2-}(OCOC_6H_5)\text{环己酮}\quad 61\%$$

$$\text{苯并环庚烯基乙酸酯 }(OAc)\xrightarrow[CHCl_3C_6H_6\text{ , }30℃]{CH_3CO_3H}\text{苯并环庚酮 }(OAc)\quad 49\%$$

对 C_4~C_8 的共轭烯烃，若控制烯烃的投料量，可使其中一个双键环氧化，而保留另一双键。

$$CH_3{=}\underset{}{\overset{CH_3}{\overset{|}{C}}}{-}CH{=}CH_2 \xrightarrow{C_6H_5CO_3H} \underset{\diagdown O \diagup}{CH_2{-}\overset{CH_3}{\overset{|}{C}}}{-}CH{=}CH_2$$

聚集二烯，由于空间障碍，环氧化反应在空间障碍小的双键上进行。

$$(H_3C)_3C(H_3C)_3C{>}C{=}C{=}C{<}^{H}_{C(CH_3)_3} \xrightarrow{m\text{-}Cl{-}C_6H_4CO_3H} (H_3C)_3C(H_3C)_3C{>}C{=}\underset{\diagdown O \diagup}{C{-}C}{<}^{H}_{C(CH_3)_3}$$

过氧酸环氧化的特点：

(1) 不需要加催化剂。

(2) 反应物结构对反应速率的影响。由于过氧酸与烯烃的环氧化反应是典型的亲电加成过程，所以反应物分子双键上连有供电子基的反应速率大于吸电子取代基的速率。如：

$$(H_3C)_2C{=}CH{-}CH_3 > (H_3C)_2C{=}CH_2 > CH_3CH{=}CHCH_3 > CH_3CH{=}CH_2 > CH_3COOCH{=}CHCOOCH_3$$

过氧酸结构对反应速率的影响，过氧酸中有吸电子基者，反应速率大。

$$CF_3CO_3H > C_6H_5CO_3H > HCO_3H > m\text{-}Cl{-}C_6H_4CO_3H > p\text{-}H_3C{-}C_6H_4CO_3H$$

(3) 溶剂对反应速率的影响。除乙酸外，极性溶剂参与的反应要比非极性溶剂参与的反应速率慢。用过氧化氢和有机过氧化氢氧化环化。有些烯烃用过氧酸环氧化，结果不太好，但用过氧化氢或有机过氧化氢环氧化，结果较好。

$$\text{3,5,5-三甲基环己-2-烯酮} \xrightarrow{H_2O_2\ +\ NaOH} \text{2,3-环氧化物} \qquad 70\%\text{~}72\%$$

$$PhCH{=}CH{-}CHO \xrightarrow[MeOH,\ 35\text{~}40℃]{t\text{-}BuO_2H,\ NaOH} \underset{\diagdown O \diagup}{PhCH{-}CHCHO} \qquad 73\%$$

α-氰基烯类在这样的条件下，双键环氧化的同时，氰基水解为酰胺。

$$PhCH{=}C{<}^{CN}_{Ph} \xrightarrow[MeOH,\ 30\text{~}40℃]{H_2O_2,\ NaOH} {}^{Ph}_{H}{>}\underset{\diagdown O \diagup}{C{-}C}{<}^{CONH_2}_{Ph}$$

据报道，利用有机过氧化氢为氧化剂，在金属催化剂如 Mo、W、V、Ti 等存在下，使烯烃氧化成相应的环氧化物的同时生成相应的醇化合物。

$$ROOH + >C{=}C< \xrightarrow{Mo} >C\underset{O}{—}C< + ROH$$

这种方法在石油化工生产中用得比较多。利用丰富的石油资源经氢化可得有用的工业生产原料和有机合成基本原料。例如，环氧树脂的基本原料环氧丙烷，是以丙烯为原料，在 1,2-丙二醇钼配合物催化下经有机过氧化氢环氧化制得，并产生苯乙醇和叔丁醇：

$$C_6H_5CH_2CH_3 \xrightarrow{O_2} C_6H_5\overset{OOH}{\overset{|}{C}H}-CH_3 \xrightarrow[Mo\left[CH(OH)-CH(OH)-CH_3\right]]{CH_3CH=CH_2} CH_3\underset{O}{CH—CH_2} + C_6H_5\overset{OH}{\overset{|}{C}H}-CH_3$$

$$(CH_3)_3CH \xrightarrow{O_2} (CH_3)_3COOH \xrightarrow[Mo]{CH_3CH=CH_2} CH_3\underset{O}{CH—CH_2} + (CH_3)_3COH$$

另外烯烃在银催化下，经空气氧化也可制得环氧丙烷，但这一方法具有一定的局限性。

$$CH_2{=}CH_2 \xrightarrow{Ag} \underset{O}{CH_2—CH_2}$$

过氧化物对芳环氧化，苯环不受影响。主要氧化环上的氢原子得酚。例如：

$$\text{1,3,5-三甲基苯 (2-H)} \xrightarrow[BF_3]{CF_3CO_3H} \text{2,4,6-三甲基苯酚 (2-OH)}$$

6.2　醇化合物的合成

将烯烃氧化为醇化合物方法有：对顺式羟基化反应来说最好的方法是烯烃与高氧化态的过渡金属化合物如高锰酸钾离子、四氧化锇等进行反应；对反式羟基化合物较好的方法可以采用烯烃与过氧酸的反应来制备。酚则由芳烃碳原子氧化而制得。

6.2.1　水解法合成醇

环氧化后经水解得到 1,2-醇化合物，水解方法不同，所得醇的产物也不相同。环氧乙烷用还原水解法得单醇。例如：

$$CH_3CH{=}CH_2 \xrightarrow{过氧酸} CH_3\underset{O}{CH—CH_2} \xrightarrow{LiAlH_4} CH_3\overset{OH}{\overset{|}{C}H}—CH_3$$

反应中如有卤离子存在，则得卤代醇：

$$CH_3CH\underset{O}{—}CH_2 \xrightarrow{Br^-} \underset{OH\quad Br}{CH_3CH—CH_2} + \underset{Br\quad OH}{CH_3CH—CH_2}$$

76%　　24%

在二甲基亚砜$(CH_3)_2SO$存在下，H^+催化水解得α-羟基酮。

$$\text{环己烯} \xrightarrow{[O]} \text{环氧环己烷} \xrightarrow[H^+,BF_3]{(CH_3)_2SO} \text{2-羟基环己酮}$$

6.2.2 四氧化锇氧化合成醇

四氧化锇(OsO_4)是将烯烃氧化，生成顺式 1,2-二醇的主要试剂。这是一种选择性的氧化剂，具有操作简单、产率高的优点。一般用苯、乙醚、二氧六环等作溶剂。

首先是烯烃双键与 OsO_4 发生加成，生成环状锇酸酯，然后进一步水解，生成顺式 1,2-二醇及锇酸。

$$>C=C< + OsO_4 \longrightarrow \text{环状锇酸酯} \xrightarrow{H_2O} \underset{C—OH}{C—OH} + H_2OsO_4$$

环氧化实例：

$$\text{环戊烯} \xrightarrow[\text{乙醚}]{OsO_4} \text{顺-1,2-环戊二醇}\quad 98.5\%$$

四氧化锇氧化剂进攻刚性体系，是从空间阻碍较小的方向进攻，产生的是两种可能的顺式 1,2-二醇中较稳定的一种，如 9-甲基八氢萘烯-6 的 OsO_4 氧化：

$$\text{9-甲基八氢萘烯-6}\ (CH_3) \xrightarrow{OsO_4} \text{锇酸酯} \xrightarrow{H_2O} \text{二醇 (HO, OH, } CH_3)$$

用 OsO_4 作氧化剂，缺点是氧化剂价格贵、用量大，且具有毒性。一种改进的方法是与其他氧化剂联用，如吗啡啉氮氧化物、叔丁基过氧化物、过氧化氢、氯酸盐等，这样可大大减少 OsO_4 用量。例如：

$$\text{(}H_3CO,\ C_2H_5,\ CH_2CH=CH_2\text{ 取代四氢萘酮)} \xrightarrow[OsO_4(5\times10^{-3}mol)]{NaClO_4(0.2mol)} \text{(}H_3CO,\ C_2H_5,\ CH_2CH(OH)—CH_2OH\text{ 取代四氢萘酮)}$$

将烯烃双键实现区域选择和立体选择一羟基化，可以通过硼氢化，然后将所生成的烃基硼与碱性过氧化氢进行氧化，可以提高产率得到一羟基化产物。硼烷首先与烯烃进行硼氢化反应加到双键位阻小的一侧，在随后的氧化反应过程中，保持构型不变。例如：

CH_2B HB H_2O_2/OH^- CH_2OH H

桃金娘烷醇

6.2.3 高锰酸钾氧化合成醇

高锰酸钾($KMnO_4$)是一种常用的通用型氧化剂。高锰酸钾在稀碱溶液中、低温氧化烯烃是制备顺式邻二醇的一种方法。用高锰酸钾氧化烯烃制取醇的反应和四氧化锇相似，也是同侧加成，生成邻二醇。

C=C + $KMnO_4$ $\xrightarrow{OH^-}$ C—O—Mn(O)(O)—O—C $\xrightarrow{H_2O}$ C—OH / C—OH

通过 ^{18}O 标记研究结果证明，在反应过程中，高锰酸根中的氧转换到底物上，经过了环内酯的反应机理。

R H C=C R H + $KMnO_4$ $\xrightarrow{OH^-}$ (Ⅴ) $\xrightarrow{OH^-\ H_2O}$ C—OH / C—$OMnO_3^{2-}$ (Ⅴ) $\xrightarrow{H_2O}$ C—OH / C—OH

MnO_4^- ↓ (Ⅵ) H_2O → R—C=O / C—$OMnO_2^-$ (Ⅳ) $\xrightarrow{H_2O}$ R—C=O / C—OH

该反应反映了 pH 对产物分配的影响作用：①羟基离子使环开裂，进而水解生成顺式邻二羟基化合物；②通过高锰酸钾的作用进一步氧化，进而水解生成α-羟基酮，这是两个竞争性反应。若在酸性溶液中双键可能发生裂解，因此，烯烃双键的高锰酸钾氧化为多羟基过程，一定要严格控制 pH，以防进一步氧化。通常提高氧化剂浓度、反应温度和酸性溶液，可进一步氧化得羰基化合物。如在溶液中加进硫酸镁，氧化产物是酮醇：

RHC=CHR $\xrightarrow[MgSO_4]{KMnO_4}$ R—CHOH—C(=O)—R

如果用较浓的高锰酸钾溶液氧化，开始形成邻二醇，进一步氧化则成为酮或酸。与OsO_4相比，高锰酸钾的选择性较差，产率低，但其经济易得，使用范围广。例如：

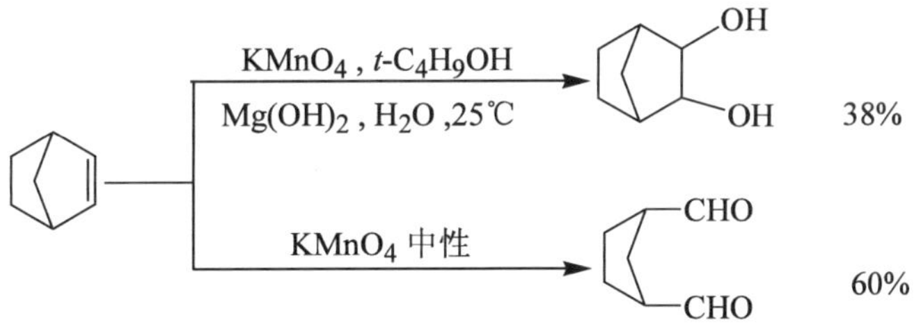

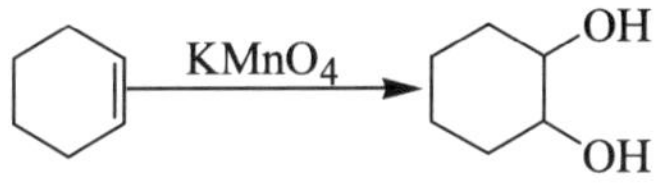

$KMnO_4$, t-C_4H_9OH, $Mg(OH)_2$, H_2O, 25℃ → OH OH 38%

$KMnO_4$ 中性 → CHO CHO 60%

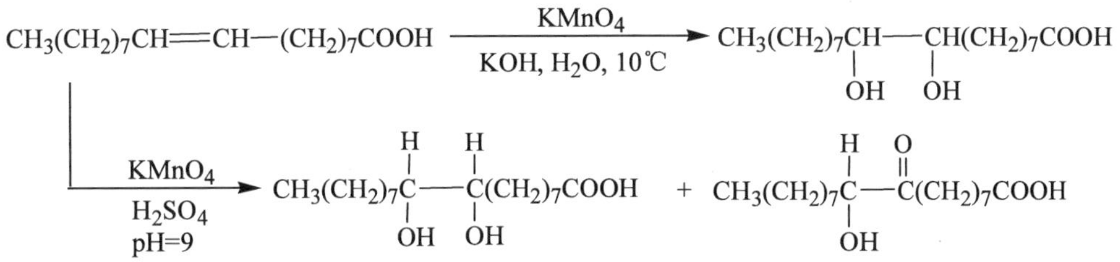

$CH_3(CH_2)_7CH{=}CH{-}(CH_2)_7COOH$ $\xrightarrow[\text{KOH, }H_2O\text{, 10℃}]{KMnO_4}$ $CH_3(CH_2)_7CH(OH){-}CH(OH)(CH_2)_7COOH$

$\xrightarrow[H_2SO_4\text{, pH=9}]{KMnO_4}$ $CH_3(CH_2)_7C(H)(OH){-}C(H)(OH)(CH_2)_7COOH$ + $CH_3(CH_2)_7C(H)(OH){-}C(=O)(CH_2)_7COOH$

$KMnO_4$ → OH OH

一种改进了的方法是用相转移催化氧化，可使产率大大提高。但非末端烯烃，在强碱性高锰酸钾水溶液中用季铵盐催化，0℃时，得顺式二醇，产率很高。

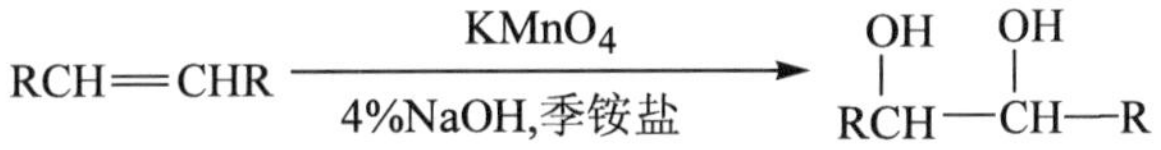

$$RCH{=}CHR \xrightarrow[\text{4\%NaOH,季铵盐}]{KMnO_4} RCH(OH){-}CH(OH){-}R$$

催化量的高锰酸钾与计量的高碘酸混合，称为 Lemieux-von Rudloff 试剂。该氧化剂中高锰酸钾用于氧化烯烃成羰基化合物，高碘酸将被还原的锰再氧化成高价锰，进一步发生氧化反应。

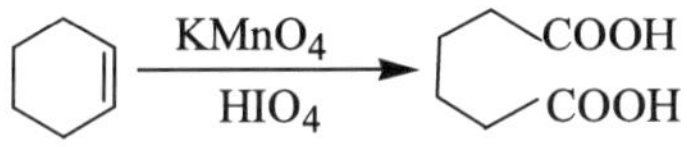

$KMnO_4$, HIO_4 → COOH COOH

6.2.4 二氧化硒氧化

二氧化硒(SeO_2)是氧化碳-氢键最常用的氧化剂，是一种选择性氧化剂，它只氧化烯丙型化合物的α-位亚甲基上氢为羟基，而保留双键，得不饱和醇。反应过程从表面看是C—H 转化成 C—OH，仅仅是在 C—H 之间插入一个氧原子，反应实际经过两次的双键迁移过程。

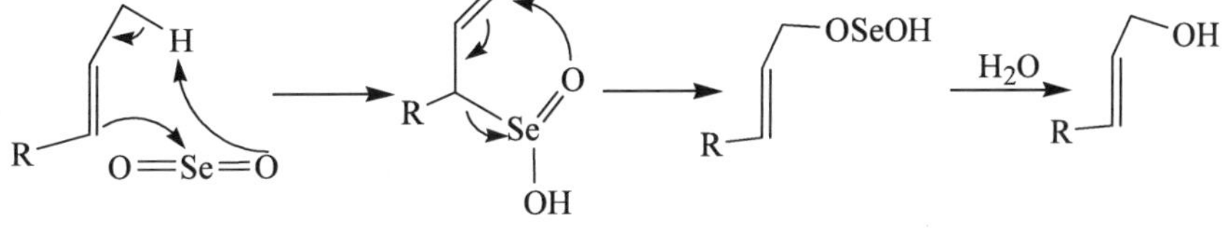

R H O=Se=O → R Se O OH → R OSeOH $\xrightarrow{H_2O}$ R OH

例如：环己烯用 SeO_2 氧化，主要得到双键的邻位醇产物。

$$\text{环己烯} \xrightarrow{SeO_2} \text{2-环己烯-1-醇 (50\%)} + \text{(1\%)}$$

$$CH_3CH{=}CHCH_2CH_3 \xrightarrow{SeO_2} CH_3CH{=}CH\text{-}CH(OH)\text{-}CH_3$$

$$CH_3(CH_2)_4C{\equiv}C\text{-}H \xrightarrow{SeO_2} CH_3(CH_2)_3CH(OH)\text{—}C{\equiv}C\text{—}H \quad 29\%$$

$$\xrightarrow[\text{95\% 乙醇回流}]{0.5mol\ SeO_2} \quad CH_2OH$$

$$CH_3CH{=}C(CH_3)_2 \xrightarrow{SeO_2} CH_3CH{=}C(CH_3)CH_2OH$$

但此法一般产率较低。当羰基与亚甲基相连时氧化产率很高。在不对称酮中最容易被氧化的是烯醇的亚甲基。例如：

$$C_6H_5\text{—}C(=O)\text{—}CH_3 \xrightarrow[\text{二氧六环，72\%}]{SeO_2} C_6H_5\text{—}C(=O)\text{—}CHO$$

69%

SeO_2 是有毒的白色结晶状固体，于 340℃熔化，可在常压下升华，经氧化后，本身被还原为硒，再可经氧气或硝酸氧化为 SeO_2，重复使用。Se 价格较贵，应及时回收。反应可在冰醋酸、二氧六环、乙醇、苯或水中进行，宜新鲜制备使用，旧的 SeO_2 将降低产量。

含氮芳环的苄甲基经 SeO_2 氧化得到醛或羧酸，芳环的氮原子不受影响。

$$\text{3,5-二溴-4-甲基吡啶 (Br, CH}_3\text{, Br, N)} \xrightarrow[(CH_3)_2SO]{SeO_2} \text{(Br, CHO, Br, N)}$$

$$\text{2-甲基吡嗪 (N, CH}_3\text{, N)} \xrightarrow[\text{甲苯，90\%}]{SeO_2\ \text{吡啶}} \text{(N, COOH, N)}$$

6.3 醛、酮羧酸化合物的合成

芳烃、醇类、烯烃等经不同氧化剂氧化可得各种类型的醛、酮。芳烃化合物的氧化。芳烃及其衍生物，在选择一定的氧化剂，并控制反应条件下，可氧化制得醛、酮化合物。

6.3.1 含铬化合物氧化合成醛酮

用作氧化剂的含铬化合物主要是六价的重铬酸盐($K_2Cr_2O_7$、$Na_2Cr_2O_7$等)和铬酐。这是一类通用型氧化剂，铬可以形成几种形式的化合物，它们的氧化性能各不相同，因此控制反应条件，可进行选择氧化。这类氧化剂在酸性或中性介质中有较好的作用，在碱性介质中则失去氧化性。在氧化时，铬原子接受三个电子，由正六价降到正三价。

$$K_2Cr_2O_7 + 4H_2SO_4 \longrightarrow Cr_2(SO_4)_3 + K_2SO_4 + 4H_2O + [O]$$

$$2CrO_3 + H_2SO_4 \longrightarrow Cr_2(SO_4)_3 + 3[O] + 3H_2O$$

饱和醇常用铬酸盐加硫酸氧化，由伯醇和仲醇分别可得醛、酮，低相对分子质量伯醇可在氧化的同时不断蒸出醛，以防止进一步氧化。高相对分子质量的难溶于水中的醇常用丙酮作溶剂，为了避免氧化裂解，可在体系中加入微量的低锰盐，因为 Mn^{2+} 可使氧化性强的 Cr^{4+}、Cr^{5+}加速歧化。

$$3Cr^{4+} \xrightarrow{Mn^{2+}} 2Cr^{3+} + Cr^{6+}$$

$$3Cr^{5+} \xrightarrow{Mn^{2+}} Cr^{3+} + 2Cr^{6+}$$

例如：

$$CH_3CH_2CH_2OH \xrightarrow{K_2Cr_2O_7} CH_3CH_2CHO \qquad 45\%\sim49\%$$

$$CH_3CH_2OH \xrightarrow{K_2Cr_2O_7} CH_3CHO \qquad 70\%\sim72\%$$

1. 三氧化铬氧化

并环稠环芳烃在三氧化铬(CrO_3)作用下，一般是苯环氧化成醌，侧链如果是甲基或叔丁基，则可保持不变。个别芳香环也可氧化成醌，这和高锰酸钾氧化具有不同之处。

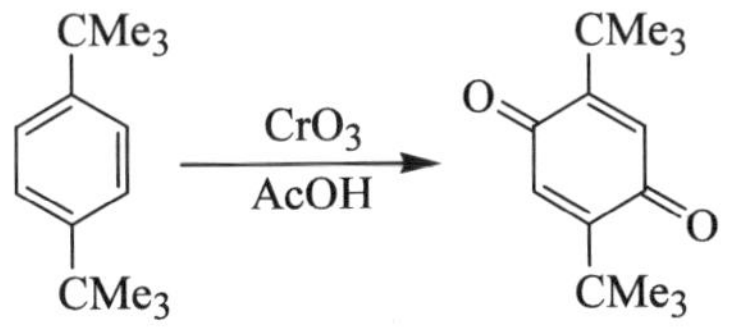

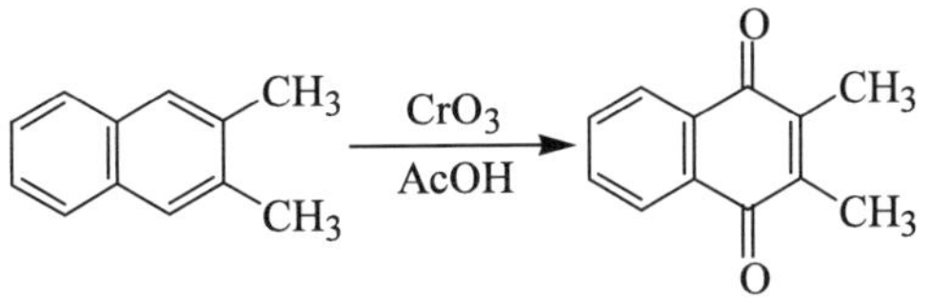

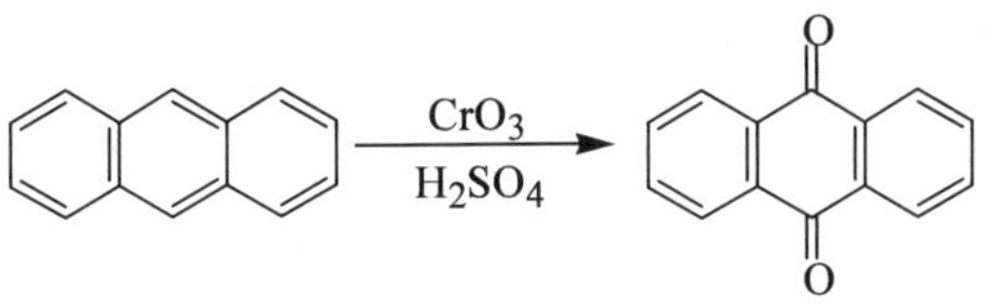

CMe$_3$ / CMe$_3$ (1,4-二叔丁基苯) $\xrightarrow[AcOH]{CrO_3}$ O, O, CMe$_3$, CMe$_3$ (2,5-二叔丁基-1,4-苯醌)

CH$_3$, CH$_3$ (2,3-二甲基萘) $\xrightarrow[AcOH]{CrO_3}$ O, O, CH$_3$, CH$_3$ (2,3-二甲基-1,4-萘醌)

(蒽) $\xrightarrow[H_2SO_4]{CrO_3}$ O, O (蒽醌)

萘可以直接氧化成萘醌，产量虽不高，但萘便宜，故这一方法仍具有实际意义。在弱酸性溶液中，有时氧化萘中的芳烃可以生成酮，氧化发生在α-位上。

$$\text{萘} \xrightarrow[\text{AcOH}]{CrO_3} \text{1,4-萘醌}$$

苯环对CrO_3较稳定，若苯环侧链为烷基，不论长短，一般都氧化成—COOH，但在控制条件下，也可制得相应的醛。例如：

$$C_6H_5CH_2CH_2CH_3 \xrightarrow{CrO_3,H_2SO_4} C_6H_5COOH + CH_3CH_2COOH$$

$$p\text{-}O_2NC_6H_4CH_3 \xrightarrow[\text{AcOH}]{CrO_3,H_2SO_4} p\text{-}O_2NC_6H_4CHO$$

仲醇氧化生成酮，酮不易继续氧化。

$$CH_3(CH_2)_3C\equiv C-CH(OH)-CH_3 \xrightarrow[H_2O,AcOMe]{CrO_3\ ,\ H_2SO_4} CH_3(CH_2)_3C\equiv C-C(=O)-CH_3$$

这里使用的CrO_3+H_2SO_4试剂称为琼斯试剂，对不饱和醇氧化很好。

在水中溶解度小的醇，可以用铬酐和乙酸氧化。

$$CH_3CH_2-CH(CH_3)-CH(OH)CH_2CH_3 \xrightarrow[CrO_3]{AcOH} CH_3CH_2-CH(CH_3)-C(=O)CH_2CH_3 \quad 63\%$$

$$H_3C-C_6H_4-CH(OH)-CO-C_6H_4-CH_3 \xrightarrow[H_2O,AcOMe]{CrO_3\ ,\ H_2SO_4} H_3C-C_6H_4-CO-CO-C_6H_4-CH_3 \quad 97\%$$

$$\text{降冰片醇(OH)} \xrightarrow[H_2O,AcOMe]{CrO_3\ ,\ H_2SO_4} \text{降冰片酮(=O)} \quad 79\%\sim88\%$$

1975年Corey将铬酐溶于盐酸中，然后加入吡啶，得到的固体物$C_5H_5NHCrO_3Cl$，简称PCC(pyridinium chlorochromate)，用于伯醇、仲醇的氧化，产率很好，并且不氧化分子中的双键。特别是含有对酸敏感基团的伯醇、仲醇使用这个方法比较适宜。

$$CH_3(CH_2)_4CH=CHCH_2OH \xrightarrow{PCC} CH_3(CH_2)_4CH=CHCHO \quad 93\%\sim97\%$$

2. 重铬酸盐氧化

苯环上有两个羟基、两个氨基，或一个羟基、一个氨基或硝基相互处于邻、对位时，用重铬酸盐水溶液氧化则生成邻醌或对醌。

OH OH $\xrightarrow[H_2SO_4,H_2O]{Na_2Cr_2O_7}$ O O 86%~92%

H_3C H_3C NH_2 OH $\xrightarrow[H_2SO_4,H_2O]{Na_2Cr_2O_7}$ H_3C H_3C O O

一般羟基对位的 Br、Cl、COOH 都可氧化成醌。

OH MeO OMe COOH $\xrightarrow[H_2SO_4,H_2O]{Na_2Cr_2O_7}$ O MeO OMe O

重铬酸盐水溶液不加酸，可将伯醇氧化成醛，这是由醇制醛的通用方法。

Cl CH_2OH $\xrightarrow[H_2O]{Na_2Cr_2O_7}$ Cl CHO

重铬酸盐水溶液在高温不加任何酸，只氧化芳烃侧链，产率比酸性溶液高。对长链的氧化，往往将侧链端甲基氧化成羧基。这可能是由于空间障碍，体系较大的重铬酸根离子难于接近α-位碳原子，而易于接近端基碳原子。

CH_3 $\xrightarrow[水溶液]{Na_2Cr_2O_7}$ COOH 98%

CH_2CH_3 $\xrightarrow[水溶液]{Na_2Cr_2O_7}$ CH_2COOH 96%

$CH_2CH_2CH_2CH_3$ $\xrightarrow[水溶液]{Na_2Cr_2O_7}$ $CH_2CH_2CH_2COOH$ 70%

另外用 $K_3Fe(CN)_6$ 也能将环上的—NH_2、—OH 氧化形成醌。

3. 铬酰氯氧化

铬酰氯($Cr_2O_2Cl_2$)称艾托试剂，是一种较好选择性氧化剂，它的二硫化碳、四氯化碳或二氯甲烷溶液与甲基芳烃生成复合物沉淀，遇水(最好是亚硫酸的水溶液或锌粉和水)

分解，甲基转变为醛基。

$$H_3C-C_6H_4-CH_3 \xrightarrow[(2)H_2O,25\sim45^\circ C]{(1)Cr_2O_2Cl_2} H_3C-C_6H_4-CHO + OHC-C_6H_4-CHO$$

两种产物的比例是由 $Cr_2O_2Cl_2$ 用量多少来控制的。

$$O_2N-C_6H_3(CH_3)-OMe \xrightarrow[H_3\overset{+}{O}]{CrO_2Cl_2} O_2N-C_6H_3(CHO)-OMe$$

铬酰氯试剂容易发生危险，使用时必须小心。

4. 醋铬混合酐氧化

这一氧化剂主要用在氧化具有甲基侧链的芳烃为芳醛。在硫酸存在下，甲基被氧化成羰基醋酸酯，水解后变为羰基。这是氧化甲基类为甲醛类的好方法。

$$H_3C-C_6H_4-CH_3 \xrightarrow[Ac_2O,H_2SO_4]{CrO_2(OAc)_2} (AcO)_2HC-C_6H_4-CH(OAc)_2 \xrightarrow[H_2O]{\text{稀 } H_2SO_4} OHC-C_6H_4-CHO \quad 52\%$$

$$H_3C-C_6H_4-NO_2 \xrightarrow[Ac_2O,H_2SO_4]{CrO_2(OAc)_2} OHC-C_6H_4-NO_2 \quad 65\%\sim66\%$$

醋铬混合酐对甲苯以外其他芳烃侧链的氧化研究较少。

6.3.2　二氧化硒氧化合成醛酮

二氧化硒(SeO_2)主要氧化被活化的甲基、亚甲基为羰基，作为活化基团的有烯键、苯环、杂环(一般在α-位置)、羰基等，其中最主要的是羰基，因此可用于制备邻二酮。

烯烃的氧化。烯烃或炔烃α-位没有可氧化的氢原子，反应产物为邻二酮。

$$CH_2=CH_2 \xrightarrow{SeO_2} HCOCOH \quad 82\%$$

$$C_6H_5-CH=CH-C_6H_5 \xrightarrow{SeO_2} C_6H_5-CO-CO-C_6H_5 \quad 86\%$$

$$C_6H_5-C\equiv C-C_6H_5 \xrightarrow{SeO_2} C_6H_5-CO-CO-C_6H_5 \quad 35\%$$

两个芳环中间的亚甲基可氧化成酮，产率较高。蒽氧化成蒽醌也是类似反应：

$$C_6H_5-CH_2-C_6H_5 \xrightarrow{SeO_2} C_6H_5-CO-C_6H_5 \quad 89\%$$

$$\text{蒽} \xrightarrow{SeO_2} \text{蒽醌} \quad 76\%$$

$$o\text{-}(CH_2COOH)C_6H_4COOH \xrightarrow{SeO_2} o\text{-}(COCOOH)C_6H_4COOH \quad 80\%$$

杂环的α-甲基可以被氧化成醛基。

$$2\text{-甲基吡啶} \xrightarrow{SeO_2} 2\text{-吡啶甲醛}$$

$$2,3,8\text{-三甲基喹啉} \xrightarrow{SeO_2} 3,8\text{-二甲基喹啉-2-甲醛} \quad 82\%$$

苯乙酮在二氧六环中用 SeO_2 氧化得 70%苯甲酰甲醛。

$$PhCOCH_3 \xrightarrow[\text{二氧六环}]{SeO_2} PhCOCHO$$

羰基活化的—CH_3、—CH_2 经 SeO_2 氧化成为邻二羰基化合物：

$$CH_3CHO \xrightarrow{SeO_2} OHC-CHO \quad 90\%$$

$$\text{环己酮} \xrightarrow{SeO_2} \text{1,2-环己二酮} \quad 60\%$$

$$C_6H_5CH_2CO-C_6H_5 \xrightarrow{SeO_2} C_6H_5CO-CO-C_6H_5 \quad 88\%$$

羰基化合物若同时存在—CH_2、—CH_3 时，—CH_3 优先氧化。

$$CH_3CH_2COCH_3 \xrightarrow{SeO_2} CH_3CH_2COCHO$$

SeO_2 有剧毒，对皮肤具有腐蚀性，使用时注意。

6.3.3 臭氧化烯烃合成醛酮

臭氧分解使烯烃双键氧化裂解是一种非常方便的方法。现代物理方法测定的结果表明，臭氧分子具有一个共振杂化结构，表示如下：

$$O{=}\overset{+}{O}{-}O^- \longleftrightarrow {}^-O{-}\overset{+}{O}{=}O \longleftrightarrow {}^+O{-}O{-}O^- \longleftrightarrow {}^-O{-}O{-}O^+$$

它是一个亲电试剂，与烯烃双键反应时生成臭氧化合物，经氧化裂解或还原裂解生成羧酸、酮或醛，产物的类型取决于烯烃的结构和采用的方法。这是一个应用广泛的反应。其反应机理是：第一步，碳-碳双键断裂，生成一个五元环中间状态臭氧化物。第二步，臭氧化物分解为羰基化合物和羰基氧化物。第三步，羰基化合物和羰基氧化物重组成臭氧化物。

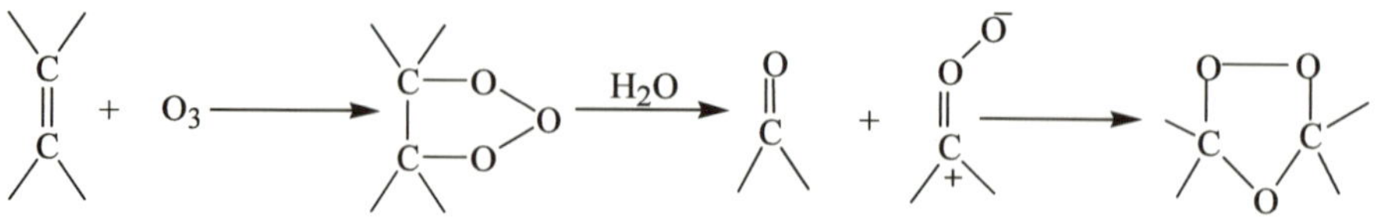

要使反应停留在醛、酮阶段，就要消除反应生成的 H_2O_2，一般在 Zn+HOAc 中进行。为防止过氧化物生成，一般是加 $NaHCO_3$、Pd/H_2、Et_2O/H_2O 等。例如：

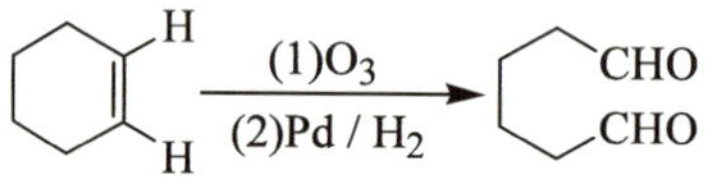

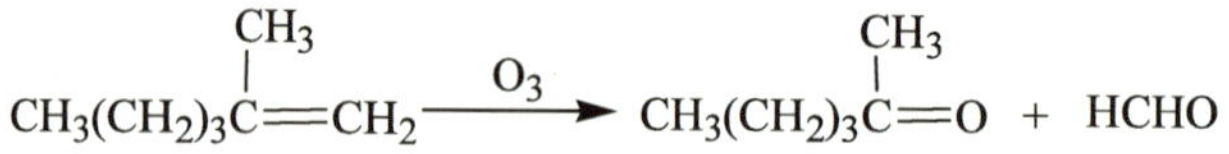

$$\text{(1)}O_3,\ \text{(2)}Pd/H_2$$

$$CH_3(CH_2)_3C(CH_3){=}CH_2 \xrightarrow{O_3} CH_3(CH_2)_3C(CH_3){=}O + HCHO$$

油酸反应时可生成壬二酸和壬酸，反应式如下：

$$CH_3(CH_2)_7CH{=}CH(CH_2)_7COOH \xrightarrow[\text{氧化裂解}]{O_3} HOOC(CH_2)_7COOH + CH_3(CH_2)_7COOH$$

烯烃用臭氧氧化生成碳链减少的醇、醛、酮或羧酸。

$$C_4H_9CH{=}CH-CH_3 \xrightarrow[(CH_3)_2S]{O_3} C_4H_9CH_2OH$$

$$CH(CH_2)_5CH{=}CH_2 \xrightarrow[(CH_3)_2S]{O_3} CH_3(CH_2)_5CHO + CH_2O$$

炔烃三键也能被 O_3 氧化，但一般只占烯烃双键的千分之一。因此 C═C 和 C≡C 同时存在时，可选择性地氧化双键，而保留三键。

臭氧化环已烯生成己二酸，反应式如下：

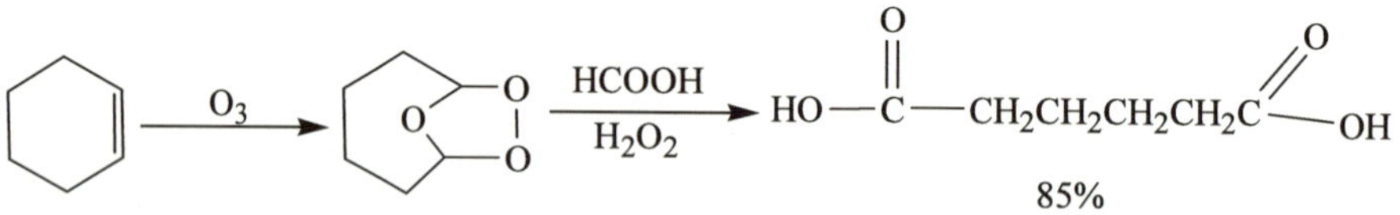

$$\xrightarrow{O_3}\ \xrightarrow[H_2O_2]{HCOOH} HO-\overset{O}{\overset{\|}{C}}-CH_2CH_2CH_2CH_2\overset{O}{\overset{\|}{C}}-OH$$

85%

臭氧化合物极易爆炸，一般不经分离，直接水解为酮或酸(视烯烃的结构而定)。

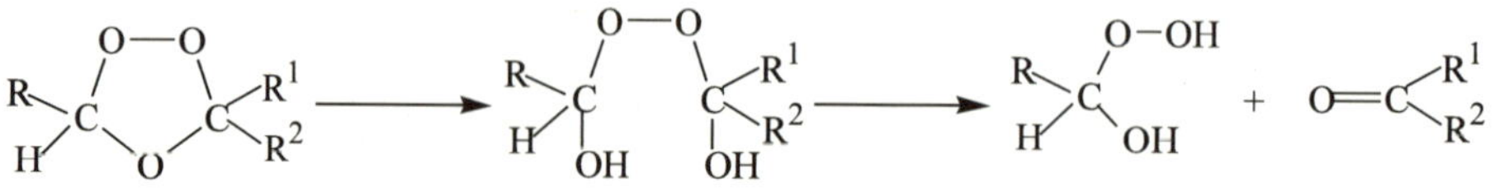

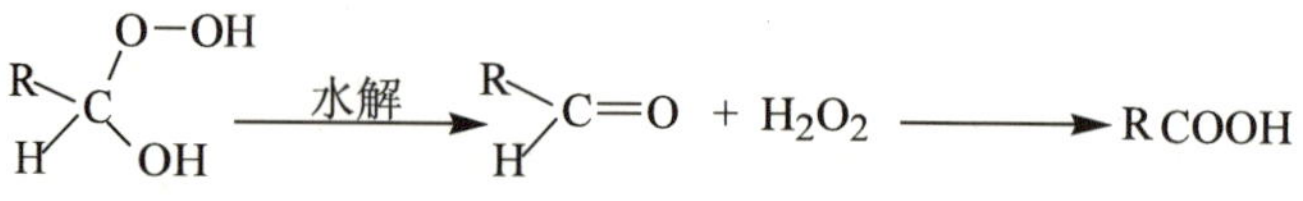

$$\text{RCH(OH)(O-OH)} \xrightarrow{\text{水解}} \text{RHC}{=}O + H_2O_2 \longrightarrow \text{RCOOH}$$

从上式反应可看出，在水解过程中，生成的过氧化氢极易将醛氧化为酸。如欲使反应停留在醛阶段，水解时可加入还原剂。常用还原剂有锌粉、三价磷化合物、亚硫酸钠等。分子中带有其他易被还原基团时，使用二甲硫醚还原则不受影响。通常是把含2%~10%臭氧的氧气流通入适宜溶剂(甲醇或二氯甲烷)的含有作用物的溶液或悬浮物中，在室温或室温以下进行反应。

用 O_3 氧化烯烃有如下特点：

(1) 简单烯烃易反应，条件温和、产率高，几乎能定量进行。

(2) 芳环烯烃，在室温下需要用高浓度 O_3，才能进行。

(3) 若有—OH、—NH_2、—CHO 存在时，需保护起来，以防止这些基团的氧化。如：

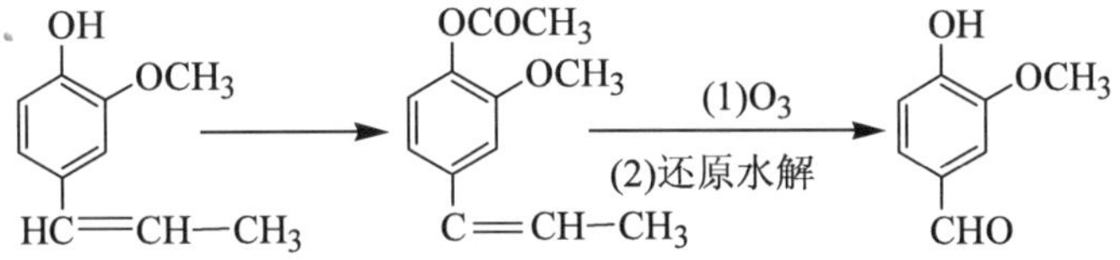

OH, OCH_3, HC=CH—CH_3 ⟶ $OCOCH_3$, OCH_3, C=CH—CH_3 $\xrightarrow[(2)还原水解]{(1)O_3}$ OH, OCH_3, CHO

(4) 对—C≡C—反应复杂，一般不用。

(5) 受阻烯烃易环氧化或生成聚过氧化物。

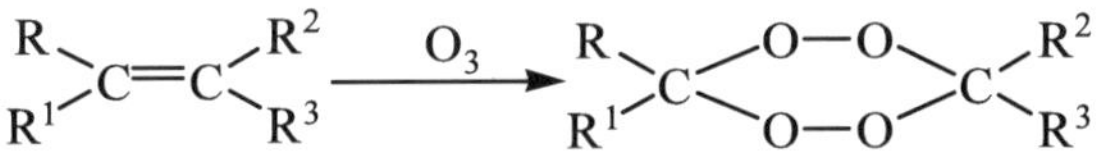

$$\mathrm{RR^1C{=}CR^2R^3} \xrightarrow{O_3} \mathrm{RR^1C{<}(O{-}O)_2{>}CR^2R^3}$$

6.3.4 用活性二氧化锰氧化合成醛酮

活性二氧化锰(MnO_2)是氧化不饱和醇，特别是 RCH═CH—CH_2OH、C_6H_5—CH_2OH 具有条件温和、对双键无影响的优点，可用于制备不饱和醛、酮，也广泛用于类胡萝卜素和维生素 A 中多不饱和醇的氧化。

$$\mathrm{HC{\equiv}C{-}CH{=}C(CH_3){-}CH_2{-}OH} \xrightarrow[(CH_3)_2C{=}O]{MnO_2} \mathrm{HC{\equiv}C{-}CH{=}C(CH_3){-}CHO} \quad 35\%$$

CH_3, CH_3, CH_3, CH_3, H, OH $\xrightarrow[CHCl_3]{MnO_2}$ CH_3, CH_3, CH_3, O

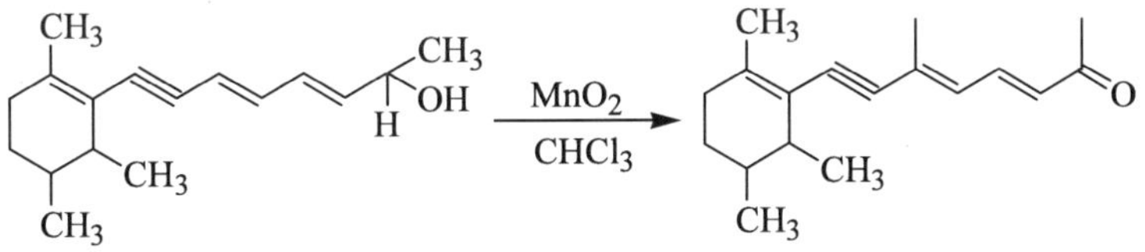

也用于香茅醇的氧化：

H, CH_3, OH $\xrightarrow[0℃,0.5h]{MnO_2/C_6H_{14}}$ H, CH_3, CHO

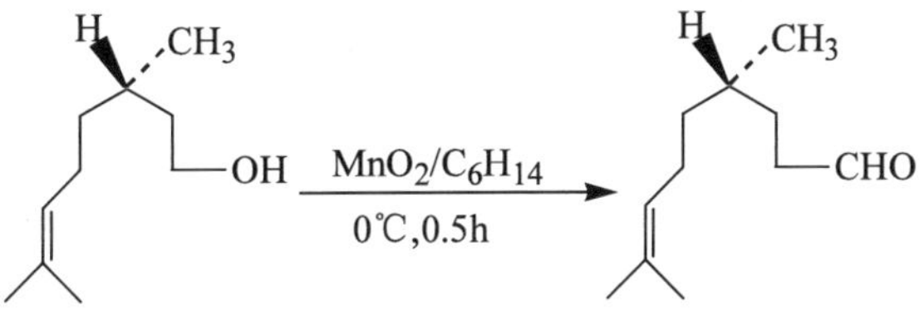

在分子中同时存在伯醇、仲醇基时，活性 MnO_2 只氧化仲醇，伯醇不受影响。

$$\text{3,4-}(H_3CO)_2C_6H_3\text{-}CH(OH)\text{-}CH_2CH_2OH \xrightarrow[(CH_3)_2CO,25^\circ C]{MnO_2} \text{3,4-}(H_3CO)_2C_6H_3\text{-}C(=O)\text{-}CH_2CH_2OH \quad 94\%$$

6.3.5 用异丙醇铝氧化合成醛酮

异丙醇铝及异丁醇铝既是氧化剂又是还原剂。作为氧化剂，异丙醇铝是一种选择性有机氧化剂，多用于精细有机工业和实验室以及甾酮的合成中。

伯醇或仲醇在异丙醇铝存在下，用过量丙酮(或环己酮)可作为氢的接受体，氧化可制备醛或酮。

$$R_2CHOH + CH_3\overset{O}{\overset{\|}{C}}-CH_3 \xrightarrow{[(CH_3)_2CHO]_3Al} R(R(H))CO + (CH_3)_2CHOH$$

这是个可逆反应，这是异丙醇铝既可作氧化剂又可作还原剂的原因。但各自所处环境不一样，作氧化反应时用丙酮(或环己酮)，还原时仅用异丙醇铝。这个反应的选择性极强，它可进行用其他氧化剂不易进行的一些反应。

对酸敏感的化合物，可用异丙醇铝反应的一个改良方法是用吸附在氧化铝上的三氯乙醛作氧化剂。该方法在中性无水条件下进行，底物分子中的卤素、脂基、内脂基等都可不受影响，有不同的羟基存在时可进行选择性氧化。如 3,17-甾二醇的合成酮：

$$\text{3,17-甾二醇 (HO, OH)} \xrightarrow[CCl_4]{CCl_3CHO/Al_2O_3} \text{3-羟基-17-酮 (HO, O)}$$

对含缩醛基、内酯基、卤原子、含氧化基团等结构的醇，用醇铝化合物氧化，一般不发生副反应。不足之处是，醇铝化合物既可作氧化剂，又可作还原剂，虽然各自的反应环境不同，但必须严格控制反应物和溶剂的比例，以避免还原物的生成。

$$\text{R-}CH_2OH \xrightarrow[\text{丙酮、苯}]{\text{异丙醇铝}} \text{R-}CHO \quad 70\%$$

6.3.6 二甲基亚砜氧化合成醛酮

二甲基亚砜(DMSO)是 1957 年发展的一种很有用的选择性氧化剂，特别是在碳水化合物、核酸、植物碱等方面的研究和制备中使用较多。在酸碱和去水剂的配合下，可氧化伯醇和仲醇成醛酮，优点是条件温和，产品纯度高，分离方便。

普菲茨纳-莫法特法(Pfitzner-Moffatt-method)用二甲基亚砜的二环己基碳二亚胺(DCC)、乙酸酐、三氟乙酸酐(TFAA)、草酰氯、三氧化硫、五氧化二磷等活化，在温和的条件下氧化伯醇和仲醇成醛酮，这类氧化剂特别适合于甾族化合物、生物碱及碳水化合物等许多敏感化合物的氧化。

例如：二甲基亚砜的二环己碳化二亚胺溶液加入醇类，再用三氟醋酸吡啶盐作质子供给剂和接受剂。反应一般都在室温下进行。

$$\text{4-Cl-C}_6\text{H}_4\text{-CH}_2\text{OH} \xrightarrow[\text{DMSO}]{\text{DCC,H}^+} \text{4-Cl-C}_6\text{H}_4\text{-CHO} \qquad 100\%$$

$$\text{(1,1-二苯基硅杂环己-2-醇)} \xrightarrow[\text{DMSO}]{\text{DCC,H}^+} \text{(1,1-二苯基硅杂环己-2-酮)} \qquad 67\%$$

这一反应表现了 DMSO 的优越性，因为即使最温和的氧化剂，铬酐-吡啶复合物也将使硅-碳键断裂。而 DMSO 能维持原结构。

其他α-卤代酸酯、卤乙酰苯、卤甲基苯、伯磺酸酯、碘代烷都可被二甲基亚砜氧化，产率较高，可作为制备反应。

$$C_6H_{13}CH_2I \xrightarrow{\text{DMSO}} C_6H_{13}CHO \qquad 70\%$$

$$\text{Br-C}_6\text{H}_4\text{-CH}_2\text{Br} \xrightarrow{\text{DMSO}} \text{Br-C}_6\text{H}_4\text{-CHO} \qquad 76\%$$

$$\text{C}_6\text{H}_5\text{-COCH}_2\text{Br} \xrightarrow{\text{DMSO}} \text{C}_6\text{H}_5\text{-COCHO} \qquad 84\%$$

6.3.7 高碘酸氧化合成醛酮

高碘酸(H_5IO_6)是一种选择氧化剂，最显著的特点是将邻二醇类化合物氧化断链形成两个羰基化合物。

$$\begin{array}{c} | \\ -\text{C}-\text{OH} \\ | \\ -\text{C}-\text{OH} \\ | \end{array} + H_5IO_6 \longrightarrow \begin{array}{c} | \\ -\text{C}-\text{O} \\ | \\ -\text{C}-\text{O} \\ | \end{array}\!\!>\!\text{I(=O)(OH)}_3 \longrightarrow \begin{array}{c} >\text{C}=\text{O} \\ \\ >\text{C}=\text{O} \end{array}$$

可被高碘酸氧化的有机物具有下列形式：

$$\text{R}-\underset{}{\overset{\text{OH}}{\text{CH}}}-\underset{\text{H}}{\overset{\text{OH}}{\text{C}}}-\text{R}' \xrightarrow{H_5IO_6} \text{RCHO} + \text{R'CHO} + H_3IO_4 + 3H_2O$$

$$\mathrm{R-\overset{O}{\overset{\|}{C}}-\underset{H}{\overset{OH}{C}}-R'} \xrightarrow{H_5IO_6} \mathrm{RCOOH + R'COOH + H_3IO_4 + H_2O}$$

$$\mathrm{R-\overset{O}{\overset{\|}{C}}-\overset{O}{\overset{\|}{C}}-R'} \xrightarrow{H_5IO_6} \mathrm{RCOOH + R'COOH + H_3IO_4 + H_2O}$$

可以看出每一分子高碘酸只断裂一个碳-碳键，分子中如有两个以上上述类型的键，每个有机分子必须消耗二分子的高碘酸。如：

$$\mathrm{H-\underset{CH_2OH}{\overset{CHO}{C}}-OH} \xrightarrow{2\ H_5IO_6} \mathrm{2HCOOH + HCHO + 2H_3IO_4 + 4H_2O}$$

反应常在水溶液中进行，不溶于水的化合物可用甲酸、1,4-二氧六环或冰醋酸作溶剂。高碘酸很贵，一般很少使用于有机合成中。常用于糖、多元醇和氨基醇的化学结构的研究，若用作合成试剂可与 $KMnO_4$ 合用。利用 $KMnO_4$ 时烯烃氧化成 1,2-二醇，而高碘酸使 1,2-二醇氧化断裂成羰基，使烯烃直接变为羰基化合物。

$$\text{(双环烯)}=\mathrm{CH_2} \xrightarrow[H_5IO_6]{KMnO_4} \text{(双环酮)}=\mathrm{O} + \mathrm{CH_2O}$$

6.3.8 四醋酸铅氧化合成醛酮

四醋酸铅 $Pb(OAc)_4$ 类似于高碘酸。也是一种选择性较强的专业氧化剂，主要用于邻二醇氧化断裂，生成两个羰基化合物。

$$\mathrm{R^1-\overset{R^2}{C}(OH)-\underset{R^3}{C}(OH)-R^4} \xrightarrow{Pb(OAc)_4} \mathrm{R^1R^2C{=}O + R^3R^4C{=}O}$$

在脂肪族邻二醇中，顺式二醇氧化，按五元环中间体过程进行。

$$\mathrm{\gt C(OH)-C(OH)\lt} \xrightarrow[-2\ AcOH]{Pb(OAc)_4} \text{(五元环 } \mathrm{C-O-Pb(OAc)_2-O-C} \text{)} \xrightarrow{-Pb(OAc)_2} \mathrm{2\ \gt C{=}O}$$

反式二醇按电子转移式进行：

$$\mathrm{\gt C(OH)-C(OH)\lt} \xrightarrow[-AcOH]{Pb(OAc)_4} \mathrm{\gt C(O{-}Pb(OAc)_3)-C(OH)\lt} \longrightarrow \mathrm{2\ \gt C{=}O} + \mathrm{Pb(OAc)_2} + \mathrm{AcOH}$$

这一反应只对邻二醇有效，对1,3、1,4-二醇都不起作用。因此在合成上有重要的作用，有些用其他方法不易制备的化合物，可用这一方法在温和的条件下得到较高的产率。

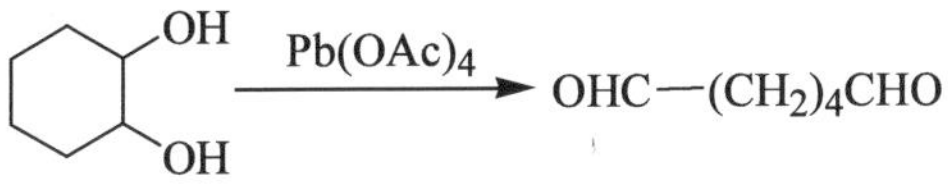

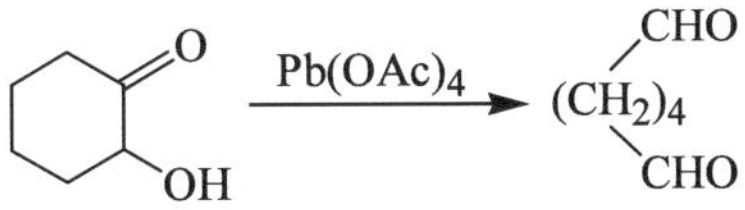

$$\text{1,2-环己二醇} \xrightarrow{Pb(OAc)_4} OHC-(CH_2)_4CHO$$

$$\text{2-羟基环己酮} \xrightarrow{Pb(OAc)_4} CHO-(CH_2)_4-CHO$$

有人利用这个方法设计了下列醛的合成法：

$$RMgBr + Cl-CH_2-CH=CH_2 \longrightarrow RCH_2CH=CH_2 \xrightarrow{KMnO_4} R-CH_2-CH(OH)-CH_2(OH)$$

$$\xrightarrow{Pb(OAc)_4} RCH_2CHO + HCHO$$

下列反应是制备醛酸酯的一个巧妙方法。

$$COOBu-CHOH-CHOH-COOBu \xrightarrow{Pb(OAc)_4} 2\ COOBu-CHO \quad 77\%\sim88\%$$

四醋酸铅也可将伯醇、仲醇氧化成醛、酮，但只在特殊情况下用于制备。

$$PhCH=CH-CH_2OH \xrightarrow[\text{室温},12h]{Py,Pb(OAc)_4} PhCH=CH-CHO \quad 90\%$$

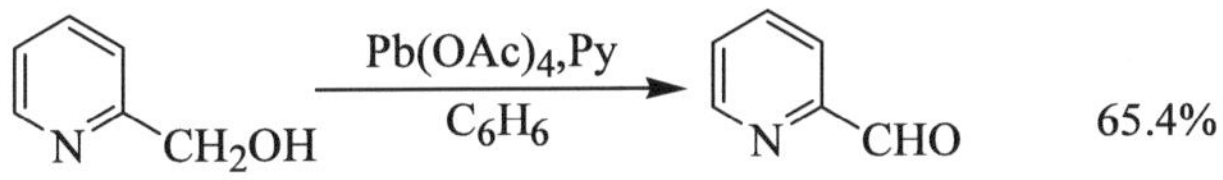

$$\text{2-吡啶甲醇}(C_5H_4N-CH_2OH) \xrightarrow[C_6H_6]{Pb(OAc)_4,Py} \text{2-吡啶甲醛}(C_5H_4N-CHO) \quad 65.4\%$$

一元醇可被醋酸铅氧化生成醌，但产率不高，邻位或对位二元酚很容易被氧化成邻醌或对醌。对简单酚这一反应是定量的。

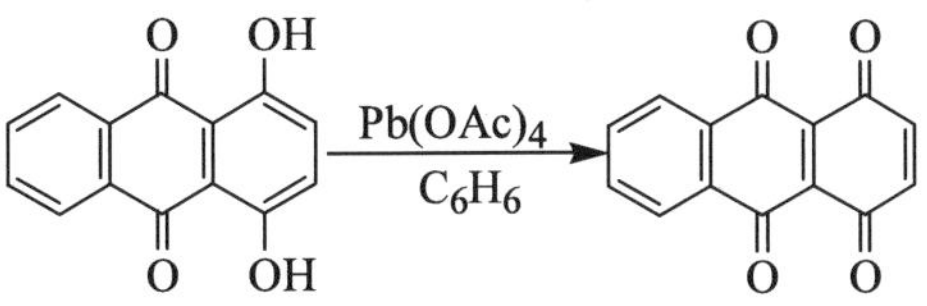

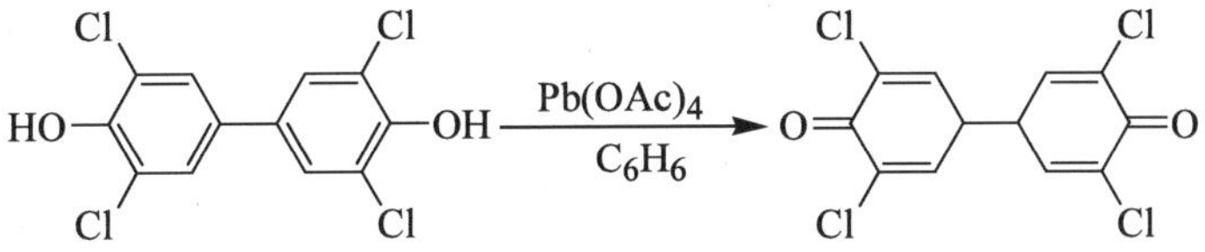

$$\text{1,4-二羟基蒽醌} \xrightarrow[C_6H_6]{Pb(OAc)_4} \text{蒽-1,4,9,10-四酮}$$

$$\text{HO-(3,5-二氯苯基)-(3,5-二氯苯基)-OH} \xrightarrow[C_6H_6]{Pb(OAc)_4} \text{O=(3,5-二氯环己二烯亚基)=(3,5-二氯环己二烯亚基)=O}$$

$Pb(OAc)_4$在铜离子或吡啶存在下，可以使羧酸氧化脱酸，生成不饱和化合物，与双烯合成相结合，是制备双烯化合物的好方法。

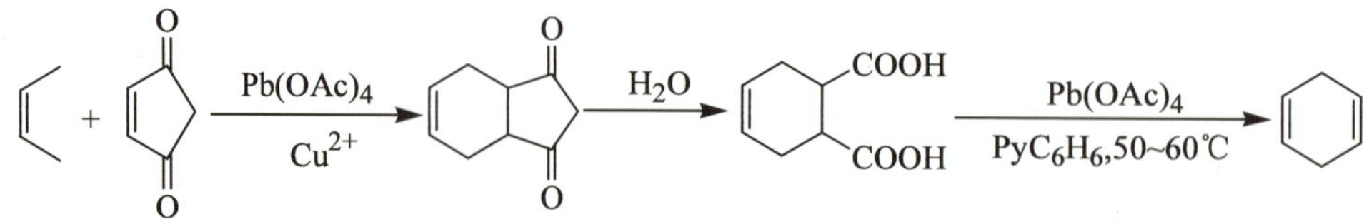

6.4 受载试剂氧化合成醛酮

用受载试剂的有机反应，有不少突出优点，反应条件温和，反应干净利索，副反应少，产率高，操作方便，后处理简单，有些试剂还可进行选择性氧化。

6.4.1 用 Ag_2CO_3/助滤剂氧化

助滤剂为一种硅藻土，相当于 Al_2O_3 和硅胶。Ag_2CO_3 是一种温和的氧化剂，Ag_2CO_3/助滤剂是将醇氧化为醛、酮的有效试剂，特别适用于对酸碱敏感化合物的氧化，反应温和，产率高，很少发生过头现象。

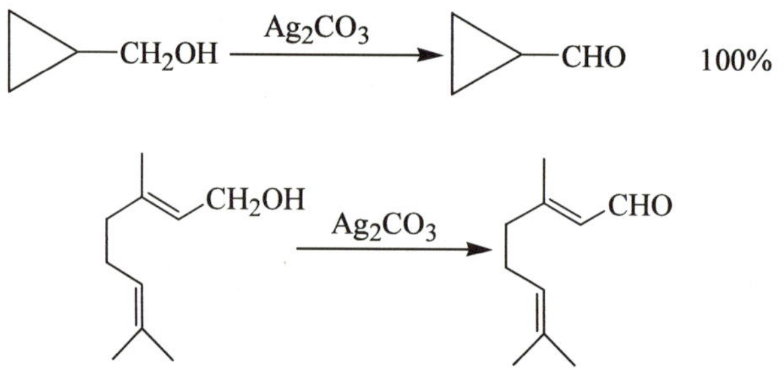

$$C_6H_5—CH(OH)—CO—C_6H_5 \xrightarrow{Ag_2CO_3} C_6H_5CO—CO—C_6H_5 \quad 90\%$$

用 CCl_3CHO/Al_2O_3 的氧化。用脱水的 W-200 目-N 氧化铝(即 200 目中性 Al_2O_3)吸附三氯乙醛作氧化剂，此试剂能顺利氧化仲醇(包括有张力的环和位阻大的环烷醇)而不氧化伯醇。也不触及分子中易被氧化的其他基团，例如双键。

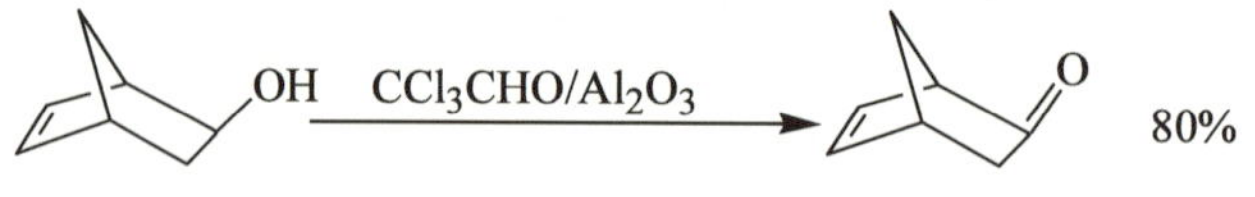

也有将铬酐插入石墨中，这是一种选择性地只氧化伯醇为醛的氧化剂。从石油工业所提供的烯烃开始，经氧化合成醛、酮等一系列有机原料是很有前途的工业方法，目前工业上一般采用金属、金属配合物以及金属氧化物为催化剂进行空气氧化而制备。

6.4.2 用 $PdCl_2$-$CuCl_2$ 催化氧化

乙烯氧化制乙醛是在 $PdCl_2$-$CuCl_2$ 络合催化剂存在下经空气氧化制得。

$$CH_2{=}CH_2 + \frac{1}{2}O_2 \xrightarrow{PdCl_2\text{-}CuCl_2} CH_3CHO$$

反应过程：
羰化反应：

$$C_2H_4 + PdCl_2 + H_2O \longrightarrow CH_3CHO + Pd + 2HCl$$

金属氧化反应：

$$Pd + 2CuCl_2 \xrightarrow{H_2O} PdCl_2 + CuCl(s)$$

$$2CuCl + 2HCl \xrightarrow{\frac{1}{2}O_2} 2CuCl_2 + H_2O$$

乙烯在金属 Pd 和 V_2O_5 组成的催化体系中进行氧化也可得到同样结果。

$$CH_3CH{=}CH_2 \xrightarrow{PdCl_2\text{-}V_2O_5} CH_3\overset{\overset{O}{\|}}{C}{-}CH_3$$

$$C_4H_8 \xrightarrow{PdCl_2\text{-}V_2O_5} CH_3{-}\overset{\overset{O}{\|}}{C}{-}CH_2CH_3$$

在金属钯催化下氧化，可制得不饱和醛酮，进一步氧化得不饱和酸。

$$(H_3C)_2C{=}CH_2 \xrightarrow[{[O]}]{Pd} CH_2{=}\overset{\overset{CH_3}{|}}{C}{-}CHO \xrightarrow[{[O]}]{Pd} CH_2{=}\overset{\overset{CH_3}{|}}{C}{-}COOH$$

$$n\text{-}C_4H_6 \xrightarrow[{[O]}]{Pd} CH_3CH{=}CH{-}CHO + CH_3\overset{\overset{O}{\|}}{C}{-}CH{=}CH_2$$

若用金属氧化物催化氧化，也可得不饱和醛。

$$CH_3CH{=}CH_2 \xrightarrow{Bi\text{-}Mo\text{-}P\text{-}O} CH_2{=}CH{-}CHO$$

6.5 光敏氧化反应

光被认为是一种特殊的、能够产生某些特殊反应的“纯净试剂”，通过选择适当的反应条件，如光的激发波长、反应物的浓度、适合的溶剂、光敏剂(除去可能的淬灭剂)等，可以使许多有合成应用价值的光诱导反应达到高度化学选择性、区域选择性和立体选择性的水平，因此，光化学是有机合成上应用很广的方法之一。单线态氧的产生方法如下：

$$PS(光敏试剂) + h\nu \rightarrow {}^1[PS]^* \rightarrow {}^3[PS]^*$$

如有 O_2(普通的氧分子，三线态)存在，则

$${}^1O_2 + {}^3[PS]^* \rightarrow {}^3O_2 + PS$$

也可由以下反应生成：

$$H_2O_2 + {}^-OCl \rightarrow {}^1O_2 + H_2O + Cl^-$$

1) 共轭二烯烃与 $^1O_2$ 的[1+4]环加成反应

由环戊二烯光敏氧化得到 1,4-内过氧化物，然后还原生成二醇，即为腺素和茉莉酮的重要中间体。

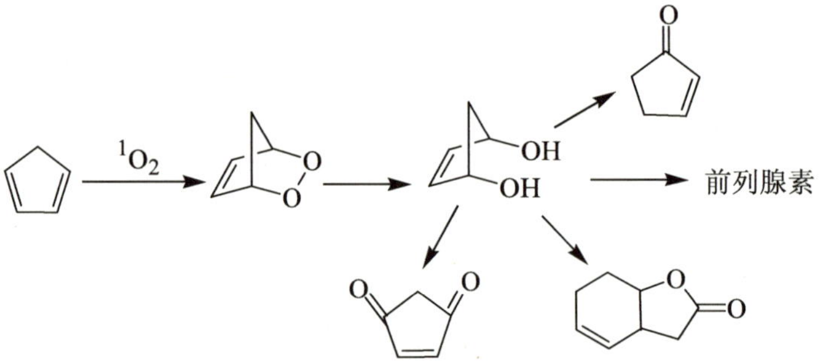

一个有趣的反应是通过α-松油烯进行光敏氧化制备跨环过氧化物——驱虫脑[对甲基-1,4-二桥氧环己烯-(2)-异丙烷]：

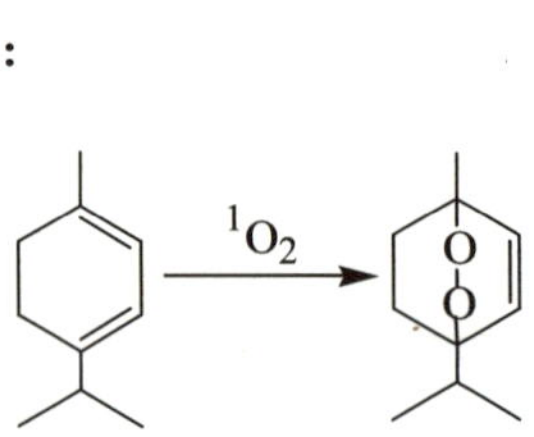

2)“ene”反应

与自氧化反应相反，$^1O_2$ 的“ene”反应(氧的加成与夺氢反应)总是发生在同面，有立体专一性。“ene”反应不发生消旋，没有 *E*/*Z* 异构化产生，因此，在精细合成中很有价值。例如，由香茅醇和橙花醇进行光氧化反应合成香料玫瑰醚(rose oxide)和橙花醚(nerol oxide)已进入了工业生产。

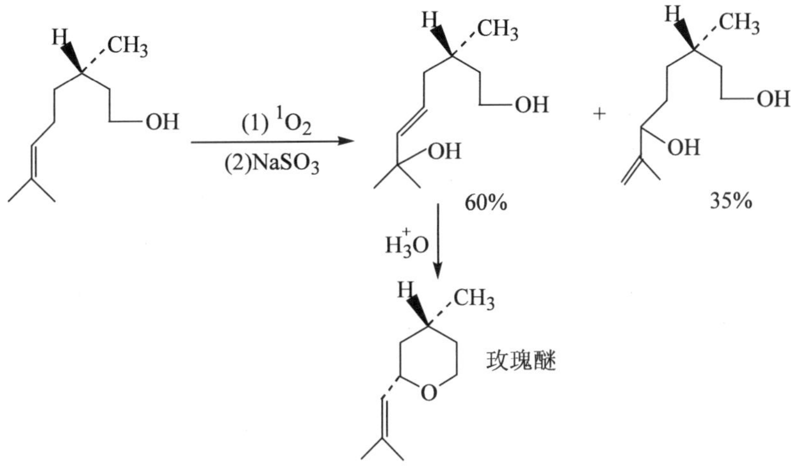

(1) $^1O_2$
(2)$NaSO_3$
60%
35%
H_3^+O
玫瑰醚

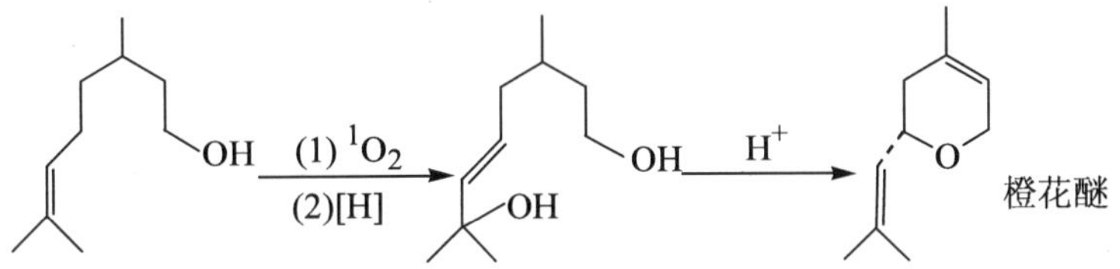

(1) $^1O_2$
(2)[H]
H^+
橙花醚

6.6 醛、酮氧化合成酯

6.6.1 酮的拜尔-维利格(Baeyer-Villiger)氧化反应

过氧酸在强酸催化剂存在下，氧化酮生成酯，具有一定的用途。较活泼的芳基酮可用过乙酸在硫酸或对甲苯磺酸存在下完成，过氧三氟乙酸是一般酮氧化成酯的选择性试剂。

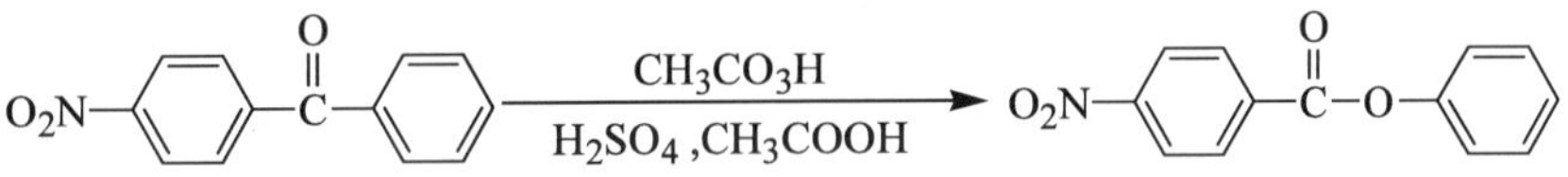

CH_3CO_3H
H_2SO_4 ,CH_3COOH

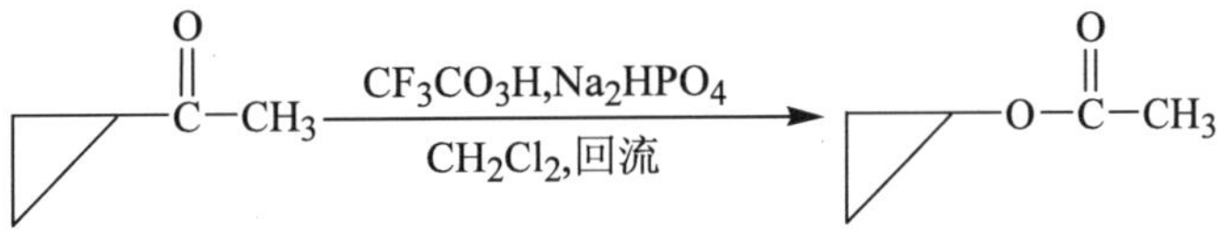

CF_3CO_3H,Na_2HPO_4
CH_2Cl_2,回流

不对称酮进行Baeyer-Villiger氧化时，可能有两种脂生成：

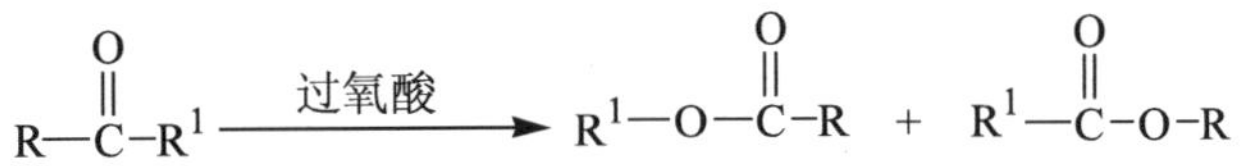

$$R-\overset{O}{\overset{\|}{C}}-R^1 \xrightarrow{\text{过氧酸}} R^1-O-\overset{O}{\overset{\|}{C}}-R + R^1-\overset{O}{\overset{\|}{C}}-O-R$$

产物的结构究竟以哪种为主，决定于羰基两边不同烃基迁移的难易程度。经过大量实验表明，烃基的迁移顺序为：芳基＞叔烃基＞苄基＞苯基＞仲烃基＞伯烃基＞环丙基

> 甲基。在芳基中芳环上有给电子基团的优先迁移。从以上反应机理中可以看出，酮分子中被迁移的烃基与氧原子相连时，在产物脂中，它是以烷氧基形式存在的。因此，在判断不对称酮的氧化产物时，只要比较两个烃基的迁移顺序，哪个烃基优先迁移，就在该烃基和羰基之间加一个氧原子，所得的脂是氧化产物。例如：

$$\text{C}_6\text{H}_{11}\text{-C(=O)-CH}_3 \xrightarrow{C_6H_5CO_3H} \text{C}_6\text{H}_{11}\text{-O-C(=O)-CH}_3 \quad 67\%$$

$$\text{(降冰片基)-COCH}_3 \xrightarrow[CHCl_3,\ 25℃]{C_6H_6COOH} \text{(降冰片基)-O-C(=O)-CH}_3$$

光活体　　　　光活体 81%

环己基苯甲酮，用过苯甲酸作氧化剂，氯仿作溶剂，应得到两种形式的酯：

$$\text{C}_6\text{H}_{11}\text{-C(=O)-C}_6\text{H}_5 \xrightarrow[CHCl_3,\ 25℃]{C_6H_5CO_3H} \text{C}_6\text{H}_{11}\text{-O-C(=O)-C}_6\text{H}_5 + \text{C}_6\text{H}_{11}\text{-C(=O)-O-C}_6\text{H}_5$$

环酮在过氧酸作用下，主要得内酯，产率较好。

$$\text{环戊酮} \xrightarrow[CF_3COOH,\ 10\sim15℃]{CF_3CO_3H} \text{δ-戊内酯}$$

6.6.2 醛与过氧酸的氧化

醛与过氧酸的氧化作用不如酮的氧化那样具有合成用途。一般产物是羧酸或甲酸酯。醛的氧化产物羧酸可以看成在氢和羰基之间加上一个氧原子。但邻-和对-羟基苯甲醛与碱性过氧化氢的反应是制备邻苯二酚和对苯二酚的有效方法。苯甲醛氧化生成苯甲酸，但水杨醛则几乎定量地生成邻苯二酚。2-羟基-3,4-二甲基苯乙酮氧化得到 3,4-二甲基邻苯二酚。这可能经过了与前面提出的 Baeyer-Villiger 反应相似的历程。

$$\left.\begin{array}{l}\text{邻-OH-C}_6\text{H}_4\text{-CHO} \\ \text{邻-OH-C}_6\text{H}_4\text{-COCH}_3\end{array}\right\} \xrightarrow{H_2O_2/NaOH} \text{邻-C}_6\text{H}_4\text{(OH)}_2$$

$$\text{2-羟基-3,4-二甲基苯乙酮 (COCH}_3\text{, OH, CH}_3\text{, CH}_3\text{)} \xrightarrow{H_2O_2/NaOH} \text{3,4-二甲基邻苯二酚 (OH, OH, CH}_3\text{, CH}_3\text{)}$$

6.6.3 苯环的乙酰氧基取代反应

四醋酸铅 $Pb(OAc)_4$ 对苯环发生乙酰氧基取代反应生成酯。如：

$$\text{萘} \xrightarrow{Pb(OAc)_4} \text{1-萘基-}OCOCH_3$$

芳环侧链上α-H 原子可被乙酰氧基取代芳环上有推电子基团时，有利于反应进行，产率高。

$$MeO-C_6H_4-CH_2-C_6H_5 \xrightarrow{Pb(OAc)_4} MeO-C_6H_4-CH(OCOCH_3)-C_6H_5 \quad 76\%$$

显然芳环上吸电子基团存在，不利于乙酰氧基取代。

6.7 羧酸及其衍生物的生成

6.7.1 烷基芳烃的氧化合成羧酸

芳环本身不易被氧化，若是取代芳烃、多环芳烃，在催化剂存在下，可氧化生成酮、醌、醇和羧酸及其衍生物。

1) 用 $KMnO_4$ 氧化

高锰酸钾在精细有机合成中是一个常用的氧化性很强的试剂，称为通用氧化剂，选择较差，无论在中性、碱性或酸性介质中都能使有机物氧化，只有控制一定的反应条件，才能获得所需的化合物。

高锰酸钾作氧化剂，制备酸，在酸性介质中进行，这时：

$$Mn^{7+} \longrightarrow Mn^{2+} \qquad \text{放出初生态[O]}$$

$$2KMnO_4 + 3H_2SO_4 \longrightarrow K_2SO_4 + 2MnSO_4 + 3H_2O + 5[O]$$

例如：

$$C_6H_5-CH_3 \xrightarrow{KMnO_4 + H_2SO_4} C_6H_5-COOH$$

$$\text{3-氯-4-甲基吡啶 (CH}_3\text{, Cl)} \xrightarrow{KMnO_4 + H_2SO_4} \text{3-氯吡啶-4-甲酸 (COOH, Cl)}$$

2) 用 V_2O_5 催化氧化

工业生产邻苯二甲酸酐，是以经济易得的萘为原料，用 V_2O_5 作催化剂，空气氧化制备的。

$$\text{萘} \xrightarrow[400\sim500℃]{O_2,\ V_2O_5} \text{邻苯二甲酸酐} \xrightarrow[\text{转位}]{\text{水解}} HOOC-C_6H_4-COOH \xrightarrow[OH^-]{\text{乙二醇}} C_2H_5OOC-C_6H_4-COOC_2H_5$$

对苯二甲酸二乙酯是涤纶的单体原料。

6.7.2 醇氧化合成羧酸

伯醇用铬酸盐、高锰酸盐可直接氧化生成羧酸。但副反应多、产率低。应用催化氧化，很好地将伯醇氧化成酸。

铂催化氧化。O_2-Pt 体系可将伯醇氧化成羧酸，产率较好。这是一种选择性的氧化剂。低相对分子质量醇氧化可在水溶液中进行，高相对分子质量醇可以在庚烷中进行。也可用酮、乙酸作溶剂，但反应速度慢，一般只生成醛。如：

$$CH_3(CH_2)_4-CH_2OH \xrightarrow[7h,\ 59℃]{Pt / O_2,\ \text{庚烷}} CH_3(CH_2)_4CHO$$

但在碱性介质中，O_2-Pt 可将羟基氧化成酸。产率几乎是定量的。

$$HOCH_2-C(CH_2OH)_2-CH_2OH \xrightarrow[NaHCO_3,\ 35℃]{Pt/O_2} HOCH_2-C(CH_2OH)_2-COOH$$

6.7.3 烯烃氧化合成羧酸

烯烃经臭氧氧化、水解制备羧酸是经臭氧氧化后，氧化水解制备的，前面已经提到了。烯烃在金属氧化物催化下的多相氧化可得不饱和酸。

$$CH_2=CH-CH_3 \xrightarrow{Ti\text{-}V\text{-}MO} CH_2=CH-COOH$$

在 $PdCl_2/CuCl_2$ 催化氧化下有 CO 参与可得多一个碳原子的羧酸。

$$CH_2=CH_2 + CO + O_2 \xrightarrow[\text{醋酐-乙酸},\ 130\sim140℃]{PdCl_2/CuCl_2,\ \text{三甲基乙酸}} CH_2=CH-COOH$$

多组分体系的催化氧化，机理较复杂，一般指用于工业生产及其研究，实验室很少使用。

6.7.4 醛、酮的氧化合成羧酸

醛用很强的氧化剂如 H_2CrO_4 和高锰酸钾作用得羧酸，对那些不含对酸敏感基团的化合物的氧化，效果较好。如

$$n\text{-}C_6H_{13}CHO \xrightarrow{KMnO_4\text{-}H_2SO_4} n\text{-}C_6H_{13}COOH \quad 76\%\sim78\%$$

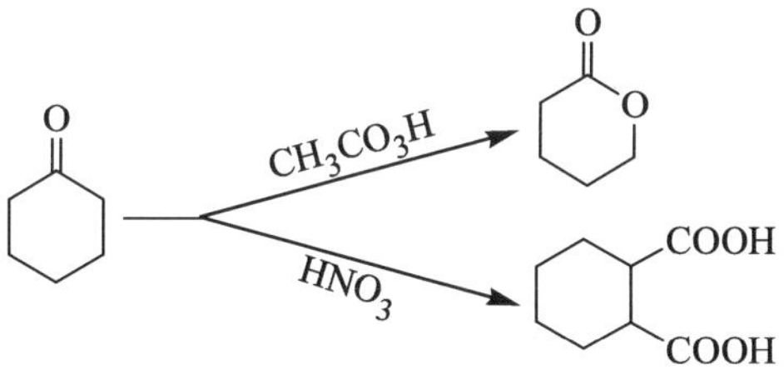

$$\text{环己酮} \xrightarrow{CH_3CO_3H} \text{己内酯}$$

$$\text{环己酮} \xrightarrow{HNO_3} \text{1,2-环己二甲酸 (COOH, COOH)}$$

卤素在碱催化下，氧化甲基酮形成减少一个碳原子的羧酸是大家所熟悉的卤仿反应。例如：

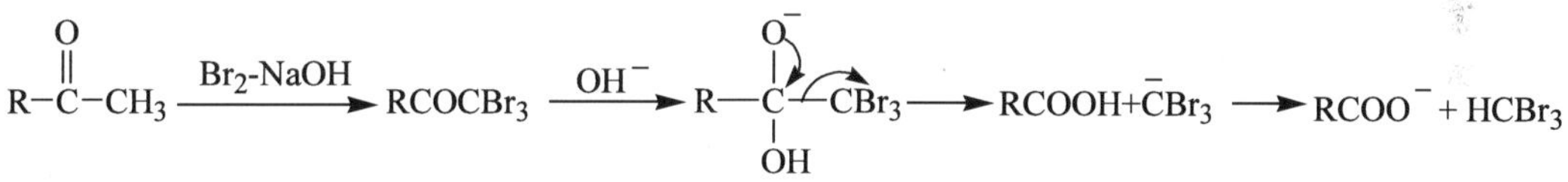

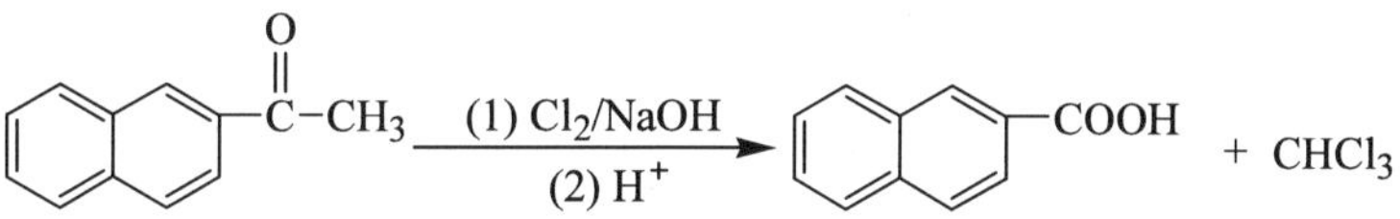

$$R-\overset{O}{\overset{\|}{C}}-CH_3 \xrightarrow{Br_2\text{-}NaOH} RCOCBr_3 \xrightarrow{OH^-} R-\underset{OH}{\overset{O^-}{C}}-CBr_3 \longrightarrow RCOOH+\bar{C}Br_3 \longrightarrow RCOO^- + HCBr_3$$

$$\text{2-萘基}-\overset{O}{\overset{\|}{C}}-CH_3 \xrightarrow[(2)\ H^+]{(1)\ Cl_2/NaOH} \text{2-萘基}-COOH + CHCl_3$$

习 题

1. 论述高锰酸钾氧化烯烃合成邻二醇的反应机理。
2. 论述用臭氧化烯烃合成醛酮的机理及臭氧作为烯烃氧化剂的优点。
3. 论述 SeO_2 氧化烯烃合成醇的机理。
4. 合成下列化合物。

(1)  $C_6H_5CH_2CH_3 \longrightarrow CH_3CH\!-\!CH_2$ （CH 与 CH_2 经 O 成环氧）

(2) $>C=C< \longrightarrow$ 臭氧化物（C—O—O—C 与 C—O—C 构成五元环）

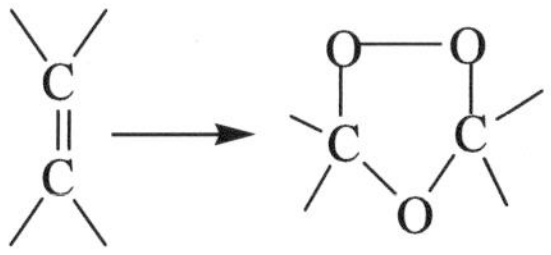

(3) $CH_3(CH_2)_7CH=\overset{H}{C}-(CH_2)_7COOH \longrightarrow CH_3(CH_2)_7\underset{OH}{CH}-\underset{OH}{CH}(CH_2)_7COOH$

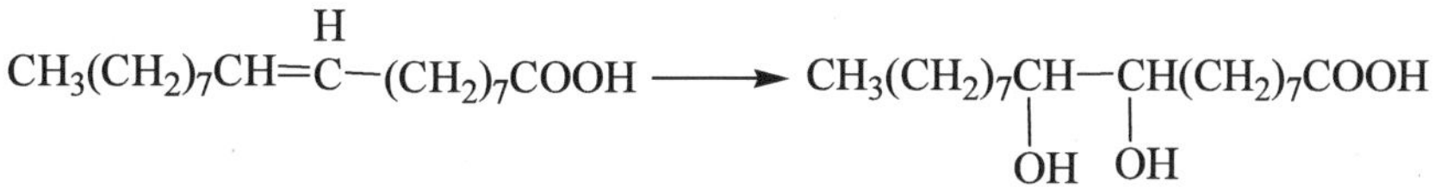

(4) CH_3 CH_3 → O CH_3 CH_3 O

(5) OH OH → O O

(6) $-\overset{|}{C}-OH$ $-\underset{|}{C}-OH$ → $\rangle C{=}O$

第7章 还原反应

还原反应与氧化反应一样，是有机化学中一类十分重要的反应。它的应用甚至比氧化反应更广，其反应规律也比氧化反应研究得多。无论在工业生产上还是科学研究中，还原反应表现为有机化合物中的不饱和键进行加氢，以及对分子中与碳原子相连的原子和基团用氢去置换的反应。还原反应主要有三种类型：催化氢化，化学还原，电解还原。在精细有机合成中，目前以化学还原法为主。有机分子中的氢化反应可能是所有合成中发展水平最高的反应。其选择性方面的知识也是遥遥领先。本章主要介绍催化氢化反应，烯、炔、芳环、杂环、羰基、含氮化合物的还原。

普通的还原剂是在金属或金属配位催化剂(如 Ni，Pd，Pt，Ru，Rh)存在下的金属氢化物(如 $LiAlH_4$，$NaBH_4$)、还原性的金属(如 Li，Na，Mg，Ca，Zn)以及氮的低价态化合物(如 N_2H_4，N_2H_2)、磷的低价态化合物(如三苯基膦、三己基亚磷脂)和硫的低价态化合物(如 $Na_2S_2O_4$，$HO\text{-}CH_2\text{-}SO_3Na$ 即 SFS)。

对于每一种官能团来说，都有一种或几种最适宜的还原剂和还原方法。不同的还原要求的场合需要选用不同的还原剂和操作条件。例如，香芹酮用不同的还原剂还原时得到不同产物。

Na+ROH → OH 二氢香芹

Zn+HOAc → O 二氢香芹酮

$LiAlH_4$ → OH 香芹醇

一种还原剂也可以还原一种或几种不同的官能团。某些还原剂具有高度的选择性，在还原反应中，温度、压力、催化剂、溶剂等条件对还原产物的影响也很大。

7.1 催化氢化反应

催化氢化就是分子氢在催化剂作用下，将不饱和键或基团转化为饱和键与基团的还原反应。催化氢化是最常用的最简便的还原方法之一，尤其在工业生产上常大量采用，它已成为石油化学工业中一个不可缺少的方法，也是研究有机化合物分子中不饱和键数目和性质，特别是研究天然产物结构的不可缺少的方法。

催化加氢是指在催化剂作用下，氢与不饱和官能团的加成。氢解是指碳-杂键断裂生成新的碳-氢键的反应。催化氢化有许多优点，比如，使反应定向进行、副反应少、产品质量好、产率高。催化氢化生产能力大，且对解决环境污染问题有明显的优越性。但催化氢化对生产装置和工业控制的要求较高，需要优良的催化剂和氢气来源。

催化氢化反应主要机理：首先，在催化剂作用下氢气分解为氢原子并吸附在催化剂上。其次，氢原子进攻烯烃双键碳，使烯烃双键打开，氢原子与其中一个碳原子成键，另一个吸附在催化剂上的氢原子也与另一个吸附在催化剂上的碳原子成键。第三，生成新的化合物从催化剂上脱下来成为生成物，图示如下。

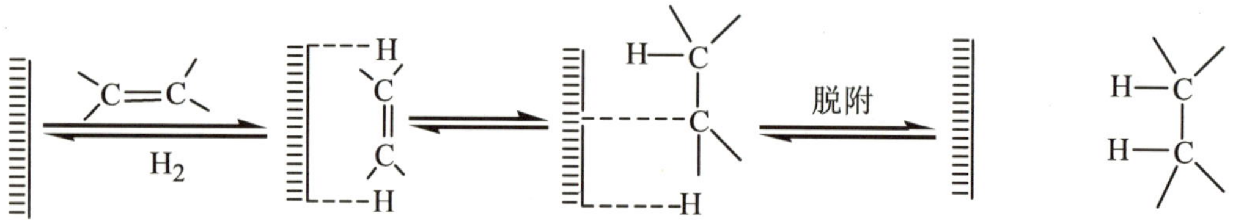

$$\mathrm{C{=}C}\ \underset{H_2}{\rightleftharpoons}\ [\text{催化剂}\cdots\mathrm{H},\ \mathrm{C{=}C},\ \mathrm{H}\cdots] \rightleftharpoons [\text{催化剂}\cdots\mathrm{H{-}C{-}C}\cdots\mathrm{H}] \xrightleftharpoons{\text{脱附}} \mathrm{H{-}C{-}C{-}H}$$

7.1.1　各类官能团的催化氢化

几乎所有的不饱和官能团均可用催化氢化的方法还原，只是难易不同而已。催化氢化可分为两大类型：一组对分子中的一个或多个不饱和键(如双键、三键、羰基、氰基、硝基、芳环等)加氢，此过程称为加氢反应；另一组通过催化氢化把碳杂原子间的键打断，并重新构成 C—H 键。例如烯丙基及苄基相连的羟基和氨基，碳-卤键和碳-硫键等通过催化氢化可将杂原子除去，此过程称为氢解反应。常见各类官能团催化反应活性由易到难次序大致如下：

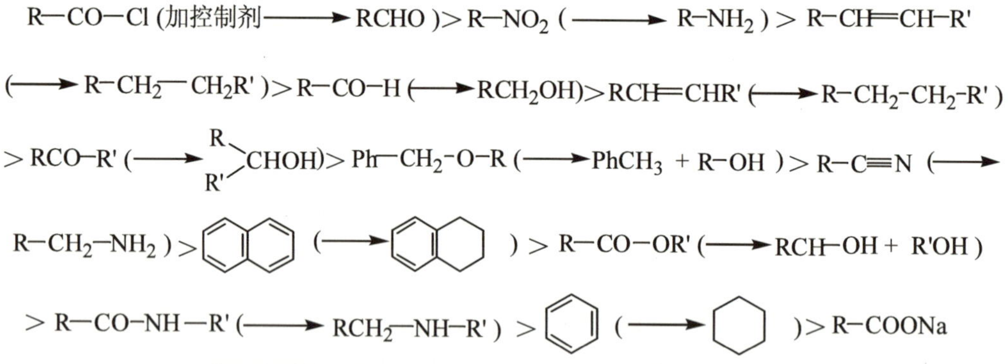

$$\mathrm{R{-}CO{-}Cl}\ (\text{加控制剂} \longrightarrow \mathrm{RCHO}) > \mathrm{R{-}NO_2}\ (\longrightarrow \mathrm{R{-}NH_2}) > \mathrm{R{-}CH{=}CH{-}R'}$$

$$(\longrightarrow \mathrm{R{-}CH_2{-}CH_2R'}) > \mathrm{R{-}CO{-}H}\ (\longrightarrow \mathrm{RCH_2OH}) > \mathrm{RCH{=}CHR'}\ (\longrightarrow \mathrm{R{-}CH_2{-}CH_2{-}R'})$$

$$> \mathrm{RCO{-}R'}\ (\longrightarrow \mathrm{R(R')CHOH}) > \mathrm{Ph{-}CH_2{-}O{-}R}\ (\longrightarrow \mathrm{PhCH_3} + \mathrm{R{-}OH}) > \mathrm{R{-}C{\equiv}N}\ (\longrightarrow$$

$$\mathrm{R{-}CH_2{-}NH_2}) > \text{萘}\ (\longrightarrow \text{四氢萘}) > \mathrm{R{-}CO{-}OR'}\ (\longrightarrow \mathrm{RCH{-}OH} + \mathrm{R'OH})$$

$$> \mathrm{R{-}CO{-}NH{-}R'}\ (\longrightarrow \mathrm{RCH_2{-}NH{-}R'}) > \text{苯}\ (\longrightarrow \text{环己烷}) > \mathrm{R{-}COONa}$$

常见的金属催化剂活性大小的顺序是：Pt > Rh > Ni > Ru，反应进行的速率跟反应使用的压力、温度及溶剂都有密切的关系。

均相氢化是在过渡金属原子上发生配位、插入、还原、消除等反应，如烯烃均相催化机理：

$$HRh(CO)(PPh_3)_3 \underset{PPh_3}{\overset{-PPh_3}{\rightleftharpoons}} HRh(CO)(PPh_3)_2 \underset{配位}{\overset{RCH=CH_2}{\rightleftharpoons}}$$

$$HRh(CO)(PPh_3)_2(RCH=CH_2) \overset{插入}{\rightleftharpoons} (RCHCH_3)Rh(CO)(PPh_3)_2 \underset{-H}{\overset{H_2\ 还原}{\rightleftharpoons}}$$

$$H_2Rh(CO)(PPh_3)_2(RCHCH_3) \xrightarrow{消除} HRh(CO)(PPh_3)_2 + RCH_2CH_3$$

由于催化剂对有机合成化合物的不饱和键以π吸附为主，氢原子只能从一面进攻，以顺式加成产物为主。如1,2-二甲基环己烯催化氢化的产物为顺式产物。

$$1,2\text{-二甲基环己烯} + H_2 \xrightarrow{催化剂} \text{顺-1,2-二甲基环己烷}$$

由于有机分子双键π电子被催化剂表面吸附，所以双键碳原子上取代基越多(阻碍吸附)，反应速度越慢。烯烃及其同系物中，以乙烯反应最快，取代基大分子易扭曲，不利于表面吸附。同分异构物中，反应的次序是

$$CH_3CH_2CH{=}CH_2 > CH_3CH{=}CH{-}CH_3 > (H_3C)_2C{=}CH_2$$

高级烯烃中，取代基越多，分支越多，速度越慢。

$$RCH{=}CH_2 > RCH{=}CHR' > R_2C{=}CH_2 > R_2C{=}CR'_2$$

如取代基太多，则几乎不反应，如：

$$Ph_3C{-}C{\equiv}C{-}CPh_3 + H_2 \quad \text{几乎不反应}$$

7.1.2 影响催化氢化的因素

温度对氢化反应速率影响很大。显然，被氢化物的性质和催化剂的类型对温度都有所要求。例如使用 Pd 作催化剂，烯烃的氢化在常温常压下进行，而酚类的氢化则要在150~200℃、10.12MPa 下进行。通过对各种类型不同的催化氢化法研究表明，几乎所有氢化反应都是温度每升高 10~20℃，速度增加一倍，一般来说，温度越低，催化剂选择性越显著，4-苯基代二丁烯基甲基酮的氢化若其他条件均相同，由于温度不同而得不同产物。若

温度超过 40℃，部分炔键变成烷，到了 80℃时，则选择性消失，炔烃全部变成烷烃。

低压氢化用于双键、三键加氢和硝基、羰基还原，高压氢化常用于苯环、杂环加氢和羧酸衍生物的还原。压力增高，可加快反应速度，但选择性降低。为使氢化反应保持必需的压力，又不致影响选择性，可采用在反应器中充入氮气，然后通入氢气，直至所需压力。

多数反应是在溶剂中进行的，溶剂的存在不仅起溶解分散作用，而且帮助减轻和较好地控制放热反应。但溶剂对反应速度和选择性是有影响的。低压氢化常用溶剂为乙酸乙酯、乙醇、水、乙酸等，它们在反应中的活性次序是

$$CH_3CO_2C_2H_5 > H_2O > C_2H_5OH > CH_3COOH$$

选择溶剂还要针对所用催化剂系统。一般碱性介质对 Ni 是促进剂。而对 Pt、Rh 则是抑制剂，甚至是致毒剂。酸性介质对 Pt 是促进剂，而对 Ni 和 Ru 是抑制剂。

催化剂用量明显影响反应速度。其他条件一定时，催化剂用量增加一倍，反应速度可增加 5~10 倍。使用大比例的催化剂，可使反应在极低压力和温度下反应，可避免剧烈条件下的副反应，提高选择性。催化剂用量的选择，要根据被氢化物的性质、反应类型、反应条件、催化剂种类等多种因素来确定。同一反应，高压下进行所需催化剂量比低压下少，量大的反应所需催化剂量要比量小的少。

7.1.3　金属供质子剂还原

金属供质子剂还原也称电子转移试剂还原，是指 Li、Na、Fe、Zn、Sn 等金属溶解在质子性溶剂(酸、醇、水、氨等)中的还原。这是一种研究得最多、使用最早、应用范围最广的一类还原方法。

反应特点：金属与供质子试剂反应越剧烈，还原效果越差。因为质子形成氢而逃逸。比如金属钠与无机酸不能作还原剂，但钠和醇类可作还原剂。

不同金属与不同供质子剂对同一被还原物可产生不同产物，同一金属与不同供质子剂也能使同一被还原物产生不同产物。如硝基苯的还原：

$C_6H_5NO_2$ → (Zn, H_2O, NH_4Cl) → C_6H_5—NH—OH

$C_6H_5NO_2$ → (Zn-EtOH, NH_3) → C_6H_5—N(→O)=N—C_6H_5

$C_6H_5NO_2$ → (Zn-EtOH, KOH) → C_6H_5—N=N—C_6H_5

$C_6H_5NO_2$ → (Zn, H_2O, NaOH) → C_6H_5—NH—NH—C_6H_5

$C_6H_5NO_2$ → (Zn, AcOH) → C_6H_5—NH_2

可见对一定的目的来说，选择合适的反应条件是很重要的。

氢化物或复合氢化物主要还原对象是>C=O、>C=N—N=O、>S=O等极化双键，对极化不够的>C=C<，一般不发生反应。

金属氢化物还原主要是负离子进攻的亲核加成。无论是AlH_4^-还是BH_4^-，它们的四个氢原子都可以用来进行还原作用，但AlH_4^-的第一个氢原子作用较快，还原性较强，其余氢原子依次慢下去，而BH_4^-存在时，第一个氢原子作用较慢，在第一个氢原子反应以后，其他氢原子反而较易反应，还原性能也有所提高。

7.2 烯、炔类化合物催化氢化还原

7.2.1 烯烃类化合物催化氢化还原

催化氢化是还原烯、炔类化合物最常用的方法。无立体效应的烯烃双键优先氢化。如：

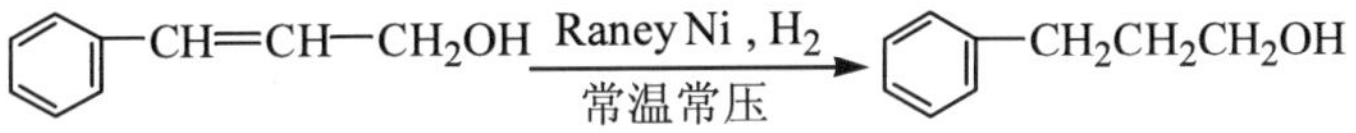

$$C_6H_5-CH=CH-CH_2OH \xrightarrow[\text{常温常压}]{\text{Raney Ni , }H_2} C_6H_5-CH_2CH_2CH_2OH$$

烯烃结构对双键的氢化有显著影响，由于取代基的增多，或取代基支链的增多，阻碍了双键在催化剂表面的吸附，造成反应速率上的差别。利用这种反应速率上的差别，选择合适的催化剂可用来分离双键位置不同的烯烃，也可在同一分子中进行选择性氢化。例如，柠檬烯(1)用 PtO 催化氢化时，在只吸收氢就停止反应时，能得到接近定量产率的(2)，进一步氢化时生成薄荷烷(3)，该过程表示如下：

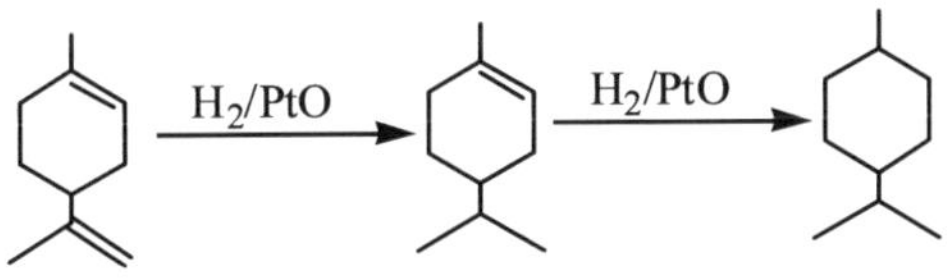

$$(1) \xrightarrow{H_2/PtO} (2) \xrightarrow{H_2/PtO} (3)$$

Raney Ni/Al_2O_3 催化氢化还原柠檬醛，可高产率地得到合成维生素的原料香茅醛，反应如下：

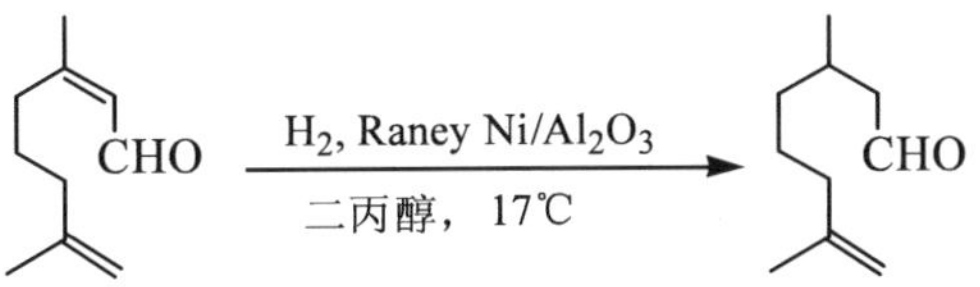

$$\text{CHO} \xrightarrow[\text{二丙醇，17℃}]{H_2\text{, Raney }Ni/Al_2O_3} \text{CHO}$$

三(三苯基膦)氯化铑催化剂可由三氯化铑与三苯基膦在乙醇溶液中加热制得

$$RhCl_3\cdot 3H_2O + 4Ph_3P \longrightarrow (Ph_3P)_3RhClH + Ph_3PCl_2$$

再如，芳樟醇用$(Ph_3P)_3RhCl_2$催化氢化，控制H_2量，可以得到二氢芳樟醇。

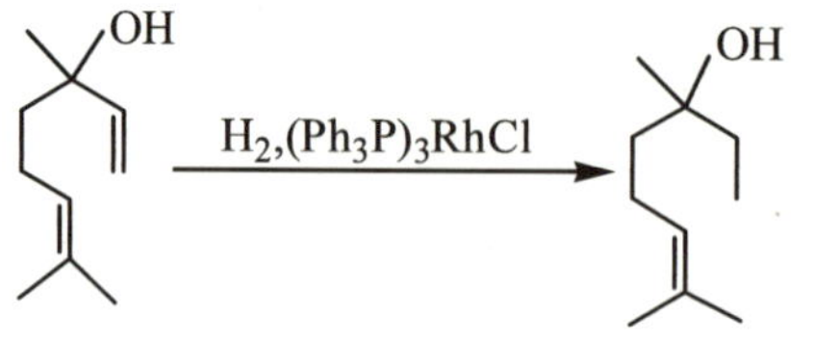

$H_2,(Ph_3P)_3RhCl$

芳樟醇　　二氢芳樟醇

共轭双烯都被氢化比较容易，若要保留一个双键，氢化一个双键，就要选择合适的催化剂和控制一定的条件，如：

$$CH_2{=}CH{-}CH{=}CH_2 \xrightarrow[400℃,\ 12.15MPa]{1\%Pd/Al_2O_3} CH_3CH_2CH{=}CH_2$$

$$CH_2{=}C(CH_3){-}CH{=}CH_2 \xrightarrow{Ni/Al_2O_3} CH_2{=}C(CH_3){-}CH_2{-}CH_3$$

烯烃的几何异构物对双键氢化有影响，一般认为顺式二取代烯烃容易氢化。因为顺式结构分子有一面阻碍小，容易与催化剂表面吸附，借此可分离顺反异构物。

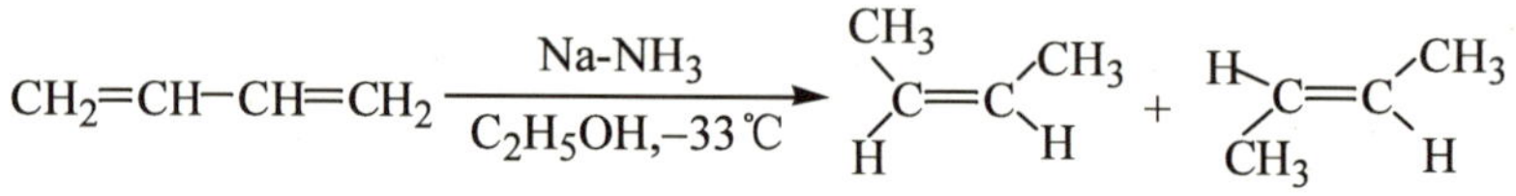

$$CH_2{=}CH{-}CH{=}CH_2 \xrightarrow[C_2H_5OH,-33℃]{Na\text{-}NH_3} (CH_3)HC{=}CH(CH_3)\ (\text{顺}) + (CH_3)HC{=}CH(CH_3)\ (\text{反})$$

在甲醇中用铑或在水溶液中用钌作催化剂，$ArH > ArCH_3 > ArOH > ArNH_2$。

例如，二聚环戊二烯用 P-2Ni 催化氢化，可选择性还原其中一个双键。

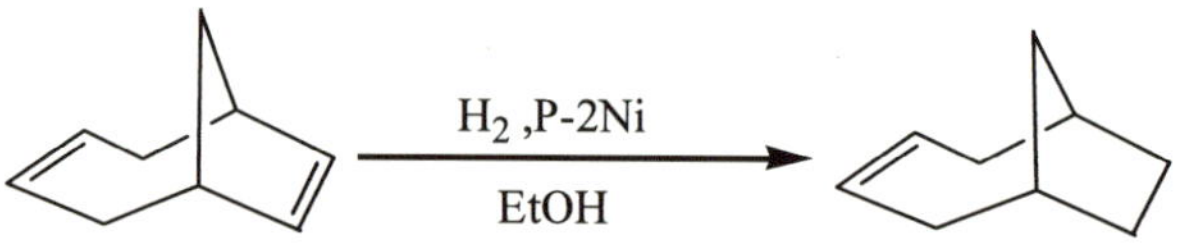

H_2 ,P-2Ni

EtOH

90%

一般烯烃很难被碱金属氨溶液还原，必须有醇类等供质子剂同时存在时才能完成反应，不同结构烯烃，还原时难易程度也不相同。

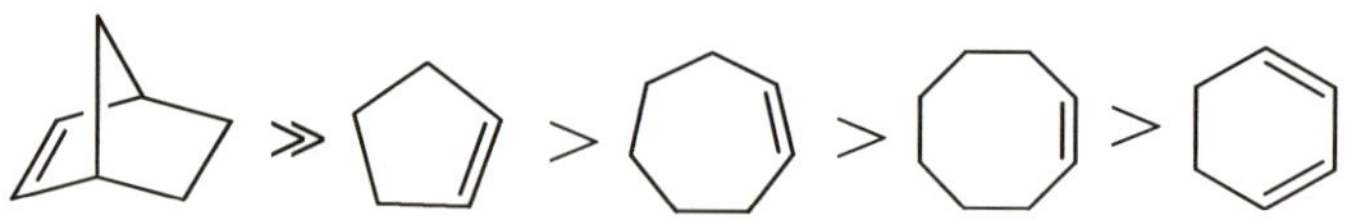

≫　>　>　>

7.2.2　炔烃类化合物催化氢化还原

碳-碳三键是属于最容易氧化的官能团之一。用铂、钯或 Raney Ni 催化剂均容易将炔烃彻底氢化还原为饱和碳氢化合物。采用 Lindlar 催化剂(钯-碳酸钙-喹啉或钯-碳酸钙-醋酸铅)，这种催化剂在还原中具有高的立体选择性，在对炔烃进行氢化时仅仅使氢化还原成为顺式烯烃。因此 Lindlar 催化剂在合成具有顺式双取代双键的作用，在天然产物中更具有重大价值。例如玉米螟的信息素顺式-Δ^9-十四烯醇乙酸酯的合成就是通过 Lindlar 催化剂进行催化加氢完成的。

$$H_3C-(CH_2)_3-C\equiv C-(CH_2)_8-O-\overset{O}{\overset{\|}{C}}-CH_3 \xrightarrow{H_2,\ Pd\text{-}BaSO_4}$$

顺式98%

取代炔烃对选择性氢化有一定影响，一取代三键比二取代容易氢化：

$$C_3H_7C\equiv C-(CH_2)_4C\equiv C-H \xrightarrow{\text{催化氢化}} C_3H_7C\equiv C-(CH_2)_4CH=CH_2$$

若是芳环的堆积，则三键更难于氢化，甚至不反应：

$$PhC\equiv C-C(Ph)_3 \xrightarrow{\text{氢化}} \text{速度很慢}$$

$$(Ph)_3C-C\equiv C-C(Ph)_3 \longrightarrow \text{几乎不反应}$$

环状炔烃部分氢化后，主要得顺式环烯烃产物。

$$\xrightarrow{Pd,\ H_2} \quad 93\%$$

若用钠在液氨中还原，则得反式烯烃。

$$\xrightarrow{Na,\ \text{液氨}} \quad 73\%$$

7.2.3 硼化合物催化还原

硼烷和二烷基硼烷是提供负氢离子还原的试剂，乙硼烷(B_2H_6)是一种强还原剂，它能进攻许多不饱和官能团，反应在室温下就易进行，所得反应生成的硼化物中间体水解可得高产率产物。但硼烷易与水反应，因此，反应要在无水条件下进行，最好用氮气保护。

二硼烷与孤立的碳-碳双键加成，生成三烷基硼烷，酸解则得烷烃，例如：

$$3RCH=CH_2 + B_2H_6 \longrightarrow (RCH_2CH_2)_3B \xrightarrow{HOAc} 3RCH_2CH_3$$

用硼烷进行还原，对那些具有活泼基团的卤化物、硝基化合物、硫化物等具有一定选择性的不能采用催化氢化。如烯丙基甲基硫醚的氢化，用催化氢化发生氢解，而失去甲硫基。而用 B_2H_6 时则无影响。

$$CH_3CH{=}CH{-}S{-}CH_3 \xrightarrow[(2)HOAc]{(1)B_2H_6} CH_3CH_2CH_2{-}SCH_3$$

使用络合金属氢化物还原剂进行还原时的反应机理以硼氢化钠为例简述如下。

$$R_2C{=}O + Na^+[BH_4]^- \longrightarrow \left[\begin{array}{c} R_2C{-}O \\ \vdots \quad \vdots \\ H{-}BH_3^- \end{array}\right] \longrightarrow R_2CH{-}O{-}BH_3^- \cdot Na^+$$

$$R_2CH{-}O{-}BH_3^- \cdot Na^+ \xrightarrow[\text{重复三次}]{R_2C=O} (R_2CH{-}O)_4B^- \cdot Na^+$$

从上述反应机理看来，1 mol 的氢络合物可还原 4 mol 的酮，但在实际操作中，往往考虑到络合金属氢化物的纯度和使反应尽量完全，常使用过量的还原剂。

碳-碳三键属最容易氢化基团，反应条件较温和，从工业制备价值看，炔烃氢化主要是选择性氢化，使反应终止在烯烃阶段。例如石油工业中，为了提高乙烯吸收率必须除去部分杂质乙炔、丙炔，其方法就是采用部分催化来完成。炔烃硼氢化速度比烯烃快，产物为顺式烯烃。

$$RCHC{\equiv}CCH_2R' \xrightarrow{B_2H_6} \left[\begin{array}{l} RCH_2CH \\ \quad\ \ \| \\ R'CH_2C{-} \end{array}\right]_3 B \xrightarrow{CH_3COOH} \begin{array}{c} H \qquad\quad H \\ C{=}C \\ R{-}H_2C \qquad CH_2{-}R' \end{array}$$

同样是这个反应，若用钠在液氨中则得到反式烯烃。

$$RCHC{\equiv}CCH_2R' \xrightarrow[NH_3]{2Na} \left[\begin{array}{c} RCH_2 \qquad Na^+ \\ \bar{C}{=}\bar{C} \\ Na^+ \qquad CH_2R' \end{array}\right] \xrightarrow{2NH_3} \begin{array}{c} RCH_2 \qquad H \\ C{=}C \\ H \qquad CH_2{-}R' \end{array}$$

这是因为，中间物若为顺式的话，同种符号的电荷就互相排斥，促使反应产物生成。

7.3 芳环、杂环化合物的还原

7.3.1 芳环的催化氢化还原

芳环和其他不饱和化合物一样，可以催化氢化，使芳环完全氢化得到饱和环烷烃，但由于苯环的稳定结构，而比烯、炔化合物难于氢化，一般在高温和一定压力下，才能氢化。苯环的加氢过程也和脂肪族不饱和化合物不同，它的氢化无法分离出任何中间化合物。例如当苯经催化氢化转化为环己烷时，如果没有进行到底，则所得到的也只是环己烷和苯组成的产物。苯环上的取代基对于苯的氢化难易程度有很大影响，取代基的效应对不同的催化剂是不一样的。苯环上连有—OH，—NH_2，—COOR，—COOH 等取代基，尤其是苯环上连有给电子基时，氢化较容易。萘环等稠环及呋喃环也比较容易氢化。催化剂一般用钯、铂、铑等贵金属。例如：

COOH, NH_2 $\xrightarrow[0.405MPa]{H_2,Rh/C}$ COOH, NH_2　68%~71%

芳烃在液氨中被金属锂(或钠)与醇发生部分还原的反应在有机合成中占重要地位。这个反应是 1949 年澳大利亚有机化学家伯奇(A. J. Birch)发现的，称为 Birch 还原。苯的 Birch 还原产物为非共轭的环己烯。

$\xrightarrow[C_2H_5OH]{Na,NH_3（液）}$

选用特殊催化剂，如以二氧化硅为载体的聚酰胺-铑络合物为催化剂，也可使苯环在常温常压下还原为环己烷，产率较好。

$+ \ 2H_2 \xrightarrow[常温常压]{聚酰胺-铑/SiO_2}$

$Na + NH_3 \longrightarrow Na^+ + e^-(NH_3)$ (氨溶剂化的电子很活泼)

反应机理：

R $\xrightarrow{e^-}$ R $\xrightarrow{R'OH}$ H H R $\xrightarrow{Na,}$ H H R $\xrightarrow{R'OH}$ H H R H H

锂、液氨与芳环作用机理为：还原也是由电子转移开始的。芳环从碱金属中得到一个电子，从醇中夺得质子，成为中性游离基，再接收一个电子转变为负离子，最后质子化，生成二氢化合物，反应机理如下：

$\underset{}{\overset{Li,液氨}{\rightleftharpoons}}$ H H $\xrightarrow{CH_3OH}$ H H H $\xrightarrow{Li,液氨}$ H H H $\xrightarrow{CH_3OH}$ H H H H

苯环上有推电子基团，如烃基、烷氧基、胺基等时，使苯环钝化(苯甲醚除外)，致使质子化发生在 2,5 位,得 3,6-二氢化物。

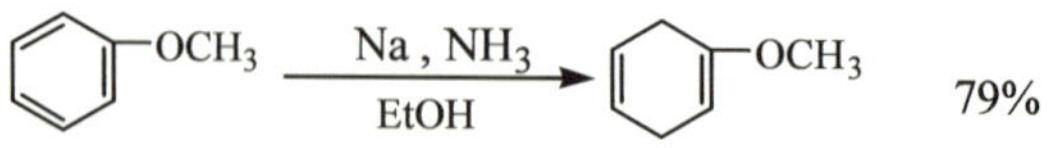

$$\text{C}_6\text{H}_5\text{-OCH}_3 \xrightarrow[\text{EtOH}]{\text{Na , NH}_3} \text{1-甲氧基-1,4-环己二烯} \quad 79\%$$

反应机理如下：

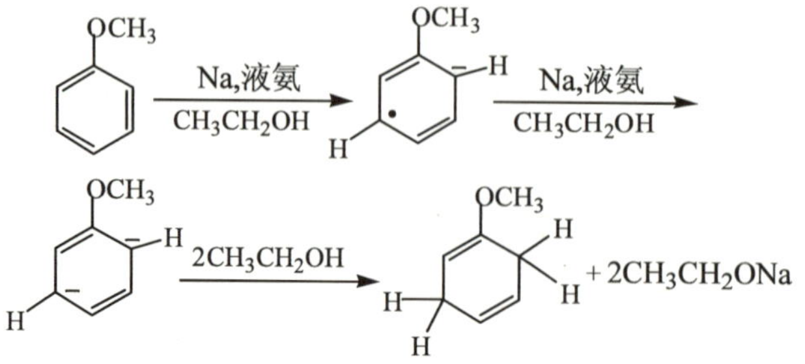

$$\text{C}_6\text{H}_5\text{OCH}_3 \xrightarrow[\text{CH}_3\text{CH}_2\text{OH}]{\text{Na,液氨}} \text{(自由基负离子)} \xrightarrow[\text{CH}_3\text{CH}_2\text{OH}]{\text{Na,液氨}}$$

$$\text{(双负离子)} \xrightarrow{2\text{CH}_3\text{CH}_2\text{OH}} \text{(3,6-二氢苯甲醚)} + 2\text{CH}_3\text{CH}_2\text{ONa}$$

苯甲醚用金属钠在液氨中还原得到 3,6-二氢苯甲醚，在酸性溶液中水解，经酸催化异构化可得环已烯-3-酮。这个典型还原反应可用于(±)硫辛酸的合成。

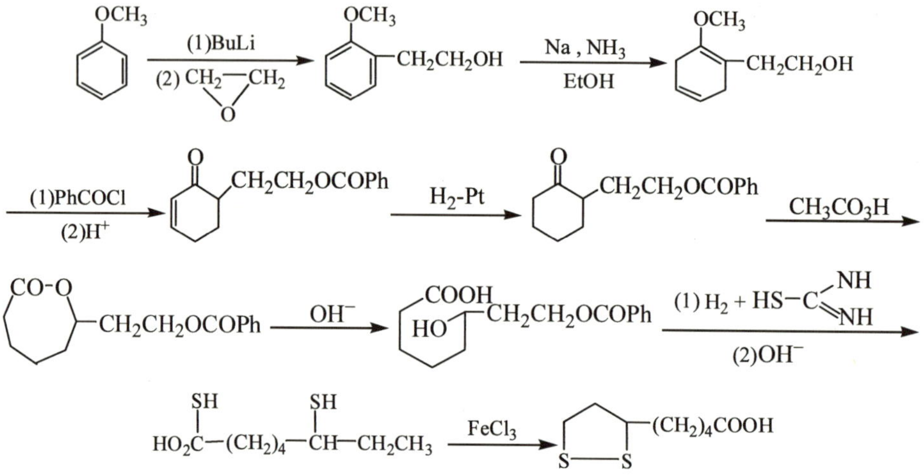

$$\text{C}_6\text{H}_5\text{OCH}_3 \xrightarrow[(2)\ \text{CH}_2\text{—CH}_2\ (\text{O})]{(1)\text{BuLi}} \text{(邻-OCH}_3\text{)C}_6\text{H}_4\text{-CH}_2\text{CH}_2\text{OH} \xrightarrow[\text{EtOH}]{\text{Na , NH}_3} \text{(二氢)-CH}_2\text{CH}_2\text{OH}$$

$$\xrightarrow[(2)\text{H}^+]{(1)\text{PhCOCl}} \text{(环己烯酮)-CH}_2\text{CH}_2\text{OCOPh} \xrightarrow{\text{H}_2\text{-Pt}} \text{(环己酮)-CH}_2\text{CH}_2\text{OCOPh} \xrightarrow{\text{CH}_3\text{CO}_3\text{H}}$$

$$\text{(CO-O 内酯)-CH}_2\text{CH}_2\text{OCOPh} \xrightarrow{\text{OH}^-} \text{COOH, HO-CH}_2\text{CH}_2\text{OCOPh} \xrightarrow[(2)\text{OH}^-]{(1)\ \text{H}_2 + \text{HS—C(=NH)NH}_2}$$

$$\text{HO}_2\text{C—(CH}_2)_4\text{—CH(SH)—CH}_2\text{CH}_2\text{SH} \xrightarrow{\text{FeCl}_3} \text{(1,2-二硫戊环)-(CH}_2)_4\text{COOH}$$

(±)硫辛酸

烷基取代苯，经钠、氨还原为 3,6-二氢化物。锂的氨溶液在有醇存在时还原也得 3,6-二氢化物。但无醇存在时，双键位移成共轭状态，进一步还原成四氢化物。

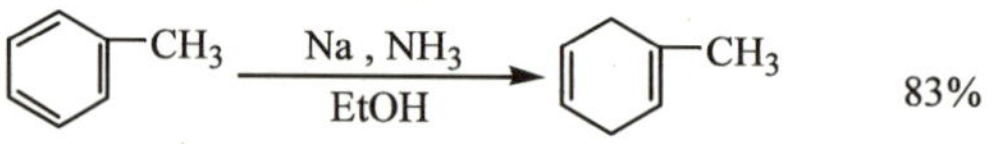

$$\text{C}_6\text{H}_5\text{-CH}_3 \xrightarrow[\text{EtOH}]{\text{Na , NH}_3} \text{(二氢)-CH}_3 \quad 83\%$$

苯环上有吸电子基团，如羧基、酰胺基、三甲硅基等时，氢化时得 1,4-二氢化物。

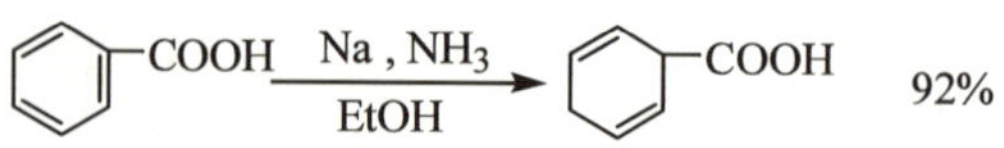

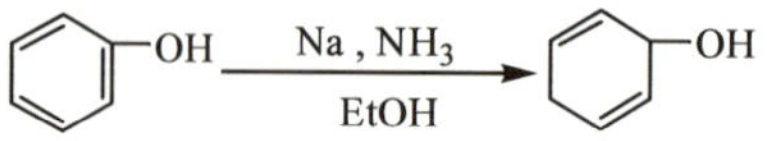

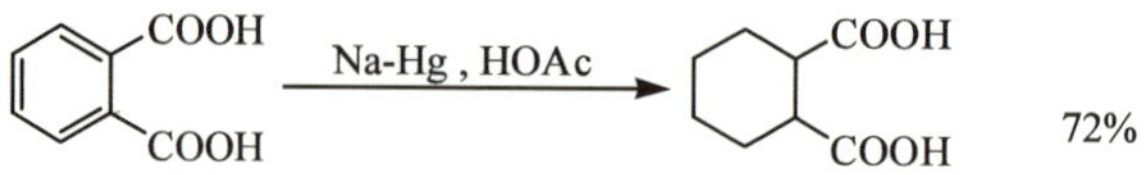

$$\text{C}_6\text{H}_5\text{-COOH} \xrightarrow[\text{EtOH}]{\text{Na , NH}_3} \text{(1,4-二氢)-COOH} \quad 92\%$$

$$\text{C}_6\text{H}_5\text{-OH} \xrightarrow[\text{EtOH}]{\text{Na , NH}_3} \text{(二氢)-OH}$$

$$\text{C}_6\text{H}_4\text{(COOH)}_2 \xrightarrow{\text{Na-Hg , HOAc}} \text{(环己烷)(COOH)}_2 \quad 72\%$$

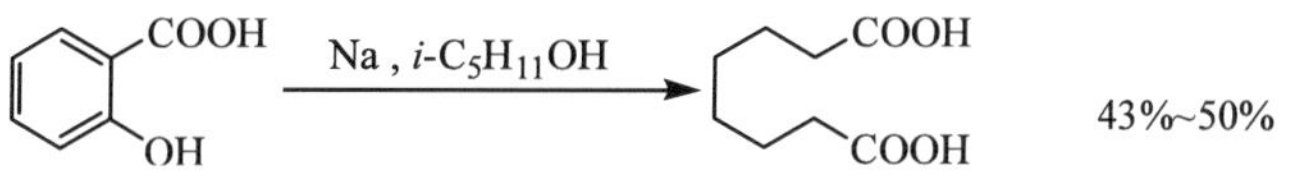

$\xrightarrow{Na,\ i\text{-}C_5H_{11}OH}$ 43%~50%

和苯环共轭的双键也不难还原，如无供质子剂存在时，常发生二聚反应。

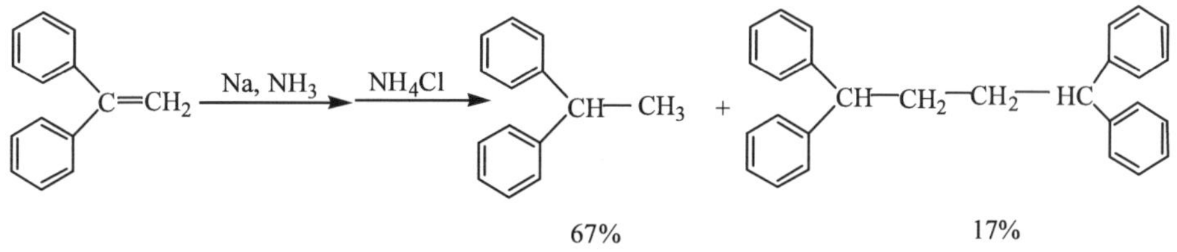

$(C_6H_5)_2C{=}CH_2 \xrightarrow{Na,\ NH_3} \xrightarrow{NH_4Cl} (C_6H_5)_2CH{-}CH_3 + (C_6H_5)_2CH{-}CH_2{-}CH_2{-}HC(C_6H_5)_2$

67% 17%

萘环在限制钠的情况下生成1,4-二氢化苯，过量钠则得1,4,5,8-四氢化萘。

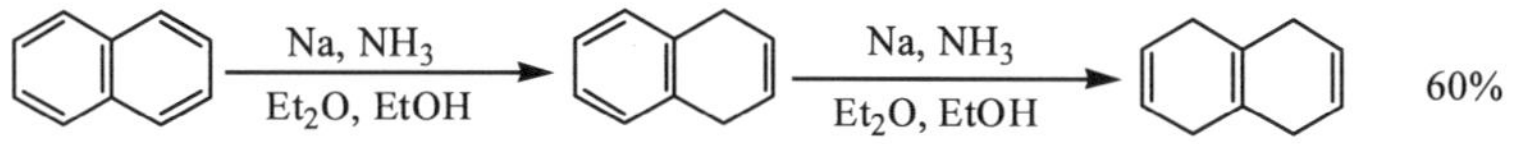

$\xrightarrow[Et_2O,\ EtOH]{Na,\ NH_3} \xrightarrow[Et_2O,\ EtOH]{Na,\ NH_3}$ 60%

一般用金属与供质子剂还原芳烃，苯族烃不起作用，萘族也很困难，菲的9,10-二位可以氢化，杂环较易氢化。

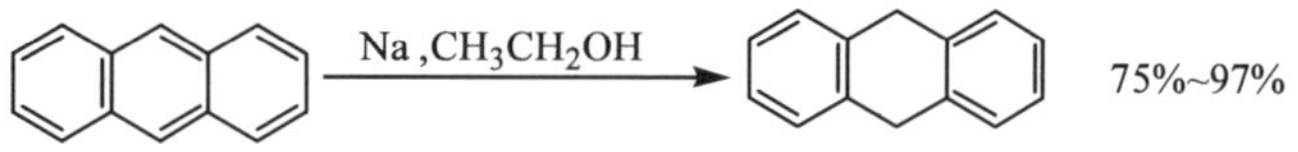

$\xrightarrow{Na\ ,CH_3CH_2OH}$ 75%~97%

α-萘酚在95%的乙醇中，在4×10^5Pa的氢气压力下，用5% Rh/Al_2O_3催化加氢可得到1-十氢萘醇。

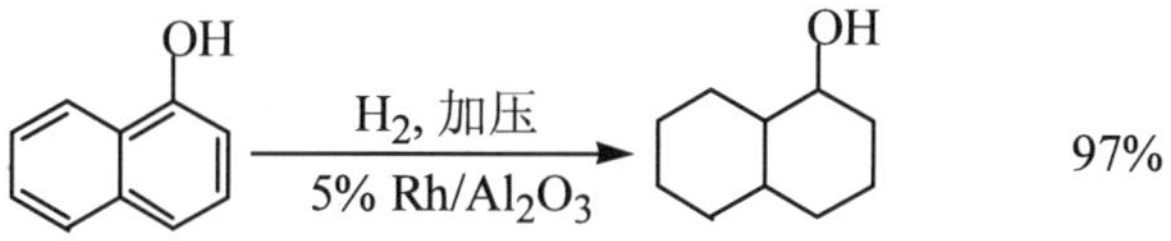

$\xrightarrow[5\%\ Rh/Al_2O_3]{H_2,\ 加压}$ 97%

下面两个反应提供了有趣的对照：α-萘酚在锂氨液下还原得到98%的5,8-二氢-1-萘酚，氢化在羟基取代的另一环上进行。

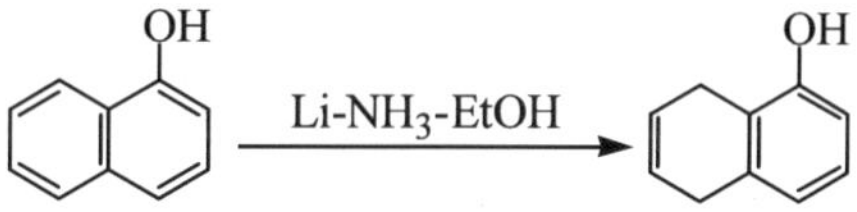

$\xrightarrow{Li\text{-}NH_3\text{-}EtOH}$

而β-乙氧基萘在醇钠溶液中还原水解得到45%的四氢酮-2，氢化在乙氧基的同一环上进行。

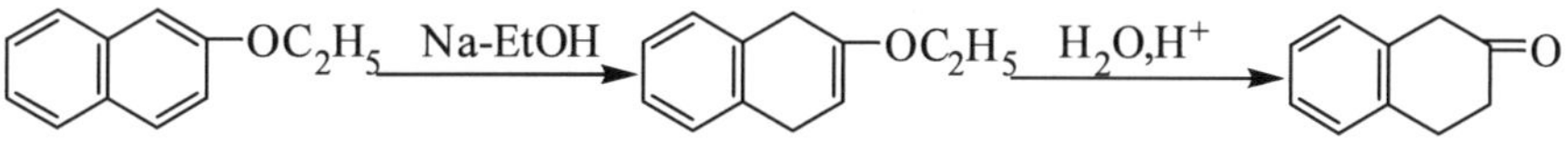

$-OC_2H_5 \xrightarrow{Na\text{-}EtOH} -OC_2H_5 \xrightarrow{H_2O,H^+} =O$

这一还原被用于甾酮合成中1,6-二甲氧基萘的选择性还原。

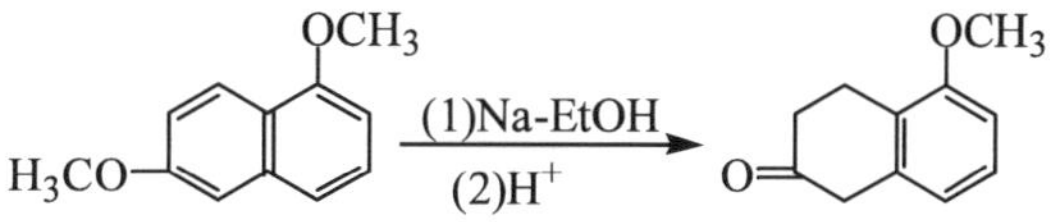

OCH_3, H_3CO- $\xrightarrow[(2)H^+]{(1)Na\text{-}EtOH}$ $O=$, OCH_3

7.3.2 杂环的催化氢化还原

芳杂环上的卤原子，在催化氢化还原条件下都可以被脱去，例如，吡啶和喹啉环的2-位和4-位卤原子比较活泼，都易氢解脱去。

H_2 ,Pa/C, CH_2COOH,CH_3COONa；55~70℃，0.2MPa

2molH$_2$/Pa　四氢异喹啉

5molH$_2$/Pa；CH_3COOH, 40℃　顺式氢化异喹啉 + 反式氢化异喹啉

Na；CH_3CH_2OH　PhCOCl；NaOH　COPh　77%~81%

吡啶及其衍生物很容易从金属接受一个电子而生成阴离子游离基，因此很容易用金属在质子性溶剂中将吡啶环进行还原，而不还原芳环。例如：

Na-C_2H_5OH　PhCOCl；NaOH　COPh　约 80%

Na-C_2H_5OH；或 Sn-HCl　四氢异喹啉

呋喃化合物也可用催化氢化的方法还原：

PdO , H_2；708.6kPa

含硫杂环化合物脱硫氢解后，生成开链化合物。例如：

$(H_3C)_3C$—(噻吩)—COOH $\xrightarrow[CH_3OH]{H_2/Ni}$ $(CH_3)_3C(CH_2)_4COOH$　70%

二硫化合物脱硫氢解后，生成两个较小分子的化合物。例如：N, N′-二苯甲酰基胱氨酸氢解如下：

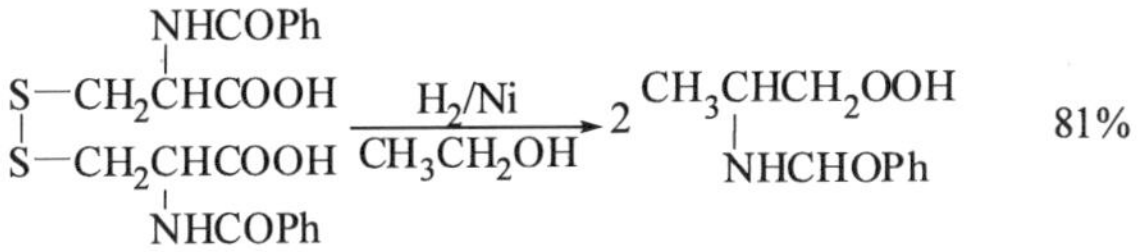

$$\begin{array}{l} \text{NHCOPh} \\ \text{S—CH}_2\text{CHCOOH} \\ \text{S—CH}_2\text{CHCOOH} \\ \text{NHCOPh} \end{array} \xrightarrow[CH_3CH_2OH]{H_2/Ni} 2\ \begin{array}{l} CH_3CHCH_2OOH \\ \text{NHCHOPh} \end{array} \quad 81\%$$

7.4 羰基化合物的还原

羰基易于还原生成相应的醇和次甲基，但比碳-碳双键、碳-碳三键的还原要困难一些，就醛、酮相比，醛还原容易些，脂肪链上的羰基比苯环上羰基容易还原些。而芳环上的羰基又比脂肪族上的羰基容易进行催化氢化。

7.4.1 金属催化氢化还原

脂肪族醛、酮在 Pt、Ni、Rh 等催化作用下将羰基还原成醇。

$$C_4H_9CHO \xrightarrow[C_2H_5OH\text{-}H_2O]{H_2,\ 5\%\ Ru/C} C_4H_9CH_2OH$$

通常，芳烃还原的难易与苯环上取代基的性质有关，而且不同的催化剂有着不同的活性次序。如在乙酸中，用铂作催化剂，ArOH > $ArNH_2$ > ArH > ArCOOH > $ArCH_3$。

例 用 Pd/催化剂，可选择性地还原甾族化合物中的共轭碳-碳双键。

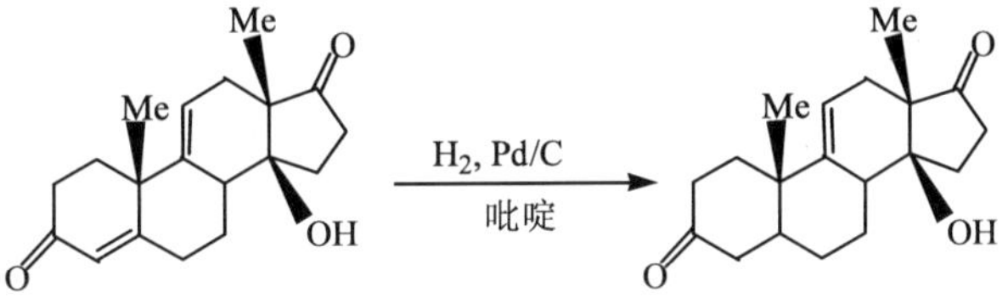

$$\xrightarrow[\text{吡啶}]{H_2,\ Pd/C}$$

人们用手性膦配体催化剂，开拓了碳-碳双键不对称氢化的新方法。例如，萘普生是一种非甾体抗炎药，其 *S*-型的活性比 *R*-型高 35 倍。*S*-萘普生可由前体化合物(Ⅰ)在手性 Rh 催化下对映选择性合成，产物的 ee 值达 97%，收率良好。

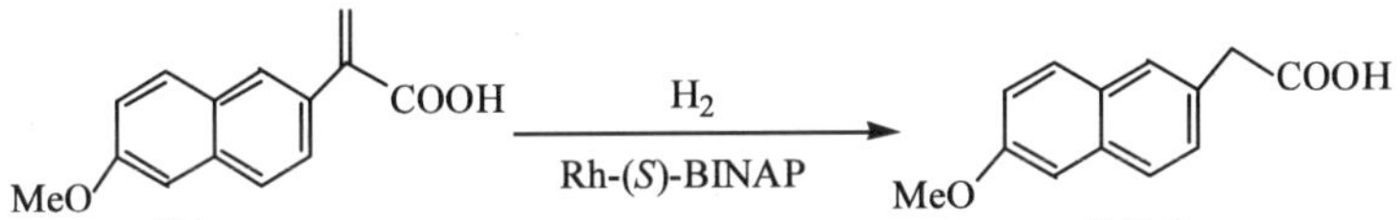

$$\xrightarrow[Rh\text{-}(S)\text{-BINAP}]{H_2}$$

(Ⅰ) *S*-萘普生

产率92%

手性配体(*S*)-BINAP

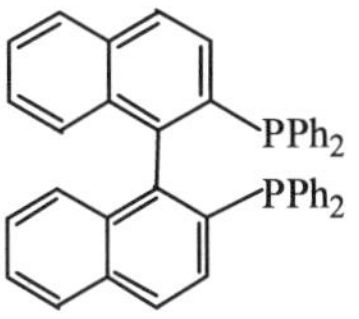

芳香族醛、酮用一般催化剂，生成的苄醇发生氢解，特别是羰基邻、对位有羟基时更容易氢解，但用铑催化剂可避免氢解。

$$\text{o-HOC}_6\text{H}_4\text{-}\overset{\text{O}}{\overset{\|}{\text{C}}}\text{-CH}_3 \xrightarrow[\text{EtOH, 50℃, 303.7kPa}]{\text{Rh / Al}_2\text{O}_3\text{, H}_2} \text{o-HOC}_6\text{H}_4\text{-}\overset{\text{OH}}{\overset{|}{\text{CH}}}\text{-CH}_3$$

如果单独用 Pt 催化剂则氢化很难停止在醇阶段，而只能进一步氢解为甲苯。邻位或对位带有酚基的羟基化合物更容易发生氢解反应。甚至使用氧化铜铬催化剂也只能在较低温度下进行氢化，才可以避免进一步氢解。为了避免或降低芳香族羰基化合物在氢化时的氢解反应，还可以用钌或铑以及钯催化剂。

脂肪族羰基化合物在乙醇溶液中用铂或活性高的镍催化剂可以在常温下氢化，但应注意避免反应进行过慢。因骨架镍通常有碱性，足以使羰基化合物发生羟醛缩合类型的反应。若氢化速度过慢时，可加大氢气压力，以提高氢化速度并防止副反应。对脂肪族醛类，钌也是很好的催化剂。

用间接的方法也可达到目的，即先将不饱和醛变成缩醛，然后进行氢化，最后经水解便获得饱和醛。例如，用此方法可将糠醛满意地氢化为四氢糠醛。

$$\text{(2-furyl)-CHO} \xrightarrow[\text{HCl}]{\text{CH}_3\text{OH}} \text{(2-furyl)-CH(OCH}_3)_2 \xrightarrow{\text{H}_2\text{,Ni}} \text{(2-tetrahydrofuryl)-CH(OCH}_3)_2$$

$$\xrightarrow{\text{H}_3\text{O}^+} \text{(2-tetrahydrofuryl)-CHO} + 2\text{CH}_3\text{OH}$$

采用 Raney Ni 于 50%乙醇中可将酮或醛还原为烃。例如：

$$\text{C}_6\text{H}_5\text{-}\overset{\text{O}}{\overset{\|}{\text{C}}}\text{-C}_6\text{H}_5 \xrightarrow[\text{C}_2\text{H}_5\text{OH-H}_2\text{O}]{\text{Raney Ni}} \text{C}_6\text{H}_5\text{-CH}_2\text{-C}_6\text{H}_5 \quad 97\%$$

金属氢化物对羰基的还原是通过“内部电解还原”进行的。其还原能力很大程度上取决于催化剂金属的活性和溶剂提供质子的能力。以酮还原为例：酮用活泼的钠和乙醇还原的相应的醇，而镁的活性不如钠，经活化也只能使酮发生双分子还原生成频哪醇，锌的活性不如钠、镁，但经活化后与汞联用，在酸性溶液中而使酮还原成相应的烃。

$$\text{R'R''C=O} \xrightarrow{\text{Na / EtOH}} \text{R'R''CH-OH}$$

$$\text{R'R''C=O} \xrightarrow{\text{Mg / H}_2\text{O}} \text{R'R''C(OH)-C(OH)R'R''}$$

$$\text{R'R''C=O} \xrightarrow{\text{Hg-Zn-HCl}} \text{R'R''CH}_2$$

这种金属和溶剂上的差异，使各自具有选择性的还原能力。

$$\text{Ph}\overset{\text{O}}{\overset{\|}{\text{C}}}\text{-CH}_2\text{CH}_2\text{COOH} \xrightarrow{\text{Hg-Zn-HCl}} \text{PhCH}_2\text{CH}_2\text{COOH}$$

这一将羰基还原成烃基的方法称克莱门森(Clemmensen)还原法。

克莱门森还原法是在酸性条件下，用锌汞齐将醛、酮分子中的羰基还原成甲基、亚甲基的一种广泛应用的方法。锌汞齐是用锌粒与汞盐($HgCl_2$)在稀盐酸溶液中反应制得，锌可以把 Hg^{2+}还原成 Hg，然后在锌的表面形成锌汞齐，在有机合成中经常用到，其过程为

$$R_2C{=}O \overset{H^+}{\rightleftharpoons} R_2C{=}\overset{+}{O}H\,(\leftarrow Zn) \longrightarrow R_2C(Zn^+){-}OH \overset{3Cl^-}{\rightleftharpoons} Cl{-}Zn(Cl)(R_2C{-}OH){-}Cl:Zn \longrightarrow R_2C(Zn^+){=}OH$$

$$\overset{H^+}{\rightleftharpoons} R_2C(Zn){-}\overset{+}{O}H_2 \longrightarrow R_2C{=}Zn \xrightarrow{H^+} R_2CH{-}Zn^+ \xrightarrow{H^+} R_2CH_2$$

例如：用克莱门森还原法将如下化合物转化成天然产物合成中间体。

$$\text{(含 OMe、}CH_3\text{、}N{-}CH_3\text{ 的桥环酮)} \xrightarrow{Zn/HCl} \text{(对应的亚甲基化合物)}$$

若分子中 α-位置是羟基取代，在 Zn/HCl/HAc 体系中还原，主要是羟基被还原。

$$(CH_2)_8\text{(环)}{-}C{=}O/CHOH \xrightarrow{Zn\,/\,HCl\,/\,HOAc} (CH_2)_8\text{(环)}{-}C{=}O/CH_2$$

羧酸属最难还原的基团，要使其还原成醇，经典的方法是进行脂化后，再用金属钠在沸腾的乙醇中或在高温高压下催化加氢。通常用氧化铜铬催化剂在强烈的条件下催化氢化得醇，酯的氢化比羧酸容易。

$$(CH_3)_3C{-}COOH \xrightarrow{C_2H_5OH} (CH_3)_3C{-}CO_2C_2H_5 \xrightarrow[250℃,\ 2.02MPa]{CuCr_2O_4,\ H_2} (CH_3)_3C{-}CH_2OH$$

$$(CH_2)_4(COOH)_2 \xrightarrow{2C_2H_5OH} (CH_2)_4(COOC_2H_5)_2 \xrightarrow[255℃,\ 13.68MPa]{CuCr_2O_4,\ H_2} (CH_2)_4(CH_2OH)_2 \quad 85\%\sim90\%$$

$$EtOC(O)(CH_2)_4C(O)OEt \xrightarrow[H_2,13.68MPa]{CuCr_2O_4} HOCH_2(CH_2)_4CH_2OH \quad 85\%\sim89\%$$

但低级的二元酸酯因生成的二醇会继续发生氢解，例如丙二酸酯，在氢化后产物大部分为丙醇而不是丙二醇。除酯外，酰胺及酰亚胺等羧酸衍生物也可用氧化铜铬催化剂氢化而生成伯胺和仲胺。

对于酯还可用钠在沸腾乙醇中进行还原：

$$EtO_2C(CH_2)_8CO_2Et \xrightarrow[\triangle]{Na\text{-}C_2H_5OH} HO(CH_2)_{10}OH$$

7.4.2 氢化锂铝还原

金属氢化物是很好的氢负离子转移试剂。常用的碱金属氢化物和硼或铝氢化物的复合物，即复合金属氢化物如 $NaBH_4$，KBH_4，$LiAlH_4$，$NaAlH_4$ 等和它们的烷基或烷氧基衍生物，如 $LiAl(OMe)_3H$，$LiAl(—OBu\text{-}t)_3H$，$LiB(s\text{-}Bu)_3H$ 等。

复合金属氢化物是碱金属正离子(如 Li^+)和硼或铝的复氢负离子(如 AlH_4^-)所形成的盐。试剂的还原性基本上取决于负离子。复氢负离子具有亲核性，可以进攻极性重建的正电性原子(如羰基的碳、硝基的氮等)，对极性小的碳-碳重建一般不作用。反应时，第一步是复氢负离子将氢负离子转移给底物，第二步是中间体由水或醇获得质子生成还原反应产物：

$$\gt\bar{Al}—H + \gt C=O \longrightarrow \gt Al + \gt C(H)—O^-$$

$$\gt C(H)—O^- + H_2O \longrightarrow \gt C(H)—OH + OH^-$$

羧酸、酰氯或酯还原时，羰基接受氢负离子形成中间体，再消除生成醛。醛又可接受氢负离子形成中间体，水解生成醇。

$$H_3\bar{Al}—H + R—C(=O)—OR' \longrightarrow R—CH(O—\bar{Al}H_3)(OR') \xrightarrow{消除} R—C(=O)—H$$

$$H_3\bar{Al}—H + R—C(=O)—H \longrightarrow R—CH(O—\bar{Al}H_3)—H \xrightarrow{H_2O} R—CH_2OH$$

碱金属氢化物，如氢化钠不宜作还原剂，因为它们不溶于有机溶剂，并具有极强的作用，常用于碱催化的缩合反应中，羧基还原最常用的是氢化锂铝、硼氢化钠(或钾)以及硼氢化锂等。

醛、酮被氢化锂铝还原速度极快，甚至可以利用这一还原反应测定某些酮式-烯醇式的平衡点。

$$CH_3—(CH_2)_5CHO \xrightarrow[Et_2O]{LiAlH_4} CH_3(CH_2)_5CH_2OH \qquad 86\%$$

$$\text{环戊酮} \xrightarrow[\text{Et}_2\text{O}]{\text{LiAlH}_4} \text{环戊醇} \quad 85\%$$

氢化锂铝还原有一定的选择性，当分子中烯键、炔键距离羰基较远时，一般只还原羰基，不还原双键或三键。若是α,β-不饱和醛、酮在 $LiAlH_4$ 量少时只还原羰基，量多时才都被还原。

$$\text{R—CH=C(CH}_3\text{)—CHO} \xrightarrow[\text{Et}_2\text{O}]{\text{LiAlH}_4} \text{R—CH=C(CH}_3\text{)—CH}_2\text{OH} \quad 89\%$$

$$C_6H_5\text{—CH=CH—CHO} \xrightarrow[10℃]{\text{LiAlH}_4\text{, Et}_2\text{O}} C_6H_5\text{—CH=CH—CH}_2\text{OH} \xrightarrow[\text{Et}_2\text{O, 25℃}]{\text{过量LiAlH}_4} C_6H_5\text{—CH}_2\text{CH}_2\text{CH}_2\text{OH}$$

89%　　93%

一般来说，饱和烃基的结构对还原反应的影响不大，这是由于反应是氢质子的转移，质子体积小，所以空间障碍影响不大，如：

$$\text{2,4,6-(CH}_3)_3C_6H_2\text{—COCH}_3 \xrightarrow[\text{Et}_2\text{O}]{\text{LiAlH}_4} \text{2,4,6-(CH}_3)_3C_6H_2\text{—CH(OH)—CH}_3 \quad 100\%$$

但下列反应中，质子转移显然受 C^7 上甲基的位阻影响，使攻击比较容易从内侧进行。

$$\text{樟脑型酮} \xrightarrow[\text{Et}_2\text{O}]{\text{LiAlH}_4} \text{(OH, H)} + \text{(H, OH)}$$

84.5%　　9.5%

若分子中有 C═C、C≡C、C═O 等基团，同时被还原。酰胺酸酐也能被还原成胺和醇。氢化锂铝能直接将酸及其衍生物还原成醇或胺：

$$\text{R—C(=O)—X} \xrightarrow{\text{LiAlH}_4} \text{RCH}_2\text{OH (R—CH}_2\text{—NR'}_2\text{)}$$

X= OH , OR , OCOR, 卤原子, 氨基

$$\text{H—}\bar{\text{Al}}\text{H}_3 + \text{R—C(=O)—X} \longrightarrow \text{R—CH(O}^-\text{)—X} \longrightarrow \text{R—CHO} \xrightarrow{\text{LiAlH}_4} \text{RCH}_2\text{OH}$$

$$\text{H—}\bar{\text{Al}}\text{H}_3 + \text{R—C(=O)—NR'}_2 \longrightarrow \text{RCH(O}\bar{\text{Al}}\text{H}_3\text{)—NR'}_2 \longrightarrow \text{RCH=}\overset{+}{\text{N}}\text{R'}_2 \xrightarrow{\text{LiAlH}_4} \text{RCH}_2\text{NR'}_2$$

例如：

$$(CH_3)_3C\text{—}CO_2H \xrightarrow{\text{LiAlH}_4} (CH_3)_3C\text{—}CH_2OH \quad 92\%$$

$$Cl_2CH_2\text{—COCl} \xrightarrow{\text{LiAlH}_4} Cl_2CH_2\text{—}CH_2OH \quad 65\%$$

$$\text{邻苯二甲酸酐} \xrightarrow{LiAlH_4} \text{邻苯二甲醇}(C_6H_4(CH_2OH)_2) \quad 87\%$$

$$n\text{-}C_6H_{11}\text{—}CONMe_2 \xrightarrow{LiAlH_4} n\text{-}C_6H_{11}CH_2NMe_2 \quad 88\%$$

$$Ph\text{—}CN \xrightarrow{LiAlH_4} PhCH_2NH_2 \quad 72\%$$

对酸和腈也可用二硼烷作还原剂，这一方法优于 $LiAlH_4$，因为当分子存在个别其他基团时，用这一方法不还原。例如：

$$p\text{-}O_2NC_6H_4COOH \xrightarrow[THF,60℃]{BER/I_2} p\text{-}O_2NC_6H_4CH_2OH$$

BER：硼氢阴离子交换树脂。

要将羧酸及其衍生物还原成醛是比较困难的。用金属氢化物可以还原到醛，但又容易被继续还原成醇。如果用空间障碍大、活性稍小的三叔丁基氢化锂铝为还原剂，也只能将活泼的酰卤还原成醛。如：

$$O_2N\text{—}C_6H_4\text{—}COCl \xrightarrow[-78℃]{LiAlH(OBu\text{-}t)_3} O_2N\text{—}C_6H_4\text{—}CHO$$

用三乙氧基氢化锂铝可以还原二取代的酰胺(或腈)成醛。

$$C_6H_5CON(Me)_2 + LiAlH(OC_2H_5)_3 \xrightarrow[0℃]{THF} \left[C_6H_5\underset{}{\overset{Li}{C}}H\text{—}\overset{CH_3}{N}\text{—}CH_3\right] \xrightarrow{H_3O^+} C_6H_5CHO + HN(CH_3)_2$$

用催化氢化可将酰卤还原成醛。

$$\text{2-萘甲酰氯} \xrightarrow[\text{二甲苯}]{H_2\text{-}Pd / BaSO_4} \text{2-萘甲醛} \quad 74\%\text{~}81\%$$

$$2,4,6\text{-}(CH_3)_3C_6H_2COCl \xrightarrow[\text{二甲苯回流}]{H_2\text{-}Pd / BaSO_4} 2,4,6\text{-}(CH_3)_3C_6H_2CHO$$

7.4.3 硼氢化钠还原

硼氢化钠的还原活性比四氢化铝锂小得多，在室温下不和水、醇反应，空气氧化也很缓慢，故可以在水或乙醇中进行还原。介质必须是中性或碱性，千万不能和强酸接触，以避免产生易燃和剧毒的乙硼烷。反应完后，可直接加水稀释或加酸中和以分解过量的硼氢化钠。

硼氢化钠是三氟化硼和氢化钠在有机溶剂中的还原产物，它不溶于乙醚，但溶于水、醇却不分解，它的还原性能比 $LiAlH_4$ 弱，对于硝基、孤立双键、酯基、腈基一般不作用，也不脱卤，是一个很好的选择性还原剂。

$$CH_3CO(CH_2)_3{-}NO_2 \xrightarrow[EtOH,\ H_2O]{NaBH_4} CH_3{-}\underset{OH}{CH}{-}(CH_2)_3{-}NO_2 \quad 87\%$$

$$C_6H_5{-}COCH_2Br \xrightarrow[CH_3OH,\ 25℃]{NaBH_4} C_6H_5{-}\underset{OH}{CH}{-}CH_2Br \quad 71\%$$

$$\text{4-氧代环己烷甲酸甲酯(H, COOMe)} \xrightarrow[CH_3OH,\ 0℃]{NaBH_4} \text{4-羟基环己烷甲酸甲酯(H, OH; H, COOMe)} \quad 73\%\sim87\%$$

（其中顺式占 86%~88%）

$$CH_3CH{=}CH{-}CHO \xrightarrow[EtOH]{NaBH_4} CH_3CH{=}CH{-}CH_2OH \quad 85\%$$

在甾体化合物中，不同位置的酮基与 $NaBH_4$ 反应的活泼性按以下次序降低，借此可选择性还原：3-酮 > 17-酮或 20-酮 > $\triangle^4$-烯酮-3 > 11-酮。例如：

$$\text{甾体(3-酮, }\Delta^4\text{, 11-HO, 17-}C(=O)CH_2OAc) \xrightarrow{NaBH_4} \text{甾体(3-酮, }\Delta^4\text{, 11-HO, 17-}CHOH{-}CH_2OAc)$$

在农药中，植物生长调节剂多效唑和烯效唑的合成，便利用 $NaBH_4$，我国主要是利用 KBH_4 还原将酮基转化为醇基的产品。

$$Cl{-}C_6H_4{-}CH_2{-}\underset{\text{1,2,4-三唑-1-基}}{CH}{-}\overset{O}{\overset{\|}{C}}{-}C(CH_3)_3 \xrightarrow[P.T.C(相转移)]{KBH_4} Cl{-}C_6H_4{-}CH_2{-}\underset{\text{1,2,4-三唑-1-基}}{CH}{-}\overset{OH}{CH}{-}C(CH_3)_3$$

氯唑酮 → 多效唑

$$Cl{-}C_6H_4{-}CH{=}\underset{\text{1,2,4-三唑-1-基}}{C}{-}\overset{O}{\overset{\|}{C}}{-}C(CH_3)_3 \xrightarrow{KBH_4} Cl{-}C_6H_4{-}CH{=}\underset{\text{1,2,4-三唑-1-基}}{C}{-}\overset{OH}{CH}{-}C(CH_3)_3$$

三唑烯酮 → 烯效唑

利用惰性载体和溶剂作用，可提高 $NaBH_4$ 还原醛、酮的能力。把 $NaBH_4$ 负载于氧化铝和微晶二氧化硅上，把各种脂肪族和芳香族醛、酮还原为醇，且速度快、产率高，有的反应在室温下几分钟即可完成。

要特别指出的是，酸性溶剂已成为提高 $NaBH_4$ 还原能力的主要手段之一。在酸性溶剂 F_3CCOOH 中，$NaBH_4$ 已成为一种新的特别有用的手性还原剂。

$$NaBH_4 + RCOOH \longrightarrow Na^+[BH_3(OOCR)]^- + H_2$$

$$Na^+[BH_3(OOCR)]^- + R^1R^2C{=}O \longrightarrow R^1R^2\overset{*}{C}(OH)H$$

$$Ar^1{-}\overset{O}{\overset{\|}{C}}{-}Ar^2 \xrightarrow[20\sim25℃]{NaBH_4/CF_3COOH} Ar^1{-}\overset{OH}{\overset{|}{C}H}{-}Ar^2$$

这一反应具有极好的选择性，芳环上的各种取代基如—CH_3、—OH、—OCH_3、—F、—Br、—NO_2、—$N(CH_3)_2$、—COOH、—$NHCOC_6H_5$、—$COOCH_3$ 等均不被还原。特别有趣的是，投料方式不同，产物也不同。

把酮的 CH_2Cl_2 溶液滴到 $NaBH_4/CF_3COOH$ → 蒽 78%

把 $NaBH_4$ 加到酮 / CF_3COOH → 91%

α,β-不饱和酮的活性比饱和酮差，$NaBH_4$ 可选择性还原饱和酮的羰基，而不影响不饱和酮的羰基。例如：

$$\xrightarrow{1/4mol\ NaBH_4}$$

催化量的三氯化铈可以提高 $NaBH_4$ 的选择性，如可使 *α,β*-不饱和酮的羰基还原，高产率地得到立体选择性的醇。

$$\xrightarrow[CeCl_3]{NaBH_4} \quad 98\%$$

硼氢化锌、硼氢化铜是比硼氢化钠的还原性弱，但是选择性更好的还原剂，也可使 *α,β*-不饱和羰基还原，不影响碳-碳双键及酯基。

$LiBH_4$ 的还原作用与 $NaBH_4$ 相似，但其使用溶剂一般为四氢呋喃或二甘醇二甲醚等。上述试剂在所还原的对象方面有所不同，氢化锂铝不仅还原醛酮，而且还可还原羧酸、酰氯、酯、腈胺和硝基，而硼氢化锂除还原硼氢化钠能还原的基团外，还可还原腈和酯。

7.5 含氮化合物的还原

7.5.1 芳香族硝基化合物还原

芳香族硝基化合物还原制取胺是比较重要的胺的合成法，因为芳环引入氨基后可进行一系列其他反应。硝基化合物的还原比较复杂，不同的金属、不同的供质子剂及不同的 pH，都会得到不同的产物。例如：

$$PhNO_2 \xrightarrow[H_2O]{Zn/NH_4Cl} PhNHOH \quad 62\%\sim68\%$$

$$PhNO_2 \xrightarrow[EtOH]{Zn\text{-}NaOH} Ph{-}N{=}N{-}Ph$$

$$PhNO_2 \xrightarrow[H_2O]{Zn\text{-}NaOH} Ph{-}NH{-}NH{-}Ph$$

$$CH_3,\ NO_2,\ NO_2 \xrightarrow[EtOH]{Fe/HCl} CH_3,\ NH_2,\ NH_2$$

$$NO_2,\ CO_2Et \xrightarrow[20℃,\ 101.2kPa]{H_2\text{-}Pt} NH_2,\ CO_2Et \quad 90\%\sim100\%$$

用钯作催化剂，催化氢化同样有效。以上类型化合物用电子转移试剂还原比较合适。

$$NO_2,\ CHO \xrightarrow[<100℃]{SnCl_2\text{-}HCl} NH_2,\ CHO \qquad NO_2,\ CHO \xrightarrow[90℃]{FeSO_4\text{-}NH_3 / H_2O} NH_2,\ CHO$$

多硝基化合物可用硫化合物进行部分还原。

$$HO,\ NO_2,\ NO_2 \xrightarrow[90℃]{Na_2S\text{-}NH_4Cl} HO,\ NH_2,\ NO_2$$

使用钯为催化剂，环己烯为氢质子给予体，也可以进行部分还原。

$$NO_2,\ NO_2 \xrightarrow{\text{环己烯},\ Pd} NH_2,\ NO_2$$

亚硝基化合物的还原成胺：

$$\text{4-ON-C}_6\text{H}_4\text{-NMe}_2 \xrightarrow{\text{Sn-HCl}} \text{4-H}_2\text{N-C}_6\text{H}_4\text{-NMe}_2$$

$$\text{1-亚硝基-7-羟基萘 (NO, OH)} \xrightarrow{Na_2S_2O_3} \text{1-氨基-7-羟基萘 (NH}_2\text{, OH)}$$

工业上用催化氢化法生产的芳胺类化合物以苯胺最为重要，其次是2,4-二氨基甲苯。苯胺以前一般是用化学还原法生产的，现在随着石油化工的发展，目前采用催化氢化法逐渐增多。亚硝基也可被锌与乙酸或铁加水等还原为氨基：

$$\text{3-硝基噁唑烷-2-酮 (N—NO}_2\text{)} \xrightarrow[10\sim15℃\text{, 30min}]{Fe/H_2O/HCl} \text{3-氨基噁唑烷-2-酮 (N—NH}_2\text{)} \quad 60\%\sim70\%$$

利特灵中间体

含硝基、肟、腈、叠氮化合物这样一些含重键氮官能团均容易用催化氢化法还原为伯胺。在各种含氮的官能团中以硝基及氰基的氢化最为重要，因为它们的还原产物——芳胺类，是染料工业的重要中间体。

$$EtOC(=O)\text{-C}_6\text{H}_4\text{-NO}_2 \xrightarrow[EtOH]{PtO_2,\ H_2} EtOC(=O)\text{-C}_6\text{H}_4\text{-NH}_2 \quad 91\%\sim100\%$$

$$NC—(CH_2)_8CN \xrightarrow[H_2\text{ ,EtOH}]{\text{Raney Ni}} H_2N(CH_2)_8NH_2$$

$$N_3Na + ClCH_2\overset{O}{\overset{\|}{C}}O(CH_3)_3 \xrightarrow[\text{回流}]{CH_3COCH_3\text{-}H_2O} N_3CH_2\overset{O}{\overset{\|}{C}}OC(CH_3)_3 \xrightarrow[CH_3OH\text{ , }25℃]{H_2\text{ (0.1MPa), Pd-C}} H_2NCH_2\overset{O}{\overset{\|}{C}}OC(CH_3)_3$$

75%~82%

7.5.2　酰胺、腈类和肟还原

酰胺、腈类和肟都可以用金属钠或钠汞齐还原为相应的伯醇和胺。例如：

$$\text{2-CH}_3\text{-C}_6\text{H}_4\text{-CONH}_2 \xrightarrow[EtOH]{Na\text{-}Hg} \text{2-CH}_3\text{-C}_6\text{H}_4\text{-CH}_2\text{OH} + NH_3$$

40%~45%

腈以脂肪族的更为重要，二腈类化合物经过氢化为二胺后是合成纤维聚酰胺(如尼龙-66)的重要中间体。腈还可用催化法得到相应的胺：

$$PhCH_2CN \xrightarrow[120℃,\ 12.15MPa]{H_2,\ Ni\text{-}NH_3(液)} PhCH_2CH_2NH_2 \qquad 85\%$$

$$NC—(CH_2)_8CN \xrightarrow[-78℃]{H_2,\ 液氨\text{-}C_2H_5OH} H_2N(CH_2)_{10}NH_2$$

松香腈(主要成分为脱氢枞腈)加氢在碱性溶液中进行，采用钴-氧化铝和镍-钴混合催化剂，氢化：

$$脱氢枞腈 + H_2 \xrightarrow[催化剂]{120\sim150℃} 脱氢枞胺$$

脱氢枞腈　　　　脱氢枞胺

肟还原：

$$n\text{-}C_6H_{13}—CH{=}NOH \xrightarrow[回流]{Na\text{-}C_2H_5OH} n\text{-}C_6H_{13}CH_2—NH_2$$

合成吡咯环的中间物就是用 $Na_2S_2O_3$ 还原肟：

$$R—CO—C(=N—OH)—CO_2Et \xrightarrow{Na_2S_2O_3} RCO—CH(NH_2)—CO_2Et$$

$$+\ R''CH_2—CO—R' \longrightarrow \text{RC=C(CO}_2\text{Et)—N=C(R')—C(R'')} \rightleftharpoons \text{吡咯}(2\text{-}CO_2Et,\ 3\text{-}R,\ 4\text{-}R'',\ 5\text{-}R',\ NH)$$

用催化氢化法也可制取第二胺。如：

$$\text{环戊酮肟}(=NOH) \xrightarrow[90℃]{H_2\text{-}N_2} \text{环戊胺}(—NH_2) + \text{二环戊基胺}(—NH—)$$

80%　　10%

肼具有强的还原性，它能将羰基还原到次甲基。还原过程为：首先是羰基与肼作用生成腙，后在强碱存在下(也有不用碱的)，两次夺去腙基上质子，使电子一再转移，最后脱氢而成亚甲基。

$$R_2HC{=}O \xrightarrow[-H_2O]{N_2H_4} R_2C{=}N—NH_2 \xrightarrow{OH^-} [R_2C{=}N—\bar{N}H \rightleftharpoons R_2\bar{C}—N{=}NH]$$

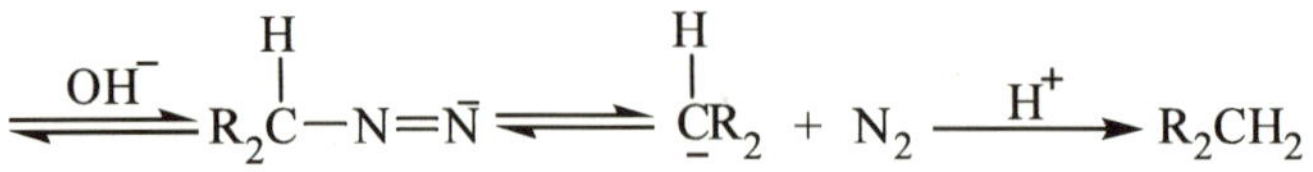

$$\xrightleftharpoons{OH^-} R_2\overset{H}{\overset{|}{C}}-N=\bar{N} \rightleftharpoons \overset{H}{\overset{|}{\underset{-}{C}}}R_2 + N_2 \xrightarrow{H^+} R_2CH_2$$

这一方法原来需要用无水肼在高压封管中进行反应。经我国化学家黄鸣龙改进后，反应在氢氧化钾溶液中，并在常温常压下，不用无水肼就可进行还原反应，产率良好。如：

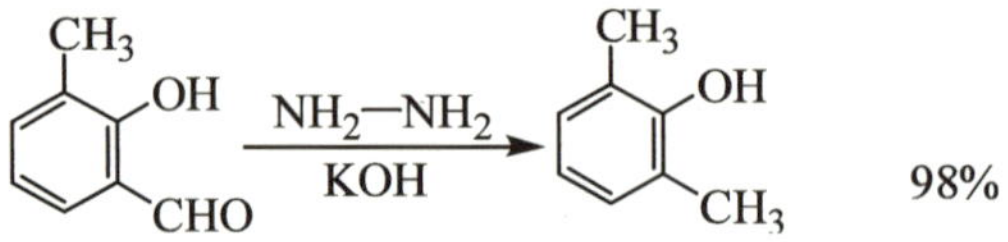

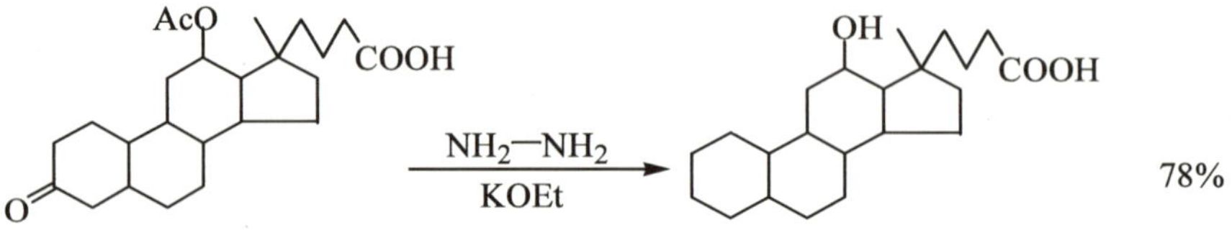

$$\text{3-甲基-2-羟基苯甲醛} \xrightarrow[KOH]{NH_2-NH_2} \text{2,6-二甲基苯酚} \quad 98\%$$

$$\text{(12-AcO, 3-oxo 甾体戊酸, 含 COOH)} \xrightarrow[KOEt]{NH_2-NH_2} \text{(12-OH 甾体戊酸, 含 COOH)} \quad 78\%$$

对甲苯磺酰肼也能与羰基作用生成腙，后经硼氢化钠还原，也可使羰基转化为次甲基。

$$R_2C=O + NH_2NHSO_2-C_6H_4-CH_3 \xrightarrow{-H_2O} R_2C=N-NHSO_2-C_6H_4-CH_3 \xrightarrow{NaBH_4} R_2CH_2 + N_2$$

羰基化合物分子中若适当位置含有同肼反应的基团，往往形成杂环化合物，而不是被还原。少数多羰基化合物经本法还原，会失去一个羰基。如：

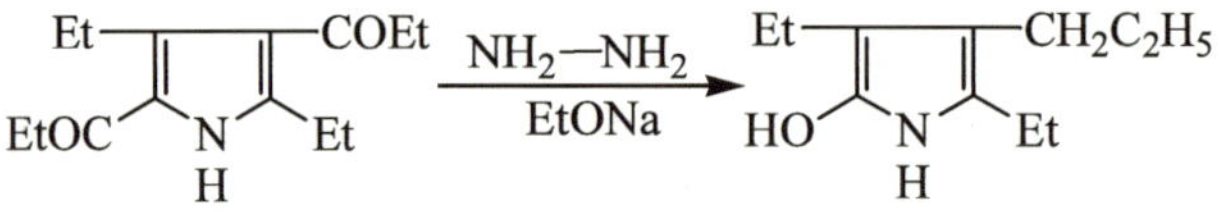

$$\text{(Et, COEt, EtOC, Et 取代吡咯, NH)} \xrightarrow[EtONa]{NH_2-NH_2} \text{(Et, } CH_2C_2H_5\text{, HO, Et 取代吡咯, NH)}$$

个别羰基化合物，还原时还会发生移位。

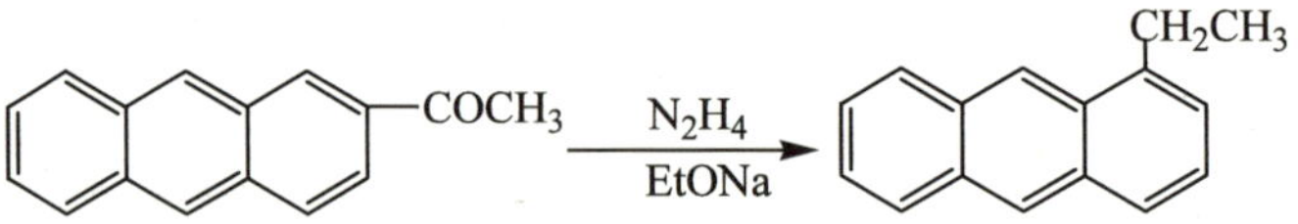

$$\text{2-}COCH_3\text{-蒽} \xrightarrow[EtONa]{N_2H_4} \text{1-}CH_2CH_3\text{-蒽}$$

习 题

1. 论述催化氢化反应机理以及相关影响因素。
2. 论述锂、液氨与芳环作用机理。
3. 论述氢化锂铝还原羰基化合物作用机理。
4. 合成下列化合物。

(1) 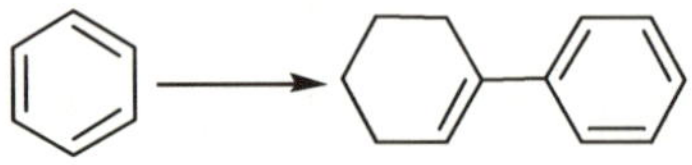 苯 $\longrightarrow$ 1-苯基环己烯

(2) $RCH=CH_2 \longrightarrow RCH_2CH_3$

(3) $CH_3C\equiv CCH_3 \longrightarrow$ 2,3-二甲基环氧乙烷（H, CH_3; H_3C, H）

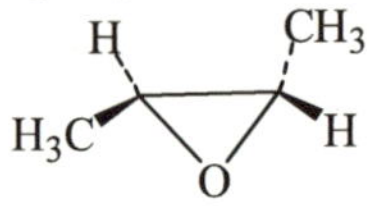

(4) CHO ⟶ CH_2OH

(5) $CH_3CH_2CH_2CH_2OH \longrightarrow CH_3CH_2CH_2CH_2CHCH_2OH$ (with CH_2CH_3 branch on CH)

(6) COCl ⟶ CHO

(7) ⟶

第 8 章　有机合成路线设计

有机合成化学的主要任务是利用易得而廉价的原料，通过简便的化学方法，合成各种各样的有机化合物。由于实现这一任务的工具——有机合成，反应很多，据报道目前已有数千多种；同一化合物又可通过多种反应途径制得；同时合成所用的原料试剂也是多种多样，且情况又是不断变化的。因此在如此变幻莫测的情况下，成功地进行一项复杂的有机化合物的合成，在着手实验工作之前，首先要拟定一个计划，也就是找出各种可能的合成路线，再从中找出一条简便的、切实可行的合成路线来，这个工作就叫合成路线设计。可以说合成路线设计实质上是用一系列有机反应把所需的分子结构与某些现有的工业品巧妙地联系起来。

有机合成是依赖于知识和经验结合的一门艺术。要设计一个好的合成路线，就必须应用我们在有机化学领域内所获得的全部知识和累积的经验。首先是熟悉众多的合成反应，尽可能了解其反应机理，并了解反应前后的结构特点，了解反应条件及其应用范围，以达到避之所短、用其所长的目的。其次依靠个人丰富的经验，也是设计成功的不可缺少的基础，还必须掌握一些科学的构思方法和技巧等。

8.1　有机合成路线设计步骤

8.1.1　有机合成路线设计中的三个基本问题

第一，碳骼的建造。一般来说，起始原料的碳骼并不一定能满足需要合成的目标分子的碳骼要求，这就要在设计合成路线时，首先考虑增长碳链或增加支链，在某些情况下，则还需要缩短碳链，就是要考虑构成新的碳链以满足目标分子的要求，这是合成设计的中心问题，也是较难解决的问题。

有机化合物的性质主要是由分子中官能团决定的，但是在解决碳骼与官能团都有变化的合成问题时，要优先考虑的是碳骼的形成，因为官能团是附着于碳骼上的，碳骼建不起来，官能团也就没有归宿。

在考虑碳骼形成时，要分析有机目标分子是由哪些较小碎片(合成子)的骨架通过碳-碳键反应合成的，较小碎片的骨架又是由哪些更小碎片的骨架通过碳-碳键反应合成的。依次顺序推断下去，直到得出最小的骨架，也就是应该使用的原料骨架。

第二，反应基的组合。碳骼的构成，常常要通过官能团的变化，亦即“搭桥”来实现。这就要考虑哪些官能团，能通过什么样的反应来构成目标分子是关键。通常采用的方法之一是极性转换。例如从环己烯酮合成β-乙酰基环己酮：

原料α,β-环己烯酮是亲电性的，易与亲核试剂反应，就应该有一个乙酰基负离子($CH_3\overset{O}{\overset{\|}{C}}^-$)与它反应。乙酰基负离子实际上不存在，平时存在的是乙酰基正离子($CH_3\overset{O}{\overset{\|}{C}}^+$)，需要通过乙醛用氢氰酸极性转换达到目的。

$$CH_3CHO + HCN \longrightarrow H-\underset{CN}{\overset{OH}{C}}-CH_3$$

$$H-\underset{CN}{\overset{OH}{C}}-CH_3 + C_2H_5OCH{=}CH_2 \longrightarrow H-\underset{CN}{\overset{O-CH(OC_2H_5)-CH_3}{C}}-CH_3$$

合成反应步骤如下：

$$CH_3CHO \xrightarrow{HCN} \xrightarrow{C_2H_5OCH{=}CH_2} \xrightarrow[OH^-]{LiNR_2} \xrightarrow{\text{环己-2-烯酮}} \xrightarrow{H^+,H_2O} \text{3-乙酰基环己酮}$$

第三，立体结构。目标分子常常有一定的立体结构要求，因此在考虑碳骼构成和设置官能团的时候，必须注意安排好立体结构，以满足目标分子的要求。

上述三个问题是相互联系的，常常可以同时得到解决。但首先要考虑的问题是构成碳骼，官能团是附着在骨架上的，骨架不建立起来，官能团没有归宿，但没有官能团，骨架也难构成，也就谈不到立体结构问题。

8.1.2　有机合成路线设计基本步骤

围绕解决上述三个问题，合成路线的设计有各种思考程序。目前最常用的是由目标分子决定的反合成分析法，简称反合成法或逆合成法。这是一种基本的有一定规律可循的逻辑推理思维方法，可以表示为

$$\text{产物结构} \xrightarrow{\text{反应}} \text{起始物质}$$

这样一种过程。这种从分析目标分子的结构出发，找出起始原料，制定出合成计划的思维方法就是反合成法，这跟实际合成过程是一个完全相反的过程，即

$$\text{起始原料} \xrightarrow{\text{反应}} \text{中间体} \xrightarrow{\text{反应}} \text{目标分子}$$

一般讲，在一个合成路线设计开始时，除了对所要合成的目标分子有一定的技术指

标和要求外，手头唯一的资料，就是目标分子的结构，因而除了由产物回推出原料外，别无出路，反合成法采取的是结构分析法，在回推的过程中，能够将复杂分子逐渐简化，直到得到简单的起始物，只要每一步回推的合理，就可以得出合理的合成路线。

采用反合成法设计合成路线，大致可分为四个步骤：目标分子的切断(拆开)，合成方向的审查，合成路线的选择，合成效率的选择。

1. 目标分子的切断

切断是反合成分析过程中一种思考问题的方法。首先通过分析目标分子的特点，找出其中某一部分可以通过适当的化学反应来连接的一个或几个化学键。并假定“切断”这些化学键，从而得到一个碎片，即合成子，这个碎片便是合成目标分子的前体。用同样的方法分析这个前体的结构，又得到了它的前体，一再重复这种过程，最后就可以推出简单的分子，这个简单的分子就是这项合成工作中的起始物质。

可见，目标分子的切断，是为了推出反应的中间体以及起始物。对一个分子来说，可以有不同的切断方法，因而可以推出不同的中间体和起始物。如下面一个合成目标分子的切断：

$$CH_3\overset{a}{\vdots}\overset{O}{\overset{\|}{C}}\overset{b}{\vdots}\underset{\underset{CH_2\overset{}{\underset{e}{\vdots}}CH_2\underset{f}{\vdots}CO_2CH_3}{|\,\cdots d}}{CH}\overset{c}{\vdots}\overset{O}{\overset{\|}{C}}-OCH_3$$

a 切断 合成子 CH_3- $\quad -\overset{O}{\overset{\|}{C}}-\underset{\underset{CH_2-CH_2-CO_2CH_3}{|}}{CH}-\overset{O}{\overset{\|}{C}}-OCH_3$

b 切断 合成子 $CH_3-\overset{O}{\overset{\|}{C}}-$ $\quad -\underset{\underset{CH_2-CH_2-CO_2CH_3}{|}}{CH}-\overset{O}{\overset{\|}{C}}-OCH_3$

c 切断 合成子 $CH_3-\overset{O}{\overset{\|}{C}}-\underset{\underset{CH_2-CH_2-CO_2CH_3}{|}}{CH}-$ $\quad -\overset{O}{\overset{\|}{C}}-OCH_3$

d 切断 合成子 $CH_3-\overset{O}{\overset{\|}{C}}-\underset{|}{CH}-\overset{O}{\overset{\|}{C}}-OCH_3$ $\quad \overset{|}{CH_2}-CH_2-CO_2CH_3$

e 切断 合成子 $CH_3-\overset{O}{\overset{\|}{C}}-\underset{\underset{CH_2-}{|}}{CH}-\overset{O}{\overset{\|}{C}}-OCH_3$ $\quad -CH_2-CO_2CH_3$

f 切断 合成子 $CH_3-\overset{O}{\overset{\|}{C}}-\underset{\underset{CH_2-CH_2-}{|}}{CH}-\overset{O}{\overset{\|}{C}}-OCH_3$ $\quad -CO_2CH_3$

对于这个不太复杂的分子就有六种切断方式，所得的合成子也各不相同，对更复杂的分子，可切断的方式就更多了，可能的合成路线也就更多了。我们可以在目标分子与经不同途径推导出的各种起始原料之间画出如下的“树状”关系。

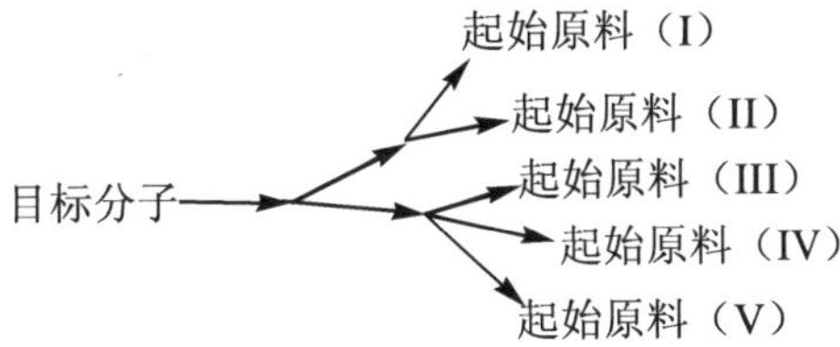

这种图通常称为“合成树”。

看起来这种切断是相当复杂的，但在实际设计中，这种切断并不是盲目的，正确的切断应该以合理的反应机理为依据，按照一定的机理进行的切断才会有合理的合成反应与之对应。就上述分子来说，显然只有 d 切断是最有利的切断。一些有用的准则还可以帮助我们去修剪“合成树”，删去不好的枝条，留下一两个有用的干枝，最终设计出一个合理的合成路线来。再如 $C_6H_5CH_2CH(COOCH_2CH_2)_2$ 中有两种切断，但 b 切断比 a 切断好，因为该切断给出容易实现的碳正离子和碳负离子，它们都比较稳定，而且容易得到：

$$C_6H_5\overset{|}{\underset{a}{-}}CH_2\overset{|}{\underset{b}{-}}CH(COOCH_2CH_2)_2 \xrightarrow{\text{切断}} C_6H_5\overset{+}{C}H_2 + \overset{-}{C}H(COOCH_2CH_3)_2$$

$$C_6H_5\overset{+}{C}H_2 \downarrow C_6H_5CH_2Br \qquad \overset{-}{C}H(COOCH_2CH_3)_2 \downarrow CH_2(COOCH_2CH_3)_2$$

反应过程为

$$CH_2(COOCH_2CH_3)_2 \xrightarrow[-CH_3CH_2OH]{NaOC_2H_5} \overset{-}{C}H(COOCH_2CH_3)_2$$

$$C_6H_5CH_2Br + \overset{-}{C}H(COOCH_2CH_3)_2 \xrightarrow{-Br} C_6H_5CH_2CH(COOCH_2CH_3)_2$$

好的切断，除了有合理的反应机理外，还要使切断后得到的合成子能最大限度地简化。如下面一个目标分子也有两个合理的切断，在 b 处切断更好，因为它将目标分子转化为两个几乎相等的合成子，丙酮和环己基溴都是可以直接得到的。而 a 切断方式得到合成子仍需要通过合成才能得到中间化合物，反应步骤比 b 切断烦琐。

$$\text{(环己基异丙烯)} + \overset{-}{C}H_3\ (\downarrow CH_3MgBr) \xLeftarrow{\text{a 切断}} \text{(2-环己基-2-丙醇，b、a 处切断)} \xRightarrow{\text{b 切断}} \text{(环己烷)} + \text{(丙酮)}$$

如果切断有几种可能时，应选择合成步骤少，产率、原料易得的方案。

因为目标分子按照 b 切断所得到的起始原料比 a 切断更容易得到。当然，也可根据实际情况选择。

2. 合成方向的审查

由第一步目标分子的切断，可以得到一连串的合成子和初步定下来的中间体。这种切断虽然不是盲目的，但毕竟带有一定的任意性，因此接下来的工作就是以合成方向为依据，对由原料经一系列反应，通过多种中间体而达到目标分子进行整体审查，实质就是对“合成树”的修剪，由此达到如下目的。

(1) 合成子内尚未确定的反应必须完全选定。对那些得到不稳定合成子(不能存在)，也没有相应试剂可代替这种合成子的切断应予否定。

(2) 除去有矛盾的步骤。如：

按第一步对目标分子切断，有 a、b 两种办法，并得出各自的中间体，在第二步审查时，则发现若用 a 法进行合成，硝基苯不能发生 Friedel-Crafts 酰基化反应，无法达到目的。但在 b 法中，用对硝基苯甲酰氯和对甲基苯甲醚作用，由于—OCH_3 基比—CH_3 基显示出更强的邻、对位定位效应，因此 Friedel-Crafts 酰基化反应发生在—OCH_3 的邻位，这条线路是可行的。a 法应予排除。

(3) 审查关键反应。找出整个反应过程中的关键性步骤和关键性中间体。在一些复杂分子的合成中，有许多反应较成功，但也有可能有一步或数步反应比较困难，比如反应条件难以控制、产率较低、中间体难以获得或产物更复杂等，这些问题可能是整个工作成败的关键。因此，在做整体审查时，就要把这些关键性中间反应、中间体找出来，并拟出初步对付或解决方案。这时更需要查阅有关文献资料，找出直接的或相似的反应，以供借鉴。例如在设计脱氧三尖杉碱(A)时，本来设想先合成边链的羧酸，再与天然存在的三尖杉碱(B)进行酯化反应，但由于羧基的 α-位体阻较大，酯化未获成功。

OH　H　COO　OCH$_3$　CH$_2$COOCH$_3$　(A)　⟹　H　HO　OCH$_3$　(B)　+　OH　COOH　CH$_2$COOCH$_3$

但据文献报导，Roformataky 反应可用来合成 β-羟基酸酯。

$$\mathrm{R(R')C{=}O + Br{-}ZnCH_2COOCH_3 \longrightarrow R{-}C(OH)(R'){-}CH_2COOCH_3}$$

于是仿照这样的方法来解决三尖杉碱合成问题，获得了成功。

COCl　O　+　H　HO　OCH$_3$　⟶　H　COO　OCH$_3$　O　$\xrightarrow{\mathrm{BrZnCH_2CO_2CH_3}}$ A

(4) 辅助(保护)基团的加入或除去(致活、阻碍、保护等)。在一些多步骤的复杂分子的合成中，常常会碰到基团之间相互干扰反应部位的选择，某些基团反应活性过大或过小等问题。这就需要采取一些控制措施，即有时要把一些基团保护起来，有时要导入一些基团而使欲反应基团活化或致钝，有时则导入基团占据某些位置而起阻塞作用等，待欲发生的反应结束后，再把这些控制基团除去，从而达到反应的选择性、定向性的目的。

例如：合成 O　CH$_3$　OH　H$_3$C 可以通过 O　CO$_2$Et 与 CH_3MgX 反应即可。但当格氏试剂与 O　CO$_2$Et 作用时，两个羰基都会作用，于是用乙二醇保护其中一个羰基，便可达到与另一羰基作用的目的。

O　CO$_2$Et　$\xrightarrow{\text{OH OH}}$　O　O　CO$_2$Et　$\xrightarrow[(2)\mathrm{H_3\overset{+}{O}}]{(1)\mathrm{CH_3MgX}}$　O　CH$_3$　OH　H$_3$C

再如：由 $\mathrm{CH_3{-}CH(OCH_2Ph){-}CH_2CH_2OH}$ 制 $\mathrm{CH_3{-}CH(OCH_2Ph){-}CH_2CH_2I}$。如用 HI 或 PI_3 处理，羟基

和苄基都会被置换，为了避免苄基被置换，在羟基上引入一个活化基团 CH_3SO_2—，由于磺酰基更容易被碘置换，于是可按下式进行反应。

$$\underset{\displaystyle \mathrm{OCH_2Ph}}{\mathrm{CH_3CHCH_2CH_2OH}} \xrightarrow[\text{吡啶}]{\mathrm{CH_3SO_2Cl}} \underset{\displaystyle \mathrm{OCH_2Ph}}{\mathrm{CH_3CHCH_2CH_2OSO_2CH_3}} \xrightarrow{\text{NaI-丙酮}} \underset{\displaystyle \mathrm{OCH_2Ph}}{\mathrm{CH_3CHCH_2CH_2I}}$$

3. 合成路线的选择

通过切断程序，全盘审查，常常获得多种合成线路。但在真正实行时，还要根据一些因素，再做进一步筛选，最后选定可行路线。这些因素有以下几点。

1) 成功的概率

如果合成同一目标分子有几条合成路线时，首先应选择最有希望的路线进行尝试。依据是：

(1) 具有稳定的中间体。合成路线中多数应为稳定中间体，如果不稳定中间体太多，或有两个相继不稳定中间体，合成就很难成功。

(2) 可靠的反应。如果特殊反应过多，成功机会就少。

(3) 采用多线策略。

在决定了几个中间体以后，最好有几条分支路线可生成同一目标分子。这样在进行了一部分工作后，如发现用一条分支路线不能成功时，即可改用另一条分支路线，这样不仅增加了成功概率，也可避免造成前功尽弃的局面。

$$\text{原料} \longrightarrow A \longrightarrow B \longrightarrow C \begin{cases} \nearrow D_1 \longrightarrow E_1 \longrightarrow F_1 \\ \searrow D_2 \longrightarrow E_2 \longrightarrow F_2 \end{cases} \longrightarrow \text{目标分子}$$

(4) 关键反应应该尽早出现，这样越易成功。如通过较长的合成路线后，才达到关键反应，关键反应一旦失败，就会造成人力、物力的极大浪费。

2) 经济核算

经济核算的总要求是：

(1) 反应产率高，原料便宜易得，反应条件温和，溶剂易操作等。

(2) 合成步骤少，则花费时间短，可节省人力、物力。

(3) 根据不同合成反应，选择直线式路线或收缩式路线。

3) 创造性

在选择合成路线的三条依据中，前两条是容易理解的，而创造性这一条往往受到忽视。一个复杂结构的有机分子的全合成工作往往要经过许多已知的方法和步骤，像“马拉松”接力赛似的一步一步地进行，经过大量的实验工作完成了目标分子的合成。当然，这从天然有机分子的全合成角度来看，是有意义的，但从有机合成角度来看，如果没有什么创造性的反应，此时，这项工作则较平淡，而评价一个全合成工作时，除了目标分子的实际意义、复杂过程以外，其中最重要的还有一点，就是看在整个工作中是否创造性地应用了一些反应，是否创造性地解决了一些前人尚未解决的问题。这是在合成路线选择中必须要考虑的问题。

4) 三废排放量少，对环境污染小

一个目标产物的合成三废的排放也是要考虑的重要方面，需要具体情况具体分析对待。众所周知，化学工业是我国国民经济的重要经济基础工业，其生产的化工产品有近 5 万种，对我国工农业发展和国防、信息等现代化具有重要作用。由于化工产品种类繁多，生产技术水平不一，是环境影响的主要因素。据有关资料显示，化工排放的废水、废气、废渣分别占全国工业排放总量的 20%~23%、5%~7%和 8%~10%。在工业部门中，化工排放的废水量居第二位，废气量居第三位，废渣量居第四位，排放的汞、铬、酚、砷、氟、氰、氨氮等污染物居第一位。因此，有机合成中三废排放也是合成路线的重要方面之一。

4. 合成效率的选择

有机合成另一个重要指标是合成的经济因素，是衡量合成的效率、效益的主要指标。它主要在于每一步反应的原料价格、时间和收率。一些次要的指标也同样要从经济上来考虑。例如要尽量减少再官能团化和附加步骤，即缩短合成路线。事实上，从起始原料到目标分子合成步骤越少、化学差距越小，克服的问题也越少，必然地提高了合成设计的效率，即提高了经济效益。而要减少起始原料到目标分子的合成步骤，关键在于设计时采用的方法。通常采用三种方法。

1) 直线式路线法

一步一步地进行反应，每一步增加目标分子的一个新部分，即

直线式路线：A→B→C→D→E→F→G→H→I→J→K→L→M

若每步产率都是 90%，则合成总产率为 34.9%。

特点：反应步骤多、原料损耗大，多步合成的总收率很低。如果另有一些活性官能团必须携带着，而通过很多步骤不发生变化，是很难做到的。一般来说，只适合简单分子的合成。还要特别注意，因为一步反应的不成功，则会导致整个合成反应无法进行。

2) 收缩式路线法

是先合成较大的中间体，然后将合成的中间体进行反应，这样减少了步骤，提高了产率。例如，采用下列两条路线合成，若每步产率仍为 90%，合成总产率则提高到 66%。采用收缩式路线的好处是，即使其中一个合成不顺利，对整个合成路线影响不太大。该法适合复杂分子合成的步骤多、路线长的反应。例如真菌代谢物曲伯利酸(trispric acid)的合成：

收缩式路线：

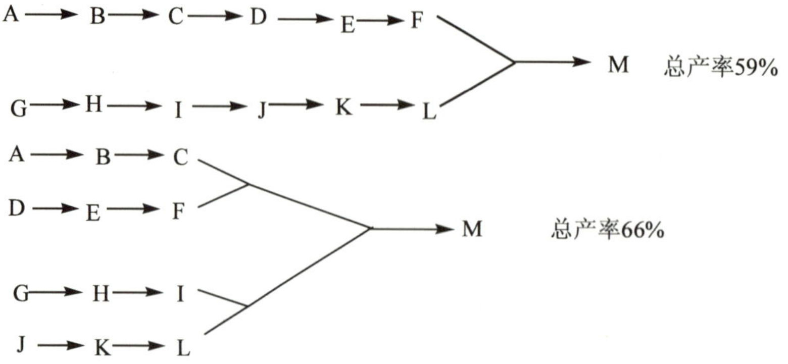
A B C D E F
G H I J K L
M 总产率59%
A B C
D E F
G H I
J K L
M 总产率66%

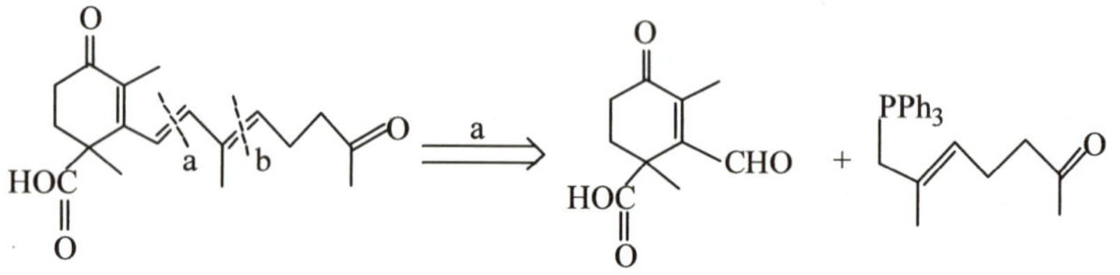
a
b
CHO
HOC
PPh3

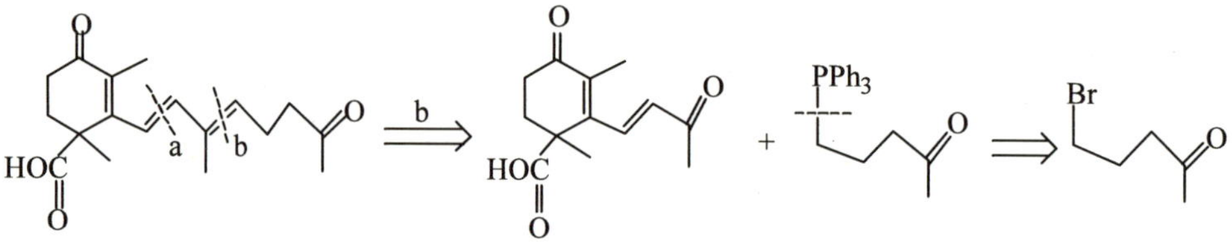
b
a
HOC
PPh3
Br

a法较b法更易导致收缩式合成。但也要注意，只有当其他情况都相同时，收缩式合成才比直线式合成好。收缩式合成不是万灵药，如果无论在何处有一个坏的合成步骤，终究是灾难性的。因此，应根据实际情况分析选择合适的合成路线。

3) 一瓶多步串联反应

在一个反应瓶中进行多步串联反应，可省略了中间的分离、纯化，是一种环境友好的反应。因为串联反应一般经历了一些活性中间体，如碳正离子、碳负离子、自由基或卡宾等，这样就发生了一个反应可以启动另一个反应。因此，无需分离出中间体，不产生相应的废弃物，可以免去各步后处理和分离带来的消耗和污染，是一种高效的方法，这类反应涉及至少三种不同的原料，每个反应都是下一步反应所必需的，而且原料的主体部分都进入最终产物中。Mannich 反应(三组分)和 Ugi 反应(四组分)便是有名的例子。例如 Ugi 报道了一个七组分反应，产物收率达 43%，如下表示：

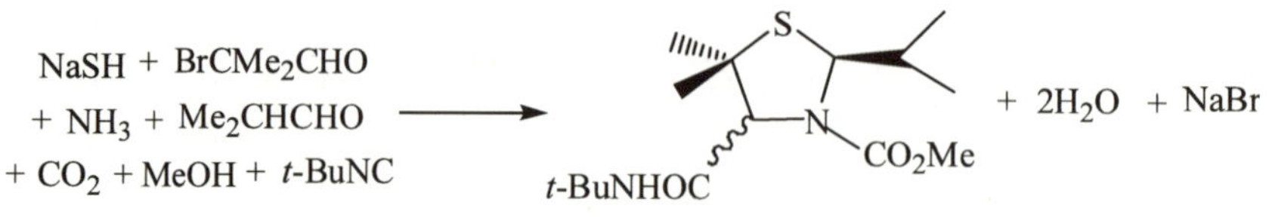
NaSH + BrCMe2CHO
+ NH3 + Me2CHCHO
+ CO2 + MeOH + t-BuNC
S
N
CO2Me
t-BuNHOC
+ 2H2O + NaBr

像这样的合成是比较理想的，但符合这种条件的反应也是有限的。

8.2　分子的切断与合成路线设计

当制定一个有机合成反应过程计划时，最初得到的信息只有目标分子，只有通过逆合成分析方法，一步一步倒推出起始原料为止，从而设计出合成路线，该推断过程需要用到许多术语，分别介绍如下。

8.2.1　相关术语

转换：在合成方向上，结构或官能团的变化，称为转换。相应的合成方向上就是合成反应。双线箭“⟹”用来表示转换方向。如 A⟹B 读作 A 可以由 B 得到。

切断：一种分析方法，就是将分子的一个键断开，使分子转变成一种可能的原料。常用一条曲(或虚)线穿过一个键，表示在该处切断。

合成子：切断时所得出的概念分子碎片。目标分子可以是异裂切断为电子接受体合成子(a)和电子给予体合成子(d)，或均裂切断为两个电中性自由基合成子(r)，或电环化切断为两个电中性非自由基合成子(e)。e 合成子是可以发生电环化反应的稳定的试剂。其他合成子是不稳定的含碳离子或自由基，有些不能直接用于反应。a、d、r、e 分别表示各种合成子。下面我们用列表的形式说明目标分子与切断、合成子与试剂之间的关系。

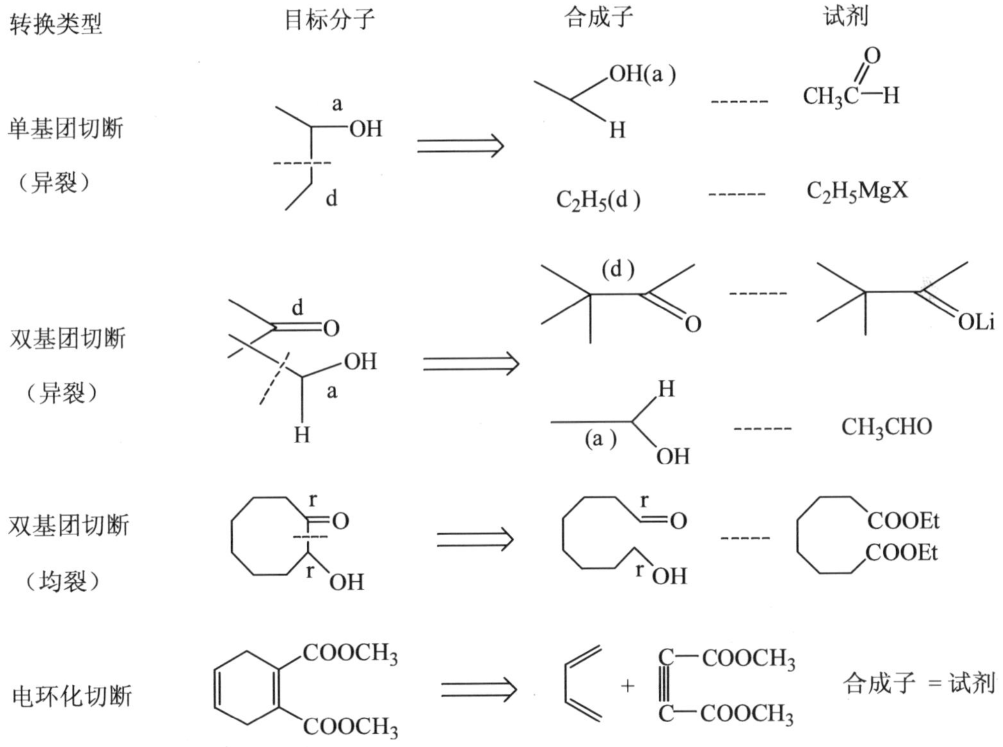

转换类型	目标分子		合成子		试剂
单基团切断（异裂）	a OH, d	⟹	OH(a), H	------	$CH_3C(=O)H$
			C_2H_5(d)	------	C_2H_5MgX
双基团切断（异裂）	d =O, OH, a, H	⟹	(d) O	------	OLi
			H, (a), OH	------	CH_3CHO
双基团切断（均裂）	r =O, r OH	⟹	r =O, r OH	-----	COOEt, COOEt
电环化切断	$COOCH_3$, $COOCH_3$	⟹	+ C—$COOCH_3$, C—$COOCH_3$		合成子 = 试剂

合成等价物：一种能起合成作用的试剂，如把“Et”称为合成子，EtMgBr 则是它的合成等价物。

官能团互换：用 FGI 表示，即把一个官能团换成另一个官能团，以便于进一步的反合成操作，例如：

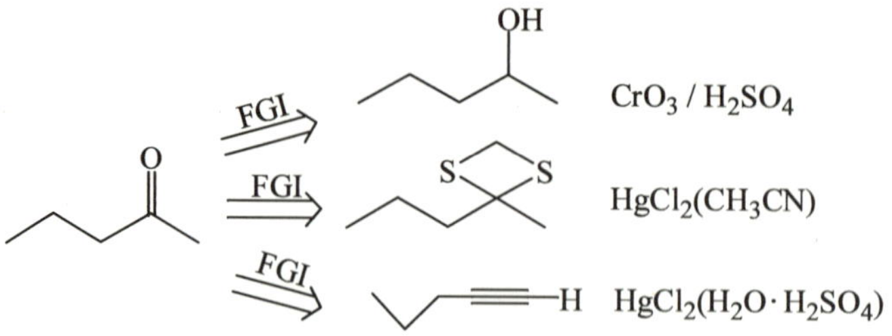

FGI ⟹ OH　CrO_3 / H_2SO_4

FGI ⟹ S S　$HgCl_2(CH_3CN)$

FGI ⟹ H　$HgCl_2(H_2O·H_2SO_4)$

官能团加成：有时为了活化某个位置，或为下一步反应合成操作的需要，在目标分子上加入一个官能团，称为官能团加成，用符号 FGA 表示。例如：

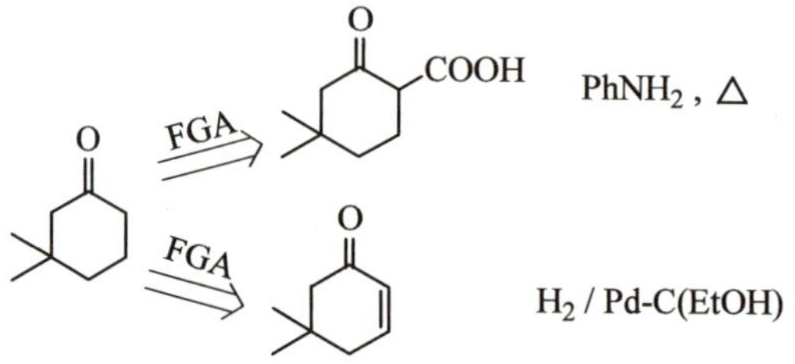

FGA ⟹ COOH　$PhNH_2$，△

FGA ⟹　H_2 / Pd-C(EtOH)

官能团消除：如果反合成操作结果消除了目标分子中的官能团，称为官能团消除，用符号 FGR 表示。例如：

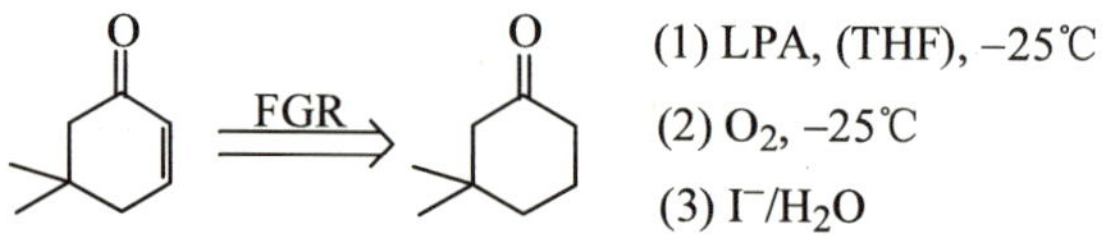

FGR ⟹　(1) LPA, (THF), −25℃　(2) O_2, −25℃　(3) I^-/H_2O

连接和重排：在反合成分析过程中，不仅需要切断 C—C 链，有时从合成反应考虑需要将 C—C 连接起来或发生骨架的重排等。分别用 con、rearr 表示连接和重排。例如：

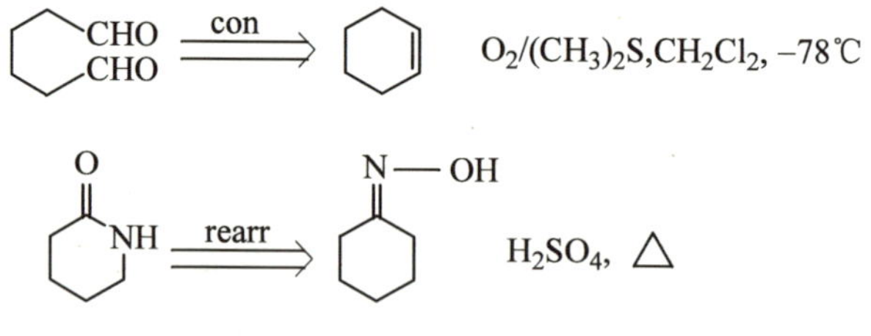

CHO CHO con ⟹　$O_2/(CH_3)_2S, CH_2Cl_2$, −78℃

NH rearr ⟹ N—OH　H_2SO_4，△

目标分子：即要合成的分子，通常用 TM 表示。

8.2.2　醇类化合物分子切断与合成路线设计

醇类化合物是连接烃类化合物如烯烃、炔烃、卤代烃等与醛、酮、羧酸及其衍生物等羰基化合物桥梁的物质。醇类化合物合成就很有价值，同时，醇还是进一步合成其他有机化合物的中间体。合成醇常用的、最有效的方法是利用格氏试剂和羰基化合物的反应，但切断方式要视目标分子的结构而定。醇类化合物也可以由很多化合物通过官能团互换转变而来。在精细有机合成中也常以烯烃为原料或羰基化合物为原料合成。醇中的羟基在合成中是关键管能团，因为它们的合成可通过切断来加以设计。任何醇都可以在紧接于氧的 C—C 键上切断。例如：含有对称性结构单元的醇，采用多处同时切断的方式可简化合成路线。原料主要是格氏试剂和酯。

例 1　试设计 Ph—CH₂CH₂—CH(OH)—CH₂CH₂—Ph 的合成路线。

切断：$PhCH_2CH_2CH(OH)CH_2CH_2Ph \Longrightarrow PhCH_2CH_2MgBr + HCOOEt + PhCH_2CH_2MgBr$

进一步考虑 $PhCH_2CH_2Br$ 的合成。

合成：$PhCH_2CH_2Br \xRightarrow{FGI} PhCH_2CH_2OH \Longrightarrow PhMgX +$ 环氧乙烷

$PhMgX +$ 环氧乙烷 $\longrightarrow PhCH_2CH_2OH \longrightarrow PhCH_2CH_2Br \xrightarrow[(2)HCO_2Et\ (3)H_2O]{(1)Mg\ Et_2O} PhCH_2CH_2CH(OH)CH_2CH_2Ph$

例 2　试设计 3-环己烯基—C(Ph)₂OH 的合成路线。

切断分析：3-环己烯基—C(Ph)₂OH $\Longrightarrow$ 3-环己烯基—COOCH₂CH₃ + 2 PhMgBr

3-环己烯基—COOCH₂CH₃ $\Longrightarrow$ 丁二烯 + CH₂=CHCOOCH₂CH₃

合成路线为

丁二烯 + CH₂=CHCOOCH₂CH₃ ⟶ 3-环己烯基—COOCH₂CH₃ $\xrightarrow{2\ PhMgBr}$ 3-环己烯基—C(Ph)₂OH

一些有机化合物的合成可以倒推为醇，然后按醇的方法切断设计合成路线。

例3　试设计 $(CH_3)_2C{=}CHCH_2Ph$ 的合成路线。

切断分析：

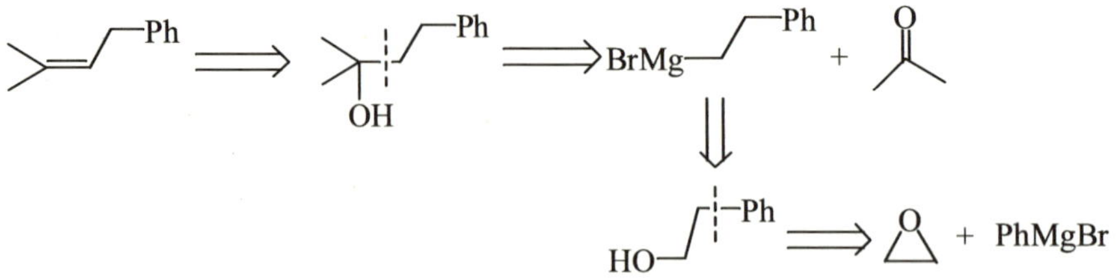

合成路线：

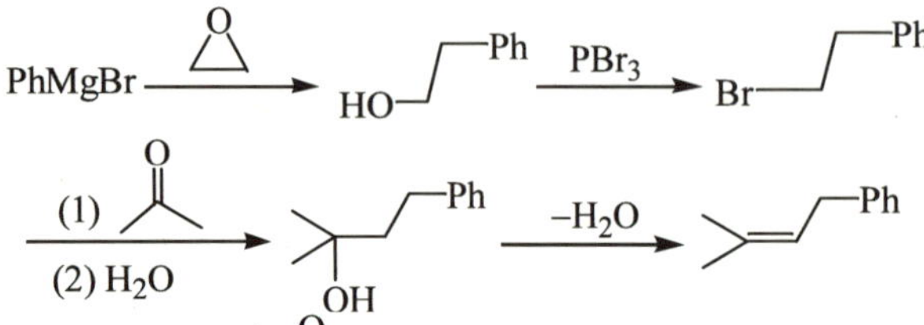

例 4 试设计 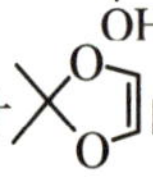 的合成路线。

切断：

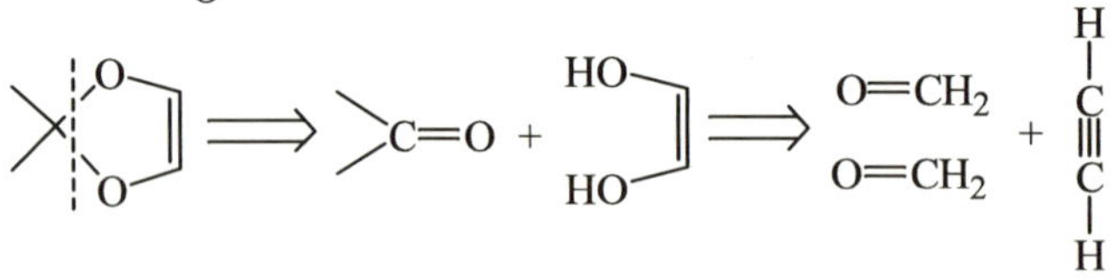

合成：

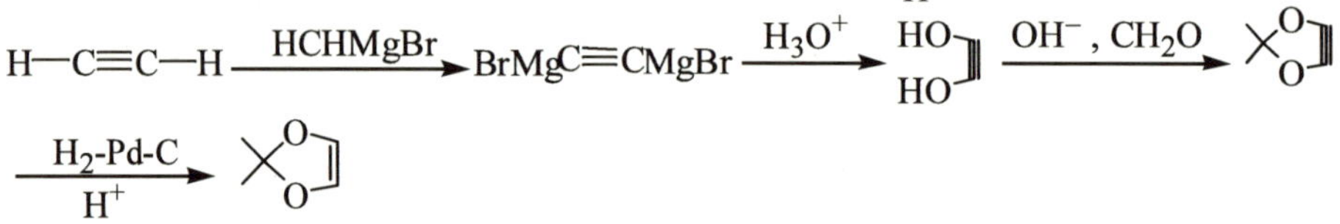

烯烃可由醇失水制得，因此设计烯烃合成时，官能团转换是加水到烯烃上，这样烯烃就退回到醇，然后对醇进行切断。

例如：试设计 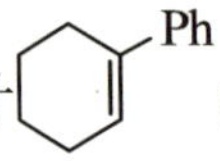 的合成路线。

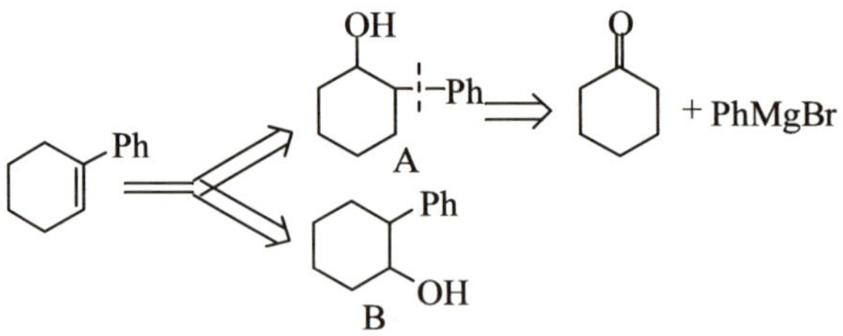

A

B

显然对 B 的切断是无用的，因为 B 脱水时还可能生成烯烃。

合成：

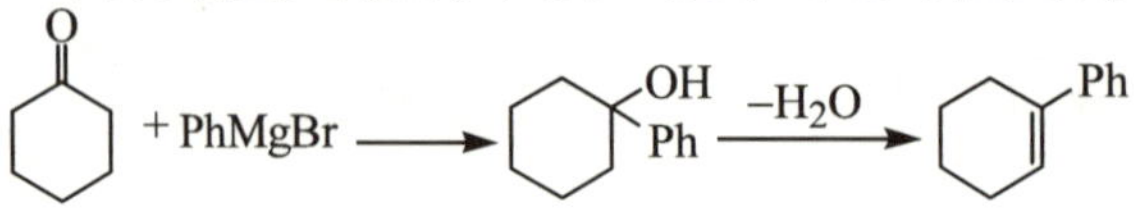

生成烯烃的另一种方法，是由醛、酮和 Wittig 试剂反应，因此直接切断双键是设计烯烃合成的另一种方法。

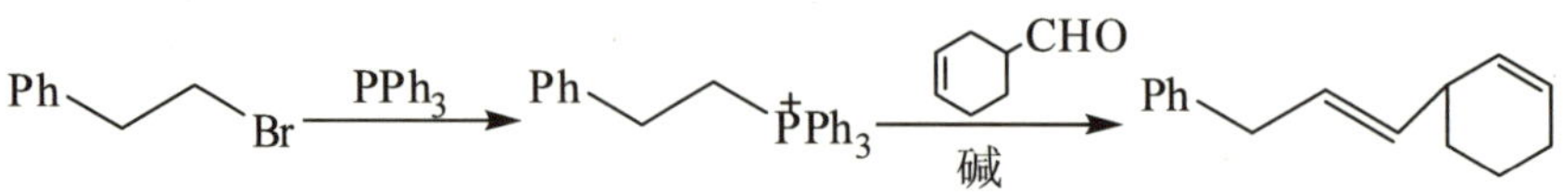

8.2.3 酮类化合物分子切断与合成路线设计

含羰基化合物主要有醛、酮、酯和羧酸。一般在羰基附近切断。例如化合物

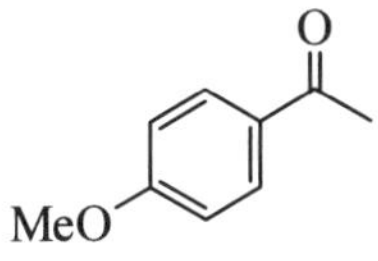

MeO 的合成，切断分析如下：

MeO ⟹ MeO H + Cl

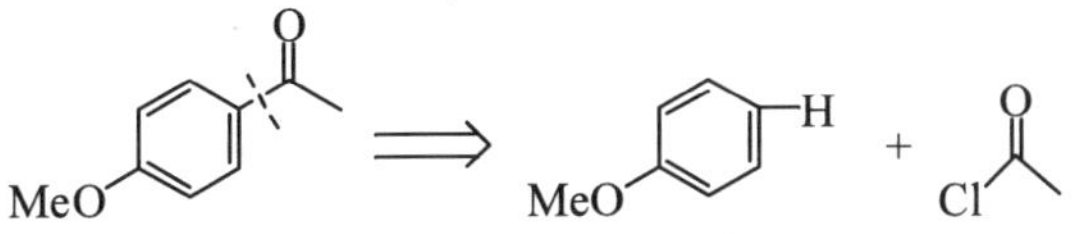

苯环是一个直接可得的原料，要切割的只是与苯环相连的脂肪侧链，这个链主要是通过 Friedel-Crafts 反应形成的，因此，芳基与酮羰基相连部位切断再进行合成比较好。

酮的一般合成方法是乙酰乙酸乙酯法，相应的切断为

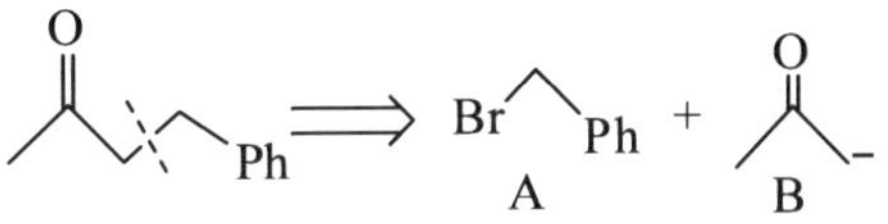

Ph ⟹ Br Ph (A) + (B)

乙酰乙酸乙酯是合成子 B 的等价物：

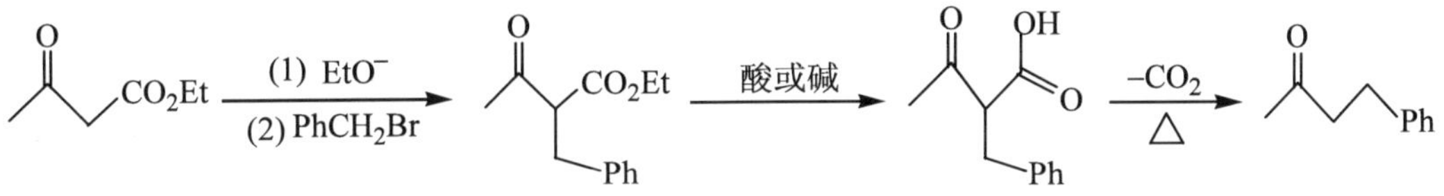

CO_2Et —(1) EtO^- (2) $PhCH_2Br$→ CO_2Et Ph —酸或碱→ OH O Ph —$-CO_2$, △→ Ph

酮的另一种切断是将酮返回到醇再切断。

试设计 Ph 的合成路线。

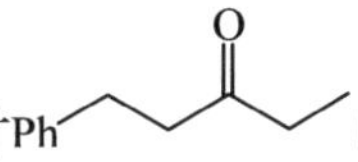

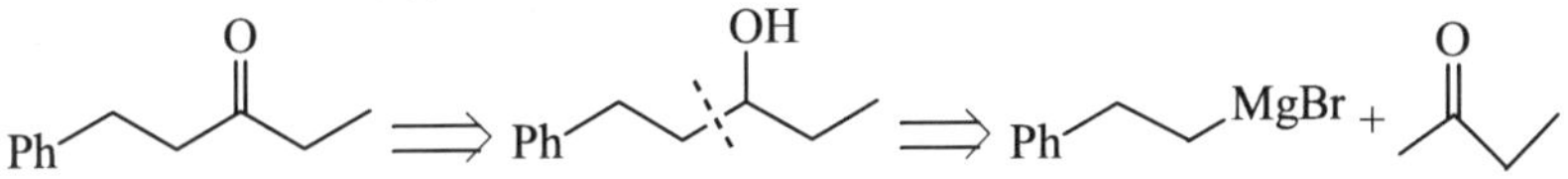

切断：Ph ⟹ Ph OH ⟹ Ph MgBr +

合成：Ph MgBr + CH_3CH_2CHO ⟶ Ph

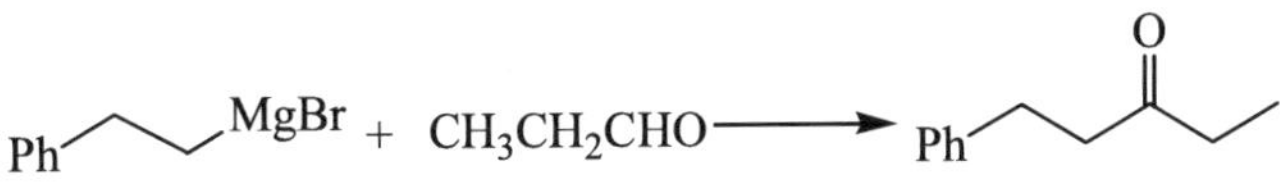

8.2.4 胺类化合物分子切断与合成路线设计

胺类化合物不能用类似于其他化合物的合成方法来合成，常用方法是用卤代烃与氨作用，主要缺点是产物为混合物，不利于纯度较好的产物合成。所以，通常用还原腈、硝基化合物的方法制备伯胺，用伯胺与酰卤、醛酮反应之后再还原制备仲胺和叔胺。因为胺类化合物产物的亲核性比原料强，故容易发生多烷基化。如 $PhNH_2 \rightarrow PhNH—R \rightarrow PhNR_2$ 等。

例 1 试设计 $PhCH_2NHCH(Ph)CH(CH_3)_2$ 的合成路线。

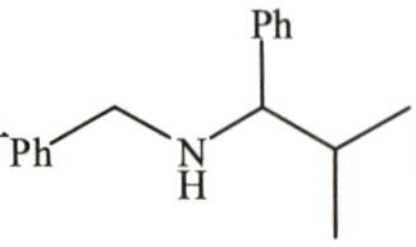

切断：

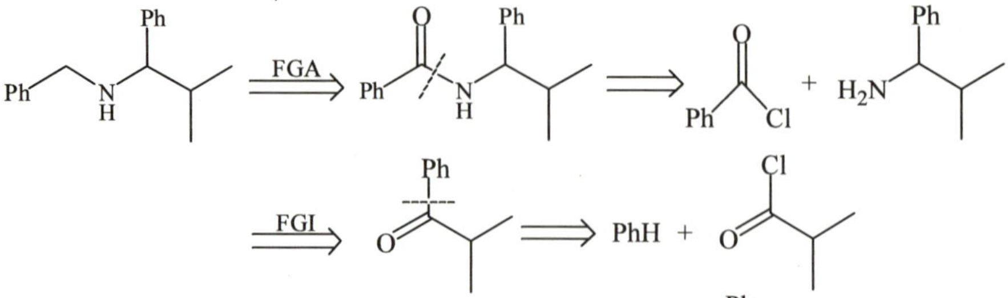

$PhCH_2NHCH(Ph)CH(CH_3)_2 \xRightarrow{FGA} PhCO\text{/}NHCH(Ph)CH(CH_3)_2 \Rightarrow PhCOCl + H_2NCH(Ph)CH(CH_3)_2$

$\xRightarrow{FGI} PhCOCH(CH_3)_2 \Rightarrow PhH + ClCOCH(CH_3)_2$

合成：

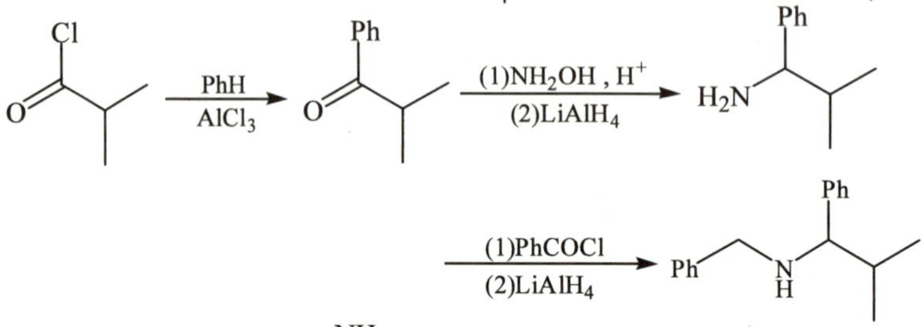

$ClCOCH(CH_3)_2 \xrightarrow[AlCl_3]{PhH} PhCOCH(CH_3)_2 \xrightarrow[(2)LiAlH_4]{(1)NH_2OH,\ H^+} H_2NCH(Ph)CH(CH_3)_2$

$\xrightarrow[(2)LiAlH_4]{(1)PhCOCl} PhCH_2NHCH(Ph)CH(CH_3)_2$

例 2 试设计 3,4-$(CH_3O)_2C_6H_3CH_2CH_2NH_2$ 的合成路线。

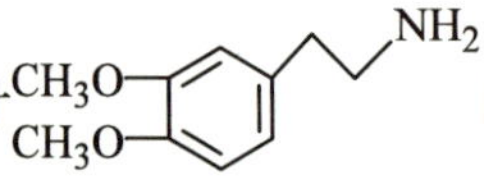

切断：把—NH_2的前身看成是—NO_2，如果—NO_2和一个双键相连，则制取更容易，而还原时，双键又是不碍事的。

合成：3,4-$(CH_3O)_2C_6H_3CHO$ + CH_3NO_2 ⟶ 3,4-$(CH_3O)_2C_6H_3CH{=}CHNO_2$

$\xrightarrow{H_2\text{-}Pd}$ 3,4-$(CH_3O)_2C_6H_3CH_2CH_2NH_2$

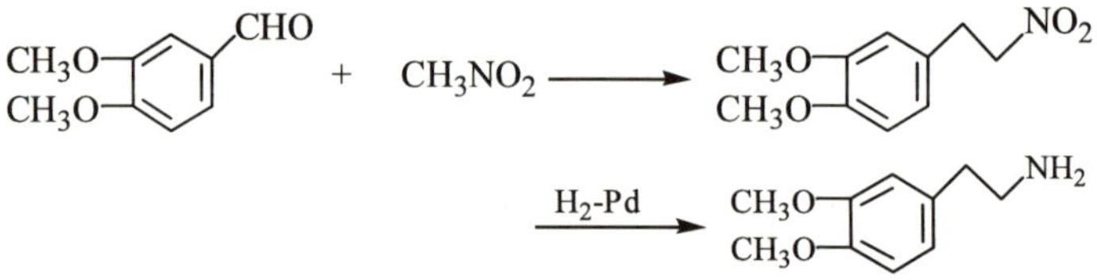

再如：

2-苯基-1-硝基环己烯 $\xrightarrow{H_2\text{-}Pd}$ 2-苯基环己胺（Ph, NO_2 → Ph, NH_2）

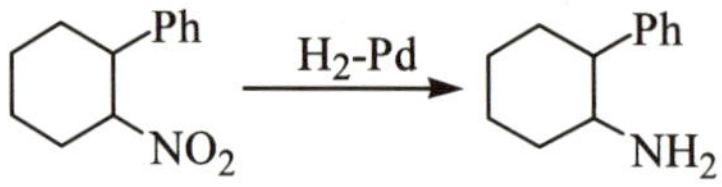

也可把腈的前身看成是胺进行合成：

例 3 试设计 3,4-$(CH_3O)_2C_6H_3CH_2CH_2NH_2$ 的合成路线。

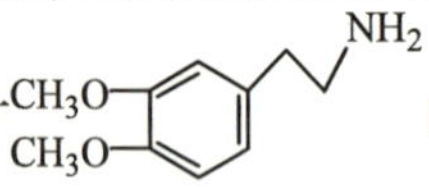

切断：3,4-$(CH_3O)_2C_6H_3CH_2CH_2NH_2 \xRightarrow{FGI}$ 3,4-$(CH_3O)_2C_6H_3CH_2CN \Rightarrow$ 3,4-$(CH_3O)_2C_6H_3CH_2$/Cl

$\Rightarrow$ 1,2-$(CH_3O)_2C_6H_4$ + HCHO, HCl

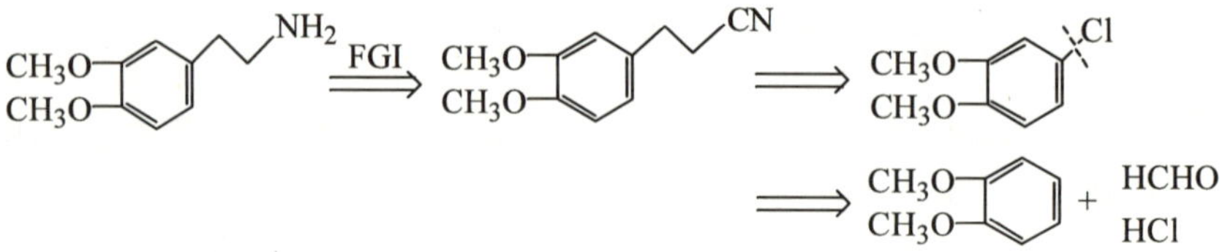

合成：

也可采用的方法是先将胺进行酰基化，所生成的酰胺用 $LiAlH_4$ 还原，则可得所需要的胺。这样做的切断就可用如下方式表示。

胺还可以通过肟和硝基化合物还原得到，如：

例 4　试设计的合成路线。

合成路线：

其他方法也可以合成。如：

8.2.5　1,1-二官能团化合物分子切断与合成路线设计

二官能团化合物主要包括 1,1-、1,2-、1,3-、1,4-、1,5-、1,6-等化合物，下面分别介绍。1,1-二官能团化合物的合成步骤少，其切断也比较简单。

例如：香料绿叶丁香素 $C_6H_5CH_2CH(OCH_3)_2$ 的合成，可利用缩醛反应，切断分析如下：

$$C_6H_5CH_2CH(OCH_3)_2 \Longrightarrow C_6H_5CH_2CHO + 2CH_3OH$$

$$C_6H_5CH_2CHO \Longrightarrow C_6H_5CH_2CH_2OH \Longrightarrow C_6H_5MgBr + \text{环氧乙烷}$$

合成：

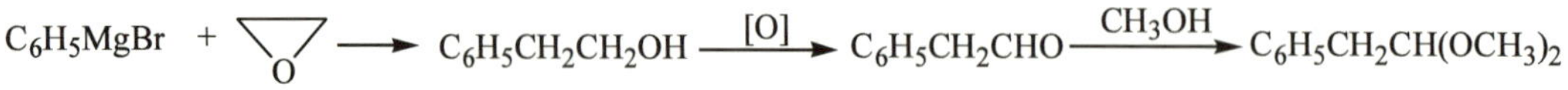

C_6H_5MgBr + 环氧乙烷 ⟶ $C_6H_5CH_2CH_2OH$ $\xrightarrow{[O]}$ $C_6H_5CH_2CHO$ $\xrightarrow{CH_3OH}$ $C_6H_5CH_2CH(OCH_3)_2$

8.2.6　1,2-二官能团化合物分子切断与合成路线设计

1,2-二醇类化合物最好的制法是将烯烃用 OsO_4 或 $KMnO_4$ 之类试剂进行氧化，烯烃可从 Wittig 反应制得，故这类化合物的切断是

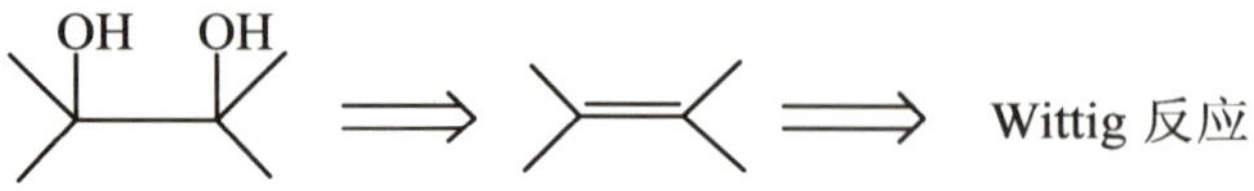

OH　OH ⟹ 烯烃 ⟹ Wittig 反应

如果两个相邻的碳原子带有羰基，其合成最一般的方法是基于碳-碳重键的氧化和环氧化合物的碳-氧键的开环，因此，切断也就在这些部位。1,2-二羟基、羰基化合物可在1、2 碳-碳键之间切断，推到起始原料之后再合成。

例 1　试设计（1-(羟基苯甲基)环戊醇）的合成路线。

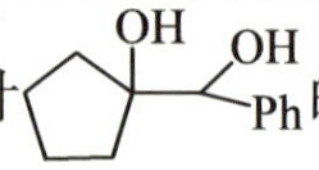

切断分析：

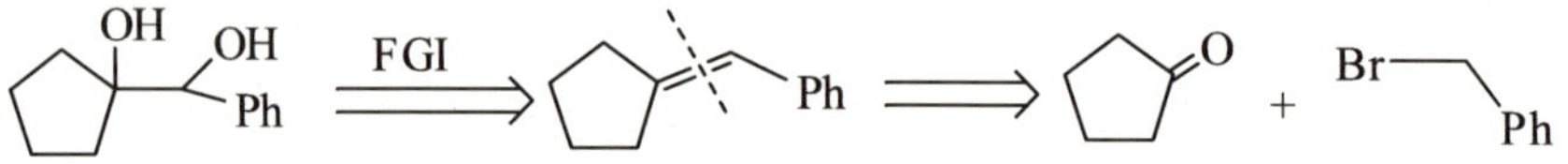

OH, OH, Ph $\xrightarrow{FGI}$ ⟹ 亚苄基环戊烷（Ph）⟹ 环戊酮（O）+ Br—CH₂—Ph

合成路线如下：

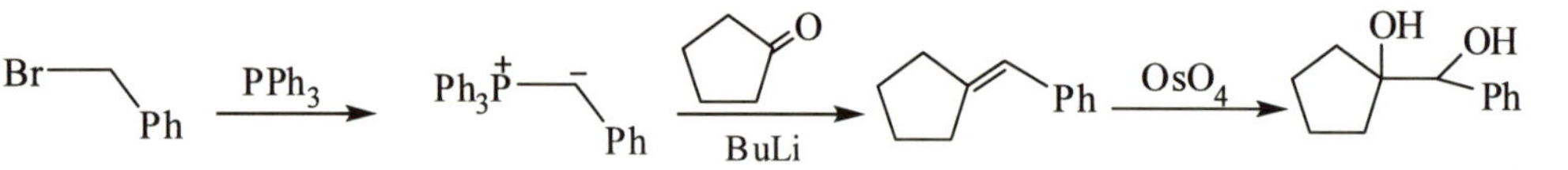

Br—CH₂Ph $\xrightarrow{PPh_3}$ $Ph_3\overset{+}{P}$—$\overset{-}{C}H$Ph $\xrightarrow[BuLi]{\text{环戊酮}}$ 亚苄基环戊烷（Ph） $\xrightarrow{OsO_4}$ （OH, OH, Ph）

例 2　试设计（O=C(H)—C(=O)—O—丁基）丁基乙醛酸酯的合成。

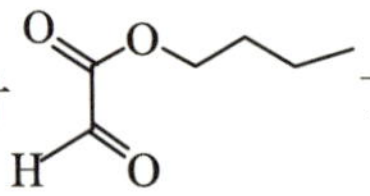

分析：上述结构虽然简单，但由于它极不稳定，因此，其纯品十分昂贵。用它做合成的中间体，最好在溶液当中制备，迅速用于进一步的合成反应。显然通过 FGI 可以看出它的前体是草酸丁二酯和羟基乙酸丁酯，然后就很容易由烯烃或二醇裂解来制备。

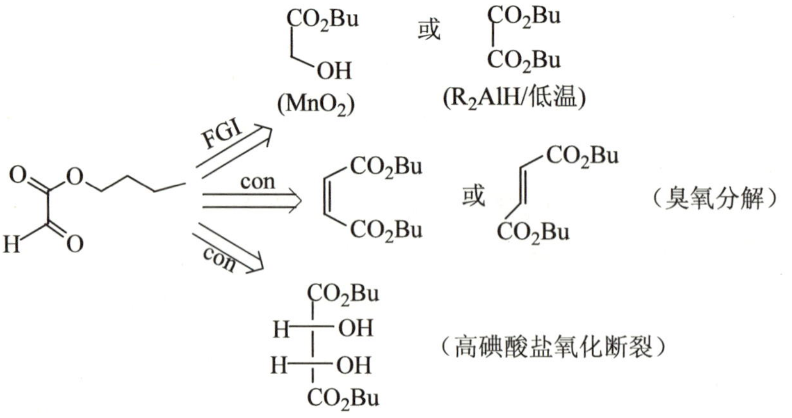

丁基乙醛酸酯 $\xrightarrow{FGI}$ CO_2Bu—CH_2OH (MnO_2)　或　CO_2Bu—CO_2Bu $(R_2AlH/低温)$

丁基乙醛酸酯 $\xrightarrow{con}$ BuO_2C—CH=CH—CO_2Bu（顺式）　或　BuO_2C—CH=CH—CO_2Bu（反式）　（臭氧分解）

丁基乙醛酸酯 $\xrightarrow{con}$ CO_2Bu—CH(OH)—CH(OH)—CO_2Bu　（高碘酸盐氧化断裂）

合成：CO_2Bu / OH $\xrightarrow{(MnO_2)}$

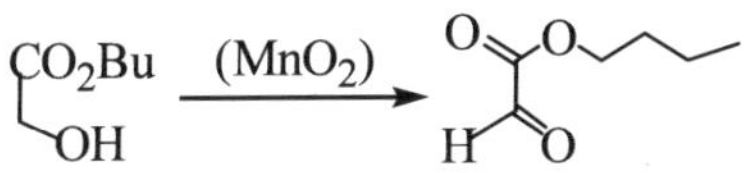

另外，酮与 HCN 加成得氰醇，氰基水解得 1,2-二羟基、羰基化合物。

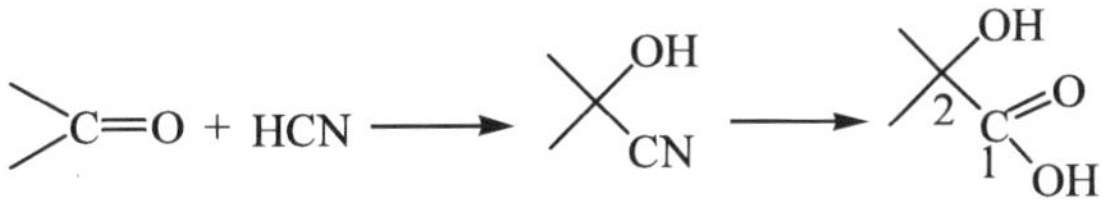

C=O + HCN ⟶ (OH, CN) ⟶ (OH, 2, C=O, 1, OH)

α-羟基酮可以利用醛酮与炔的亲核加成反应，之后在三键上水合制得。

例 3　试设计（O, OH）的合成路线。

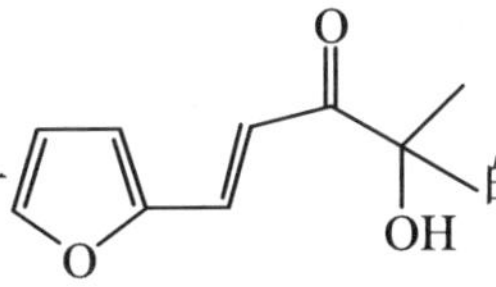

切断分析如下：

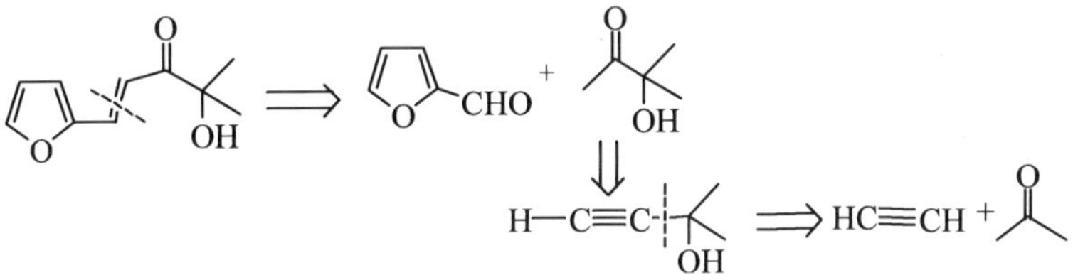

(O, OH) ⟹ CHO + (O, OH)

⇓

H—C≡C-¦-(OH) ⟹ HC≡CH + (O)

合成路线为

HC≡CH $\xrightarrow[(2)\ O]{(1)\ Na,液氨}$ H—C≡C—(OH) $\xrightarrow[Hg^{2+}]{H_2O,\ H_2SO_4}$ (O, OH) $\xrightarrow{CHO}$ (O, OH)

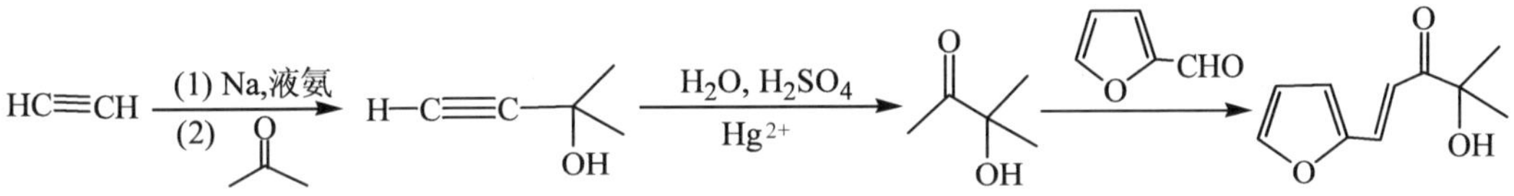

8.2.7　1,3-二官能团化合物分子切断与合成路线设计

1,3-二羰基化合物多是通过醇醛缩合、酯缩合得到的。Claisen 缩合反应包括了 Claisen 酯缩合、酮酯缩合、氰酯缩合，这些缩合分别得到结构上略有差异的化合物，但最终都能生成 1,3-二羰基化合物，因此，Claisen 缩合反应是切断 1,3-二羰基化合物的依据。目标化合物切断为酰基化合物和 α-氢化试剂(醛、酮、酯、腈)。

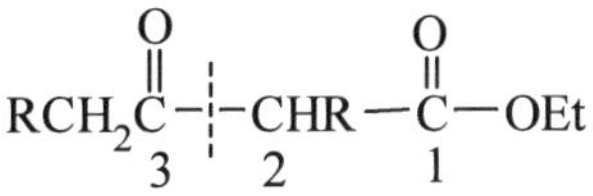

$$RCH_2\overset{O}{\overset{\|}{\underset{3}{C}}}\,\vdots\,\underset{2}{CHR}-\overset{O}{\overset{\|}{\underset{1}{C}}}-OEt$$

酰化试剂一般为：$H-\overset{O}{\overset{\|}{C}}-OEt$，$H_3C-\overset{O}{\overset{\|}{C}}-OEt$，$EtO-\overset{O}{\overset{\|}{C}}-OEt$，$CH_2COOEt$ | CH_2COOEt。

例 1　CHO / OH ⟹ CHO + H_2O

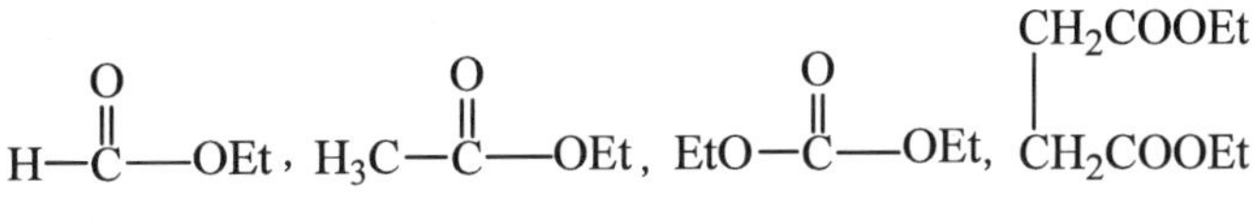

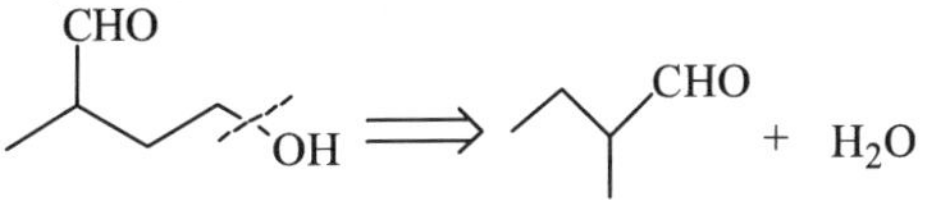

例 2　$PhCO{-}COPh \Longrightarrow PhCOOEt + PhCOCH_3$

例 3　$O_2N{-}C_6H_4{-}CH_2{-}CH_2CHO \Longrightarrow O_2N{-}C_6H_4{-}CHO + CH_3CHO$

例 4　试设计 $PhCH(COOEt)_2$ 的合成路线。

分析：目标分子是苯基丙二酸二乙酯，按照 1,3-二羰基化合物的切断方法。

$$PhCH(COOEt)COOEt \Longrightarrow PhCH_2COOEt + EtO{-}\overset{O}{\overset{\|}{C}}{-}OEt$$

合成路线为

$$PhCH_2COOEt + EtO{-}\overset{O}{\overset{\|}{C}}{-}OEt \xrightarrow[-EtOH]{OH^-} PhCH(COOEt)_2$$

8.2.8　1,4-二官能团化合物分子切断与合成路线设计

1,4-二官能团化合物主要是 1,4-二羰基化合物和γ-羟基、羰基化合物。1,4-二羰基化合物通常可采用下面的方法进行切断。

$$R^1COCH_2{-}CH_2COR^2 \Longrightarrow \underset{a}{R^1COCH_2^- \left(R^1C(=CH_2)O^-\right)} + \underset{b}{{}^+CH_2COR^2}$$

切断后的亲核部分 a 合成子的等效剂是α-H 的醛或酮，而 b 是一个不合逻辑的合成子，可以找到的等效剂是α-卤代酮(酸、酯)，因为卤原子和羰基的共同作用下α-卤代酮的α-H 的酸性也较大，因此，它也是好的亲核试剂。因此，在 1,4-二羰基化合物合成时，使用确定的亲核试剂来控制反应的取向是很重要的。

例 1　试设计 2-($CH_2COOC_2H_5$)环己酮的合成路线。

切断分析：

$$\text{2-(}CH_2COOC_2H_5\text{)环己酮} \Longrightarrow \text{环己酮} + BrCH_2COOC_2H_5$$

但使用环己酮与溴乙酸乙酯在甲醇钠存在下反应时，生成的是α,β-环氧酯：

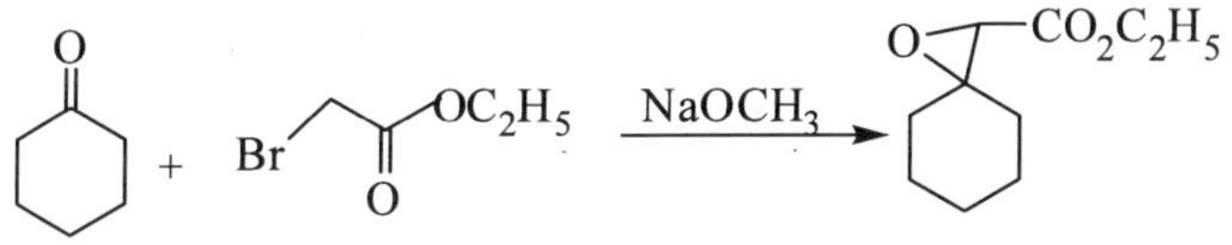

因为，溴乙酸乙酯分子中α-碳上的氢具有比环己酮α-碳上的氢更强的酸性，故被甲氧基负离子作用成为溴乙酸乙酯负离子，它作为亲核试剂进攻环己酮上的羰基碳原子并发生反应：

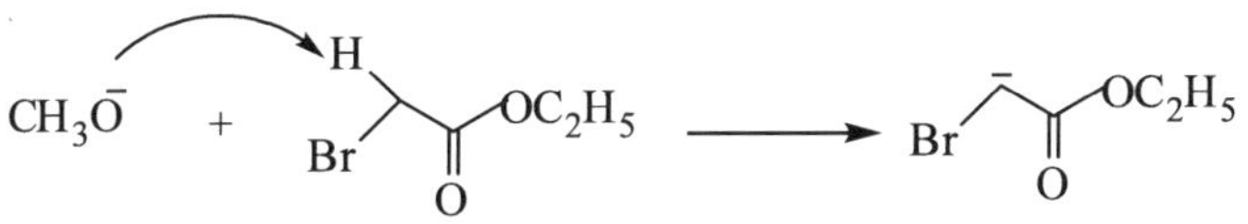

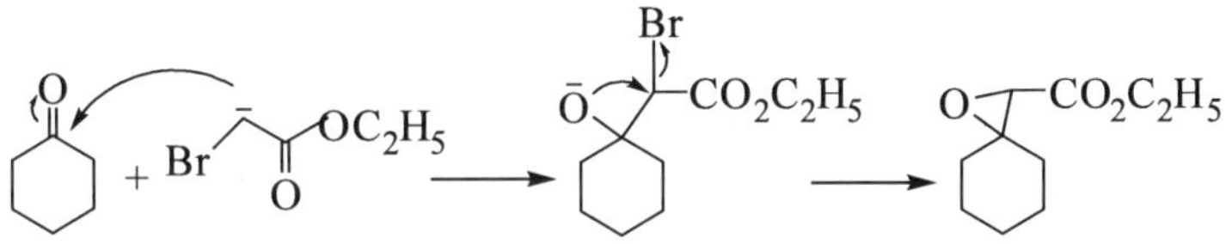

因此，必须采用一些方法，使得酮在起始的缩合反应中扮演亲核试剂的角色，最有效的方法就是将酮变成烯胺：

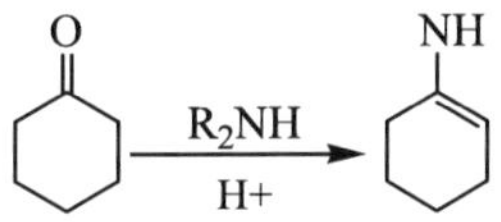

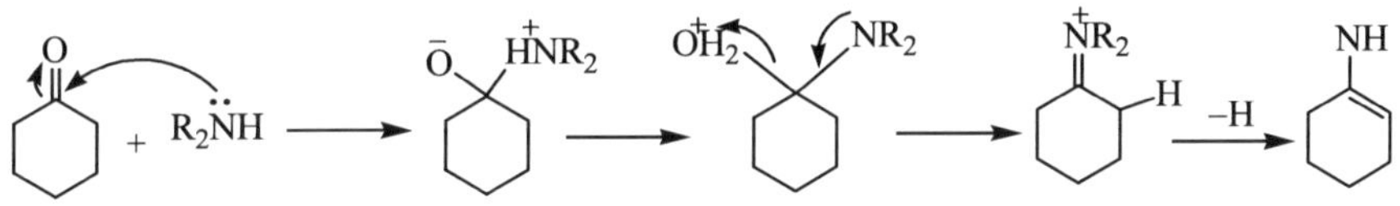

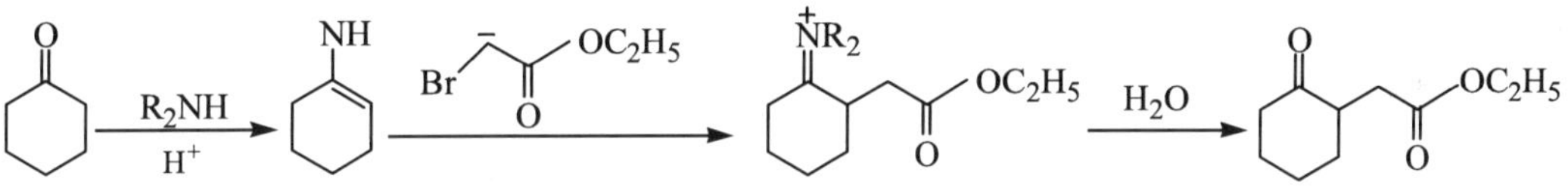

例 2　芬苏美(phensuximide)是一种抗惊厥药，它是亚胺，可由二酸制得。

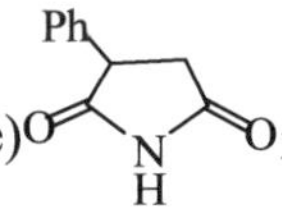

分析：

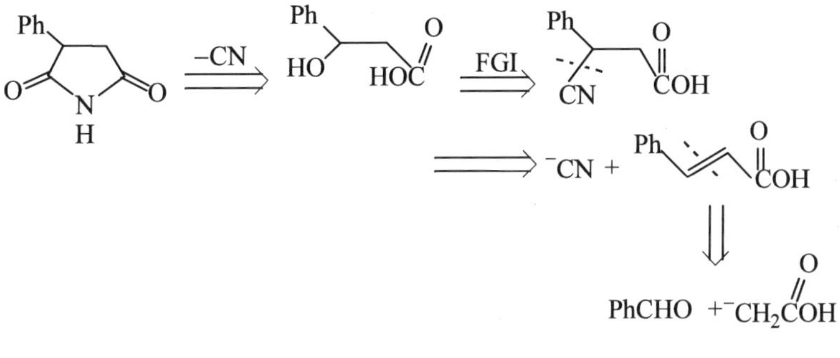

合成：

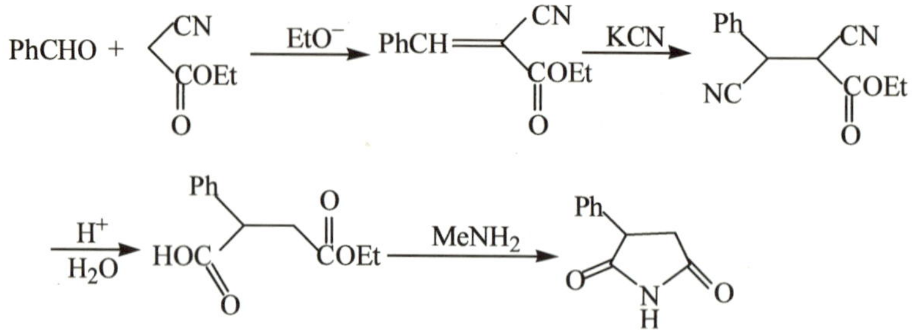

PhCHO + NCCH₂COOEt $\xrightarrow{EtO^-}$ PhCH=C(CN)COOEt $\xrightarrow{KCN}$ PhCH(CN)CH(CN)COOEt

$\xrightarrow[H_2O]{H^+}$ HOOC–CH(Ph)–CH₂–COOEt $\xrightarrow{MeNH_2}$ 3-苯基琥珀酰亚胺

例 3　试设计 2-(2-羟基-2-苯基乙基)环己酮 的合成路线。

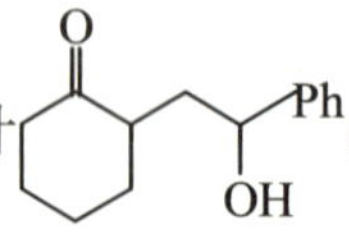

切断分析如下：

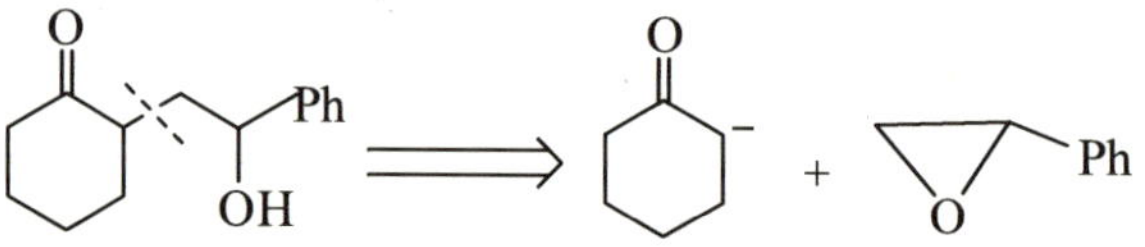

2-(2-羟基-2-苯基乙基)环己酮 ⟹ 环己酮负离子 + 苯基环氧乙烷

合成：

环己酮 $\xrightarrow[H^+]{R_2NH}$ 烯胺 $\xrightarrow[(2)\ H^+,H_2O]{(1)\ 苯基环氧乙烷}$ 2-(2-羟基-2-苯基乙基)环己酮

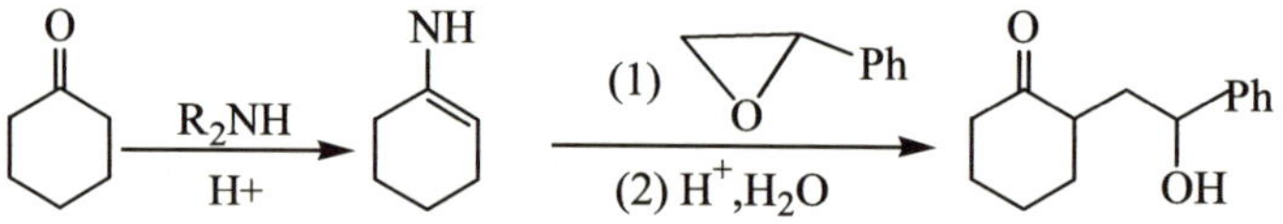

8.2.9　1,5-二官能团化合物分子切断与合成路线设计

1,5-二羰基化合物的合成主要通过迈克尔加成得到。因为，它是活泼亚甲基化合物(CH_2XY)，α,β-不饱和羰基化合物是迈克尔加成反应的电子受体，包括α,β-不饱和醛、酮、酰胺、氰和硝基化合物等。因此，1,5-二羰基化合物的切断如下：

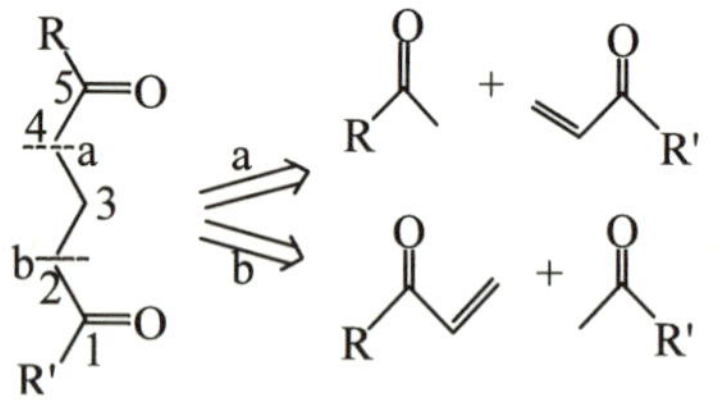

RCO(5)–CH₂(4)–CH₂(3)–CH₂(2)–COR'(1)：a 处切断 ⟹ RCOCH₃ + CH₂=CHCOR'；b 处切断 ⟹ RCOCH=CH₂ + CH₃COR'

切断后的合成子必须保证要有合理结构的等效剂，即一个合成等效剂具有α,β-不饱和羰基化合物的结构，另一个具有活泼亚甲基结构。

例 1　试设计 2-乙氧羰基-2-(3-氧代丁基)环己酮 的合成路线。

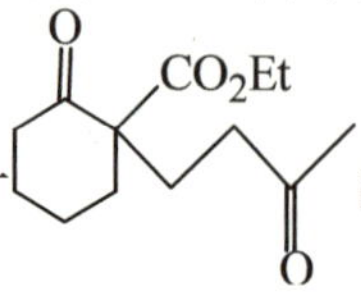

切断：

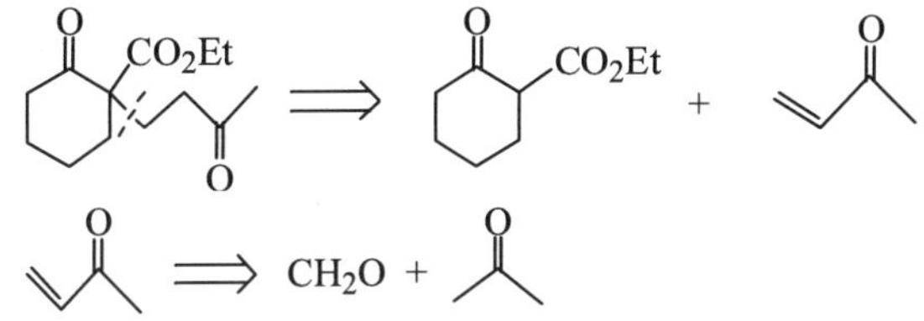

这里分割出三个碎片，其中乙烯基丙酮按切割规则是用甲醛和丙酮制得，但甲醛很活泼，在碱催化的反应中，自身聚合而使得与丙酮反应的得率很低，若用满氏碱代替 α,β-不饱和羰基化合物，则可达到目的。合成路线如下：

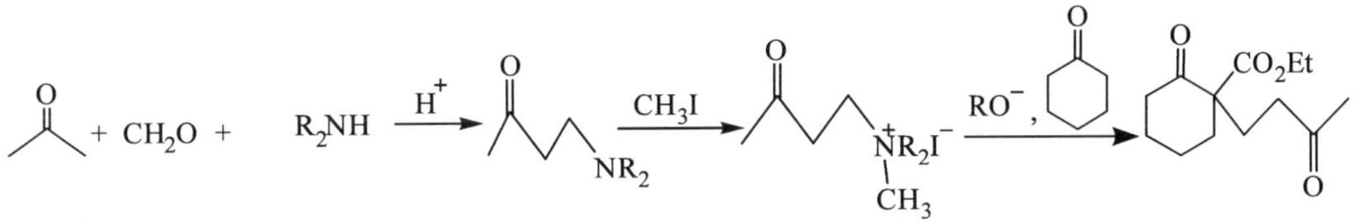

例 2　试设计的合成路线。

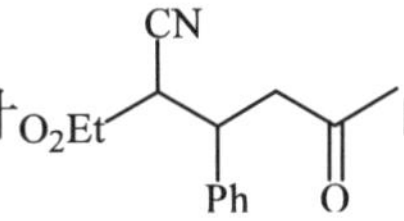

切断分析如下：

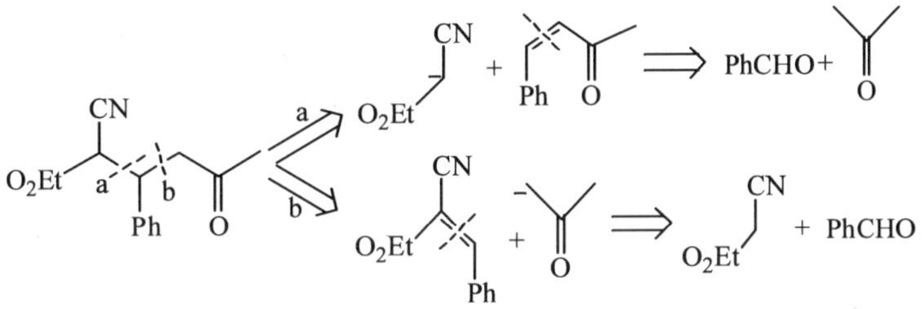

这两条路线都是可取的，而且都返回到相同的三种原料。但路线 a 使用稳定负离子的迈克尔反应更为可取，合成如下：

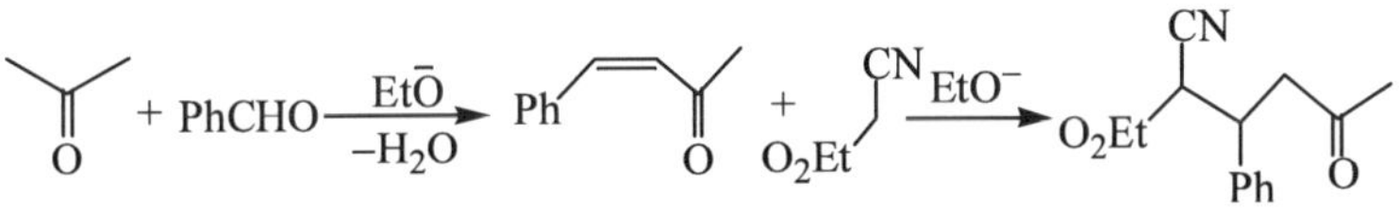

迈克尔反应在某些较长的合成程序中起十分重要的作用。

8.2.10　1,6-二官能团化合物分子切断与合成路线设计

1,6-二官能团化合物合成常用重接法，因为氧化断裂所需要的环已烯很容易从 Diels-Alder 反应制得。我们可以采用不同的切断方法来处理，这种切断实际上是把两个羰基连接起来。

例 试设计 CO_2Me—CH=C(Me)—CH₂CH₂OH 的合成路线。

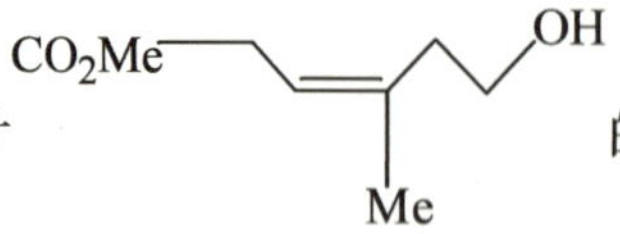

分析：首先将 1,6-二取代化合物转换成 1,6-二羰基化合物，并保持两个羰基不相同。

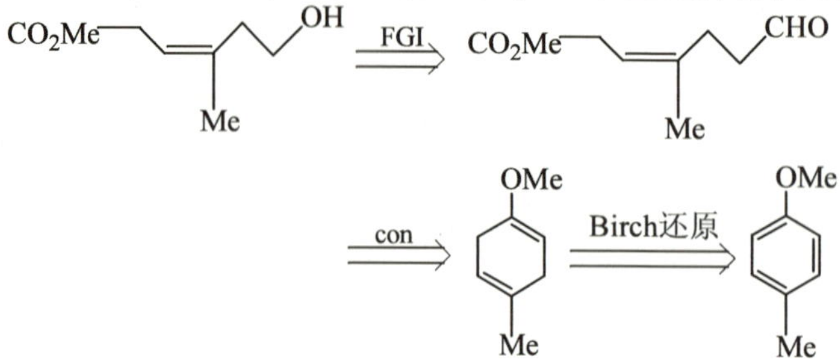

CO_2Me … OH, Me $\xRightarrow{FGI}$ CO_2Me … CHO, Me

$\xRightarrow{con}$ OMe, Me (环己二烯) $\xRightarrow{\text{Birch还原}}$ OMe, Me (苯环)

切断：

苯环上的部分还原(Birch 还原)是另一制备环己烯类化合物的方法。

合成：OMe, Me $\xrightarrow[t\text{-BuOH}]{\text{Na, 液氨}}$ OMe, Me $\xrightarrow[\text{进攻最强的电子键}]{O_3}$ OMe, =O, CHO, Me $\xrightarrow{NaBH_4}$ OMe, =O, CH_2OH, Me

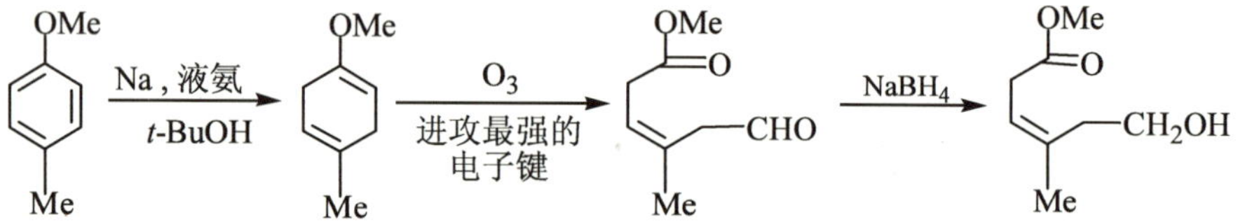

8.2.11 杂环化合物分子切断与合成路线设计

在杂环化合物的形式中，杂原子是亲核试剂，只要选择恰当的亲电试剂就行了。因此杂环化合物中碳-杂键是最好的切断部位。

例 1 试设计 Ph—(呋喃)—CH_3 的合成路线。

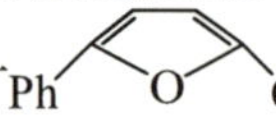

切断：Ph—(呋喃)—CH_3 $\Longrightarrow$ Ph—CO—CH₂CH₂—CO—CH_3 $\Longrightarrow$ Ph—CO—CH₂Cl + CH_3COCH₂CO_2Et

合成：CH_3COCH₂CO_2Et $\xrightarrow[\text{PhCOCH}_2\text{Cl}]{EtO^-}$ PhCOCH₂CH(CO_2Et)COCH_3 $\xrightarrow[(2)-CO_2,\ \Delta]{(1)H^+}$ PhCOCH₂CH₂COCH_3 $\xrightarrow{H^+}$ Ph—(呋喃)—CH_3

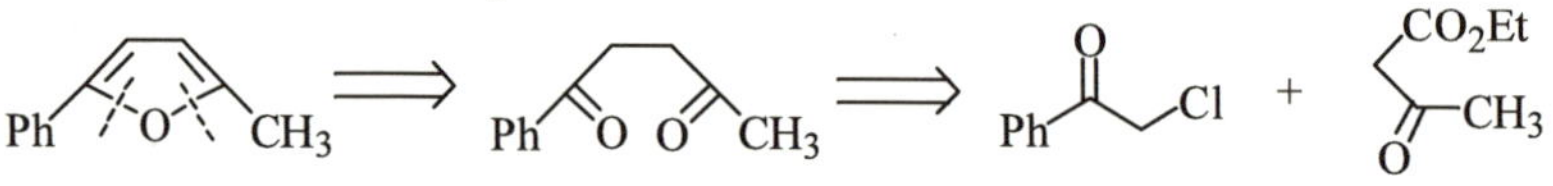

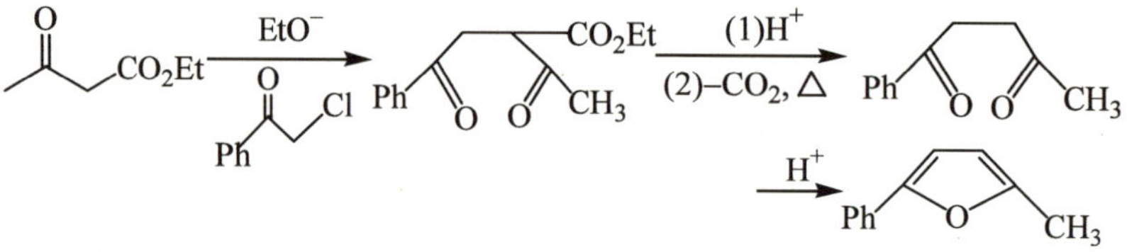

如果杂原子和双键相连，就变成了一个环状烯胺，这种环状烯胺可用胺和羰基化合物制得。

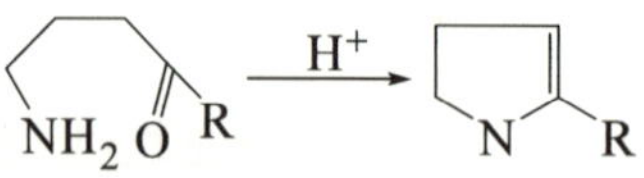

NH_2CH₂CH₂CH₂COR $\xrightarrow{H^+}$ (二氢吡咯，N, R)

因此环状烯胺的切断仍在碳-杂键上。

例 2 试设计 (4-Ph-3-CO_2Me-1-R-1,4-二氢吡啶) 的合成路线。

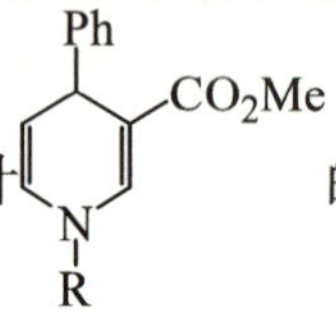

切断：这是一个双烯胺，同时切断两个 C—N 键非常省事。

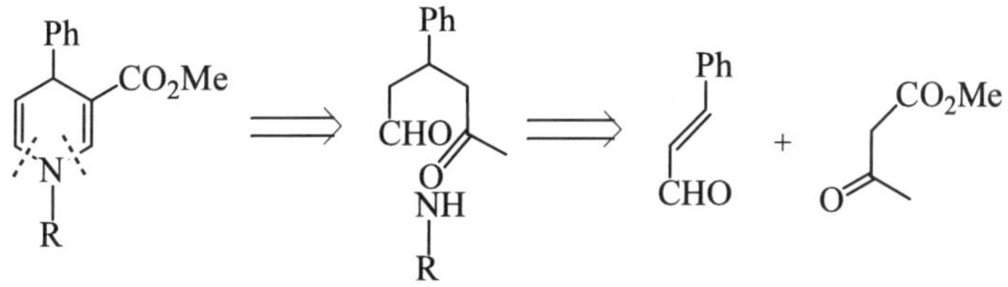

合成：

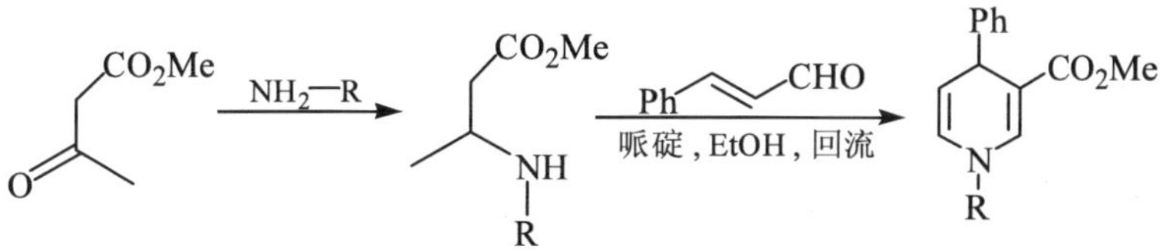

具有两个杂原子的环，第一次切断常常可以有多种切法，方法是找出一合理的、包括两个杂原子在内的碎片。

例如：对 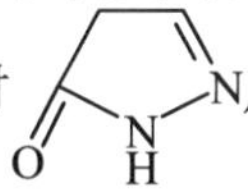　　用通常的切断可立即得到 NH_2—NH_2

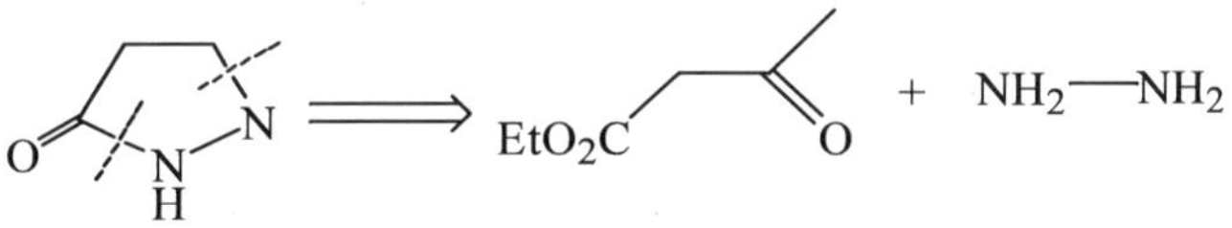

这种合成仅是两种原料恰当的混合。

例 3　试设计 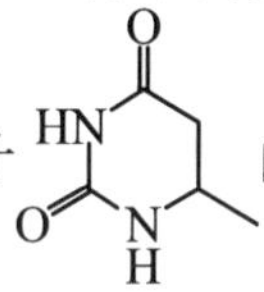　　的合成路线。

切断：这是两个杂原子相互隔开的化合物。在选定了一个简单的亲电碎片后，仍然是使用通常的切断方法。

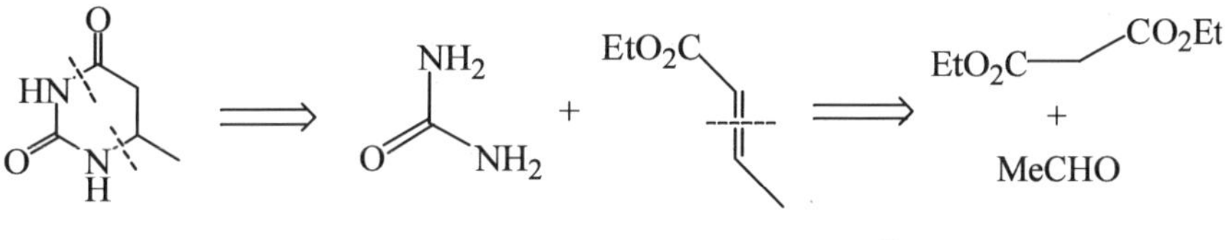

合成：

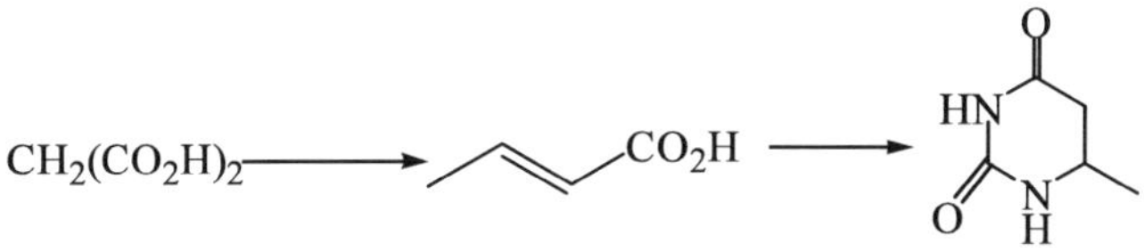

8.3　切断程序常用技巧

综合上述各类化合物的切断方法，根据碳链形成的特点，可以得出在切断时可优先考虑以下部位：即碳-杂键、官能团所在位置、官能团的 α 位置、对称分子中心、多键连接点、支链或碳环所在处。可概括如下：

(1) 先切断碳-杂键。碳-杂原子键容易形成，也较活泼。先切断，则后合成。这样可避免碳-杂键在早期反应中受影响。最后生成时，因反应条件温和也可避免对其他键的影响。

(2) 在有官能团处先切断。一般讲，一个新键的形成，总是通过官能团之间，或一个官能团和另一个官能活化的某一部位反应形成的。在新键形成的同时，或保留了原有的官能团，或产生已经变化了的官能团，这些官能团所在部位多为新键形成的地方，从这些部位切断很容易回推出产物的前身。例如：

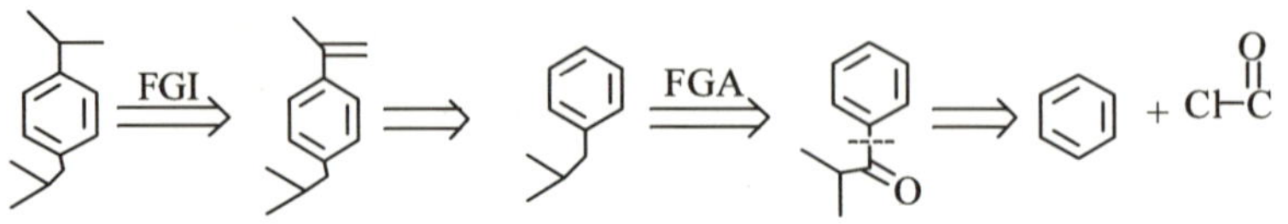

FGI ⟹ ⟹ FGA ⟹ ⟹ + Cl—C(=O)

(3) 在链分支处先拆，可获得最大程度的简化。如：

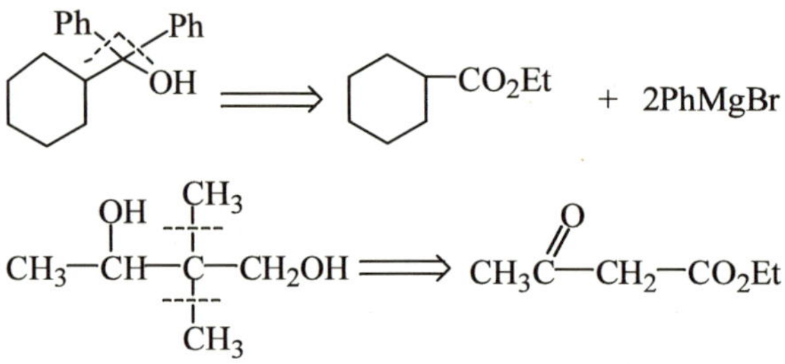

Ph Ph OH ⟹ CO_2Et + 2PhMgBr

$$CH_3—CH(OH)—C(CH_3)_2—CH_2OH \Longrightarrow CH_3C(=O)—CH_2—CO_2Et$$

这在一些稠环化合物的切断中非常有用。

如：对化合物 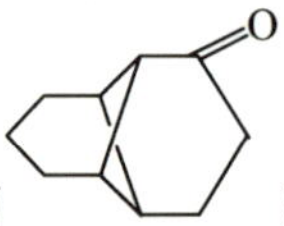 的切断。

用黑点表示共同原子，切断任一连接两个共同原子的键，很容易推出起始原料。

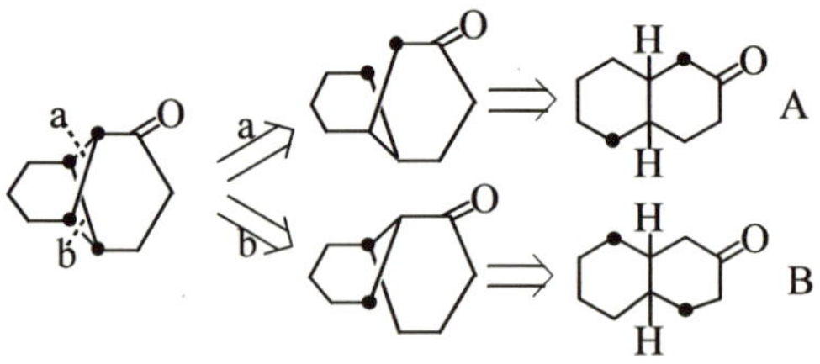

a b O ⟹ a ⟹ H O H A ⟹ b ⟹ H O H B

切割成的两个中间体中，带标记黑圆点的碳上一个应带(+)，一个应带(–)，并让它带上官能团。

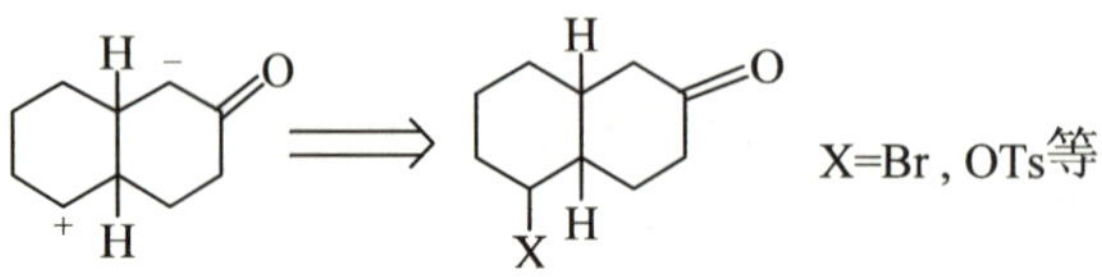

H – O + H ⟹ H O X H X=Br , OTs等

A 在碱作用下，即可得到目标分子。A 可由 [结构式] 制得。再如扭烷的切断：

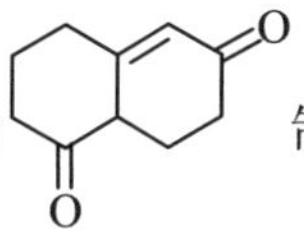

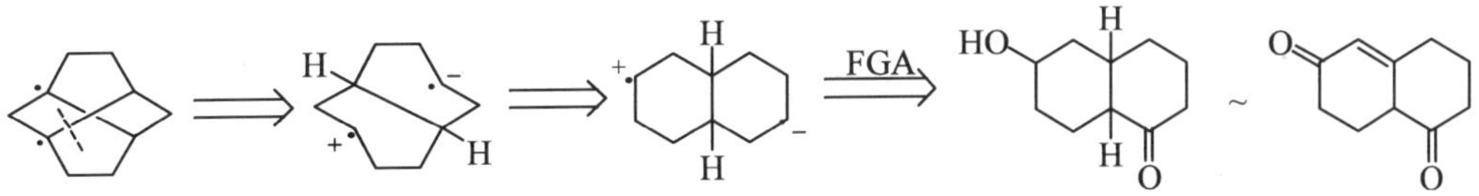

FGA

合成：

碱

OH OH

(1) H_2催化剂

(2) H^+ / H_2O

HO

CH_3SO_2Cl

Et_3N

CH_3O_2S

碱

Zn-Hg

HCl

扭烷

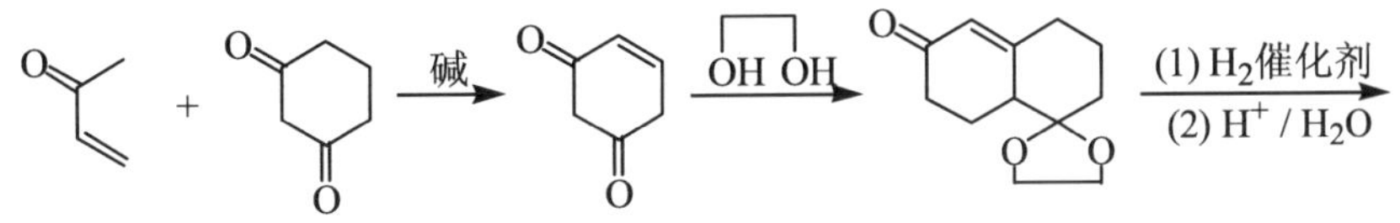

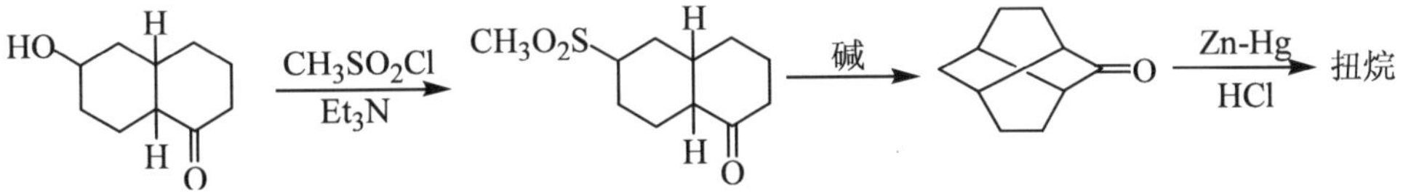

(4) 官能团的添加。对一些没有官能团作指路的目标分子的切断，应在切割之前添加官能团。我们已经遇到不少这种情况，至于添加什么官能团，则应视具体情况需要而灵活掌握。

(5) 注意在分子对称部位切断，以便问题简化。例如：

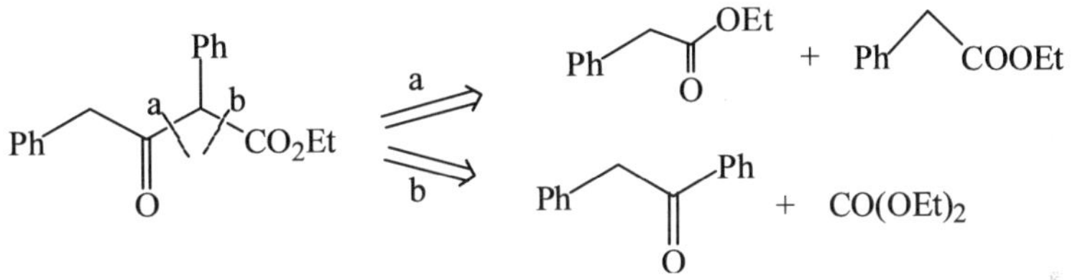

Ph, CO_2Et, a, b ⟹ a: Ph–CH_2–CO–OEt + Ph–CH_2–COOEt；⟹ b: Ph–CH_2–CO–Ph + $CO(OEt)_2$

显然 a 法要好些。

8.4 判断切断好坏的标准

同一个化合物可以有许多切断方法，因而可以得到多种合成路线。但是哪一种切断是较好的切断呢？一般讲，下面的一些依据可用作判断一个切断好坏的标准。

(1) 切断应具有合理的反应机理。例如：叔丁醇可以通过叔氯丁烷水解而制得。

$$Me_3C—Cl \longrightarrow Me_3\overset{+}{C} + \overset{-}{O}H \longrightarrow Me_3C—OH$$

想象中的叔丁醇形成叔氯丁烷的逆反应为

$$Me_3C—OH \longrightarrow Me_3\overset{+}{C} + \overset{-}{C}l \longrightarrow Me_3C—Cl$$

这就相当于反应的切断在烃基与醇羟基部位，Me_3C—、—OH 都是稳定存在的，切断是合理的。换种切法：

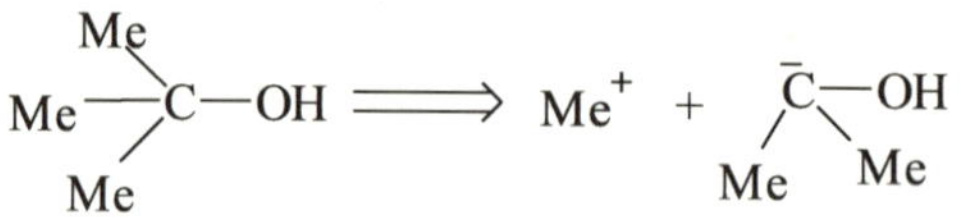

$$Me_3C{-}OH \Longrightarrow Me^+ + {}^-C(Me)_2{-}OH$$

这种切断就不好，因为Me^+、$Me_2\bar{C}OH$这两个中间体都是颇难存在的。可见一个好的切断必须具有合理的反应机理。

(2) 切断应具有最大程度的简单。

例如：（环己基-C(CH₃)₂-OH，标有 a、b 两处切断位置）的切断。

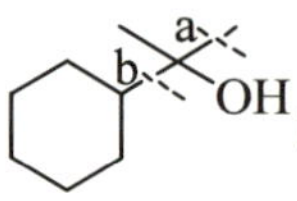

a 切断：环己基-C(CH₃)₂OH ⟹ 环己基甲基酮 + CH_3MgBr

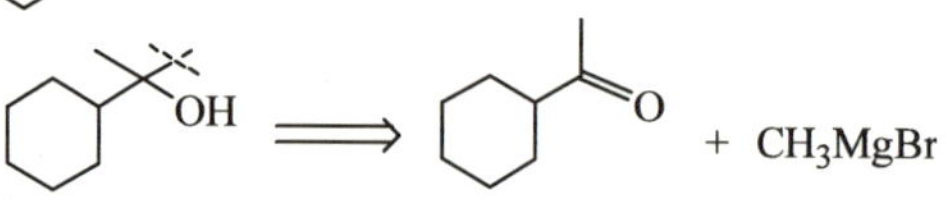

b 切断：环己基-C(CH₃)₂OH ⟹ 环己基-MgBr + 丙酮

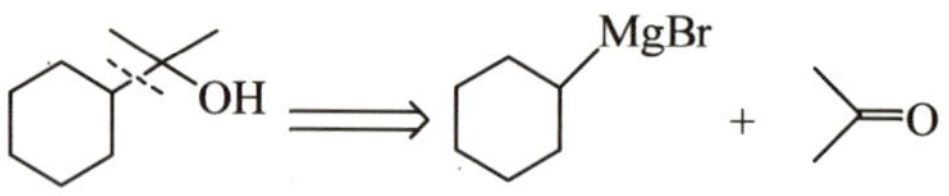

从形式上看，两种切断都具有合理的机理，但比较起来，a 切断只除去一个碳原子，留下的新目标分子需要进一步切断，且其合成难度并不亚于原来的目标分子。b 切断则将分子劈成比较近乎相等的两个碎片，给合成带来极大的方便，因此 b 切断比 a 切断好。

(3) 给出认可的原料。如果切断给出的碎片本身不能存在，又没有合成等价物可替代，则合成反应无法进行，这种切断当然是失败的。

8.5 合成路线设计中的其他技巧问题

在有机合成中，为了达到选择性、方向性反应目的，常常需要采取一系列控制措施，如加入或除去一些辅助基团(致活、阻碍、保护等)。这些措施使用适当与否，往往直接关系合成工作的成功与失败，下面作一些简单的介绍。

保护基的应用：保护基是为排除功能基团之间的干扰把某些基团保护起来的一种基团。在现代有机合成中能否巧妙地设计和应用多种保护基，往往是合成工作成败的关键之一。

例如：如何由HO〜〜〜C≡C—H合成 ⁄⁄〜≡〜〜〜OH？

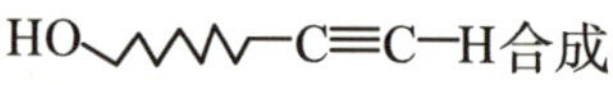

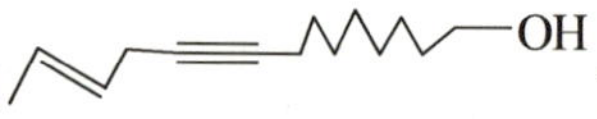

已知—OH：pK_a=18，—C≡C—H：pK_a=20。

显然应用上述反应，首先反应的是羟基，而不是—C≡C—H，这就需要把—OH 先保护起来，再合成。

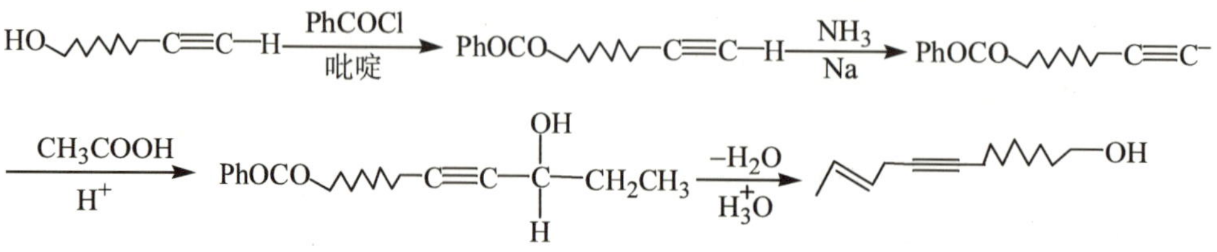

$$\text{HO}\sim\sim\text{C}\equiv\text{C—H}\xrightarrow[\text{吡啶}]{\text{PhCOCl}}\text{PhOCO}\sim\sim\text{C}\equiv\text{C—H}\xrightarrow[\text{Na}]{\text{NH}_3}\text{PhOCO}\sim\sim\text{C}\equiv\text{C}^-$$

$$\xrightarrow[\text{H}^+]{\text{CH}_3\text{COOH}}\text{PhOCO}\sim\sim\text{C}\equiv\text{C—CH(OH)—CH}_2\text{CH}_3\xrightarrow[\text{H}_3\overset{+}{\text{O}}]{-\text{H}_2\text{O}}\text{/\!\!/}\sim\equiv\sim\sim\text{OH}$$

又如反应：$HO(CH_2)_5OH \longrightarrow HO(CH_2)_4CHO$。

直接氧化，也是行不通的，因为两个羟基都可同时氧化，但如果把一个羟基保护起来，再氧化另一个，则可达到目的。

对保护基的要求：①要容易引入要保护的分子中去。②与被保护基形成的结构能够经受住所要发生的反应条件的影响。③反应完成或在不损坏其余部分的条件下，容易除去。即反应简单，易操作，产率好。不同基团可采用不同方法加以保护。

8.5.1　羟基的保护

羟基易于氧化、烷化、酰化，仲醇、叔醇则易于脱水。羟基保护是为了防止这些反应发生而使用的。

(1) 生成醚。

$$-OH \xrightarrow[\text{吡啶}]{Ph_3CCl} -O-CPh_3 \xrightarrow[-H_2O]{HOAc} -OH$$

三苯甲醚对格氏试剂、$LiAlH_4$都是稳定的。同时选择性地在一级羟基上三苯甲基化。如：

$$\text{(HO, OH, OH, MeO, OH 取代的吡喃环)} \xrightarrow[\text{DMAP, DMF}, 25^\circ C]{Ph_3CCl} \text{(HO, OH, OH, MeO, OPh}_3\text{ 取代的吡喃环)}$$

三苯甲醚法广泛用在糖、核苷和甘油化学中一级羟基的保护。

$$ROH \xrightarrow[\text{HF或 } n\text{-}Bu_4N^+F^-]{(CH_3)_3SiCl,\ (C_2H_5)_3N} ROSi(CH_3)_3 \xrightarrow[CH_3OH]{HOAc} ROH$$

$$ROH \xrightarrow[Et_2O]{\text{二氢吡喃},\ TsOH} \text{2-RO-四氢吡喃} \xrightarrow[\text{室温}]{\text{无机盐水溶液}} \text{2-HO-四氢吡喃} + ROH$$

后两种方法用的很多。形成的硅醚和混合缩醛对氧化降解、金属氢化还原、烷基锂反应、碱性条件下过氧化氢环氧化、醇和钠的反应、格氏反应及满氏反应都是稳定的。但用四氢呋喃醚作为保护基，不能用于酸性介质，同时在四氢呋喃环的 C^2 位上产生一个手性中心，若被保护醇为手性醇，产物则为立体异构体混合物，造成产物分离鉴定的困难。若改用 4-甲氧基-5,6-2H-吡喃醚，则可克服这一困难。

(2) 生成酯。

醇与酸作用生成酯是常用的保护羟基的一种方法。甲酸酯、乙酸酯、丁二酸酯以及氯甲酸 β-三氯乙酯与醇形成的酯对酸、氧化、硝化等都是稳定的。例如：

$$ROH \xrightarrow[\text{吡啶}]{ClC(=O)-OCH_2CCl_3} ROC(=O)-OCH_2CCl_3 \xrightarrow{Zn\text{-}HAc} ROH$$

酚的保护和醇极为相似，因为酚羟基和醇羟基在许多反应中，如酰化和烷化中，性质极其类似。

8.5.2　羰基的保护

醛、酮中的羰基是有机化学中最具多种功能的基团，因此醛、酮保护方面进行了大量的工作，可用于醛、酮羰基保护的方法，也是极其丰富的。

(1) 缩醛及缩酮。这是常用的一种保护方法，将要保护的羰基化合物与醇作用生成缩醛、缩酮。反应完全后，再把羰基还原回来。

$$>C=O \xrightarrow[\text{或 } C_2H_5OH]{CH_3OH} >C(OR)_2 \xrightarrow{\text{无机盐}} >C=O$$

这种缩醛和缩酮对氢化锂铝、氢化物、钠和醇、过酸环氧化(除 O_3 外)、酯化、皂化、加溴、格氏反应以及紫外线照射都是稳定的，只是对酸不稳定。因此用酸水解，则可脱去保护基。

环状缩醛、缩酮比非环状稳定。最常见的醛酮保护是二氧成环，这种保护基对大多数碱及中性反应条件是稳定的，但可被有机锂裂解。

$$>C=O \xrightarrow[TsOH,\ C_6H_6]{HOCH_2CH_2OH} >C(OCH_2CH_2O) \xrightarrow[H_2O]{H_3PO_4} >C=O$$

形成二氧戊环缩醛、缩酮的难易顺序如下：

醛 > 开链酮及环己酮 > 环戊酮 > β-不饱和酮 > α-单取代及双取代酮 > 芳酮

上述顺序也可能有所颠倒，但选用这一原则，在合适的试验条件下，一般可使多羰基化合物进行选择性的保护。这一顺序对二烷基缩醛、缩酮同样适用。

乙二硫醇既可保护羰基，又可屏蔽羰基进行极性转换，具有不少优点。常用的有：乙二硫醇、β-巯基乙醇等。

(2) 转化成烯醇醚、烯胺、烯醇酯以及烯醇金属化合物。例如：

6-甲氧基-2-四氢萘酮（CH_3O）$\xrightarrow[\text{回流}]{\text{四氢吡咯 (NH)}}$ 烯胺 $\xrightarrow[\text{苯，回流}]{BrCH_2CO_2CH_3}$ 1-($CH_2CO_2CH_3$)-6-甲氧基-2-四氢萘酮

(3) 转化成缩氨脲、肟和腙，这些可在亚硝酰氯、$FeCl_3$ 以及苯基亚硒酸酐等温和条件下解离。例如：

甾体二酮（3,11,20-三酮，17-OH）$\xrightarrow[CH_3OH,\text{回流}]{HOOCCH_2ONH_2\cdot HCl}$ 3,20-双肟（$=NOCH_2COOH$，$HOOCCH_2ON=$），11-酮，17-OH

8.5.3　胺基的保护

胺类化合物具有易氧化、酰化、烷化等特点。多种保护基都是为阻止这些反应而创造的。

成盐：

$$\text{>NH} \xrightarrow{H^+} \text{>}\overset{+}{N}H_2 \quad \text{对 } KMnO_4\text{稳定}$$

转变为苄胺或取代苄胺：

$$\text{>NH} \xrightarrow{PhCH_2Cl} \text{>N—}CH_2Ph \quad \text{对酸、碱稳定}$$

转变为酰胺或磺酰胺：

$$\text{>NH} \xrightarrow{CH_3COCl} \text{>N—}COCH_3 \xrightarrow[HOAc]{H^+ \text{ 或 } OH^-} \text{>NH}$$

$$\text{>NH} \xrightarrow[\text{吡啶}]{(CH_3)_3SiCl+N(C_2H_5)_3} \text{>NHSi}(CH_3)_3 \quad \text{对氧化剂、烷化剂稳定}$$

近年来常用三氟乙酰基作为—NH_2 的保护基。三氟乙酰胺衍生物很容易在温和的碱性条件下水解除去保护基，也可用 $NaBH_4$ 还原裂解为胺，这对那些对酸敏感的胺特别合适。转变为氨基甲酸酯：

$$\text{>NH} \xrightarrow{ClC(=O)—OCH_2CCl_3} \text{>N—}C(=O)—OCH_2CCl_3 \xrightarrow{Zn\text{ , }CH_3OH} \text{>NH}$$

$R_3COC(=O)—Cl$ 和 $C_6H_5CH_2OC(=O)Cl$ 也在很多情况下常用，特别是后者因苄基使 C—O 键容易氢解，脱羰后使胺再生。

$$C_6H_5CH_2OC(=O)—NR_2 \xrightarrow[\text{或}Na\,/\,NH_3]{H_2\,/\,Ph} C_6H_5CH_2OH + [HO—C(=O)—NR_2] \longrightarrow CO_2 + HNR_2$$

8.5.4　C═C 双键的保护

碳-碳双键的保护常用方法是形成二卤化物：许多甾体当分子中其他部位与 O_3、CrO_3、$KMnO_4$、OsO_4 反应时，烯常转变成二卤化物加以保护。

$$\text{OAc-甾体(5-烯, 17-酮)} \xrightarrow{SO_2Cl_2\text{ , }Py} \text{OAc-甾体(5,6-二Cl, 17-酮)} \xrightarrow{Zn,\ HOAc} \text{OAc-甾体(5-烯, 17-酮)}$$

成环氧化物，用H_2O_2-碱液或过酸处理使双键成环氧化物。成双烯加成物，用Diels-Alder反应的可逆性，可很好地用来保护共轭二烯。

8.5.5　羧基的保护

羧酸一般是采用制成酯来进行保护的，酯碱性水解，即可使羰基析离。一般甲酯比乙酯容易制备和水解，但需要在强碱条件下进行。且甲酯为固体，而相应的乙酯为液体。甲酯主要优点是结构简单，位阻小，核磁共振谱也简单，易于制备。甲酯的制备可以用传统的方法，但还可使用一些有效的方法，如使用 Me_3SiCl 或 $SOCl_2$ 活化的酯化反应，反应中首先产生的 HCl 是酯化催化剂。

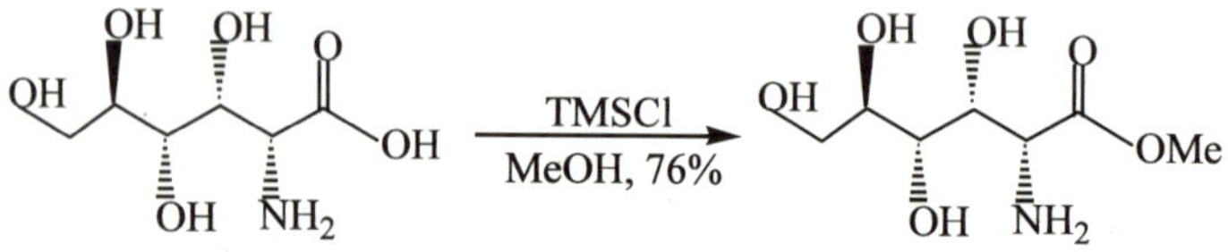

OH OH O OH OH NH$_2$ OH —TMSCl / MeOH, 76%→ OH OH O OH OMe OH NH$_2$

甲酯的脱水过程常常在 MeOH 或 THF 与水的混合溶剂中进行，使用 LiOH 等无机碱来完成。

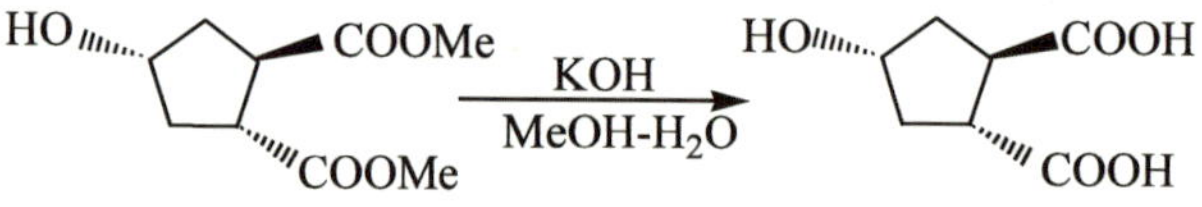

HO COOMe COOMe —KOH / MeOH-H_2O→ HO COOH COOH

某些 Lewis 酸的使用也是一种重要的方法，可以避免碱性条件下不宜实施的底物或产生副反应的情况，如溴化铝与硫醚组合常用于甲酯到羧酸的转化。

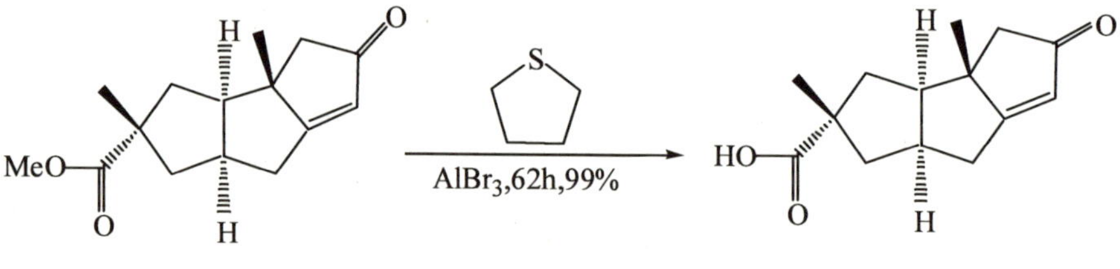

H O MeO O H —S / $AlBr_3$,62h,99%→ H O HO O H

8.5.6　导向的使用

在合成过程中，为了使某些部位反应而某些部位不反应，常采用导向的方法引入活化基团使某些原子活化或引入阻碍基团，封闭某一特定的位置，或者使某一基团钝化，造成某一特定位置的反应，待反应结束后，再除去这些基团。对导向基团的要求跟保护基的要求是一样的。

1. 活化是导向的主要手段

例 1　试设计 O Ph 的合成路线。

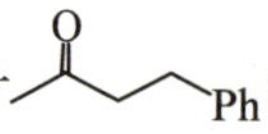

切断：

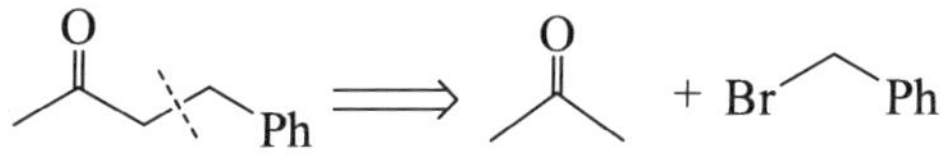

合成：

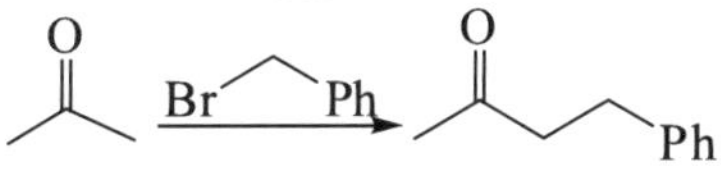

反应中，由于丙酮的两个—CH_3 活性一样，所以会发生二苄基丙酮等副产物，使产率降低。

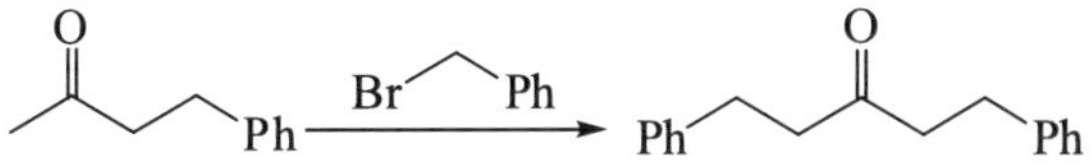

如果将一个乙酯基导入丙酮的一个甲基上，即用乙酰乙酸乙酯代替丙酮，它的次甲基的氢的活性增大更易与溴化苄反应，待反应结束后，将乙酯基水解成羧基，再利用酮酸易于脱羧的特点，将导入的乙酯基(活化基)除去，上述反应为

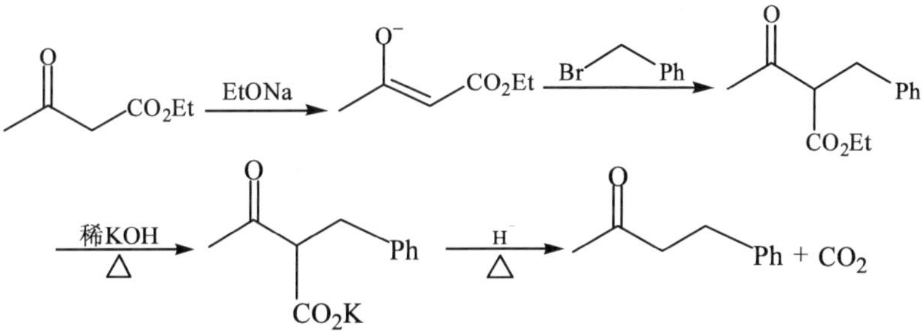

例 2　试设计 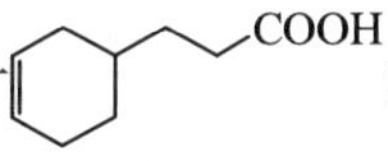　的合成路线。

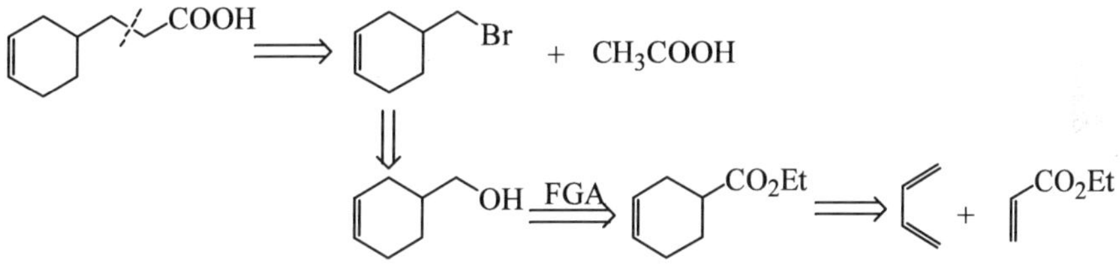

切断：

切断得出的一个原料是乙酸，它的 α-H 不够活泼，需引入一个致活基团，故引入乙酯基，即用丙二酸二乙酯代替乙酸。于是合成为

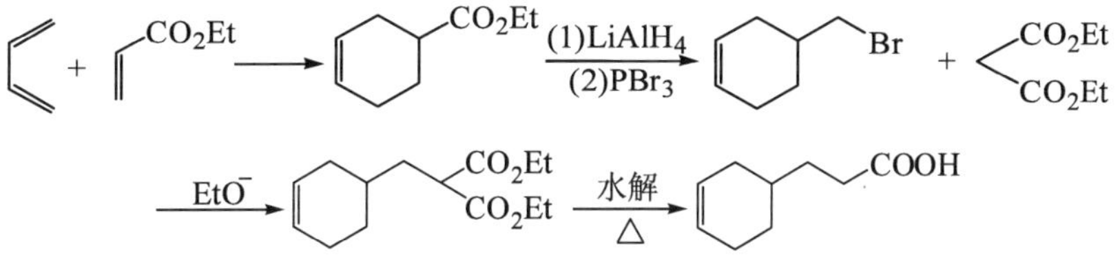

2. 钝化也能导向

例 试设计(对溴苯胺)的合成路线。

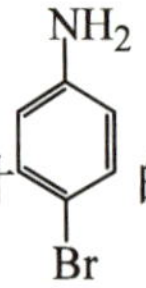

这似乎是很明显的，用苯胺溴化即可。但实际上往往得到的是多元取代副产物。

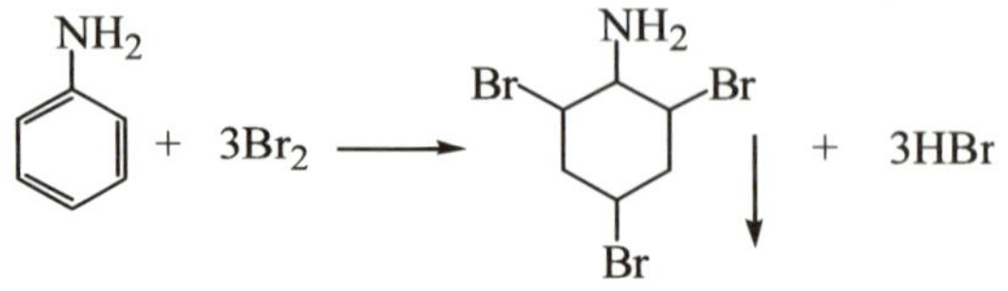

为了避免多元取代，先在苯胺的氨基上引入酰基，成为乙酰苯胺。乙酰基的导入不是使氨基致活，而是致钝，因为羰基分散了氮的负电荷，从而削弱了对苯环的供电能力。

乙酰苯胺进行溴化时，主要产物是对溴乙酰苯胺。

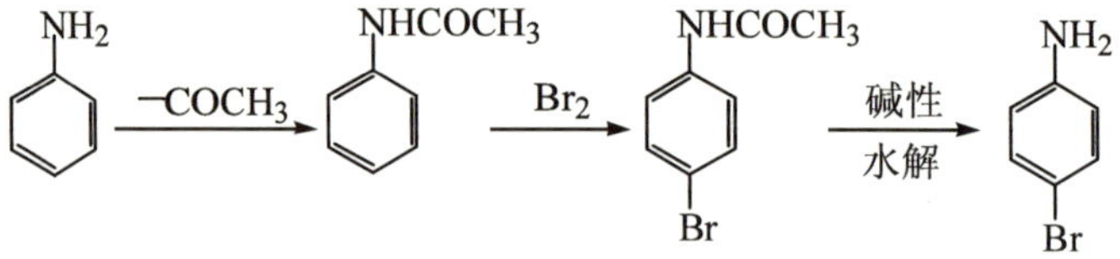

3. 利用阻碍基团导向

例 1 试设计(4-溴间苯二酚)的合成路线。

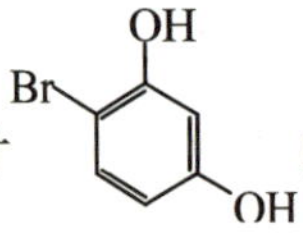

切断：

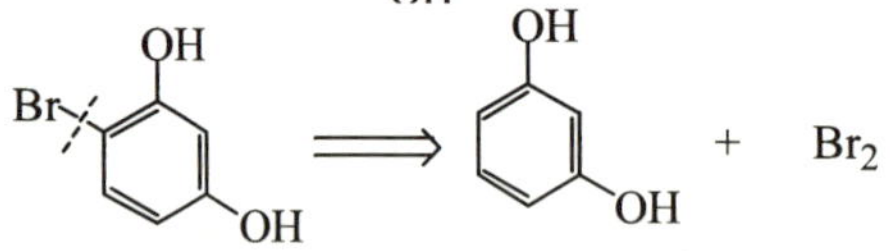

间苯二酚直接溴化控制一溴阶段是困难的，于是在溴化前先引入一个羧基，封闭苯环中一个溴原子可能进入的位置。同时也降低了苯环的活性，此时再引入溴，即可得一溴化物，反应结束后再把羧基去掉。

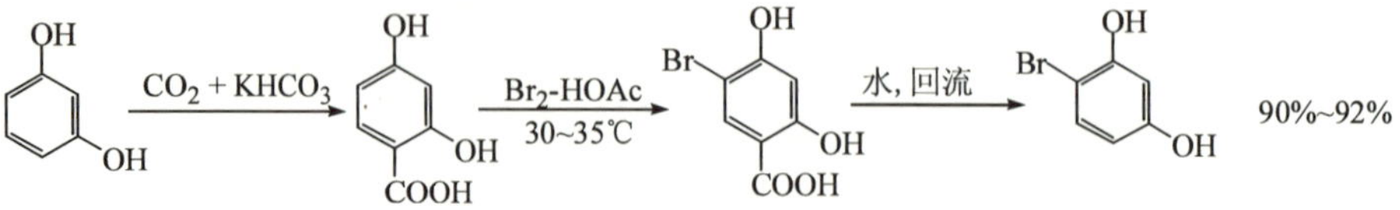

90%~92%

在苯环上引入—SO_3H、—NO_2等基团作阻塞基也是常用的。

例 2 在高雄酮的合成中引入氮亚甲基来阻塞酮的未取代 α 位。使烃化反应在多取代一边进行。反应如下：

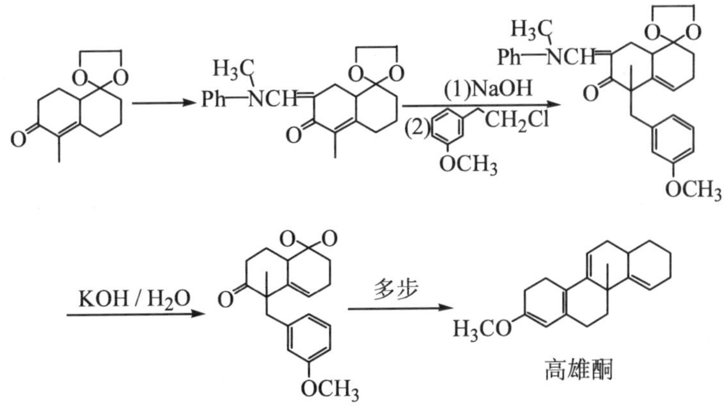

(1)NaOH

KOH / H_2O　多步

高雄酮

例 3　试设计的合成路线。

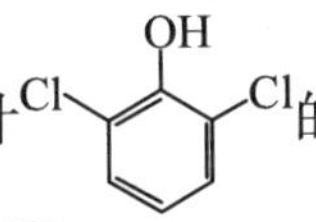

切断：

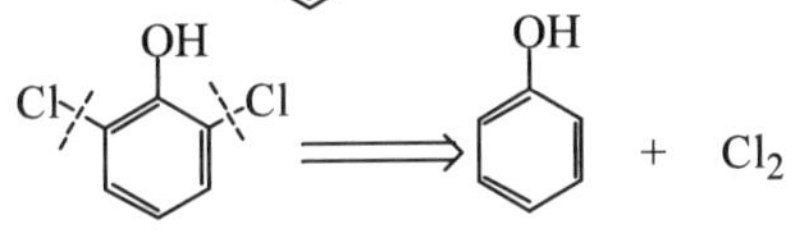

在苯环上的亲电反应中，羟基是邻、对位定位基，要使两个氯进入邻位，就必须将对位封闭。这里用叔丁基作阻塞基有两个优点：

(1) 体积庞大，具有一定的空间阻碍效应。不仅能阻塞所在部位，还能旁及左右。

(2) 易从苯环上去掉，而不扰动苯环上其他取代基。方法是将化合物在苯中与 $AlCl_3$ 共热，发生烷基化转移作用。

8.5.7　反应性差异的利用

利用试剂、作用物、底物三者在反应中的差异，可以达到选择性反应的目的。

(1) 相同基团当处于分子的不同部位时，有可能产生反应性差异。例如：

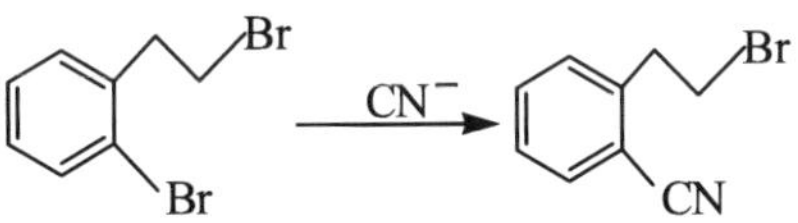

上述反应中发生取代时，脂肪链上的溴比芳环上溴活泼。再如：

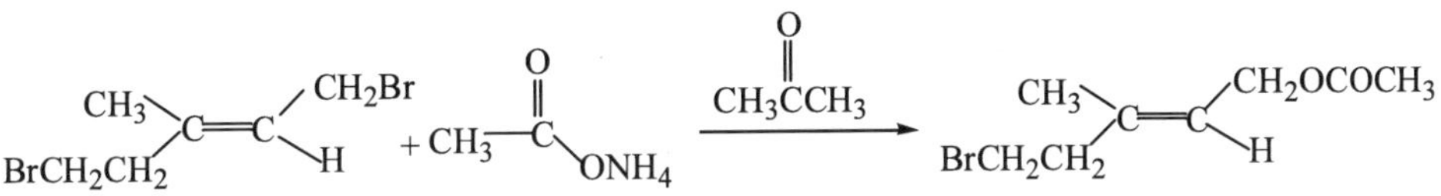

因为烯丙基活化的溴活性大，优先发生取代。

(2) 不同官能团的反应差异性。同一试剂对不同官能团的反应是有差异的，有些可以起反应，有些不能起反应。即使能起反应的，反应活性的大小也有不同。在合成反应中充分地、巧妙地利用这些差异则可达到选择反应的目的。如果欲起反应的官能团活性小于不起反应的基团，则要把活泼基团保护起来。如果反应活性相反，则通过控制试剂用量及反应条件，使前者起变化，后者不变。格氏试剂对一些基团的反应活性差异如下：

活泼氢 ≫ —CHO ≫ >C=O ≫ —C(=O)—Cl ≫ —CO_2R ≫ —CH_2X

酰化剂的活性顺序：

R—C(=O)—Cl ~ RCH=C=O > (RCO)$_2$O > RCO_2Ph > RCO_2R^1 > RCO_2H

(3) 试剂的选择性。选择性试剂，特别是立体选择性和专一性试剂的研究和利用，是人们十分重视的一个领域，多年来取得了不少的进展。这些试剂中主要是金属有机化合物，特别是过渡金属有机化合物显示出很好的区域和立体选择性，这些在前面已提到不少具有特殊选择性的试剂，这里不再赘述。此外，改变试剂的剂型，如把试剂支载在高聚物上，使试剂更好地发挥选择性和出现新的反应性能也是值得注意的。

8.5.8　潜在官能团的利用

复杂分子合成中，多官能团分子反应时如果存在反应活性重叠，将出现给定的试剂不能按计划只进攻某一部位或官能团的情况。为解决此问题常采纳三种策略：即①选择性反应。②可逆性去活化。包括保护、堵塞和掩蔽。③潜在官能团。

1. 潜在官能团的定义

如果一个分子本身隐藏着一个反应活性低的官能团，此官能团可由一个专一性的反应转化为反应性高的官能团，这种分子便是具有潜在官能团的分子。这个反应活性低的官能团叫潜在官能团，相对于由它转变而成的新官能团及目标官能团来说也叫前官能团。把前官能团转变为目标官能团的反应称为展示。利用潜在官能团策略可以使分子进行一些在目标官能团存在时无法进行的反应。例如，苯酚醚在液氨中，有给质子化合物如醇或铵盐存在时，用碱金属还原，可以 1,4-加氢得到非共轭二烯醇醚(1-烷氧基-1,4-环己二烯)，由后者可转化成具有活泼官能团的化合物。该化合物可以转化为许多合成的中间体，从而使苯酚醚广泛用于天然产物合成，特别是含六元环化合物的醛合成，如甾体等。

OR
液氨，锂
CH_3OH
OR
O
O
OH
O
H
O
OR
O OR
O

苯酚醚是一个很好的前官能团。

2. 对潜在官能团的要求

(1) 易得。

(2) 一般反应活性低，亦即应对尽可能多的试剂稳定。

(3) 能用选择性和专一性的反应转化为目标官能团，此展示反应的条件必须温和。

(4) 尽可能作为一个以上目标官能团的潜在者，即多重潜在官能团。

从潜在官能团的定义来看，似乎可作潜在官能团的官能团有很多，但从对潜在官能团的要求来看，则有很大局限性。因为低反应活性官能团转化成重要目标官能团所需的选择和专一性反应是很少的。同时对所有重要的高反应活性官能团，其合适的前官能团以及必需的展现方法也不完全是已知的。

这里必须把潜在官能团和目标官能团保护形式加以区别。①潜在官能团的展示反应前后,有氧化态的改变，因此，用的展示反应有氧化、还原、重排和裂解，一般这时会有碳-碳键、碳-氢键的断裂，而官能团的保护是不会有氧化态的改变。②潜在官能团方法由两步组成：分子其他部位进行反应；目标官能团由前官能团展示出来。而官能团保护分为三步：官能团与保护基作用；分子其他部位反应；去掉保护基。

3. 潜在官能团的应用

(1) 烯烃作为前官能团：烯烃转化为羰基化合物，其中主要有三种方法：臭氧化；将烯烃进行双羟基化后再进行邻二醇氧化断裂；环氧化、溶剂化、开环，再进行邻二醇裂解。

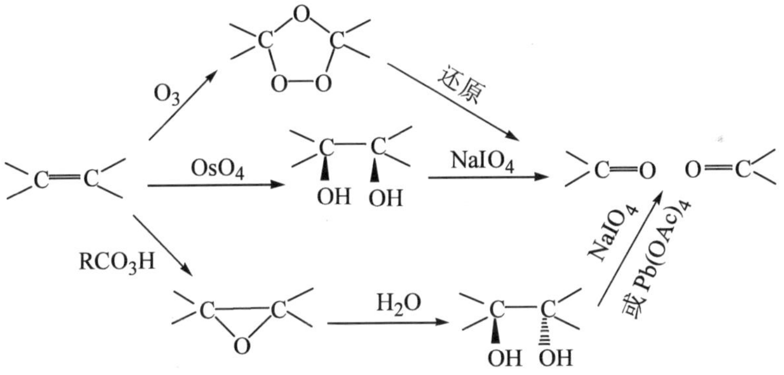

O_3　还原　OsO_4　$NaIO_4$　RCO_3H　H_2O　$NaIO_4$ 或 $Pb(OAc)_4$　OH OH　OH OH

(2) 环烯烃作为前官能团：环烯烃与链状烯烃相比是更有合成价值的前官能团，它氧化裂解后，得到一个双羰基化合物，而且经展示反应后仍保留所有碳原子，还能进一步进行各种反应。在合成实践中较多使用的是环己烯的衍生物，因为各取代的环己烯可由 Diels-Alder 反应立体专一性地制备得到，它在氧化开环后得到 1,6-双醛或酮，进一步分子内羟醛缩合生成 1-酰基环戊烯化合物，是常见的天然产物骨架单元。

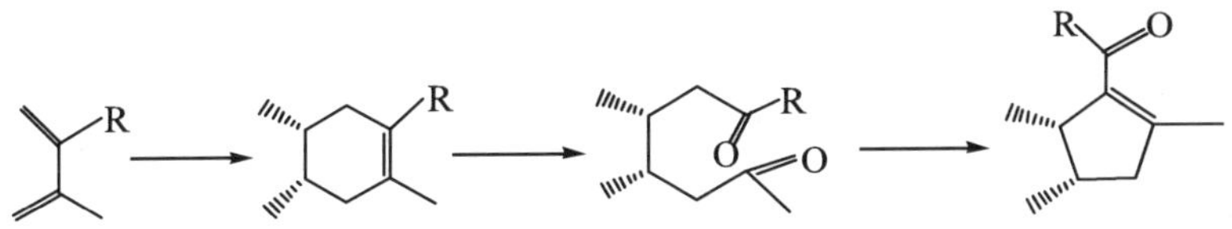

R　R　R O O　R O

例如胆固醇的合成，开始 D 环为六元环，在合成的最后再将它转化为需要的五元环，这是一个将保护技术和潜在官能团策略巧妙结合的例子。

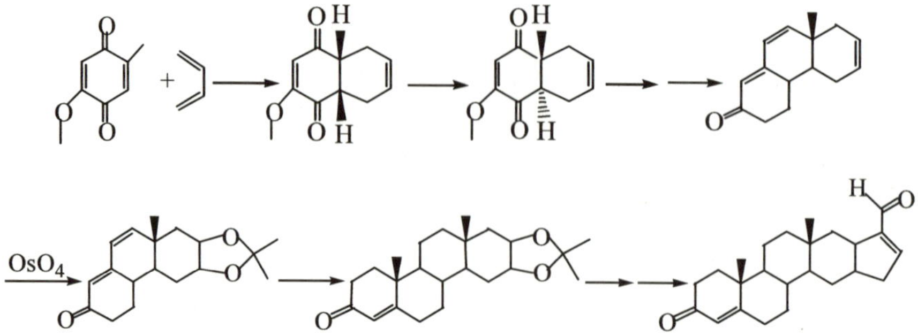
OsO_4

(3) 醇作为前官能团：醇作为合成前体有着广泛的应用，因为羟基可以通过许许多多的化学反应转化为各种不同的官能团。当一个醇具有一个羟基或双键时，可以作为不饱和羰基化合物的前官能团，在合成中具有重要价值。例如，利用丙烯醇这个前官能团合成香料和适用香精中间体：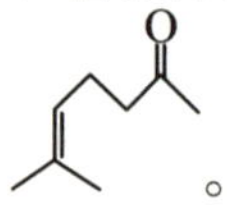。

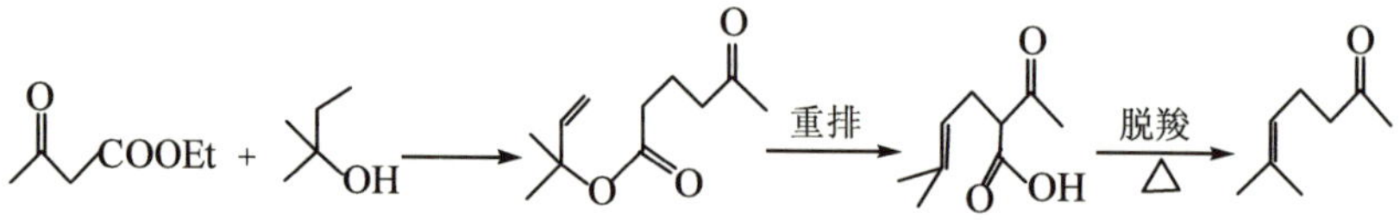
COOEt
OH
重排
OH
脱羧
△

(4) 杂环作为前官能团：杂环在当代有机合成中有着重要的地位，作为潜在官能团应用的前官能团，呋喃及其衍生物用得比较多。例如，茉莉酮的合成中，呋喃作为前官能团，在乙二醇存在下打开呋喃环成为 1,4-二酮，产率达 90%。

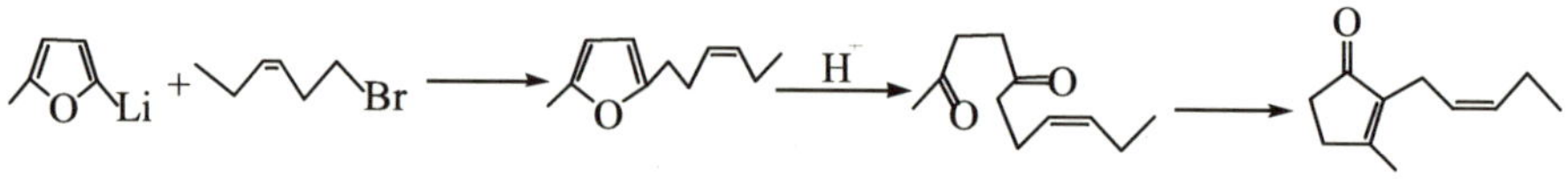
Li
Br
H

在甾体仿生环化的前体合成时，也用到了呋喃。

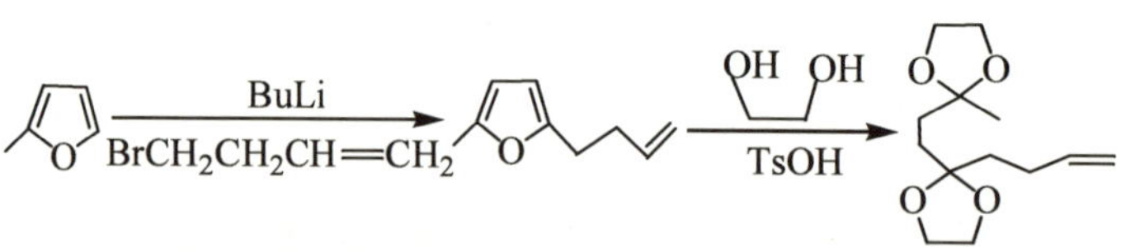
BuLi
$BrCH_2CH_2CH{=}CH_2$
OH OH
TsOH

合成路线设计中的技巧问题可以枚举好多例子，但在掌握了一定的有机化学知识和一些动手设计的基本方法后，更多的是自己动手去实践，在实践中加深认识和灵活运用。

8.6　计算机在合成中的应用简介

计算机辅助有机合成设计是由计算机辅助有机合成化学家找出要合成的目标分子的各种合成路线，是近年来得到蓬勃发展的计算机化学的一个重要组成部分。目前已经发展有十多种系统，从设计所依据的基本概念来讲，一是主要依据已知的反应，先建立相应的反应数据库；二是依据化学热力学等能量方面的相应数据，从而进行合成路线中各步反应的推导，由此可能测到一些未知的合成反应。

8.6.1　LHASA 系统

LHASA 系统(Logic and Heuristics Applied to Synthetic Analysis)。该系统是检索型的合成设计，主要目标是辅助解决已知要合成的目标分子，如何设计合成路线。设计思想是：模拟有机合成化学家分析、设计合成路线的思维过程，模拟常用的“逆合成方法”。首先识别欲合成的目标分子的结构特征，然后，由此推导产生一系列起始反应步骤与反应物，该程序推导合成路线是通过反应的检索得以实现。该程序已是一个规模很大的程序。概括了有机化学家设计思维过程：①简化目标分子的结构复杂程度。②找出合成子(碎片化合物)。③生成合成子。④加入控制合成子。⑤切开合成子化合物，生成前级产物。⑥找出切开合成子对应的具体反应。⑦把得到的前体当做新的目标分子，继续重复上述反应。⑧一直分析到适当的原料为止。⑨排除结构不合理的前体。⑩检查有无遗漏的问题。⑪重复以上分析步骤，给出所有可能的合成路线。⑫给各条路线评分。该程序已是一个由 50 000 句 Fortran 语言组成，包含了 400 个以上的子程序和超过 600 个通用的有机化学反应的很大程序，目前已调整成五套针对不同合成问题的分析方案，即五类分析策略：①以反应为主。②以结构特征为主。③以寻找并分析战略健为主。④以立体化学为主。⑤以官能团为主。

LHASA 程序通过人机对话，在计算机显示屏上显示化学结构图，用户输入试图合成的目标分子后，计算机根据目标分子提出前体分子结构图，让用户在这些前体分子中选择某一前体作为新的目标分子，再往前推进一步，直至完成一条完整的合成路线。

8.6.2　CICLOPS 程序

CICLOPS 程序是演绎型的合成设计。它围绕着化学反应过程是价电子转移过程(旧键断裂，新键生成)，用矩阵理论建立的描绘化学反应的数学模型，把有机合成设计问题形式化、推理化。把所有的化学反应归纳为有限的若干类，每一类都对应一定的数学形式。这样一方面便于计算机处理，程序简单，处理速度快；另一方面，把有机合成路线简单化、形式化，且更重要的是可以给出目前尚未被实验证实的反应，启示有机合成化学家的思路。这里无需建立反应数据库。

但这种程序准确性差，其中许多是无意义的，筛选困难，所以，它还需要进一步探索和研究。

我国在这一领域也做了大量工作，取得了较大进展。可以预料，随着我国在这一领域研究的深入，将会取得更好的成绩。

习　题

1. 解释下列有机合成路线设计中常用的术语或缩写字符的含义。

切断、合成子、转换、合成等价物、FGI、FGR、con、rearr

2. 论述有机合成路线设计中的三个基本问题。

3. 论述有机合成路线设计基本步骤。

4. 设计下列化合物合成路线。

(1) 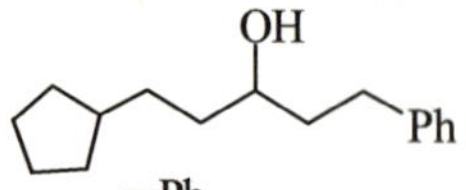 OH Ph

(2) 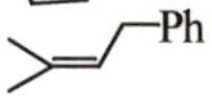 Ph

(3) 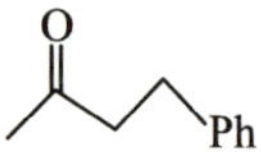 O Ph

(4) 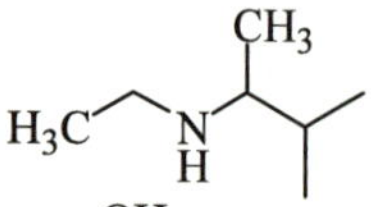 H_3C N H CH_3

(5) 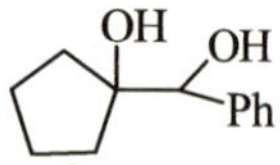 OH OH Ph

(6) 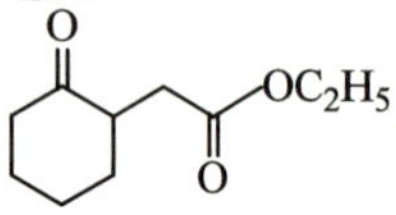 O OC_2H_5 O

(7) 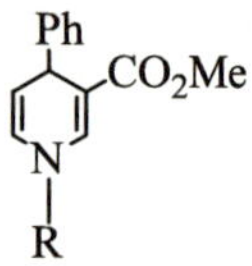 Ph CO_2Me N R

第 9 章　绿色有机合成

目前，理想的有机合成被认为是绿色有机合成。绿色有机合成是指用简单的、安全的、环境友好的、资源有效的操作，快速、定量地把廉价、易得的起始原料转化为天然的或设计的目标分子。具体讲，是采用无毒无害可再生的原料，如农业废弃物、生物质等；无毒无害的溶剂和助剂，如超临界流体、离子液、水等；合理使用能源或开发可再生能源，如光能、风能、微波、声波；开发环境友好催化剂，改变反应历程，提高反应效率；也可采用无溶剂体系和固定化溶剂等。

9.1　现代绿色有机合成评价标准

在过去多年来一直沿用的方法是：评价一个合成反应的效率时，通常使用产率的概念。如果一个合成反应的产率达到 100%，就认为是一个非常完美的合成，至于有多少废物排放，不作为评判标准。现代绿色有机合成评价标准为原子经济性和原子利用率两个方面，充分考虑了合成反应中产生的其他副产物带来的环境问题。一个高效率的合成，要求选择性和原子经济性好。在有机合成中常见的原子经济性最好的反应类型有重排反应，依次是加成反应、取代反应、消除反应。本章重点介绍原子经济性反应和催化合成以及绿色溶剂。

重排反应在实际应用上是一类很重要的有机反应。重排反应能通过热、光及化学诱导等方法来控制。重排反应特点是无内在的废物产生，反应的原子利用率为 100%，是原子经济性反应，也是绿色合成的首选反应。例如 Beckmann 重排、Claisen 重排等，此部分内容请参考第 5 章。

9.1.1　原子经济性

原子经济性是指最大限度地利用原料分子的每一个原子，使之结合到目标分子中，达到零排放，同时不需要其他试剂或仅需要无损耗的促进剂。原子经济性体现了化学家对合成效率和环境问题的重视，在设计合成路线时应力求经济地利用原子，避免任何不必要的衍生步骤，实现高效率、环境友好合成。一般表示原子经济性反应通式是

$$A+B \longrightarrow C+D \ (\text{其中 } D=0)$$

原子经济性表示式如下：

$$\text{原子经济性（\%）}=\frac{\text{被利用原子的质量}}{\text{反应中所使用全部反应物原子的质量}}\times 100\%$$

9.1.2 原子利用率

原子利用率是原子经济性的衍生，含义与原子经济性基本相同。表达式如下：

$$\text{原子利用率}(\%)=\frac{\text{预期产物的相对分子质量}}{\text{反应物质的相对原子质量总和}}\times 100\%$$

从两个表达式可以看出，当一个合成反应的原子利用率达到 100%时，他就是一个原子经济性反应。在化工生产中常用的产率含义是

$$\text{产率}(\%)=\frac{\text{所得目标产品的实际质量}}{\text{目标产品的理论质量}}\times 100\%$$

可以看出，原子经济性或原子利用率与产率的概念完全不同，前者从原子水平上分析化学反应，不仅对合成效率进行评价，而且考虑了环境的影响。后者只从传统宏观量上评价化学反应，关注的只是目标产品的转化率。显然，只用反应产率来衡量一个合成反应是不全面的。只有两种评价方法同时使用，才能使合成反应更有效、更环保。

9.2 绿色加成反应

加成反应是不饱和分子与其他分子加合生成新分子的反应。反应中发生了不饱和键中的 π 键断裂和 σ 键的生成。加成反应一般分为亲电加成、亲核加成、催化加氢和环加成等。由于加成反应是将反应物的原子加到某一底物上，完全利用了原料中的原子，其原子经济性也为 100%。

这类反应有：水合、乙炔化、乙烯化，如不饱和化合物与共轭双烯的 1,4-加成、乙炔与含活性氢等化合物的加成反应。此外还有醛或酮类与 HCN、NH_3 反应，双键结构化合物与 O_sO_4、乙烯酮与 HA 型活泼氢化合物等加成反应，它们都是常用的有机反应，也都属于原子经济性反应。如六氯环戊二烯与双环戊烯的 Diels-Alder 加成反应生成有机氯杀虫剂的中间体艾氏剂(Aldrin)，它们的原子利用率为 100%。

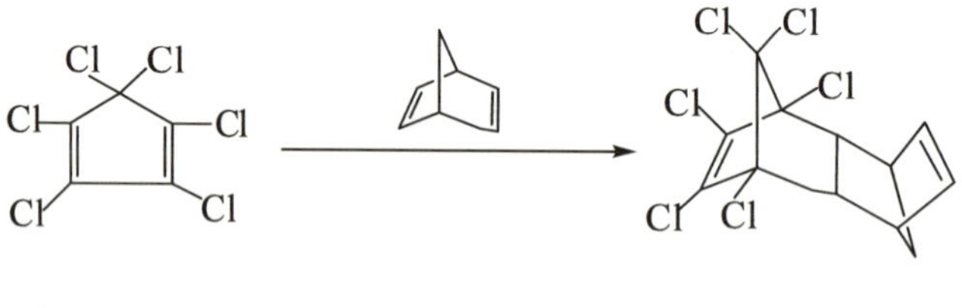

环氧乙烷的生产，以前用氯醇二步法：

$$CH_2{=\!=}CH_4 + HOCl \longrightarrow HOCH_2—CH_2Cl$$

$$2\ HOCH_2—CH_2Cl + Ca(OH)_2 \longrightarrow 2\ \underset{\backslash O/}{CH_2—CH_2} + CaCl_2 + 2\,H_2O$$

原子利用率仅有 37.45%。

现在的合成方法，采用银催化乙烯直接氧化一步法：

$$2\,CH_2{=\!=}CH_4 + 2\,O_2 \xrightarrow{Ag} 2\,\underset{\diagdown O \diagup}{CH_2{-}CH_2}$$

原子利用率为 100%。

理论上的原子经济性反应也要考虑实际效率，最终需要实验数据确认，因为还要考虑反应速率等问题。

过去这类硫化试剂就有大量废水产生，并且价格昂贵，硫在该试剂中虽占有一定比例，但并不能完全被利用，在反应过程中形成磷、硫的盐进入水相，根据计算生产 1 吨产品要排放 50 吨含磷、硫的废水，这对环境将造成极大危害。现在用胺作催化剂，使硫化氢和腈进行加成反应。其反应历程应该如下：

$$R{-}CN + H_2S \xrightarrow{胺} R{-}C({=}S){-}NH_2$$

首先是胺和硫化氢形成铵盐：

$$R'{-}CN + H_2S \longrightarrow R'{-}NH_3^+ + SH^-$$

硫氢负离子向腈的碳原子进攻，同时铵正离子的氢进攻腈的氮原子：

$$R{-}CN + R'{-}NH_3^+ + SH^- \longrightarrow R{-}C({=}NH){-}SH + R'{-}NH_2$$

第二步巯基的氢原子进行分子内重排：

$$R{-}C({=}NH){-}SH \xrightarrow{重排} R{-}C({=}S){-}NH_2$$

胺可以继续与硫化氢形成铵盐，连续地起着催化作用。该反应的特征是：最大限度地利用了原料(RCN 和 H_2S)分子中的每一个原子，使之结合为目标物($R{-}C({=}S){-}NH_2$)的分子，其结果达到零排放。应该指出的是：硫化氢属于有毒气体，要在封闭系统中使用，防止暴露才是安全的，目前国内已生产硫化氢的专业厂，钢瓶充压 $28kg/cm^2$，含量 > 98%，使用起来比较方便，并且其后处理无废弃物产生，因此该工艺为绿色化学合成方法。

9.3　绿色取代反应

取代反应是有机化合物分子中的原子或原子团被其他原子或基团取代的反应。有三种类型：亲核取代、亲电取代和游离基取代。因为取代反应是用某一基团取代离开的基团，因此，被取代的基团不出现在产物中而成为副产物或废物，所以，取代反应不是原子经济性反应，其原子经济性的程度视不同的试剂和底物决定。如丙烯酰胺的合成原子利用率仅为 64%，反应如下：

$$CH_3CH_2COOCH_2CH_3 + HNHCH_3 \longrightarrow CH_3CH_2CONHCH_3 + CH_3CH_2OH$$

有 36%为废物，不够环保。

2002 年，Hartwig 报道了环己烯胺为烯丙基亲电试剂，另一分子二级胺为亲核试剂在镍和钯催化下的烯丙基化取代反应，加入三氟乙酸作为活化剂。由于反应物与产物都是环己烯基胺，所以反应是可逆的。氮上带有不同取代基的环己烯基胺上氨基离去能力越弱，则在可逆反应体系中占的比例越高。在钯的催化下，N-环己烯基苯胺与吗啉反应能够以 100%的产率得到 N-环己烯基吗啉。该反应的原子经济性的程度很高。

NHPh ＋ HN(吗啉) —PdCl₂, DPPE / THF, TFA→ N-环己烯基吗啉 ＋ H_2NPh

100%

2005 年，Yudin 报道了 N-烯丙基的四氢异喹啉在钯的催化下与哌啶反应，在不加入活化剂的情况下可以得到直链的取代产物，产率可达到 90%以上。

N-烯丙基四氢异喹啉 ＋ 哌啶(NH) —PdCl₂, BINAP / THF,4h→ N-取代哌啶 ＋ 四氢异喹啉(NH)

＞90%

9.4　消除反应的绿色化

消除或降解反应是指在有机化合物分子中除去两个原子或基团而生成不饱和化合物的反应。包括脱氢、脱水、脱氨、脱醇、脱羧基、脱酰基等，以及羧酸降解、醛糖降解、氨基降解、酰胺降解、胺类降解、酰羟胺或酰化物降解等。在消除反应中，所使用的任何未转化至产品的试剂与消去的原子都成为废物，因此，消除反应的原子经济性较差。如季铵碱氢氧化三甲基丙基铵的热分解反应生成丙烯、三甲胺和水，以丙烯为目的产物，其原子利用率为 35.3%。

$$CH_3CH_2CH_2\overset{+}{N}(CH_3)_3OH^- \longrightarrow CH_3CH{=\!=}CH_2 + N(CH_3)_3 + H_2O$$

长期以来，在提高消除反应绿色化的研究中着重于提高反应产率、简化工艺条件以及副产物利用等。例如多卤代丙烯如 2,3-二氯丙烯、1,2,3-三氯丙烯和 1,1,2,3-四氯丙烯等为重要的农药中体，通过消除反应制取烯烃和炔烃是常用的有机合成方法。由于消除反应和取代反应是竞争反应，常用醇碱消除法制取烯烃。也可直接使用固碱、液碱和相转移催化下液碱消法制取烯烃，然而，醇碱消除法消耗大量乙醇，固碱法反应剧烈，液碱法收率低，相转移催化法收率高但反应时间较长，微波辐射法用于消除反应可获得较高收率的产物，实验还发现，某些多卤代烷在微波下发生多种选择性反应，生成不同结构的烯烃。

醇 β-消除反应生成烯烃是一类重要有机反应，无论在理论研究和有机合成上都有极其重要的地位，长期以来该反应所用催化剂为浓硫酸，然而使用浓硫酸作催化剂时存在诸多缺点：具有强腐蚀性，缩短仪器设备寿命；具有强氧化性和脱水性，在反应过程中易使醇碳化；催化剂难回收重复利用，直接排放污染环境；浓硫酸催化副反应多，常常使反应发生重排反应。因此，浓硫酸催化醇消除反应生成烯烃的产率往往不高，不符合环境保护和清洁生产的要求。研究表明某些硫酸盐完全可以代替浓硫酸或浓磷酸催化醇消除反应生成烯烃，甚至比浓硫酸催化效果更好。硫酸盐为固体，简单易得，代替浓硫酸作催化剂完全符合环境保护和清洁生产要求。四水硫酸锆对醇消除反应催化能力强，而且其重复使用性能效果更好。

9.5　提高有机合成中原子经济性的途径

9.5.1　使用绿色催化剂

催化剂不仅使化学反应速率成千上万倍地提高，而且采用催化剂可以选择地生成目标产物。据统计，在化学工业中 80%以上的反应只有在催化剂作用下才能获得具有经济价值的反应速率和选择性。而新的催化材料是创造新催化剂的源泉，也是提高原子经济性、开发绿色合成方法的重要基础。近年来，新绿色催化剂的研究主要有：绿色固体酸碱催化剂、分子筛催化剂、杂多酸催化剂、选择性催化剂、生物酶催化剂等。特别是不对称催化和生物酶催化取得了很大进展。如带有 2-(二烷基氨基乙基氨基)侧链的光学活性的二茂铁基-膦配体的金配合物能够有效催化 α-异氰基羧酸酯(羟酰胺、膦酸酯)与醛的不对称缩合，产率为 90%，产物的 ee 值 > 90%。

$$\text{PhCHO} + \text{CNCH}_2\text{COOCH}_3 \xrightarrow[\text{[Au(C}_6\text{H}_{11}\text{NC)}_2\text{]BH}_4]{1\%} \text{(Ph, CO}_2\text{CH}_3\text{-oxazoline)} + \text{(Ph, CO}_2\text{CH}_3\text{-oxazoline)}$$

过渡金属催化。如 Hanyu 等发现 $Ru(PPh_3)_3Cl_2$/氢醌体系对伯醇具有选择性氧化，且转化率高，达 100%，选择性 > 99%。

$$\text{PhCH=CHCH}_2\text{OH} \xrightarrow[\text{Hydroquinone}]{\text{Ru(PPh}_3\text{)}_3\text{Cl}_2} \text{PhCH=CHCHO}$$

按照绿色合成准则，要求提高反应的专一性，减少溶剂的使用和释放，并采用可重复使用的资源。生物催化过程通常对一个前体分子生物催化，经过官能化步骤得到预期产物。它与发酵不同，它的产品不仅局限于生物催化的代谢作用，因为生物催化剂既可产生天然化合物，也可产生非天然化合物。而传统的发酵是提供酸、醇、氨基酸、维生素 B_{12} 等常见化学品。生物催化常用的有酶催化和微生物催化。酶催化剂除了具有一般催化剂的共性外，还有如下特性：

(1) 催化效率高。酶催化反应比一般的非催化反应快 10^8~10^{20} 倍，比一般的催化反

应快 10^7~10^{13} 倍。

(2) 高度专一性。一种酶只对一种物质或一类物质起催化作用，原则上无副反应。其机理一般认为是酶分子或底物分子或其一部分，在立体结构上有一定互补性。它们可以紧密地镶嵌在一起。如果底物分子中某一个链因为紧密地镶嵌而被削弱，就会导致底物分子发生特定的生化反应。由此可见，酶催化的专一性取决于它的特定立体结构。

(3) 温和的反应条件。一般在常温、常压下进行。强酸、强碱、有机溶剂、重金属、光辐射等都会使酶失活。

(4) 酶的活性可以调节和控制。酶的催化活性与原料、反应物的立体结构有关，如果底物中有抑制剂就可以降低酶的活性。抑制剂有两类：一类是它的结构与底物相似，因而在一定程度上占据了酶分子结构中的活性部位；另一类是它与酶的非活性部位结合，改变了酶的立体结构，从而降低了酶的活性。据酶所进行的催化反应，可分为氧化还原酶、转移酶、水解酶、裂合酶、异构酶和连接酶六类。

水解反应。在有机合成中，利用酶对外消旋或前手性双酯进行立体选择水解是一个普遍的方法。如下反应产率达 86%，ee 值为 92%。

$(CH_3)_3CCH(CO_2Et)_2$ —猪肝酯酶 Ple / 磷酸盐缓冲溶液，pH=7→ $(CH_3)_3C$–C(H)(CO_2Et)(CO_2H)

酶催化的酯化反应。主要用于手性化合物的拆分。例如具有植物生长调节剂作用的化合物茉莉酮甲酯，可以由脂肪酶催化拆分，它的光学异构体在反应中得到应用。

CO₂Me 化合物 (−)；OH 化合物 (±) —脂肪酶 / 乙烯基乙酸酯，25℃→ OAc 化合物 (−)-(6*R*) 产率50.5% ee 98% + OH 化合物 (+)-(6*S*) 产率49.5% ee 99.1%

碳-碳键的形成。Effenberger 等报道了(*R*)-醇腈酶催化的 HCN 对 O-保护与未保护羟基苯甲醛的加成，形成的(*R*)-腈醇进一步反应制成肾上腺素功能药物。

取代苯甲醛（HO，R^1，R^2）+ HCN —(*R*)-腈醇酶→ (*R*)-腈醇 ee 61%~98% → 产物（OH，H，CH_2NH-*t*-Bu·HCl）

9.5.2 高效合成方法

一锅反应、串联反应合成。在有机合成中，往往需要多步反应才能完成，一般单步反应的收率较高，多步反应的总原子利用率不高。如果设计新的合成路线来缩短和简化合成步骤，反应的原子利用率就会大大提高。近年来发展的一锅反应、串联反应等都是高效合成方法，不用分离反应的中间体，不产生相应的废弃物。例如邻氨基苯甲腈的合成，用靛红为原料，选用合适的溶剂，使靛红原料与盐酸羟胺缩合生成靛红-3-肟，在甲醇钠催化下热分解，生成邻氨基苯甲腈。可以减少原料损失，使产物溶于其中，充分利用原料，使反应完全，避免产物随二氧化碳溢出，收率可达 84%。

$$\text{靛红} \xrightarrow[H_2O]{HOH_2NH_2\cdot HCl} \text{靛红-3-肟 (=NOH)} \xrightarrow[\text{环丁砜}]{CH_3ONa} \text{邻氨基苯甲腈 (CN, } NH_2\text{)}$$

协同组合合成。传统的合成化合物单一纯净，已经得到表征。一次只发生一个反应，一次只产生一种化合物，该化合物经过分离纯化获得，即单独制备。在组合合成中，起始原料范围内产物都有制备的潜在机会，组合化学能够对化合物 A_1~A_n 与化合物 B_1~B_n 的组合提供结合的可能。从本质上来说，就是快速产生大量化合物，并且在不产生大量废弃物的情况下寻找到有效分子，符合绿色合成的要求。

组合合成化学方法有多种，常用的有：①平行合成法。是指在不同的反应器内分别合成单个产物。所有的产物都是在它们自己的反应容器内分别组合的。通常用一种微滴定板——一块模制的塑料，一般包含 8 排 12 列小穴，每小穴装有将在其中发生反应的几毫升液体，这种排与列的布置使研究人员能够组合他们要结合的组合块，并提供一种简便的手段来鉴别在一个特殊的穴中的化合物。②固相组合合成法。是把反应物固定到交联的高分子载体上，并在该载体上进行合成化合物库的方法。③液相组合合成法。是在液相中进行的化合物库的组合方法。原则上所有的有机反应都能在溶液相中进行，对已知的反应条件不需改变即可进行液相合成，同时也不需要附加的固定化和从载体上解脱的步骤，对产物的量也没有限制，但分离纯化难于实现自动化。

9.6　绿色合成原料

采用新合成原料是提高原子经济性的一种手段。通常反应初始原料的选择决定了反应类型或合成路线的许多特征。一旦原料决定下来，其他的选择就相应改变。原料的选择很重要，它不仅对合成路线的效率有影响，而且反应过程对环境、人类健康的作用也受原料选择的影响。原料的选择决定了生产者在制造化学品的操作中面临的危害、原料提供者生产时的危害以及运输风险，所以，原料的选择是绿色化学的决定性部分。

农业废弃物和生物质可以作为最好的原料。因为这种原料大部分已经高度氧化，用它们替代石油原料可以避免会造成污染的氧化步骤，同时在完成合成的过程中，毒害也大大低于石油原料。例如，秸秆乙醇，用秸秆制取乙醇的技术逐渐成熟起来。原理是利用秸秆纤维中的葡萄糖发酵生成乙醇，再经过提纯，就可以成为替代石油的燃料乙醇。原料的转化率超过 18%，即 6t 秸秆就可生产 1t 乙醇，年利用秸秆达到 3×10^4t 以上。秸秆生物柴油。分离秸秆成分，纤维素酶解发酵，将生物质转化和热转化有机整合，多级转化生产燃料酒精与生物柴油，对秸秆进行适度开发，替代石化产品。

淀粉以其资源丰富、价格低廉、使用方便等优点并以无毒环保为亮点，成为最具有开发潜力的绿色原料。淀粉通过改性可以用于医药、食品、化工、造纸、黏合剂等。在工业上具有广阔的应用和发展前景。

通过技术改进，寻求替代毒性大的原料。如替代光气的绿色原料碳酸二甲酯，可作为羰基化剂、甲基化剂和酯基甲氧化剂，可以作为化工原料中间体制造多种化工产品。再如，美国孟山都(Monsanto)公司以无毒无害的二乙醇胺为原料，取代了剧毒的氢氰酸原料，开发了经过催化脱氢生产氨基二乙酸钠的工艺，改变了过去以氨、甲醛和氢氰酸为原料的两步合成法路线。由此，获得了 1996 年美国总统绿色化学挑战者奖中的“变更合成路线奖”。

使用非传统生物制品开发再生原料。例如，各种固体废弃物的综合利用，生活垃圾用于生产水泥和废料等。生态环境化学品从设计阶段就考虑到原料的再循环利用，以便使化学品的生产、使用过程和地球生态圈达到尽可能协调的程度。

9.7　绿色溶剂和助剂

在有机合成中，除了反应物原料外，溶剂和助剂也很重要，过去常用的芳香烃类等有机溶剂成本高、污染大，不符合绿色合成方向。因此，新的绿色溶剂的寻找也是有机合成的一个重要方面。

9.7.1　超临界流体

当流体的温度和压力处于其临界温度和临界压力以上时,称该流体处于超临界状态,此时的流体称为超临界流体(supercritical fluid，SCF)。超临界流体在萃取分离方面取得了极大成功，并广泛用于化工、煤炭、冶金、食品、香料、药物、环保等许多工业或领域。超临界流体作为反应介质或作为反应物参与的化学反应称为超临界化学反应。目前关于超临界有机合成的研究还处于初始阶段，不过已取得了一些很有实用价值的成果，充分显示了超临界有机合成技术的巨大潜在优势。超临界化学反应不同于传统的热化学反应，具有以下特点：

(1) 与液相反应相比，在超临界条件下的扩散系数远比液体中的大，黏度远比液体中的小。对于受扩散速度控制的均相液相反应，在超临界条件下反应速率大大提高。

(2) 在超临界流体介质中可增大有机反应物的溶解度或有机反应物本身作为超临界流体而全部溶解，尤其在超临界状态下还可使一些多相反应变为均相反应，消除了相界面，减少了传质阻力，这些都可较大幅度地增大反应速率。

(3) 因有机反应中过渡状态物质的反应速率随着压力的增大而急剧增大，而超临界条件下具有较大的压力，从而可使化学反应速率大幅度增加，甚至可增加几个数量级。当反应物能生成多种产物时，压力对不同产物的反应速率的影响是不相同的，这样就可通过改变超临界流体的压力来改变反应的选择性，使反应向目标产物方向进行。

(4) 超临界流体中溶质的溶解度随温度、压力和分子质量的改变而有显著的变化，利用这一性质可及时将反应产物从反应体系中除去，使反应不断正向进行，这样既加快了反应速率，又获得了较大的转化率。

(5) 许多重质有机化合物在超临界流体中具有较大的溶解度，一旦有重质有机物结焦后吸附在催化剂上，超临界流体可及时将其溶解，避免或减轻催化剂上的积炭，大大延长了催化剂的寿命。

(6) 可用价廉、无毒的超临界流体(如 H_2O、CO_2 等)作为反应介质来代替毒性大、价格高的有机溶剂，既降低了反应成本，又消除或减轻了污染。

由于以上特点，超临界有机合成受到世界各国化学界的高度重视。超临界有机合成反应有以下几种。

(1) Fischer-Tropsch 合成。Fischer-Tropsch 合成是用 H_2 和 CO 在固体催化剂上合成烃类(C_1~C_{25})混合物的反应：

$$H_2 + CO \xrightarrow[\text{正己烷SCF}]{\text{催化剂}} C_1\sim C_{25}\text{的烃类}$$

这是煤炭间接液化过程中的重要反应。在反应过程中，生成的高分子质量烃可吸附在催化剂表面，造成催化剂失活、床层堵塞等问题。采用正己烷超临界流体可有效地除去催化剂表面上生成的蜡，并且产物中烯烃的比例也有所提高。

(2) 烷基化反应。对于异丁烷与丁烯合成 C_8 烷烃(三甲基戊烷)的反应，目前工业上仍使用强酸催化工艺，严重腐蚀设备和污染环境，且催化剂寿命也不长。若以反应物异丁烷为超临界流体，采用固体酸催化剂，则可克服以上缺点。

(3) Diels-Alder 反应。Randy 等研究了在 SiO_2 催化条件下用超临界 CO_2 作为介质的 Diels-Alder 反应，发现随体系压力的升高反应产率下降，但对反应的选择性无影响。

Thompson 等在超临界 CO_2 介质中研究了下面的 Diels-Alder 反应，发现了 40℃时反应速率常数随压力增高而降低的反常现象，还发现在临界点反应速率比液相反应(以乙腈或氯仿为溶剂)快，但在 CO_2 密度接近液体溶剂的高压条件下反应速度比液相慢。

$$\text{蒽} + \text{4-苯基-1,2,4-三唑啉-3,5-二酮 (N=N, N-Ph, 2 C=O)} \underset{}{\overset{CO_2\ SCF}{\rightleftharpoons}} \text{加成产物}$$

(4) 氢化反应。双键氢化的反应速率与 H_2 在反应体系中的浓度成正比，因超临界 CO_2 能与 H_2 完全互溶，特别有利于氢化反应的进行。例如：

$$\text{(Ph, Ph 取代环丙烯)} \xrightarrow[CO_2\ SCF,\ 60℃,\ 2MPa]{MnH(CO)_5} \text{(Ph, H, Ph, H 环丙烷)} + \text{(Ph, H, Ph, CHO 环丙烷)}$$

Sabine 等研究了在超临界条件下亚胺的铱催化氢化反应，发现用超临界 CO_2 作介质比液相二氯甲烷作溶剂反应速度快，而选择性随催化剂的不同有较大差异。

$$\mathrm{Ph(CH_3)C{=}N{-}R} \xrightarrow[\mathrm{CO_2\ SCF或CH_2Cl_2\ SCF,40℃}]{\mathrm{Ir,\ H_2}} \mathrm{Ph(CH_3)CH{-}NH{-}R}$$

R=Ph或CH_3

CO_2加氢合成甲醇、甲酸是一条很有意义的有机合成途径，这是因为这一反应既能降低大气中的CO_2，维护生态环境，又能以低成本的形式得到有用的产物。

$$\mathrm{CO_2 + H_2} \xrightarrow[\mathrm{CO_2\ SCF,50℃,21.2MPa}]{\mathrm{RnH_2[P(CH_3)_3]_4,\ N(C_2H_5)_3}} \mathrm{HCOOH}$$

(5) 氧化反应。Noyori 对 2,3-二甲基丁烯在超临界CO_2介质中的过氧化物环氧化反应进行了研究，发现没有通常的副产物碳酸盐生成。

$$\mathrm{(CH_3)_2C{=}C(CH_3)_2 + C_6H_5C(CH_3)_2{-}OOH} \xrightarrow[\mathrm{CO_2\ SCF,85℃,22.7MPa,16h}]{\mathrm{Mo(CO)_6,C_2H_2Cl_4}} \text{环氧化物}$$

Tumas 小组在超临界CO_2介质中用含水的过氧化物$(CH_3)_3COOH$对环己烯进行了氧化，主要生成环己二醇，同时发现若用不含水的超氧化物则产率只有 15%。

$$\text{环己烯} + \mathrm{(CH_3)_3COOH} \xrightarrow[\mathrm{CO_2\ SCF,95℃}]{\mathrm{Mo(CO)_6}} \text{环己二醇 (73\%)} + \text{环己烯酮 (10\%)} + \text{环己烯醇 (10\%)}$$

Wu 等在催化条件下研究了超临界CO_2对环己烷的非催化氧化反应：

$$\text{环己烷} + \mathrm{O_2} \xrightarrow[\mathrm{CO_2\ SCF,70℃,8.1MPa}]{\mathrm{FeCl_3,CH_3CHO}} \text{环己酮} + \text{环己醇}$$

超临界水氧化(supercritical water oxidation，SCWO)是氧化分解有害有机物的一种新技术，这一技术可在不产生有害副产物的情况下彻底去除有毒有机废物。当温度高于 647K、压力高于 22.1MPa 时，有机组分和氧气完全溶于超临界水中，使有机组分在单相介质中快速氧化为CO_2、H_2O和N_2。这一技术在处理有机废水、废气时有广阔的应用前景。

(6) 重排反应。频哪醇重排反应在液相中需要强酸作催化剂，催化剂寿命又很短。尽管可用加大酸浓度的方法来提高反应速度，但反应速度和选择性仍然很低。Yutaka 等在 450℃、25MPa 的超临界水中不加任何催化剂成功地进行了频哪醇的重排反应，反应速率比回馏条件下在 2.43mol/L 的H_2SO_4溶液中快 100 倍。他们认为频哪醇之所以能够在无外加酸的超临界水中进行，氢键强度的变化是关键因素。

除以上反应类型外，在超临界流体中还可以有效地进行环化反应、烯键易位反应、羰基化反应、生成金属有机化合物的反应、聚合反应、酶催化反应、自由基反应、酯化反应、异构化反应、烷基化反应、脱除反应、水解反应、超临界相转移反应、超临界光化学反应等。

9.7.2　等离子体

物质在一定压力下加热可由固态变为液态，进一步变成气态，也可由固态升华为气态。如果对气态物质继续升高温度或放电，气体分子解离和电离，当电离产生的带电粒子密度达到一定数量时，这一集聚状态称为物质的第四态——等离子体。日光灯放电和霓虹灯放电就是常见的等离子体现象。

产生等离子体的方法和途径是多种多样的，其中宇宙天体和地球上层大气的电离层属于自然界产生的等离子体。人工产生的方法主要有气体放电法(电晕放电、辉光放电、电弧放电和微波放电等)、光电离法(激光照射)、射线辐照法(X 射线、γ 射线等)、燃烧法(高温热电离)和冲击波法等。

放电生成的等离子体可分为高温等离子体和低温等离子体两类。在高温等离子体中，因电子温度(T_e)和离子温度(T_i)几乎相等，呈热平衡状态，这时电离气体的温度很高，可达 5000~20 000K，称为高温等离子体或平衡等离子体；在低温等离子体中，$T_e \gg T_i$，不存在热平衡，电离气体温度仅有 300~500K，称为低温等离子体或非平衡等离子体。

等离子体的物理特点：①尽管等离子体中存在着大量的带电粒子，但正、负电荷总数相等，整体呈电中性；②由于其内部存在大量的自由电子和离子，从而表现出很强的导电性；③作为一个带电粒子体系，等离子体明显地会受到电磁场的作用。

等离子体的化学特点：①由于等离子体中存在着大量的离子、电子和激发态原子、分子、自由基等极活泼的反应物种，从而使等离子体反应很容易进行，甚至可使某些在常规条件下不能发生的反应得以进行；②利用低温等离子体可实现高温反应的低温化，例如利用等离子体人工合成金刚石可从传统方法几千摄氏度的高温降为几百摄氏度。

等离子体有机合成装置由放电电源(直流、交流或高频电源)、电极、反应器、真空部分和冷却部分等组成，其中电源与电极用于气体放电，产生等离子体。①在气相中进行的电离、离解、激发和原子、分子内相互结合以及加成反应；②在等离子体、固体界面发生的聚合或者固体的蚀刻、脱离反应；③在固体或液体表面由于等离子体发射的光和电子的照射引起的交联、分解反应，附着在表面的活性基团又会引发二次反应。在固体或液体中发生的反应又称为等离子体引发聚合反应。

(1) 合成反应。在不加催化剂的条件下，通过等离子体状态，可以从单质或化合物出发，经过中间体合成各种氨基酸、卟啉、核酸盐等，这种合成可用于说明由原始大气产生生命的过程。例如，下列反应通过低温等离子体 LTP(low temperature plasma)进行。

$$\left.\begin{array}{c} H_2 \\ CH_4 \\ NH_3 \\ H_2O \\ CO \\ CO_2 \end{array}\right] \xrightarrow{\text{LTP}} \left.\begin{array}{c} HCN \\ HN(CN)_2 \\ HCHO \\ HCOOH \\ CH_3COOH \end{array}\right] \xrightarrow{\text{LTP}} \begin{array}{l} H_2NCH_2CH_3 \\ H_2NCHCOOH_2 \\ \quad\ \ | \\ \quad\ CH_3 \end{array} + \text{其他有机化合物}$$

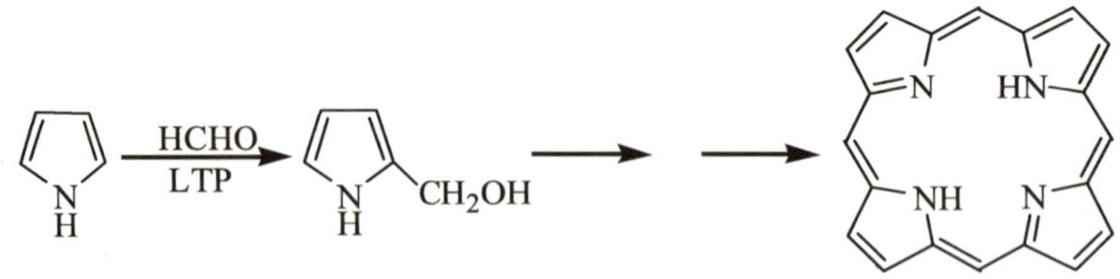

(2) 脱除反应。通过低温等离子体作用，有机物可发生脱除 H_2、CO、CO_2 等小分子的反应。

$$C_2H_6 \xrightarrow{LTP} C_2H_4 \xrightarrow{LTP} C_2H_2$$

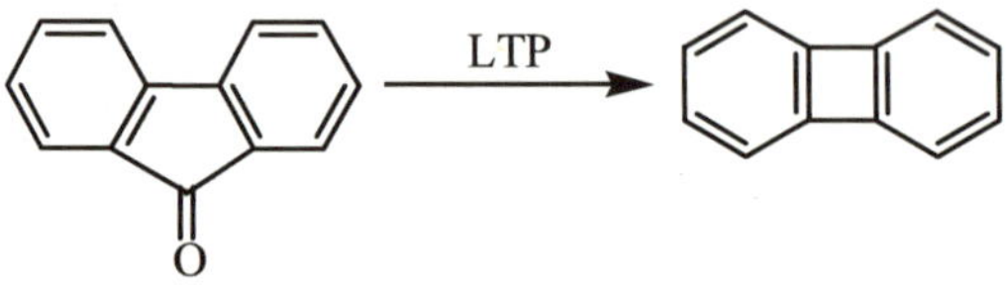

99%

原子态氧与烷基作用时，先是脱氢发生羰基化，随着氧化的进行，最后有机物分解为 CO_2 和 H_2O。

$$RCH_2CH_3 + 2O\cdot \xrightarrow{LTP} RCOCH_3 + H_2O$$

有机物中含双键时，能与原子态的氧先环化，然后环氧化分解为产物。

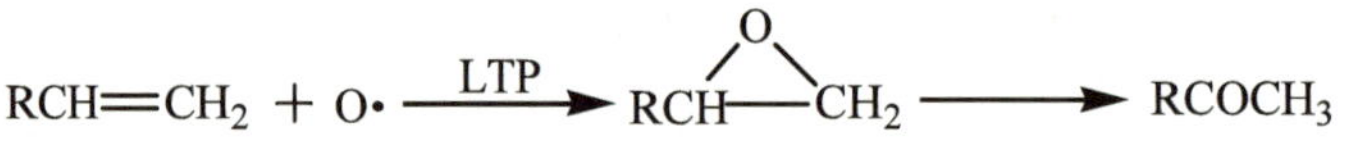

$$RCH{=}CH_2 + O\cdot \xrightarrow{LTP} RCH\overset{O}{—}CH_2 \longrightarrow RCOCH_3$$

(3) 异构化反应。具有不饱和键的有机化合物的顺反异构化反应可在较低的电子能量下有效地进行。例如，反式二苯乙烯通过等离子体可变换为顺式异构体，收率 90%。

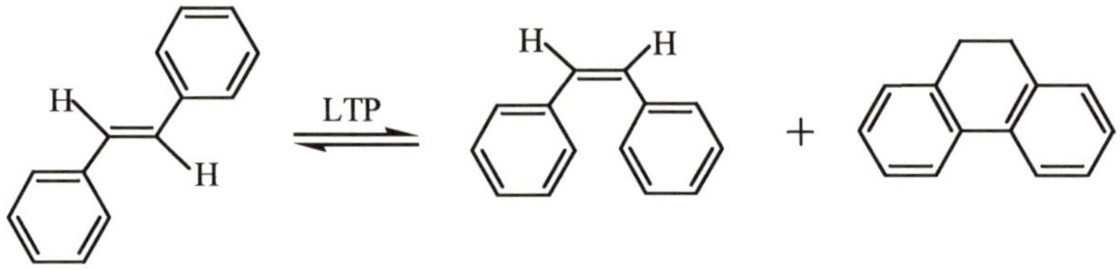

(4) 重排反应。芳香醚、芳香胺通过等离子体可发生各种重排反应。例如，苯甲醚在等离子体空间离解出烷基自由基，并转移到芳香环上。

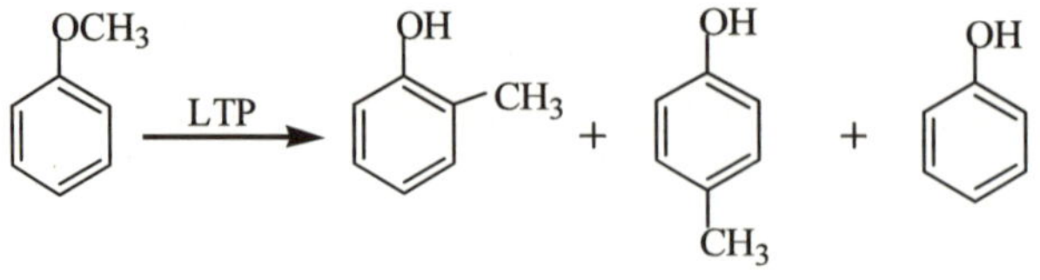

42%　　24%　　24%

(5) 开环反应。对芳香族化合物只要稍微提高电子能量就能打开苯环，生成顺反异构混杂的不饱和碳氢化合物，其中含氮环和苯胺都是以氰基为开环终端的。

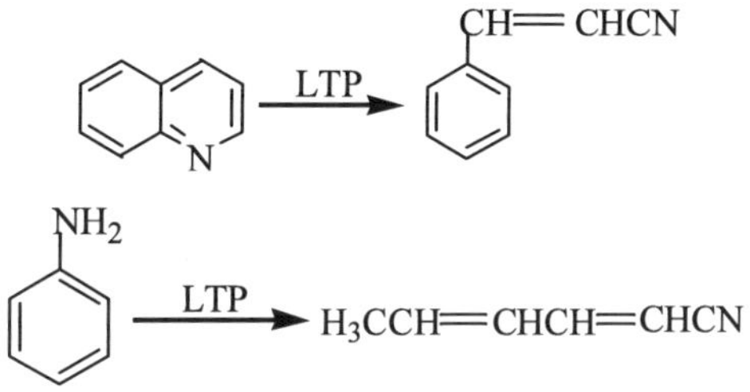

(6) 环化反应。二苯基化合物通过等离子体可环化生成各种多环化合物。

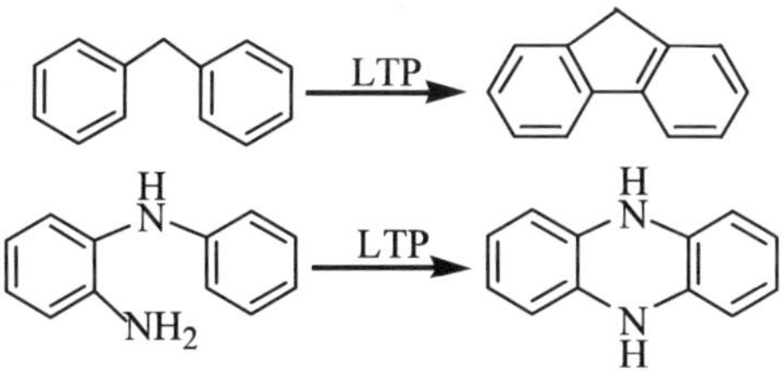

(7) 加成反应。等离子体的加成反应可以是自由基加成，也可以是分子间的加成。

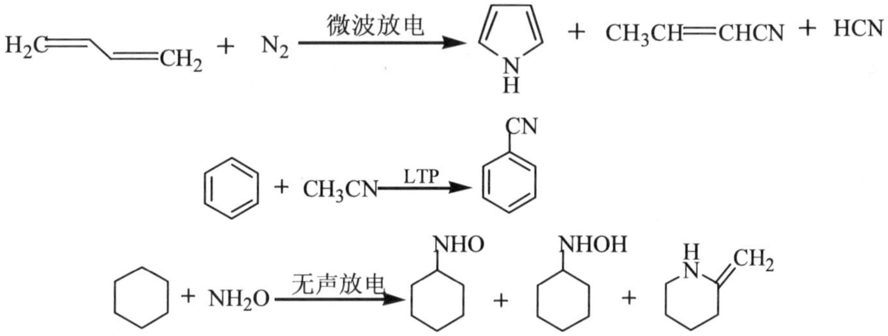

除此之外，利用低温等离子体还可发生取代反应、聚合反应、分解反应、氧化反应等类型的反应。等离子体有机化学反应不仅可得到与热反应和光反应相同的产物，还可能得到热反应和光反应得不到的产物，其产物的多样性具有重要的意义。

习　题

1. 论述有机合成化学的发展的主要方面。
2. 提高有机合成中原子经济性的途径有哪些？
3. 论述有机合成中的绿色原料以及溶剂。
4. 有机合成中常见的原子经济性反应有哪些类型？

第 10 章　有机合成实验

实验 1　乙酸-3-甲基-1-丁基酯(乙酸异丁酯)的合成

一、实验目的

1. 了解乙酸-3-甲基-1-丁基酯的用途。
2. 掌握乙酸-3-甲基-1-丁基酯的合成实验原理及方法。

二、实验原理

酯是一种广泛分布于自然界的化合物，较简单的酯大都有令人愉快的香味，因此这些酯常被用作食用香料。酯可以通过将酸与醇在质子酸如盐酸和硫酸催化下直接酯化制得(常称为 Fischer 酯化)。或者在 Lewis 酸催化剂如三氟化硼等下亦可制得高产率的酯，或者用酸的衍生物如酰氯或酸酐和醇反应合成酯，也可用有机强酸、阳离子交换树脂和固体超强酸等作催化剂。这是一个平衡反应。为了提高收率，常采用过量的羧酸和醇或者采用把体系中生成的酯或水移走的方法，实验室中具体采用哪种方法取决于原料来源难易和实验难易等因素。而酯非常容易转化成各种各样的其他官能团，在有机反应中具有广泛的用途。

乙酸-3-甲基-1-丁基酯由于具有特定的清香味，因而常作为梨味香精，现已证明是工蜂警报信息素的重要组成部分。如果接近蜂房的人用浸有乙酸-3-甲基-1-丁基酯的棉花或羊毛摇动将能非常有效地防止蜜蜂叮咬。乙酸-3-甲基-1-丁基酯可以在硫酸存在的情况下通过对 3-甲基-1-丁基醇和乙酸的混合物加热制得，乙酸价格便宜，因此可以用过量的乙酸驱使反应向产物方向移动，在常压下蒸馏得酯。

$$CH_3COOH + HOCH_2CH_2CH(CH_3)_2 \xrightarrow{H_2SO_4} CH_3COOCH_2CH_2CH(CH_3)_2$$

三、仪器及试剂

圆底烧瓶(50mL)，水冷凝管，空气冷凝管，接液管，分液漏斗(100mL)，锥形瓶(50mL)，烧杯。

3-甲基-1-丁基醇(相对分子质量为 88.2，有刺激性)，乙酸(相对分子质量为 60.1，有腐蚀性，AR)，浓硫酸(腐蚀性，氧化性，AR)，乙醚(可燃性，刺激性，AR)，碳酸钠溶液(5%)，硫酸亚铁溶液(5%)，海沙，无水硫酸镁(AR)。

四、实验步骤

将 3-甲基-1-丁基醇 5.3mL、乙酸 11.5mL 和少量的海沙放在 50mL 圆底烧瓶中，加入浓硫酸 1mL，摇动使溶解，装上水冷凝管，控制正常沸腾加热回流 1.5h。待稍冷，将圆底烧瓶浸入凉水中几分钟，将反应混合物倒入 100mL 含 25g 碎冰的烧杯中，搅拌 2min(不要求冰全融)，然后转移到 100mL 分液漏斗中，用 10mL 乙醚第一次萃取，分出醚层。水层再用 10mL 乙醚第二次萃取，合并两次乙醚层萃取液。水层再加入 25mL 乙醚，小心振荡后静置分层，分去水层，将前两次乙醚层萃取液一并加入分液漏斗，用 30mL 硫酸亚铁溶液洗涤，分去水层。再分别用 15mL 碳酸钠水溶液小心洗涤乙醚层两次，将醚层倒入小锥形瓶中，加入少量无水硫酸镁干燥 10min，待溶液清亮时，滤去干燥剂，在常压下蒸馏，待收集完乙醚等后，温度升至 95~98℃时，换空气冷凝管，收集 140~145℃馏分(不能蒸干)，计算产率，用红外、核磁分析产品。

实验所需时间约 4h。

五、思考题

1. 在反应过程中需要加热回流 1.5h，如果回流时间不够，会对产率有何影响？
2. 反应生成的混合物多次用乙醚萃取，如何操作才可提高萃取率？萃取实验需要注意什么？
3. 乙醚萃取层分别用硫酸亚铁溶液、碳酸钠溶液洗涤，作用是什么？
4. 蒸馏收集乙醚时需要注意什么？

实验 2　己酸烯丙基酯(菠萝香精)的合成

一、实验目的

1. 掌握己酸烯丙基酯的合成实验原理及方法。
2. 了解减压蒸馏实验。

二、实验原理

己酸烯丙基酯化合物是具有典型的令人愉快的、成熟菠萝香味的香精，本实验以己酸为原料，首先通过酰氯酰化己酸，再与烯丙醇反应合成己酸烯丙基酯化合物。

Me～～C(=O)OH $\xrightarrow{SOCl_2}$ Me～～C(=O)Cl $\xrightarrow{HO～CH=CH_2}$ Me～～C(=O)O～CH=CH₂

三、仪器及试剂

圆底烧瓶(50mL)，水冷凝管，接液管，干燥管，分液漏斗(100mL)，小漏斗，锥形瓶，烧杯。

己酸(有毒，AR)，亚硫酰氯(腐蚀性，催泪物质)，烯丙醇(可燃性，有毒，AR)，乙醚(可燃性，刺激性，AR)，饱和碳酸钠溶液，无水氯化钙(AR)，海沙，无水硫酸镁(AR)。

四、实验步骤

在干燥的圆底烧瓶中加入己酸 1.3mL、亚硫酰氯 1.0mL，装好回流冷凝管(事先干燥过的)，在其上装上干燥管。沸水浴上加热回流 15min。换冷凝管上与干燥管连接的气体吸收装置为减压装置，减压除去过量的亚硫酰氯。然后加入烯丙醇 0.7mL，在水浴上加热回流 10min 后冷却至室温，加入 50mL 乙醚溶解有机物，转入分液漏斗，用 50mL 水洗涤之后，乙醚层再用 20mL 碳酸钠溶液洗涤 2 次，将乙醚层溶液转入小锥形瓶(干燥过的)中，然后用无水硫酸镁干燥，过滤除去干燥剂，蒸馏收集完乙醚后，再减压蒸馏收集油状残余产物，记录沸点，计算收率。

实验所需时间约 4h。

五、思考题

1. 在干燥管中装干燥剂氯化钙时应注意什么?
2. 如果减压除去过量的亚硫酰氯不彻底，会对实验有何影响?

实验 3　五乙酸葡萄糖酯的合成

一、实验目的

1. 掌握用葡萄糖制备葡萄糖酯的实验原理及方法。
2. 进一步练习抽滤、重结晶、回流等基本实验。

二、实验原理

自然界中 D-(+)-葡萄糖是以环状半缩醛形式存在的，有 α、β 两种异构体。葡萄糖上的羟基与乙酸或乙酸酐反应可以使 5 个羟基都被乙酰化，相应地生成 α-和 β-五乙酸葡萄糖酯。但是，使用不同的催化剂时，所生成的主产物不同。当用无水氯化锌作催化剂时，α-构型为主要产物；当使用无水乙酸钠作催化剂时，β-构型为主要产物。从立体构型来看，β-异构体比 α-异构体更稳定，但是在无水氯化锌的作用下，β-异构体也能转化为 α-异构体。

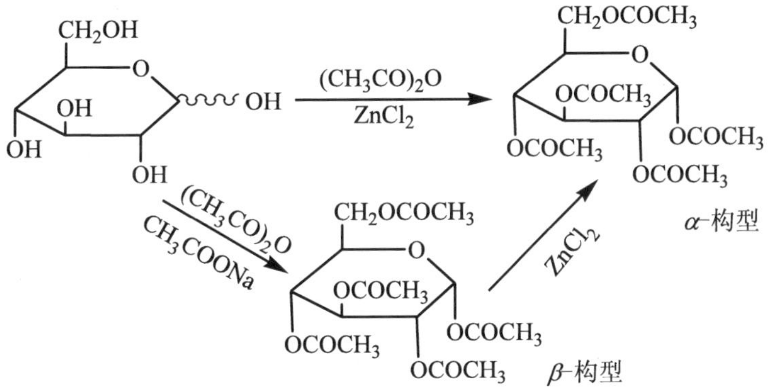
CH₂OH
O
OH
OH
OH
OH
(CH₃CO)₂O
ZnCl₂
CH₂OCOCH₃
O
OCOCH₃
OCOCH₃
OCOCH₃
OCOCH₃
α-构型
(CH₃CO)₂O
CH₃COONa
CH₂OCOCH₃
O
OCOCH₃
OCOCH₃
OCOCH₃
OCOCH₃
β-构型
ZnCl₂

三、仪器及试剂

圆底烧瓶(50mL，100mL)，回流冷凝管，干燥管，漏斗，抽滤装置，熔点仪，研钵。

无水氯化锌(AR)，乙酸酐(新蒸馏，AR)，葡萄糖(AR)，95%乙醇(AR)，活性炭，无水氧化钙(AR)，无水乙酸钠(AR)。

四、实验步骤

1. *α*-五乙酸葡萄糖酯的制备

在圆底烧瓶(50mL)中加入 0.7g 无水氯化锌、12.5mL 新蒸馏的乙酸酐(约 13.5g)、2.5g 葡萄糖，装上回流冷凝管，上方加一干燥管。在电热套上小心加热至烧瓶内物开始沸腾，移去热源让放热反应完成后再进一步加热，维持混合物微微沸腾约 10min。趁热将混合物倒入约 150mL 冰水的烧杯中，搅拌混合物，使产生的油状物完全固化。抽滤，用少量冷水洗涤两次，粗产品用乙醇-水混合溶剂重结晶。产量 3.5g，产率 64.6%，熔点 110~111℃。

重结晶步骤如下：将粗产品移入 100 mL 圆底烧瓶中，加入约 10mL 95%的乙醇，在热水浴中加热制成饱和溶液，加入少量活性炭煮沸脱色(如饱和溶液无色，可不必加活性炭脱色)。趁热过滤，在滤液中滴加水直至出现的浑浊不消失为止，将滤液冷却使晶体全部析出，抽滤，干燥，称重，测熔点。如果熔程过长，可用上述方法再次重结晶。

2. *β*-五乙酸葡萄糖酯的制备

将 2.0g 无水乙酸钠与 2.5g 干燥的葡萄糖放在一干燥的研钵中一起研碎，将此粉状混合物置于 50mL 圆底烧瓶中，加入 12.5mL 新蒸馏的乙酸酐。装上回流冷凝管，在水浴上加热，定时振摇，直至体系成为透明液体(约需 30min)，再继续加热 1h。将反应混合物在充分搅拌下缓缓倒入约 150mL 冰水的烧杯中，搅拌混合物，使产生的油状物完全固化。抽滤，用少量冷水洗涤结晶。粗产品用 25mL 乙醇重结晶，使其熔点为 131~132℃。一般需重结晶两次。产量 3.5g，产率 64.6%。

3. β-五乙酸葡萄糖酯转化为 α-五乙酸葡萄糖酯

在 50mL 圆底烧瓶中加入 12.5 mL 新蒸馏的乙酸酐(约 13.5g)，迅速加入 0.25g 无水氯化锌，装上回流冷凝管，在沸水浴上加热回流 5~10min 至固体全部溶解。然后迅速加入纯的 β-五乙酸葡萄糖酯，在水浴上加热 30min。将热溶液倒入约 125mL 冰水中，激烈搅拌以诱导油滴结晶。抽滤，用少量冷水洗涤固体，用乙醇重结晶。熔点 110~111℃。

实验所需时间约 8h。

五、思考题

1. 葡萄糖分子中各个羟基的酯化活性相同吗?为什么?
2. 写出两种构型的五乙酸葡萄糖酯的优势构象式，并比较哪一个更稳定。

附：

1. 实验说明

(1) 氯化锌极易潮解，故应事先将氯化锌在瓷蒸发皿中加强热至熔融状态，稍冷后研碎，迅速称量使用。

(2) 市售葡萄糖含一分子结晶水，需在 110~120℃的烘箱中烘 2~3h。

(3) 回流冷凝管上方一定要加干燥管。

(4) 产物在冰水中搅拌固化时要尽量使块状固体成为粉末，以防止块状固体中包藏溶剂，使产物在重结晶时部分水解。

2. 安全事项

(1) 乙酸酐具有强腐蚀性，使用时注意不要接触皮肤、眼睛。一旦接触，应立即用大量水冲洗后就医。

(2) 乙醇易燃，注意预防火灾。

实验 4　乙酰乙酸乙酯缩酮的合成

一、实验目的

1. 了解分水操作实验。
2. 掌握本实验的实验原理、实验方法及步骤。

二、实验原理

醛和酮是有机化学中用途非常广泛的化合物，因为可以比较容易地经过亲核反应使羰基得到保护，以便进行合成反应。在多官能团化合物中，常常希望保护醛基和酮基，从而在合成过程中以终止和减少副反应的发生，按照我们的既定目标进行，等反应完成之后再除去保护基团。醛基和酮基保护常用的是乙二醇，生成乙烯基缩醛或缩酮(1,3-二氧戊环的衍生物)，很容易在酸的催化下从羰基化合物和乙二醇中制得。本实验是在对甲苯磺酸催化下，用乙二醇和乙酰乙酸乙酯反应制得缩酮，甲苯溶剂中回流进行的。反应过程中生成的水通过分水器除去，产物可进一步用于其他实验中。

Me—CO—CH₂COOEt —(HO⌒OH, H^+; 甲苯 $C_6H_5CH_3$)→ 2-甲基-1,3-二氧戊环-2-基乙酸乙酯 (Me, CH_2COOEt)

三、仪器及试剂

圆底烧瓶(100mL)，分水器，水冷凝管，空气冷凝管，循环水泵，抽滤装置，减压蒸馏装置，IR 或 NMR。

乙酰乙酸乙酯(相对分子质量为 130.1，刺激性，AR)，乙二醇(相对分子质量为 62.1，刺激性，AR)，对甲苯磺酸(含 1 个结晶水，腐蚀性，毒性，AR)，甲苯(可燃性，刺激性，毒性，AR)，氢氧化钠水溶液(10%，腐蚀性)，无水碳酸钾(腐蚀性，吸湿，AR)。

四、实验步骤

在 100mL 圆底烧瓶中加入乙酰乙酸乙酯 12.7mL(或 13.0g)，甲苯 50mL，乙二醇 5.8mL(或 6.5g)，对甲苯磺酸 0.05g 和少量的海沙，装上带分水器的回流装置。加热烧瓶使甲苯快速回流直到分水器内不再有水分出，将圆底烧瓶中混合物冷至室温，然后转入分液漏斗，用 15mL 氢氧化钠溶液(10%)洗涤一次，分出水层(上层、下层？)，再用 20mL 水洗涤有机层 2 次。将有机层转入小锥形瓶(干燥过的)中，用无水碳酸钾干燥，循环水泵减压过滤，除去干燥剂，用旋转蒸发仪或减压蒸馏除去溶剂，残余物转入 25mL 圆底烧瓶，减压蒸馏收集 135℃ (50mmHg)的馏分,准确记录沸点，收率，测 IR 或 NMR。

实验所需时间约 4h。

五、思考题

1. 本合成实验中，对甲苯磺酸起什么作用？
2. 本实验需要注意哪些方面，才可以达到提高产率的效果？

实验 5 硼氢化钠还原合成二苯甲醇

一、实验目的

1. 了解氢转移试剂在有机合成中的应用。
2. 掌握本实验的实验原理和实验方法。

二、实验原理

氢转移试剂是有机合成中常用的还原试剂，其中最常用的有两个，一个是四氢锂铝($LiAlH_4$)，一个是硼氢化钠($NaBH_4$),虽然同为氢转移还原试剂，但二者的还原能力是不同的。四氢锂铝($LiAlH_4$)是一个强的还原试剂，可以还原大多数含有极性的重键官能团。由于和水剧烈反应，因此必须用干燥的溶剂并在无水条件下进行。而硼氢化钠($NaBH_4$)是一个温和的还原试剂，具有相当大的选择性，可以很快地还原酰氯、醛、酮。酯和其他官能团在相同条件下还原较慢或呈惰性。硼氢化钠($NaBH_4$)还原反应常在质子溶剂如乙醇和甲醇中进行。本实验利用硼氢化钠($NaBH_4$)还原芳香酮——二苯甲酮得到二苯甲醇，还原试剂稍过量以保证羰基完全还原，还原反应在水-乙醇体系中进行，产物容易分离，重结晶可以得到纯品，亦可通过薄层色谱检验。

$$\text{Ph}_2\text{C}{=}\text{O} \xrightarrow[\text{EtOH},\ H_2O]{NaBH_4} \text{Ph}_2\text{CH(OH)}$$

三、仪器及试剂

圆底烧瓶(25mL)，电磁搅拌器，减压抽滤装置，小试管，TCL 分析，IR。

二苯甲酮(相对分子质量为 182.2，AR) 364mg，硼氢化钠($NaBH_4$，相对分子质量为 37.8，刺激性，AR)84mg，乙醇(AR)，石油醚(沸程 60~90℃，AR)，二氯甲烷(AR)，乙酸乙酯(AR)，浓盐酸(AR)。

四、实验步骤

在 25mL 的圆底烧瓶中，将二苯甲酮 1.2g 溶在 15mL 的乙醇中，开启电磁搅拌器，然后称取硼氢化钠 0.25g 放入小试管里，加入 1.5mL 的冷水使其溶解，于室温下用滴管一滴一滴加入搅拌着的二苯甲酮的乙醇溶液(如体系出现浑浊，加热到 30℃可以变清亮)，加完之后继续保温搅拌反应 40min 以上，然后将此反应混合物慢慢倾入含有 10mL 冰-水和 1mL 浓盐酸的混合物中，几分钟之后，减压抽滤收集沉淀产物，用 2×5mL 水洗涤沉淀产物，抽气 10min，用石油醚(沸程 60~90℃)重结晶，TCL 分析，测定记录熔点，IR。

实验所需时间约 4h。

五、思考题

1. TCL 分析产品的实验目的是什么，如何实验?

2. 在合成过程中，为什么将硼氢化钠($NaBH_4$)溶在装有 1.5mL 的冷水的小试管里，然后于室温下用滴管一滴一滴加入搅拌着的二苯甲酮的乙醇溶液?

实验 6　苯氧乙酸的合成

一、实验目的

1. 通过本实验了解苯氧乙酸的用途。
2. 掌握苯氧乙酸的制备实验原理和方法。
3. 学习红外光谱图分析方法。

二、实验原理

苯氧乙酸是一种白色片状或针状晶体，可用于合成染料、药物、杀虫剂，还可直接用作植物生长调节剂。它对人畜无害，因而应用较广泛。苯氧乙酸经卤化后能得到许多有用的衍生物，如增产灵 4-碘苯氧乙酸，植物生长素 2,4-二氯苯氧乙酸等。本实验先用一氯乙酸($ClCH_2COOH$)与碳酸钠(Na_2CO_3)反应生成一氯乙酸钠($ClCH_2COONa$)，再与苯酚钠作用生成苯氧酸钠，之后酸性水解，制得苯氧乙酸。反应如下：

$$2ClCH_2COOH + Na_2CO_3 \longrightarrow 2ClCH_2COONa + H_2O + CO_2$$

$$C_6H_5ONa + ClCH_2COONa \longrightarrow C_6H_5OCH_2COONa + NaCl$$

$$C_6H_5OCH_2COONa + HCl \longrightarrow C_6H_5OCH_2COOH + NaCl$$

三、仪器及试剂

磁力搅拌器，抽滤装置，红外灯，三口烧瓶(100 mL)，回流冷凝管，恒压滴液漏斗，锥形瓶，红外光谱仪。

苯酚(C_6H_5OH，相对分子质量为 94.11，熔点：41℃，沸点：182℃，AR)，一氯乙酸($ClCH_2COOH$，相对分子质量为 94.50，熔点：189℃，AR)，苯氧乙酸(相对分子质量为 152.14，熔点：99℃，AR)，氢氧化钠(AR)，盐酸(AR)。

四、实验步骤

将 100mL 三口烧瓶装在磁力搅拌器上，瓶口分别装上回流冷凝管和恒压滴液漏斗。在三口烧瓶内加入 3.8g (0.04mol)一氯乙酸和 5mL 水，启动搅拌。自滴液漏斗慢慢滴加约 7mL 饱和碳酸钠溶液至 pH 为 7~8，然后加入 2.6g (0.027 mol)苯酚，再慢慢滴加 30% 氢氧化钠溶液调至 pH 为 12。加热回流 0.5 h。

反应结束后，待反应混合物稍冷后倒入锥形瓶，边搅拌边滴加浓盐酸酸化至 pH 为 3~4，冰水浴冷却结晶，待结晶析出完全后抽滤，粗产物用冷水洗涤 2~3 次，干燥，产品称重，计算理论产量、产品的产率。测红外光谱图。

实验所需时间约 4h。

五、思考题

1. 实验原理中是苯酚钠与一氯乙酸钠作用生成苯氧乙酸钠，实际实验加的是苯酚，是怎么生成苯酚钠的?
2. 本实验用到一氯乙酸，具有强刺激性和腐蚀性，能灼伤皮肤。使用时应注意什么?
3. 一氯乙酸与碳酸钠作用成盐反应中，为什么碳酸钠溶液要慢慢滴加?

实验 7　铬酸氧化 2-甲基环己醇合成 2-甲基环己酮

一、实验目的

1. 了解铬酸水溶液氧化 2-甲基环己醇制备 2-甲基环己酮的实验原理。
2. 掌握非均相实验操作技能以及萃取、旋转蒸发等实验方法。

二、实验原理

有机分子的氧化和还原一样重要，是还原反应的相反的过程，除去氢、加上氧或官能团上的氢被其他的杂原子取代都可认为是氧化。虽然很多有机化合物能被氧化，但在有机化学中最常用的是醇氧化成羰基化合物，为此出现了许多的氧化试剂。可以通过选择合适的氧化剂将伯醇氧化成醛，仲醇氧化成酮。许多实验室氧化试剂是高氧化态的无机金属试剂 Cr(VI)，Mn(VII)，Mn(IV)，Ag(I)或 Ag(II)。其中 Cr(VI)作为氧化剂是最常用的。特别有用的氧化试剂是二甲基亚砜(DMSO)，这一试剂常常和二环己基碳二亚胺(DCC)(Pfitzner-Moffatt 氧化剂)或草酰氯(Swern 氧化剂)配合使用。特别是乙醇，可以通过生物氧化，在哺乳动物体内乙醇被吸收后首先在肝脏通过乙醇去氢酶催化氧化，因此过渡饮酒会加重这一体系负担从而导致对肝脏的损害。

铬酸水溶液由重铬酸钠和硫酸制得，在铬酸水溶液氧化下，将 2-甲基环己醇氧化成 2-甲基环己酮。反应中氧化剂过量，反应在 0℃的醚-水两相体系进行，实验比较简单，主要是醚层的分离和洗涤，产物酮的纯化通过常压蒸馏即可。

2-甲基环己醇（Me, OH） $\xrightarrow[H^+]{Cr^{5+}}$ 2-甲基环己酮（Me, O）

三、仪器及试剂

烧杯(100mL)，圆底烧瓶(50mL，150mL)，电磁搅拌器，恒压滴液漏斗，分液漏斗，漏斗，滤纸，旋转蒸发仪。

2-甲基环己醇(相对分子质量为 114.2，刺激性，AR)，二水合重铬酸钠(相对分子质量为 298.0，氧化剂，毒性，AR)，硫酸(97%)，乙醚(AR)，碳酸钠溶液(5%)。

四、实验步骤

将重铬酸钠 10.0g 溶解在 30mL 水里，用玻璃棒迅速搅拌，慢慢将 7.4mL 硫酸加入搅拌的溶液中，加水至总体积 50mL，于冰浴中冷却约 30min。

将 2-甲基环己醇 7.7g 和 30mL 乙醚放入 150mL 圆底烧瓶中，放入搅拌子，装上恒压滴液漏斗，冰浴冷却 15min，快速搅拌下滴入一半冰冷的氧化剂二水合重铬酸钠，然后再慢慢滴入另一半氧化剂二水合重铬酸钠(这一过程需 5min 以上)，于此温度下继续搅拌 20min，停止。将此混合物转入分液漏斗并分去水层，用乙醚萃取水提取层(2 × 15mL)，合并醚层，用 20mL 碳酸钠溶液洗涤乙醚萃取液，然后用水洗涤(4 × 20mL)。用无水硫酸镁干燥，过滤除去干燥剂，旋转蒸发除去溶剂。将残余物转入 50mL 圆底烧瓶中，常压蒸馏，收集 160~165℃馏分，记录沸点和计算收率。

实验所需时间约 3h。

五、思考题

1. 在向重铬酸钠水溶液的烧杯里加入硫酸时，需要注意什么？
2. 使用恒压滴液漏斗时需要注意什么？

实验 8　铬酸氧化薄荷醇制备薄荷酮

一、实验目的

1. 学习铬酸氧化醇制备酮的反应方法。
2. 掌握用铬酸水溶液氧化天然产物薄荷醇制备薄荷酮的实验方法。

二、实验原理

用铬酸水溶液氧化天然产物薄荷醇制备薄荷酮，铬酸水溶液由重铬酸钠和硫酸制得，反应在 0℃的醚-水两相体系进行，产物薄荷酮的纯化可通过减压蒸馏实现。

$$\text{(-)-menthol (Me, OH, Me–CH–Me)} \xrightarrow[H_2SO_4]{Na_2CrO_7} \text{menthone (Me, O, Me–CH–Me)}$$

三、仪器及试剂

烧杯(100mL)，三口圆底烧瓶(50mL)，圆底烧瓶(150mL)，电磁搅拌器，恒压滴液漏斗，分液漏斗，漏斗，滤纸，旋转蒸发仪，旋光仪。

(–) (1*R*,2*S*,5*R*)薄荷醇(相对分子质量为 156.3，AR)，重铬酸钠(相对分子质量为 298.0，AR)，硫酸(97%)，乙醚(AR)，饱和碳酸钠溶液，无水硫酸镁(AR)。

四、实验步骤

将重铬酸钠 1.2g 溶解在硫酸中，用 12mL 水稀释备用。安装带有温度计、恒压滴液漏斗和电磁搅拌器的 50mL 三口圆底烧瓶，加入薄荷醇 1.56g 和乙醚 15mL，迅速搅拌并在冰水浴中冷却。将铬酸溶液放入恒压滴液漏斗然后缓慢滴加，保持烧瓶内温–3~0℃。加料过程应持续 20min 以上，在此温度下继续搅拌 2h，停止搅拌，静置过夜，待分层后转入分液漏斗，分去水层，并用乙醚萃取水层(2 × 5mL)，合并乙醚层溶液，用 2 × 5mL 饱和碳酸钠水溶液洗涤。用无水硫酸镁干燥，过滤除去干燥剂，旋转蒸发除去溶剂。将残余物转入 10mL 烧瓶，循环水泵减压蒸馏，记录沸点、收率，IR。

实验所需时间约 6h。

五、思考题

1. 为什么将铬酸溶液从恒压滴液漏斗缓慢滴加到反应烧瓶中，保持烧瓶内温约–3~0℃？如果温度过高会有什么结果？
2. 将重铬酸钠 1.2g 溶解在硫酸中应注意什么，如何进行实验操作？

实验 9　3-苯基-1-(4-甲基苯基)丙烯酮的合成

一、实验目的

1. 了解 3-苯基-1-(4-甲基苯基)丙烯酮产品的用途。
2. 掌握 3-苯基-1-(4-甲基苯基)丙烯酮的合成实验原理和方法。
3. 熟悉影响 3-苯基-1-(4-甲基苯基)丙烯酮合成的因素以及实验注意事项。

二、实验原理

3-苯基-1-(4-甲基苯基)丙烯酮是重要的化工中间体，具有广泛的用途，国内外需求量很大。本实验使用苯甲醛与对甲苯乙酮在碱催化下，在乙醇溶液中反应合成该化合物，一般产率在 72%左右。反应式如下：

CHO　+　CH_3 O CH_3　$\xrightarrow[\text{95\%乙醇}]{OH^-}$　O CH_3　+　H_2O

三、仪器及试剂

三口烧瓶(100mL)，磁力搅拌器，温度计(100℃)，直形水冷凝管，接液管，锥形瓶，抽滤装置。

苯甲醛(C_6H_5CHO，相对分子质量为 106.12，沸点：178~179℃，AR)，对甲苯乙酮(p-$CH_3C_6H_4COCH_3$，相对分子质量为 134.18，沸点：226℃，AR)，3-苯基-1-(4-甲基苯基)丙烯酮($C_{16}H_{14}O$，相对分子质量为 222.28，熔点：55~57℃，AR)，氢氧化钠(AR)，95%乙醇(AR)，pH 试纸。

四、实验步骤

将三口瓶(100mL)装在磁力搅拌器上，安装温度计和冷凝管。瓶中加入 1.3g 氢氧化钠和 11.5mL 水。启动搅拌使氢氧化钠溶解后，再加入 7.2mL 95%乙醇、2.6mL 苯甲醛(2.7g、0.025mol)和 3.4mL 对甲苯乙酮(3.4g、0.025mol)。控制反应温度在 30~40℃下，搅拌反应为 1.5~2h，瓶内会有淡黄色的固体析出。反应结束后，边搅拌边用冰水浴冷却反应瓶，直至产物完全析出。抽滤，晶体用水洗涤至中性，再用 0.5~1mL 冰水冷却过的乙醇洗去未反应的对甲苯乙酮和苯甲醛。固体尽量抽干，低温干燥，称粗产物重量。

用 95%的乙醇重结晶，产品称重，计算理论产量、产品的产率。测量产品熔点(参考：熔点 72~73℃)。

实验所需时间约 6h。

五、思考题

1. 查阅资料，了解 3-苯基-1-(4-甲基苯基)丙烯酮的主要用途。
2. 在 3-苯基-1-(4-甲基苯基)丙烯酮合成中会有哪些副反应？
3. 在 3-苯基-1-(4-甲基苯基)丙烯酮合成实验中，需要注意哪些方面以便提高产品的产率？

实验 10　四氢锂铝对二苯乙酸的还原

一、实验目的

1. 了解四氢锂铝的特性，学习四氢锂铝将酸还原成醇的反应。
2. 掌握无水实验的实验操作方法及注意事项。

二、实验原理

四氢锂铝($LiAlH_4$)是非常强的氢还原试剂，它能还原大多数官能团，因为四氢锂铝比较贵，在合成上如果能用硼氢化钠来还原的反应，一般情况下不会选用四氢锂铝。四氢锂铝是用 4mol 的氢化锂和三氯化铝在干燥的乙醚中制备而成，四氢锂铝在空气中可以自燃，和水的反应非常剧烈。使用四氢锂铝的仪器必须十分干燥，溶剂必须作无水处理。一旦因使用四氢锂铝引起火灾，只能用干燥的沙子和防火毯来灭火。还原反应一般在醚中进行，四氢锂铝一般用在将酸还原成醇的反应中。

$$Ph_2CH\text{-}COOH \xrightarrow[\text{乙醚回流}]{LiAlH_4} Ph_2CH\text{-}CH_2OH$$

三、仪器及试剂

圆底烧瓶(100mL)，电磁搅拌器，干燥管，水冷凝管，三口烧瓶(25mL)，恒压滴液漏斗，分液漏斗，减压抽滤装置，旋转蒸发仪，IR，NMR。

2,2-二苯基乙酸(相对分子质量为 212.3，刺激性，AR)，四氢锂铝($LiAlH_4$，相对分子质量为 38，可燃性，不要随意处置反应后的残余物，AR)，乙醚(易燃，AR)，石油醚(40~60℃，易燃)，硫酸(5%)，无水硫酸镁(AR)。

四、实验步骤

所有实验仪器必须经干燥后(>120℃烘干)使用。尽可能快地称取 0.39g 四氢锂铝放在 100mL 的圆底烧瓶，用 20mL 钠干燥过的乙醚覆盖，安装电磁搅拌器和带有干燥管的回流装置。称取 2,2-二苯基乙酸 0.64g，放入 25mL 烧瓶中，用无水乙醚 10mL 溶解，然后将此溶液通过恒压滴液漏斗逐滴加入圆底烧瓶中，保持滴加速度使回流处于较为温和的状态，用少量的无水乙醚洗涤烧瓶也加入此混合物中，搅拌并保持平稳回流 1h，冷却混合物。

在回流阶段，准备一些湿乙醚，湿乙醚是将 50mL 醚和等量水在分液漏斗中混合 5min，然后取上层湿乙醚 30mL 逐滴加入上述反应物中，水浴冷却混合物，搅拌使过量的氢化物分解，如果分解反应较为剧烈，可暂时停止搅拌和湿乙醚的加入，湿乙醚加完之后再回流 10min 使四氢锂铝分解完全，并使混合物再次冷却，可得到白色沉淀。如果仍有灰色沉淀，可再加入 15mL 湿乙醚重复上述实验。将混合物转入分液漏斗，慢慢加入 5%的稀硫酸 15mL，然后振摇分解四氢锂铝，收集有机层，再用 15mL 乙醚提取水层，与有机层合并，用无水硫酸镁干燥，过滤，滤液在旋转蒸发仪上除去溶剂乙醚、水等，烧瓶在冰水浴上冷却，析出固体，用石油醚(40~60℃)重结晶。记录熔点、收率，用 IR、NMR 测定产品。

实验所需时间约 4h。

五、思考题

1. 本实验为什么要干燥仪器，如果不干燥会有什么结果?
2. 为什么要在反应生成物中加入湿乙醚，如果仍有灰色沉淀，说明什么，要如何实验?

实验 11　用 PCC 氧化庚醇合成庚醛

一、实验目的

1. 掌握本实验的实验原理，了解 PCC 的应用。
2. 掌握 PCC 的制备方法，掌握用 PCC 氧化 1-庚醇制庚醛的方法。

二、实验原理

氧化伯醇制备醛，产物常会比较复杂，主要是醛可进一步氧化成相应的酸，和铬酸氧化二级醇制酮相比，确实是一个主要的问题。基于此，化学家们发展了各种各样的避免过氧化的氧化剂体系如 Cr (VI)的氧化物和吡啶体系，这些氧化剂体系比铬酸的氧化性能弱一些。其中最有用的两个试剂 PCC(pyridinium chlorochromate)和 PDC(pyridinium dichromate)(这两个试剂均为哈佛大学 E. J. Cory 发表的成果)。本实验主要是制备相对稳定的橘红色固体 PCC，并用来氧化庚醇得到庚醛。PCC 的制备主要是将吡啶加入 Cr (VI)的氧化物和盐酸体系中，而氧化反应是将 PCC 悬浮在二氯甲烷中和醇一起搅拌来完成的。

$$\mathrm{Me}\text{/\textbackslash/\textbackslash/\textbackslash}\mathrm{OH} \xrightarrow[\mathrm{CH_2Cl_2}]{\mathrm{PCC}} \mathrm{Me}\text{/\textbackslash/\textbackslash/\textbackslash}\mathrm{OH}$$

三、仪器及试剂

锥形瓶(100mL)，电磁搅拌器，减压抽滤装置，真空干燥器，圆底烧瓶(10mL，25mL，

250mL)，水冷凝管，漏斗。

盐酸(6mol/L)，三氧化铬(相对分子质量为 100.0，氧化剂，AR)，1-庚醇(相对分子质量为 116.2，毒性，AR)，吡啶(相对分子质量为 79.1，毒性，可燃性，刺激性，AR)或乙醚(干燥过的，AR)，二氯甲烷(AR)，硅胶(TLC，刺激性粉末)，五氧化二磷(AR)。

四、实验步骤

1. PCC 的制备

将 6 mol/L 盐酸 18.4mL 放入 100mL 锥形瓶中，加入磁搅拌棒，然后将三氧化铬 10.00g 加到 18.4mL 盐酸中，室温电磁搅拌混合物 5min，在冰浴上将溶液冷却至 0℃，慢慢加入吡啶 7.7mL 或乙醚(干燥过的)7.91g，重新将此溶液冷却到 0℃，有橙黄色固体析出并减压过滤收集。在五氧化二磷存在下真空干燥至少 1h，记录收率。(PCC 相对分子质量为 215.6，有毒性，氧化性)

2. 用 PCC 氧化 1-庚醇

于 250mL 圆底烧瓶中悬浮 16.2gPCC(75mmol)在 100mL 干燥的二氯甲烷中，安装回流装置并加入磁搅拌棒。通过冷凝器一次性加入 1-庚醇 5.81g 溶于 10mL 二氯甲烷制得的溶液。室温电磁搅拌混合物 1.5h。用 100mL 干乙醚稀释混合物，停止搅拌，分出有机(上层)清液，残余物用 3×25mL 温热的乙醚洗涤，合并有机层，用铺有硅胶 5g 的漏斗过滤。滤液旋转蒸发，将残余物转入 10mL 或 25mL 圆底烧瓶中，常压蒸馏，收集 150℃馏分。记录沸点、收率，IR。

实验所需时间约 6h。

五、思考题

1. 实验所得有机层为什么要用铺有硅胶的漏斗过滤？
2. 通过本实验收率计算，分析本实验的关键实验操作。

实验 12　活性二氧化锰的制备和肉桂醛的合成

一、实验目的

1. 学习活性二氧化锰的制备。
2. 掌握肉桂醛的合成方法及实验原理。

二、实验原理

活性二氧化锰是一种非常温和的氧化剂，对烯丙基和苄基型醇以及一些相关的底物如丙炔型醇和环丙烷基型醇有非常好的化学选择性，而对伯醇和仲醇的氧化较慢，其他可氧化的如硫醇和硫醚，难以取得好的化学选择性。活性二氧化锰氧化剂在中性条件下是有效的，因此对酸碱敏感的官能团、*E*/*Z* 异构化或烯丙醇的氧化重排都不会发生。更为重要的是α,β-不饱和醛的氧化在起始阶段常常比伯醇的氧化要慢一些，可借此将醛迅速地分离出来。基于温和的氧化剂和化学选择性，二氧化锰目前已变成研究实验室里非常重要的试剂。

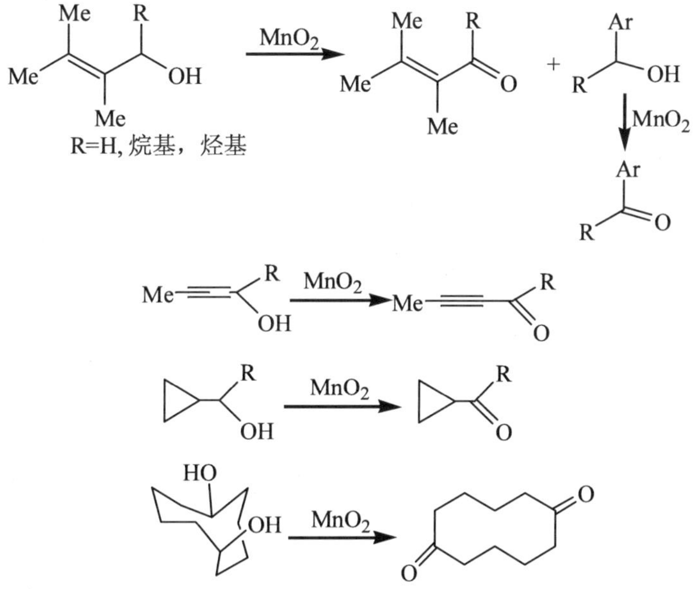

R=H, 烷基，烃基

三、仪器及试剂

烧杯(1L)，电磁搅拌器，减压抽滤装置，分水器，圆底烧瓶(250mL，500mL)，旋转蒸发仪，布氏漏斗，IR，UV，NMR。

高锰酸钾(相对分子质量为 158.0，氧化剂，刺激性，AR)，活性炭(氧化剂)，甲苯(AR)，活性二氧化锰(AR)，肉桂醇(相对分子质量为 134.2，毒性，AR)，氯仿(AR)，乙醇(AR)。

四、实验步骤

1. 活性二氧化锰/碳的制备

电磁搅拌下将 24g 高锰酸钾溶解在盛有 300mL 沸水的 1L 的烧杯中，然后移开加热装置并将 7.5g 活性炭分批加入高锰酸钾溶液，可见大量泡沫产生。活性炭加完之后将烧杯在搅拌下继续加热 5min，然后冷却此混合物 15min。用布氏漏斗减压过滤，用 50mL 水洗 4 次，继续减压干燥 5min。将滤饼转入 250mL 圆底烧瓶中，安装带分水器的回流装置，加入 150mL 甲苯回流至无水分流出为止。冷却后减压过滤并在布氏漏斗上减压干燥。将此残余物转入预先称重的 500mL 的圆底烧瓶，在沸水浴上用旋转蒸发仪除去痕量的甲苯，当粉末干燥后称重。

2. 肉桂醛的合成

将肉桂醇 0.670g 溶解在盛有 60mL 氯仿的 250mL 圆底烧瓶中，加入 15g 活性二氧化锰并回流 2h，待冷却后减压过滤，滤饼用 10mL 乙醇洗涤，滤液除去溶剂后，用水和乙醇重结晶。记录沸点、收率，IR，UV，NMR。

实验所需时间约 6h。

五、思考题

1. 根据活性二氧化锰/碳的制备步骤，解释每步实验操作的理论依据。
2. 分析所合成肉桂醛的收率和纯度，总结在实验中需要注意的事项。

实验 13 2-乙基-2-己烯醛的合成

一、实验目的

1. 学习醛缩合反应方法。
2. 掌握 2-乙基-2-己烯醛合成反应的实验步骤及实验原理。

二、实验原理

2-乙基-2-己烯醛(俗称异辛烯醛)的制备是利用醛缩合反应，在稀碱作用下，一分子正丁醛的 α-H 原子加到另一分子正丁醛的羰基氧原子上，其余部分加到羰基碳原子上，生成 β-羟基醛。在受热的条件下，α-羟基醛脱去一分子水，生成异辛烯醛：

$$CH_3CH_2CH_2CHO + H-\underset{\underset{C_2H_5}{|}}{\overset{\alpha}{C}}HCHO \xrightarrow{\text{稀}NaOH} CH_3CH_2CH_2\overset{\overset{OH}{|}}{C}H-\underset{\beta\ \underset{C_2H_5}{|}}{C}HCHO$$

β-羟基醛

$$CH_3CH_2CH_2\overset{\overset{OH}{|}}{C}H-\underset{\underset{C_2H_5}{|}}{\overset{\overset{H}{|}}{C}}CHO \xrightarrow{-H_2O} CH_3CH_2CH_2CH{=}\underset{\underset{C_2H_5}{|}}{C}CHO$$

异辛烯醛

反应是分步进行的，但在制备时常常只得到最终产物烯醛。在实验时若能控制反应条件可得到中间产物β-羟基醛，这可加深对所学理论的理解和认识。

三、仪器及试剂

电磁搅拌器，三口圆底烧瓶(150mL)，水冷凝管，恒压滴液漏斗，分液漏斗，韦氏分馏柱，减压装置。

正丁醛(新蒸馏过的，刺激性，AR)，1mol/L 氢氧化钠溶液，无水硫酸钠(AR)。

四、实验步骤

安装搅拌滴加回流反应装置。在烧瓶中加入 10mL 新配制的 1mol/L 氢氧化钠溶液，在搅拌下将溶液加热至 80℃(或控制水浴温度为 90℃)，从恒压滴液漏斗中加入 26mL 新蒸馏过的正丁醛。在良好的搅拌条件下，保持回流继续反应 1h。冷却后分出有机层，用 1mol/L 氢氧化钠溶液 10mL 洗涤有机层，用无水硫酸钠干燥，在带有韦氏分馏柱的分馏瓶中进行减压分馏，收集 75~76℃/3.3kPa(25mmHg)馏分。产量约 8g。

实验所需时间约 6h。

五、思考题

1. 本实验为什么要用新蒸馏过的正丁醛？如果不蒸直接使用会对实验结果有什么影响？

2. 如果没有现成的带有韦氏分馏柱的分馏瓶，如何选择韦氏分馏柱规格进行组装？

实验 14　2,3-二苯基-2,3-丁二醇制备和频哪醇重排

一、实验目的

1. 掌握重排反应的实验原理及其在化学合成中的应用。

2. 掌握 2,3-二苯基-2,3-丁二醇的制备及其频哪醇重排实验方法。

二、实验原理

有机化学中的重排反应包括一个过程的多个方面，许多重排反应有不同的名称，可以用不同底物进行，表面看来它们是毫不相干的，但一个共同的特点就是几乎所有的重排都包括了一个原子(通常是氢原子)或烷基迁移到缺电子的中心。

用酸处理邻二醇常常可以通过底物的 1,2 迁移得到羰基化合物，如频哪醇重排：

频哪醇 $\xrightleftharpoons{H^+}$ $(Me)_2C(OH)-C(Me)_2\overset{+}{O}H_2$ $\xrightleftharpoons{-H_2O}$ $HO-C(Me)_2-\overset{+}{C}(Me)_2$ $\xrightarrow{1,2\text{ 甲基迁移}}$ $Me-C(=\overset{+}{O}H)-C(Me)_3$ $\xrightleftharpoons{-H^+}$ 频哪酮 $Me-CO-C(Me)_3$

本实验选用苯乙酮为原料合成 2,3-二苯基-2,3-丁二醇，进一步通过频哪醇重排得到羰基化合物，反应过程如下：

Ph–C(=O)–Me $\xrightarrow[\text{Al/Hg}]{\text{EtOH, 甲苯}}$ HO–C(Me)(Ph)–C(Me)(Ph)–OH $\xrightarrow{\text{aq. } H_2SO_4}$ $Ph_2C(Me)$–C(=O)–Me + $Me_2C(Ph)$–C(=O)–Ph

三、仪器及试剂

圆底烧瓶(100mL，250mL)，水冷凝管，铝片，分液漏斗，旋转蒸发仪，IR，NMR。

苯乙酮(相对分子质量为 120.0，刺激性，AR)，氯化汞(毒性，AR)，铝片(相对分子质量为 27.0)，甲苯(干燥，AR)，无水乙醇(AR)，乙醚(AR)，盐酸(10%)，碳酸钠溶液(10%，5%)，2,3-二苯基-2,3-丁二醇(相对分子质量为 242.3，AR)，浓硫酸，氢氧化钠溶液(10%)，氯化钠(AR)，无水硫酸镁(AR)。

四、实验步骤

1. 2,3-二苯基-2,3-丁二醇的制备

将苯乙酮 12.0g 溶解在含乙醇和甲苯(1∶1)的 250mL 圆底烧瓶中，加入氯化汞 0.2g，安装回流装置，并保证在反应初始阶段不太剧烈。用砂纸清洁铝片的表面并切成边长为 0.5cm 的铝片共 3g，放入反应混合物中。小心加热混合物使体系正常回流，反应剧烈时移去热源，否则反应无法控制。当回流速率变慢后，再重新加热维持回流约 90min。冷却反应混合物，倾入含 50mL10%的盐酸和 50mL 饱和食盐水混合物的分液漏斗中，用乙醚(50mL×3)萃取。合并乙醚层并用 30mL10%的盐酸和 30mL 10%碳酸钠洗涤。用无水硫酸镁干燥有机层，过滤并用旋转蒸发仪除去溶剂。用水和乙醇重结晶，记录收率，测熔点和 IR。

2. 2,3-二苯基-2,3-丁二醇的频哪醇重排

在 100mL 的烧瓶中加入 5mL 浓硫酸和 5mL 水的溶液，再加入 2,3-二苯基-2,3-丁二醇 1.2g，回流混合物 30min，待冷却之后，倾入 10%氢氧化钠水溶液 50mL，振荡，倒入分液漏斗中。用 25mL×2 乙醚萃取混合物，合并乙醚萃取液，然后用 10%盐酸水溶液 25mL 洗涤乙醚萃取液，分去水层。再用 10%碳酸钠水溶液 25mL 洗涤乙醚萃取液，分去水层。乙醚萃取液用无水硫酸镁干燥，过滤，旋转蒸发除去溶剂得到黄色的油状物(可能会固化)。称量产物质量，IR 和 NMR 分析，如需要可用水和乙醇重结晶，记录熔点。

实验所需时间约 6h。

五、思考题

1. 在 2,3-二苯基-2,3-丁二醇的制备试验中回流时间如果不够，会对结果有什么

影响？

2. 频哪醇重排有哪些应用？

实验 15 四苯基乙二醇的重排反应

一、实验目的

1. 熟悉频哪醇的重排实验原理及多种方法。
2. 练习微波法进行苯频哪醇的重排实验方法。

二、实验原理

频哪醇的重排在有机合成化学中是常用的反应之一。通常是频哪醇在浓 H_2SO_4 催化下加热回流一定的时间后重排生成频哪酮。

$$C_6H_5-C(C_6H_5)(OH)-C(CH_3)(OH)-CH_3 \xrightarrow{H^+} C_6H_5-\overset{+}{C}(C_6H_5)-C(CH_3)(OH)-CH_3 \longrightarrow C_6H_5-C(C_6H_5)(CH_3)-C(=\overset{+}{O}H)-CH_3 \xrightarrow{-H^+} C_6H_5-C(C_6H_5)(CH_3)-C(=O)-CH_3$$

本实验用苯频哪醇在酸性氧化铝存在下，采用微波辐射的方法进行重排反应。反应中酸性氧化铝作为载体，通过微波辐射作用，发生频哪醇的重排反应，可大大缩短时间，也可以避免液体造成的环境污染。

反应式为

$$(C_6H_5)_2C(OH)-C(OH)(C_6H_5)_2 \xrightarrow[\text{微波辐射}]{\text{酸性}Al_2O_3} (C_6H_5)_2CH-C(=O)C_6H_5$$

三、仪器及试剂

微波炉，蒸馏装置，分液漏斗。

苯频哪醇(AR)，酸性氧化铝(AR)，乙醚(AR)，饱和食盐水，无水硫酸钠(AR)。

四、实验步骤

在 25mL 烧杯中加入 0.4g 苯频哪醇和 15mL 乙醚，搅拌溶解(如不好溶解，可用温水浴适当加热)，加入酸性氧化铝 3g，搅拌 3min，然后温热烧杯，除去低沸点溶剂(用温水浴温热，并在通风橱内进行)。将烧杯放在托盘上，放入微波炉(中档，400W)辐射 17min，反应结束后氧化铝变为浅黄绿色。待烧杯冷却后，将氧化铝转移到 100mL 烧瓶中，加入 20mL 乙醚洗下脱反应产物，洗液为淡黄色。过滤，滤液转入分液漏斗，用少量饱和食盐水洗涤两次，再用无水 Na_2SO_4 进行干燥后，蒸去大部分溶剂，冷却，有晶体析出，即为产物。产物熔点为 180~181℃。

实验所需时间约 3h。

五、思考题

1. 查阅资料，比较苯频哪醇在加热回流条件下重排为产物频哪酮实验方法与采用微波辐射的方法，有哪些不同及优缺点。
2. 写出苯频哪醇在酸催化作用下重排为苯频哪酮的反应机理。

实验 16　贝克曼(Beckmann)重排反应

一、实验目的

1. 通过本实验了解通过实验来验证化学理论的方法。
2. 掌握 Beckmann 重排反应的实验原理和实验方法。
3. 学习重结晶方法。

二、实验原理

脂肪酮和芳香酮都可以和羟胺作用生成相应的肟，肟在酸性催化剂(如硫酸、五氯化磷等)的作用下，发生分子重排生成酰胺的反应，称为 Beckmann 重排。反应机理表示式如下。

Beckmann 重排是经由生成一个氮正离子中间体，与氮正离子相邻的烃基转移到氮原子上，接着形成碳正离子，水分子加到碳正离子上生成吸电子很强的—$\overset{+}{O}H_2$基，然后消去质子重排成酰胺。

$$\mathrm{R{-}\underset{\overset{|}{^{+}OH_2}}{C}{=}N{-}R'} \xrightarrow{-H} \mathrm{R{-}\underset{\overset{|}{OH}}{C}{=}N{-}R'} \longrightarrow \mathrm{R{-}\underset{\overset{\|}{O}}{C}{-}NHR'}$$

如肟在浓 H_2SO_4、PCl_5 等酸性试剂作用下生成酰胺。

$$\mathrm{R{-}\overset{R'}{\overset{|}{C}}{=}N{-}OH} \xrightarrow{H^+} \mathrm{R{-}\overset{R'}{\overset{|}{C}}{=}N{-}H_2O^+} \xrightarrow{-H_2O} \mathrm{R{-}\overset{R'}{\overset{|}{C}}{=}N^+}$$

$$\longrightarrow \mathrm{R{-}\overset{+}{C}{=}N{-}R'} \xrightarrow{H_2O} \mathrm{R{-}\underset{\overset{|}{^{+}OH_2}}{C}{=}N{-}R'}$$

$$\xrightarrow{-H^+} \mathrm{R{-}\underset{\overset{|}{OH}}{C}{=}N{-}R'} \longrightarrow \mathrm{R{-}\underset{\overset{\|}{O}}{C}{-}NHR'}$$

迁移基团 R′与–OH 处于反式。

Beckmann 重排反应的特点：是酸催化帮助–OH 离去；离去基团与迁移基团处于反式，这是根据产物的结构推断的；基团的离去与基团的迁移是同步协同进行的，如果不同步，羟基以水的形式先离开，形成氮正离子，这时相邻碳上两个基团均可迁移而得到混合物，但实验结果只有一种；迁移基团在迁移前后构型不变。

Beckmann 重排不仅可以用来测定酮的结构，在有机合成上也有一些应用实例。如环己酮肟经 Beckmann 重排生成己内酰胺，己内酰胺开环聚合可得到聚己内酰胺树脂，即尼龙-6。它是一种性能优良的高分子材料，在工业上应用很广。

本实验是将二苯甲酮和羟铵盐酸盐作用，生成二苯甲酮肟。将生成的二苯甲酮肟加入到多聚磷酸(PPA)中，在 100℃加热 0.5h 左右，进行分子重排，然后倒入冰水中，从中分离产物苯甲酰基苯胺。反应方程式如下：

$$(C_6H_5)_2C{=}O \xrightarrow{\text{羟铵盐酸盐}} (C_6H_5)_2C{=}NOH \xrightarrow{\text{多聚磷酸}} C_6H_5{-}CO{-}NH{-}C_6H_5$$

三、仪器及试剂

锥形瓶(125mL)，大小烧杯，减压抽滤装置，测熔点装置。

二苯甲酮(AR)，羟铵盐酸盐(AR)，氢氧化钠(AR)，乙醇(AR)，浓盐酸(AR)，多聚磷酸(PPA，AR)。

四、实验步骤

1. 二苯甲酮肟的制备

在锥形瓶(125mL)中，将 2.5g 二苯甲酮及 1.5g 羟铵盐酸盐溶解在 5mL 乙醇和 1mL 水中，然后加入 18~20 粒固体氢氧化钠并充分摇动锥形瓶数分钟，使氢氧化钠完全溶解。将锥形瓶放在水浴上温和煮沸约 5 min，此时尚有少许氢氧化钠固体存在。稍冷后，转入一个装有 8mL 浓盐酸和 50mL 水的烧杯中，二苯甲酮肟即以白色粉状结晶析出。冷却后，抽滤，并用少量冰水洗涤晶体，湿产品用约 20mL 乙醇重结晶。抽滤产品，并在滤纸上压干，称重，此时应有极高的产率。干燥的二苯甲酮肟为无色针状晶体，熔点为 142~143℃。

2. 二苯甲酮肟的重排

在烧杯(100 mL)中放入 25mL 多聚磷酸和上面制得的二苯甲酮肟(可直接使用，不必干燥)，烧杯内放一支 200℃的温度计，用玻璃棒搅动反应液，用小火小心加热，慢慢升温到 100℃进行重排反应。保温 20min 后，继续加热并很好搅动，升温至 125~130℃。撤去火源，放置 10min 后，将黏稠液小心倒入盛有 350mL 冰水的烧杯中，不断搅拌，此时应出现较大量的白色固体。抽滤固体，用少量冷水洗涤，湿产品用约 20mL 乙醇重结晶。所得的苯甲酰基苯胺纯品为银白色针状结晶，在空气中干燥后称重，产率约为 75%，熔点为 163~164℃。

实验所需时间约 6h。

五、思考题

1. 某肟发生 Beckmann 重排后得到一化合物 $C_3H_7CONHC_5H_6$，试推测该肟的结构及构型。

2. 二苯甲酮肟的重排实验中，影响重排的关键实验是哪一步，应注意什么？

实验 17　*ε*-己内酰胺的合成

一、实验目的

1. 学习 Beckmann 重排反应。
2. 掌握 *ε*-己内酰胺的合成方法。

二、实验原理

由肟变成酰胺的重排是一个很普遍的反应，叫做 Beckmann 重排。不对称的酮肟或醛肟进行重排时，通常羟基总是和在反式位置的烃基进行互换位置，即为反式位移。在重排过程中，烃基的迁移与羟基的离去是同时发生的同步反应。该反应是立体专一性的。本实验利用环己酮肟发生 Beckmann 重排得到己内酰胺。

反应式：

环己酮肟（=NOH）$\xrightarrow{\text{多聚磷酸}}$ 己内酰胺（N—H，C=O）

三、仪器及试剂

锥形瓶(100mL，250mL)，烧杯(250mL)，搅拌棒，分液漏斗，150℃温度计，pH 试纸。

环己酮肟(AR)，多聚磷酸(AR)，碳酸钠(AR)，二氯甲烷(AR)，无水硫酸镁(AR)，己烷(AR)。

四、实验步骤

在 250mL 烧杯中放入 4.2g 环己酮肟和 20mL 多聚磷酸。取一支 150℃温度计和玻璃棒用橡皮圈捆绑在一起所组成的搅拌棒进行搅拌，使两者混溶。在电热套上用小火加热并间歇搅拌，当反应物温度约于 15min 上升至 130℃时，发生强烈放热反应，应立即移去电热套。待冷却到 100℃时，将反应混合物小心地倒入装有 20mL 水和 100g 碎冰的 250mL 锥形瓶中。用 5mL 水冲洗烧杯，冲洗液倒入锥形瓶中。

往此混合物中慢慢地加入固体碳酸钠，直到溶液 pH 为 6，此过程中放出大量二氧化碳气体，控制反应温度不超过 20℃。水溶液用 100mL 二氯甲烷萃取(20mL × 5)。合并二氯甲烷萃取液，用 10mL 水洗涤。用无水硫酸镁干燥。将溶液移入锥形瓶里，在通风橱中用热水浴蒸馏浓缩，蒸出绝大部分二氯甲烷。用水浴冷却浓缩液，即有己内酰胺晶体析出。将粗产物移入 100mL 锥形瓶里，安装回流冷凝管。从冷凝管上口加入约 15mL 己烷，用热水浴加热回流(不能用明火加热!)，使己内酰胺恰好溶解，冷却、析出白色片状己内酰胺。将己内酰胺立即装入广口试剂瓶内，用橡皮塞塞紧，产量约 5g。

己内酰胺也可用重结晶方法提纯：将粗产物转入分液漏斗中，每次用 5mL 四氯化碳萃取 3 次。合并萃取液，用无水硫酸镁干燥后，滤入干燥的锥形瓶中，加入海沙，在水浴上蒸出大部分溶剂，至剩下约 4mL 溶液为止。小心地向溶液中加入石油醚(30~60℃)，到恰好出现浑浊为止。将锥形瓶置于冰浴中冷却结晶。抽滤，用少量石油醚洗涤结晶。若加入石油醚的量超过原溶液 4~5 倍仍未出现浑浊，说明剩下的四氯化碳溶液太多。需加入海沙后重新蒸去大部分溶剂直到剩下很少量的四氯化碳溶液时，重新加入石油醚进行结晶。

实验所需时间约 4h。

五、思考题

1. 在己内酰胺的合成反应中，影响产率的关键实验步骤有哪些?
2. 简述己内酰胺混合物处理过程中所加试剂的作用。

实验 18　甲基叔丁基醚(无铅汽油中的抗震剂)的合成

一、实验目的

1. 通过本实验了解汽车排放的尾气情况。
2. 掌握甲基叔丁基醚的制备实验原理和方法以及用途。
3. 学习分馏操作方法以及分馏实验原理。

二、实验原理

汽车排放的尾气中有大量的铅尘污染物，这种铅尘污染物主要来源于汽油中用于增强汽车抗震性能的四乙基铅，由于其性能稳定，不易降解，一旦进入人体，就会积累滞留，破坏肌体组织。甲基叔丁基醚是一种优良的抗震剂，对环境无污染。无铅汽油就是用甲基叔丁基醚代替增强汽车抗震性能的四乙基铅。

甲基叔丁基醚用叔丁醇与甲醇在浓硫酸作用下脱水制得，反应方程式如下：

$$(CH_3)_3C{-}OH + CH_3OH \xrightarrow[\triangle]{H_2SO_4} (CH_3)_3C{-}OCH_3 + H_2O$$

三、仪器及试剂

圆底烧瓶(250mL)，分馏柱，温度计(100℃)，直形水冷凝管，接液管，锥形瓶。

叔丁醇($(CH_3)_3COH$，相对分子质量为 74.12，沸点：82.5℃，AR)，甲醇(CH_3OH，相对分子质量为 32.04，沸点：64.65℃，AR)，甲基叔丁基醚($(CH_3)_3COCH_3$，相对分子质量为 88.15，沸点：55~56℃，AR)，硫酸(AR)，无水碳酸钠(AR)。

四、实验步骤

在 250mL 的圆底烧瓶中加入 15%硫酸 70mL，甲醇 16mL (12.7g，0.4mol)和叔丁醇 19mL (15.0g，0.2mol)，振摇使混合均匀。在瓶口装上分馏柱，柱的顶端装温度计，在其支管处依次装直形水冷凝管、接液管和接收器，将接收器置于冰浴中。水浴加热分馏，收集 49~53℃的馏分。

将收集液转入分液漏斗，依次用水、10%亚硫酸钠水溶液、水洗涤，每次 15mL，以除去醚中的醇和可能有的过氧化物。当醇洗净后，醚层应呈现为澄清透明。然后用无水碳酸钠干燥，过滤至蒸馏瓶中，水浴蒸馏，收集 53~56℃的馏分。甲基叔丁基醚为无色透明的液体。产品称重，计算理论产量、产品的产率。

实验所需时间约 4h。

注意：

1. 叔丁醇熔点为 25.5℃，沸点为 82.5℃，有少量水存在时呈液体。如果室温较低时，黏度大，当加料困难时，可以水浴加热或加入少量水，使之液化后再加料。
2. 在反应过程中，控制加热速度。

五、思考题

1. 汽油中用于增强汽车抗震性能的四乙基铅含量为多少，年用量大约有多少，对环境污染情况如何？通过查阅资料完成。
2. 本实验醚的制备方法与基础有机化学中醚的制备方法有哪些不同，需要注意什么？
3. 本实验可能的副反应有哪些，如何通过条件控制降低副反应？

实验 19　食品抗氧化剂 TBHQ 的合成

一、实验目的

1. 学习 2-叔丁基对苯二酚的合成实验原理和分离提纯技术。
2. 掌握水蒸气蒸馏实验原理、仪器装置和实验技术。
3. 复习固体有机物的重结晶分离提纯和熔点测定技术。

二、实验原理

TBHQ 的化学名为 2-叔丁基氢醌或 2-叔丁基对苯二酚，是一种广泛使用的食品抗氧化剂；它还可与甲基化试剂作用，合成另一种抗氧化剂 BHA(即 2-叔丁基-4-甲氧基苯酚或 3-叔丁基-4-甲氧基苯酚)。

本实验用下述反应合成 2-叔丁基对苯二酚：

$$HO-C_6H_4-OH + (H_3C)_3COH \xrightarrow[90\sim95℃]{H_3PO_4,\ 甲苯} HO-C_6H_3(C(CH_3)_3)-OH + H_2O$$

三、仪器及试剂

四口烧瓶(150mL)，滴液漏斗，回流冷凝管，温度计(100℃)，搅拌装置，分液漏斗，水蒸气蒸馏装置，抽滤装置，熔点仪。

对苯二酚(AR)，浓磷酸(AR)，甲苯(AR)，叔丁醇(AR)。

四、实验步骤

将四口烧瓶(150mL)安装上滴液漏斗、回流冷凝管、温度计(插入反应液中，注意不要与搅拌桨叶碰撞)和搅拌装置。在四口烧瓶中装入 2.8g (0.025mol)对苯二酚、10 mL 浓磷酸和 10mL 甲苯。冷凝管中慢速通入冷水。开动搅拌，并用水浴(或油浴)加热四口烧瓶，待瓶内混合物温度升至 90℃时，开始从滴液漏斗缓慢滴入 2.5g (约 0.025mol)叔丁醇，并控制反应温度在 90~95℃，在 30~45min 内滴完叔丁醇，继续保温搅拌至固体物完全溶解为止(从滴加叔丁醇开始计时，约需 1h)，撤去加热浴，停止搅拌，趁热将反应物转移至 50mL 分液漏斗中，并趁热分去磷酸层。甲苯层倒回冲洗过的四口烧瓶中，加入 30mL 水，安装水蒸气蒸馏装置，用 100mL 锥形瓶作接收瓶，进行水蒸气蒸馏。蒸馏完毕后，将四口烧瓶内的被蒸馏物趁热抽滤，弃去固体物。滤液随即出现白色沉淀。将滤液和白色沉淀趁热转移至 100mL 烧杯中，静置让其自然冷却，最后用冷水浴充分冷却后抽滤，用少量冷水淋洗两次，并抽干后取出结晶物，放入表面皿中，用红外灯干燥至恒重，得白色闪亮的细粒状(或针状)晶体。称重后装入回收瓶，计算收率，测熔点。必要时，可用水重结晶，使粗产物纯化。

实验所需时间约 8h。

五、思考题

1. 本合成反应为什么在甲苯/磷酸两相条件下进行?
2. 本实验中水蒸气蒸馏的实验目的何在，蒸馏完后为什么要趁热抽滤去固体物?
3. 反应中可否加入过量的叔丁醇，为什么?
4. 可否用浓硫酸取代浓磷酸作催化剂，为什么?

附

1. 实验说明

(1) 2-叔丁基对苯二酚的物理性质：相对分子质量为 166；无色针状晶体，熔点 129℃，易溶于热水，微溶于冷水。

(2) 安装时，搅拌桨应保持垂直，其末端不能触及瓶底。搅拌棒在瓶内的长度不超过其总长度的一半，以免开动搅拌后摆动过大，碰撞瓶壁或瓶内的温度计等物。安装好后，应先用手旋动搅拌棒，确认其转动不受阻滞后，方可开动搅拌机。

(3) 对苯二酚主要溶于磷酸中，滴入叔丁醇后，在磷酸的催化下，叔丁醇与对苯二酚反应，生成 2-叔丁基对苯二酚，随即大部分溶入甲苯中，可减少其继续与叔丁醇反应而生成二取代或多取代产物的机会。

(4) 反应温度不可太低，以免反应速度太慢；也不可太高，以减少二取代或多取代产物的生成。

(5) 进行水蒸气蒸馏，是为了除去甲苯和未反应的对苯二酚。

(6) 水蒸气蒸馏至冷凝液不浑浊、无油珠，水蒸气蒸馏即可停止。可将全部馏出液倒入分液漏斗中，待冷却后分出甲苯层，倒入回收瓶中，以便蒸馏回收甲苯。

(7) 水蒸气蒸馏完毕后，将被蒸物趁热抽滤，滤去少量不溶或难溶于热水的二取代或多取代副产物。

2. 安全事项

(1) 量取及转移磷酸时，注意不要使磷酸接触皮肤和衣物。

(2) 量取甲苯和叔丁醇时，应远离火源。

(3) 勿忘水蒸气蒸馏的有关安全问题。

实验 20　1,3-和 4,6-二氧苯亚甲基-D-甘露醇的合成

一、实验目的

1. 掌握 D-甘露醇的 1,3-和 4,6-位的羟基和苯甲醛反应生成苯亚甲基的衍生物的实验

原理和方法。

2. 了解保护羟基的作用，了解用醛或酮来进行反应分别得到环状缩醛或缩酮反应。

二、实验原理

糖类化合物均含有很多羟基，这些羟基一般均可发生简单醇的典型反应。而糖化学反应成功的关键是能够衍生或选择性保护一些羟基，而让另外一些未衍生化或被保护的羟基进行反应。一种简单而实用的一次保护两个羟基的方法是用醛或酮来进行反应分别得到环状缩醛或缩酮。在此情况下，苯甲醛通常和 1,3-位的羟基发生反应得到六元环的缩醛，这一化合物通常称为苯亚甲基衍生物。本实验就是希望掌握 D-甘露醇的 1,3-和 4,6-位的羟基和苯甲醛反应生成苯亚甲基的衍生物。在室温下反应较慢，因此反应可以放到下次实验再来处理。

HO, HO, HO, OH, OH, OH —— PhCHO / H^+ ——→ Ph, O, HO, O, O, OH, O, Ph

三、仪器及试剂

标准口仪器一套，循环水泵，抽滤装置，IR 或 NMR 或旋光仪。

D-甘露醇(相对分子质量为 182.2，AR)，苯甲醛(相对分子质量为 106.1，刺激性，AR)，N,N-二甲基甲酰胺(含 1 个结晶水，刺激性，AR)，石油醚(60~90℃，可燃性，AR)，氯仿(毒性，AR)，甲醇(可燃性，毒性，AR)，硫酸(10%)，无水碳酸钾(腐蚀性，AR)。

四、实验步骤

将 D-甘露醇 1.0g、苯甲醛 1.2mL 和 N,N-二甲基甲酰胺 3mL 放在 25mL 圆底烧瓶中，摇动直至得到透明溶液，然后将硫酸(10%) 0.2mL 加入，摇动直到完全混合均匀，室温放置 3 天，然后将此混合物倾入含 30mL 冰水的烧杯中，加入 0.3g 无水碳酸钾和 5mL 石油醚，剧烈搅拌，水泵抽滤得白色固体。分别用 5mL 石油醚和 2×3mL 热氯仿洗涤，然后用甲醇重结晶。记录产物的收率，测熔点，IR 或 NMR 谱(d_6DMSO)或旋光(丙酮)。

本合成实验部分所需时间约 4h(不计室温放置 3 天)。

五、思考题

1. 本实验中 N,N-二甲基甲酰胺起什么作用？
2. 为什么要加入 0.3g 无水碳酸钾？

实验 21　安息香的辅酶合成

一、实验目的

1. 了解安息香缩合反应机理。
2. 掌握安息香辅酶合成的基本实验步骤。

二、实验原理

安息香可由苯甲醛在热的氰化钾或氰化钠的乙醇溶液中反应制得。因其相当于两分子醛缩合在一起的产物，故该反应称为安息香缩合。安息香的合成可以在一定化学条件下进行，但也可以在酶存在的条件下进行。

反应式

$$C_6H_5—CHO \xrightarrow[60\sim75℃]{\text{维生素}B_1} C_6H_5—\overset{O}{\overset{\|}{C}}—\overset{OH}{\overset{|}{CH}}—C_6H_5$$

三、仪器及试剂

锥形瓶(100mL)，回流冷凝管。

新蒸苯甲醛(AR)，维生素 B_1(盐酸硫胺素)，乙醇(95%)，氢氧化钠(10%)。

四、实验步骤

在 100mL 的锥形瓶中加入 0.9g 维生素 B_1 (盐酸硫胺素或盐酸噻胺)、3mL 蒸馏水和 8mL 95%乙醇，用塞子塞上瓶口，放在冰盐浴中冷却(–10℃) 10min 后，将冷透的 NaOH (10%)溶液 2.5mL 加入冰盐浴中的锥形瓶中，并立即用小量筒取 5mL (或称 4.8g)新蒸过的苯甲醛加入锥形瓶中，充分摇动使反应混合均匀。然后在锥形瓶上装上回流冷凝管，加几粒海沙，放在温水中加热反应，水浴温度控制在 60~75℃，勿使反应物剧烈沸腾。反应混合物成橘黄色或橘红色均相溶液。反应 80~90min，撤去水浴，让反应混合物逐渐冷至室温，析出浅黄色晶体，再将锥形瓶放到冷水中，并使其冷却结晶完全。如果反应混合物中出现油层，重新加热使其变成均相，再慢慢冷却，重新结晶。必要时可用玻璃棒摩擦锥形瓶内壁，促使其结晶。

结晶完全后，抽滤，收集粗产品，用 50mL 冷水分两次洗涤结晶。称重，用 80%乙醇进行重结晶，如产物呈黄色，可加少量活性炭脱色。纯产物为白色针状结晶，称重、计算产率。产品为 2~2.5g，溶点 134~136℃。

本合成实验部分所需时间约 4h。

五、思考题

1. 本合成实验如果温度控制不当会有什么结果?
2. 通过做本实验，归纳提高产率的主要操作步骤。

实验 22　Wilkinson 催化剂合成及在香芹酮选择性均相还原中应用

一、实验目的

1. 了解催化氢化反应实验原理及应用。
2. 掌握 Wilkinson 催化剂的制备和香芹酮选择性还原方法。

二、实验原理

催化氢化是指在过渡金属催化剂存在下，用氢分子还原多键官能团，这是一个非常有用的方法。催化剂常常是过渡金属很好地分散和附着在诸如木炭或铝粉上，但不溶于反应介质，这就是多相催化。而另外一些特别是在金属周围有亲脂性配体时，常常可以溶在有机溶剂里，是均相催化。

一个应用最广泛的均相催化剂就是 Wilkinson 催化剂——三(三苯基膦)氯化铑。用此催化剂，在羰基、硝基、羟基和氰基存在情况下可以选择性还原烯键和炔键。均相催化剂比多相催化剂对周围立体因素更加敏感。本实验就是用 Wilkinson 催化剂催化香芹酮选择性均相还原生成 7,8-二氢香芹酮。

$$\xrightarrow[\text{甲苯}]{(PPh_3)_3RhCl/H_2}$$

三、仪器及试剂

三口烧瓶(100mL)，氮气罐，氢气罐，试管，水冷凝管，空气冷凝管，抽滤装置，循环水泵，氮气干燥器，电磁搅拌器，砂芯漏斗，UV，IR，NMR，旋光仪。

三苯基膦(相对分子质量为 262.3，刺激性)，三水氯化铑(相对分子质量为 263.3，吸湿)，Wilkinson 催化剂，*R*-(−)香芹酮(相对分子质量为 150.2，刺激性)，甲苯(钠干燥过的)，乙醚(AR)，无水乙醇(AR)，色谱硅胶(刺激性粉末)。

四、实验步骤

1. Wilkinson 催化剂的制备

在三口烧瓶(100mL)中，将三苯基膦 0.52g 溶于 20mL 热乙醇中，然后给此溶液充氮气鼓泡 10min，同时，在试管里将氯化铑 0.08g 溶于 4mL 无水乙醇中，氮气鼓泡直到脱出空气为止，然后将此溶液加入三口烧瓶中，用 1mL 乙醇洗涤试管并转入三口烧瓶。安装回流装置并充入氮气，然后回流混合物 90min。冷却混合物并减压过滤得到晶体，将催化剂保存在氮气氛中的放有干燥色谱硅胶 20g 的干燥器中。如反应没有得到催化剂，可继续回流一段时间。

2. 香芹酮选择性还原

在 35mL 的干燥甲苯中鼓入氮气 10min 脱除空气，同时称取香芹酮 1.5g 和 Wilkinson 催化剂 0.2g，在氮气氛下加到有搅拌子的三口烧瓶中，然后加入干燥甲苯并通入氮气 5 min，然后将三口烧瓶和储氢罐连接，非常小心地通入氢气(可能情况下充气—脱气四次以上)赶走其他的气体，然后充满氢气，开始反应直到达到理论体积为止，在砂芯漏斗上过滤，并用 10mL 乙醚洗涤固体，在 40℃下循环水泵减压或旋转蒸发除去溶剂，并用短口烧瓶蒸馏，收集 90~110℃馏分，记录收率，UV，IR，NMR，旋光谱。

实验所需时间约 9h。

五、思考题

1. 为什么和香芹酮选择性还原实验中需要氮气保护，如何实验可以使产率提高？
2. 在 Wilkinson 催化剂的制备实验中，氮气鼓泡直到脱出空气为止，如何检验？

主要参考文献

陈慧宗, 孔淑青. 1998. 有机合成原理及路线设计. 北京: 兵器工业出版社.
陈熙炎. 2000. 金属有机化合物的反应化学. 北京: 化学工业出版社.
杜灿屏, 刘鲁生, 张恒. 2002. 21 世纪有机化学发展战略. 北京: 化学工业出版社.
段行信. 2002. 实用精细有机合成手册. 北京: 化学工业出版社.
高桂枝, 陈敏东. 2007. 有机合成化学. 北京: 科学出版社.
高桂枝, 陈敏东等. 2011. 新编大学化学实验(下册). 北京: 中国环境科学出版社.
贡长生, 张克立. 2002. 绿色化学化工实用技术. 北京: 化学工业出版社.
郭书好. 2008. 有机化学实验. 3 版. 武汉: 华中科技大学出版社.
哈成勇. 2003. 天然产物化学与应用. 北京: 化学工业出版社.
胡宏纹. 2000. 有机化学. 北京: 高等教育出版社.
胡文祥, 王建营. 2003. 协同组合化学. 北京: 科学出版社.
黄培强, 靳立人, 陈安齐. 2004. 有机合成. 北京: 高等教育出版社.
黄宪, 王彦广, 陈振初. 2003. 新编有机合成化学. 北京: 化学工业出版社.
金日光, 华幼卿. 2007. 高分子物理. 3 版. 北京: 化学工业出版社.
巨勇, 赵国辉, 席婵娟. 2010. 有机合成化学与路线设计. 北京: 清华大学出版社.
李妙葵, 贾瑜, 高翔等. 2006. 大学有机化学实验. 上海: 复旦大学出版社.
李丕高. 2006. 现代有机合成化学. 陕西: 陕西科学技术出版社.
梁朝林, 谢颖, 黎广贞. 2004. 绿色化工与绿色环保. 北京: 中国石化出版社.
麦禄根. 2006. 有机合成实验. 北京: 高等教育出版社.
荣国斌. 2001. 高等有机化学基础. 上海: 华东理工大学出版社.
沈玉龙, 魏利滨, 曹文华. 2004. 绿色化学. 北京: 中国环境科学出版社.
汪秋安. 2004. 高等有机化学. 北京: 化学工业出版社.
汪小兰. 2010. 有机化学. 北京: 高等教育出版社.
王积涛. 1982. 高等有机化学. 北京: 高等教育出版社.
王玉炉. 2009. 有机合成化学. 2 版. 北京: 科学出版社.
沃德 R S. 2003. 有机合成中的选择性. 王德坤, 陶京朝, 廖新成译. 北京: 科学出版社.
吴毓林, 姚祝军. 2001. 现代有机合成化学. 北京: 化学工业出版社.
夏道宏, 姜翠玉. 2007. 有机化学实验. 东营: 中国石油大学出版社.
熊洪录, 周莹, 于兵川. 2011. 有机化学实验. 北京: 化学工业出版社.
徐寿昌. 1997. 有机化学. 北京: 高等教育出版社.
薛永强, 王志忠, 张蓉. 2003. 现代有机合成方法与技术. 北京: 化学工业出版社.
张招贵. 2004. 精细有机合成与设计. 北京: 化学工业出版社.
中国科学技术协会. 2004. 绿色高新精细化工技术. 北京: 化学工业出版社.
Boger D L. 1999. Modern Organic Synthesis. La Jolla: TSRI Press.

本书常用缩略语

Ac	acetyl group，乙酰基，CH_3CO—
Ar	aryl radical，芳基，Ar—
BMS	$BH_3 \cdot SMe_2$
n-Bu	正丁基
t-Bu	叔丁基或三级丁基
DABCO	偶氮双环[2,2,2]辛烷
DBN	1,5-diazabicyclo[4,3,0] non-5-ene
DCC	二环己基碳二亚胺
DEPC	二乙基氰基膦酸酯
DMA	dimethyl acetamide，二甲基乙酰胺，$CH_3HCON(CH_3)_2$
DMF	dimethyl formamide，二甲基甲酰胺，$HCON(CH_3)_2$
DMSO	dimethyl sulfoxide，二甲基亚砜，$(CH_3)_2SO$
E	亲电试剂
E_1	单分子消除反应机理
E_2	双分子消除反应机理
Et	乙基
FGA	官能团加成
FGI	官能团互换
FGR	官能团消除
HMPA	hexamethylphosphoramide, *N*,*N*,*N′*, *N′*-tetramethylethylene-diamine
HMPT	hexamethyphosphorous triamide，亚磷酰三胺
$IPCBH_2$	单异松莰烷基硼烷
KAPA	3-氨基丙基氨基钾
LDA	lithium diisopropylamide, $LiNPr_2$，二异丙基氨基锂
Me	methyl，甲基
NBS	*N*-bromosuccinimide，*N*-溴丁基二酰亚胺
Nn	亲核试剂

m-	间位
o-	邻位
Oct	octyl，辛基
p-	对位
Ph	phenyl，苯基
PPA	polyphosphoric acid，多聚磷酸
Pr	propyl，丙基
i-Pr	异丙基
PTC	相转移催化
Py	pyridine，吡啶
R	烷基
tRNA	转移核酸
Sia	*sec*-isoamyl,1,2-dimethylpropyl，仲异戊基
S_N1	单分子亲核取代反应
S_N2	双分子亲核取代反应
THF	tetrahydrofuran，四氢呋喃
TFA	trifluoroacetic acid，三氟乙酸
TFAA	三氟乙酸酐
TMS	四甲基硅烷，$(CH_3)_4Si$
△	反应中的加热符号